광화학의 이해

photochemistry

박종진 · 윤웅찬 · 강상욱 공저

2012년도
대한민국학술원 선정
우수학술도서

이 도서는 대한민국학술원에서 선정한
"2012년도 우수학술도서"로서 교육과학기술부의
지원으로 구입 배부한 것임.

자유아카데미

***In Memory of the Late Professor Dr. Sang Chul Shim*,**

The Great Pioneer of Modern Organic Photochemistry in Korea

C.P

머리말

20세기 말부터 21세기에 들어오면서 세계적으로 광화학에 대한 관심이 매우 늘어가고 있는 추세이다. 이러한 세계적 추세를 반영하여 우리나라에서도 광화학과 관련된 기초 연구나 기술 개발들이 활발히 이루어지고 있다. 그럼에도 불구하고 세계 선진국과 비교해 볼 때 우리나라에는 우리 말로 기술된 본격적인 광화학의 교과서나 참고서가 없어, 대학교 화학 관련 전문 과정이나 대학원에서 광화학에 대한 기초적이고 체계적인 교육이 상당히 부족한 현실이 지속되고 있다. 이 책은 이러한 상황을 개선하는 데 기여할 수 있도록 화학 및 재료과학을 전공하는 학생과 연구자들에게 광화학을 체계적으로 이해할 수 있는 기회를 제공하자는 취지에서 발간되었다. 이 책에서는 광화학의 기초에 초점을 두고 될 수 있는 한 평이하게 기술하도록 노력했으며, 광화학 전체를 모두 소개하려고는 하지 않았다. 따라서 중요하면서도 포함시키지 못한 부분이 있으며, 빠진 부분도 적지 않다는 것에 대해 미리 양해를 구하고자 한다.

광화학이란 학문이 어떤 역사적 경위를 거쳐 발전해 왔는가를 간단히 살펴보는 것은, 현대 광화학이 과학 · 기술 영역에서 차지하고 있는 위치와, 또한 앞으로의 과학 · 기술 발전에 기여해야 할 역할을 이해하는 데 있어 도움이 되리라 생각되어 소개하고자 한다. 빛이 물체/물질에 작용하여 그들을 변화시킨다는 것은 인류가 오래 전부터 인식하고 있었던 경험적 지식이었으나, 그러한 현상들을 빛에 의해 유발된 분자의 화학적 변화로서 이해하자는 근대 과학으로서의 광화학이 등장한 것은 19세기 말이었다. 그 후 20세기 중엽까지 수많은 "새롭고", "놀라운" 화학 변화와 현상들이 발견되었다. 물리 분야에서는 19세기 후반에 Maxwell에 의해 빛의 파동 이론이 완성되었으며, 20세기 초에는 Einstein이 광자설을 제기하여 빛의 본질이 밝혀져 나가고 있었다. 그러나 광화학은 각각의 광화학적 변화가 왜 일어나는가, 또한 어떤 과정을 거쳐 진행되는가, 그 사실들을 꿰뚫어 설명할 수 있는 법칙 등 그 본질을 전면적으로 밝히지 못하고, "우연적 발견"에 의거하는 "경험적 과학"의 수준에서 벗어나지 못하고 있었다. 그것은 화학 전체의 시대적 제한성을 반영하고 있었던 것이었지만, 특히 광화학 연구에 있어서는 필수적 실험 수단인 강력하고 다양한 광원이 절대적으로 부족했으며, 또한 분광법의 수준이 초보적 단계에 있었다는 것은 광화학 연구에서 치명적 약점이었다.

이 제한성은 1950년대에 들어서면서 다양한 조명 기기들이 발명됨으로써 극복되었으며, 이를 통해 새로운 발전의 문이 열리게 되었다. 또한 이 시기 새롭게 등장한 분자 궤도함수 이론은 분자에는 여러 전자 상태가 존재할 수 있다는 것을 예견하였으며, 분광법의 발전에 의해 형광과 인광은 에너지적으로 높은 전자 상태, 즉 들뜬 단일항 상태 또는 삼중항 상태로부터 방출되는 빛이라는 개념이 확립되는 계기를 갖게 되었다. 1950년대부터 1970년대에 걸쳐 Th. Förster가 에너지 이동 이론을 제기하였고, G. Porter가 수명이 짧은 라디칼과 삼중항 상태 분자를 직접 관찰할 수 있는 Flash Photolysis란 혁명적인 과도기 흡수 분광법을 개발하였으며, G. S. Hammond를 중심으로 하는 연구자들이 삼중항 상태 분자들의 화학적 거동을 전면적으로 해석하여 그 전모를 밝혔다. 그리하여 "**광화학은 들뜬 상태 분자의 화학**"이라는 기본 개념이 확립되어 "Paradigm Shift"가 일어났다. 그 후 광화학은 급속도로 발전되었으며, 그 성과들은 화학에서의 혁명적 이론으로 받아들이고 있는 궤도함수 대칭성 보존 규칙의 확립에 대하여 결정적 기여를 하였고, 전자 이동에 관한 Marcus 이론을 증명하는 데 있어서 중심적 역할을 다했다. 또한 과도기 분광법의 시간 분해 능력이 1960년대에는 μs (10^{-6} s) 이하였던 것이, 레이저를 광원으로 사용함으로써 1970년대에는 ns (10^{-9} s)로, 1980년대에는 ps (10^{-12} s)로, 그리고 1990년대에 들어서면서 fs (10^{-15} s)까지 도달되어, Heisenberg의 불확정 원리의 영역에서 일어나는 매우 빠른 분자의 운동을 직접 볼 수 있게 되었다. 이렇게 하여 광화학은 그 영역을 확대하면서 1990년대에는 현대 과학으로서 성숙된 단계에 도달하였다.

21세기에 들어서면서 과학 · 기술 분야의 새로운 혁신에 대한 요구가 나타나고 있다. 그것은 인류 사회의 미래를 좌우하는 에너지와 자원, 그리고 환경 문제와 관련하여 제기된 것이었으며, 또한 근대 과학의 한계를 넘어 새로운 장을 열고자 하는 과학자 자신의 소망으로부터 나온 것이었다. 이러한 분위기 속에서 새로운 기술 혁신 과제로 Nanotechnology, Biotechnology, Information Technology 등이 등장하였다. 이러한 학문적 조류 속에서 "21세기는 빛의 시대다"라고 예측하는 조류들이 과학 세계에서 나타나게 되었다. 왜냐하면 20세기가 석탄 · 석유를 에너지의 원천으로 했던 시대였다면 21세기는 태양광을 비롯한 새로운 에너지에 기초를 둔 시대가 될 것이며, 20세기가 전자를 제어하여 그를 이용했던 시대였다면 21세기는 광자를 다루는 시대가 될 것이라는 예견이 있었기 때문이다. 즉, 20세기가 석유와 전자의 시대였다면, 21세기는 "**태양 에너지와 광자의 시대**"라고 할 수 있다. 이러한 시대적 배경을 생각해 볼 때 광화학의 중요성은 매우 크다고 말할 수밖에 없다. 광화학 발전의 역사적 경위를 보면 물리학을 비롯한 다른 과학 · 기술 분야와 깊이 결부되어 발전해 왔다. 앞으로 광화학은 과학 · 기술에서의 경계 영역이나 융합 분야와 연관되면서 더욱 더 확대 발전할 것이며, "화학"의 틀을 벗어나서 "광과학(Photoscience)"의 세계로 들어갈 것으로 예측된다. 이 책이 그러한 새로운 전개에 조금이라도 기여할 수 있으면 한다.

이 책을 완성하는 데 있어서 고려대학교 세종캠퍼스 신소재화학과의 학생들을 비롯하여 많은 사람들의 도움을 받았으며, 이에 깊은 감사의 뜻을 표하는 바이다. 또한 이 책을 발간하는 데 있어서 많은 조언과 도움을 주신 자유아카데미 관계자들에게도 감사의 말씀을 드린다.

2011년 9월
집필자 대표
박종진

차례

Chapter 03 들뜬 상태 분자의 동적 거동

Chapter 04 광화학 과정의 반응속도론적 해석

Chapter 05 광화학의 실제와 기본 반응 형식

Chapter_01

광화학의 개요

빛은 광자(Photon)란 입자가 고속 파동 운동하고 있는 전자파이며, 에너지의 한 형태이다. 따라서 생체나 물체 또는 물질이 빛과 상호작용하면 빛이 가지고 있는 에너지로 인해서 여러 가지 화학 변화가 일어날 수 있다. 인류는 태고 전으로부터 빛이 때로는 놀랍고 신비로운 변화를 일으킬 수 있다는 것을 알고 있었던 것이다. 이러한 현상의 본질을 분자 단위에서 이해하고자 하는 것이 이 광화학 책의 목적이다. 다시 말하자면 이 책에서는 빛과 분자의 상호작용과 그로부터 일어나는 화학적 · 물리적 현상, 그리고 거기에 일관된 원리와 법칙에 중점을 두고 해설하고자 한다. 제1장의 목적은 광화학의 기본적 특징과 이 책을 이해하는 데 필요한 전체 기본 개념을 설명하자는 데 있다. 또한 광화학 분야에서 사용되는 독자적인 용어를 미리 소개하여 익숙하게 숙지하도록 하는 희망도 있다. 표 1.1에 이 책에서 자주 사용하는 용어와 기호들을 정리하였다.

표 1.1 광화학에 관련되는 용어와 기호

빛을 표시하는 기호; $h\nu$

빛의 특성 (기호/단위)

파장 (λ/nm), 진동수 (ν/Hz), 파수 ($\tilde{\nu}$/cm^{-1}), 속도 (c/m s^{-1}), 1 mol의 광자수 (1 Einstein)

전자 상태 (기호)

<u>바닥 상태</u> (S_0)

<u>최저 들뜬 단일항 상태</u> (S_1 또는 분자를 M라고 표시하면 $^1M^*$)

S_1 상태의 수명 (τ_S), S_1 상태의 들뜸 에너지 (E_S)

최저 삼중항 상태 (T_1 또는 분자를 M라고 표시하면 $^3M^*$)
T_1 상태의 수명 (τ_T), T_1 상태의 들뜸 에너지 (E_T)

광물리 과정 (속도 상수의 기호)
복사 과정: 형광 과정 (k_F), 인광 과정 (k_P),
비복사 과정: 내부 전환 (k_{IC}), 계간 교차 (k_{ISC})

양자 수득률
Φ = (변화된 분자수 또는 검출된 형광 또는 인광의 광자수) ÷ (반응 계가 흡수한 광자수)

시간 단위
초 (s), 밀리초 (ms = 10^{-3} s), 마이크로초 (μs = 10^{-6} s), 나노초 (ns = 10^{-9} s),
피코초 (ps = 10^{-12} s), 펨토초 (fs = 10^{-15} s)

1.1 | 이 책의 윤곽

자연계에서 일어나고 있는 광화학적 현상은 무수히 있다. 예를 들어 인간을 비롯하여 많은 동물들은 눈의 시각 작용으로 사물을 인식하고 있다. 이 "시각(Vision)" 작용에서는 로돕신(Rhodopsin)이란 생체 물질이 본질적 역할을 지니고 있다. 시각 작용은 로돕신에 포함되는 레티날(Retinal)이란 분자가 빛을 흡수하고, (*E*)–(*Z*) 이성질화(소위 시스–트랜스 이성질화) 반응을 하여 시작되는 현상이다((*E*)–(*Z*) 이성질화에 대해서는 5.1.2(ii)에서 설명). 자외선이 살균 효과를 보여준다는 것은 잘 알려져 있다. 그것은 세균의 세포 안에 있는 핵산(DNA)이 광화학 반응을 통해 변형되어 자기증식 기능을 상실한 결과이다. 그 특징적인 반응은 핵산의 구성 성분인 피리미딘 염기(Pyrimidine Base)가 자외선을 흡수하여 이합체화되는 반응이다(이합체화 반응 예는 5.2.7에서 소개함). 광합성은 인류에게 식량을 제공하는 농경이라는 생산 활동을 통해서 사람들에게 은혜를 베풀어 왔으며, 고대 태양 신앙의 종교적 원동력이기도 했다. 그럼 광합성 과정에 관해서 매우 단순화한 그림 1.1에 의거하여 "광화학적 용어"로 설명해 보자(보다 상세한 내용은 7.4절 참조).

광합성에서는 안테나 염료 집단 ($(Chl)_n$)과 반응 중심 염료 집단 ([Chl_2–Chl–Pheo–Q])들이 본질적 역할을 하고 있다. 안테나 염료 집단은 Chl란 기호로 표시한 클로로필(Chlorophyll) 분자가 일정한 수 (n) 조직화된 집합체이며, 한편 반응 중심은 두 개의 Chl 분자가 겹친 이합체 (Chl_2), Chl 분자, 페어피틴(Pheophytin, Pheo) 분자 및 퀴논(Quinone, Q) 분자들이 정연히 배열된 분자 조직체로 이루어져 있다.

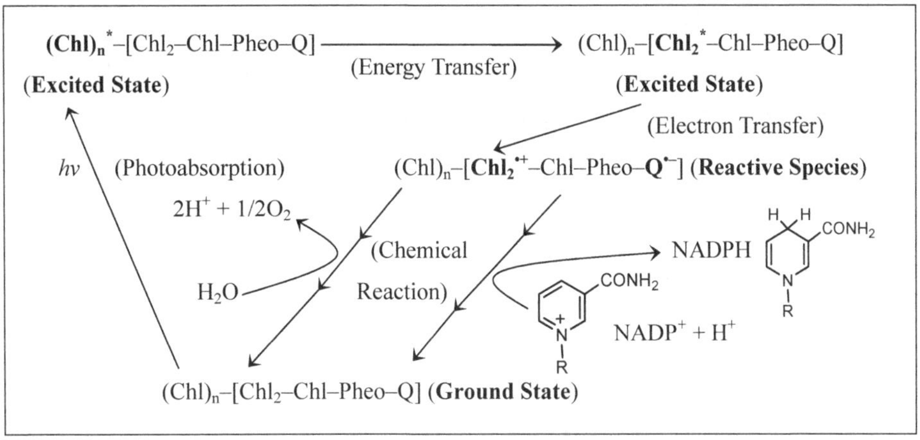

그림 1.1 광합성에 관련되는 광화학 과정의 개략. (Chl)$_n$은 안테나 염료 집단을, [Chl$_2$–Chl–Pheo–Q]은 반응 중심 염료 집단을, 또한 *hν*은 빛을 표시함.

(Chl)$_n$은 태양광을 효율적으로 흡수하는 기능을 가지고 있으며, 획득한 광에너지에 의해 높은 에너지 상태인 **들뜬 상태**(Excited State, **(Chl)$_n$*)**로 올라간다. 광화학 반응식에서는 빛을 *hν*란 기호로, 또한 분자가 들뜬 상태에 있다는 것을 위 첨자 별 표지(*)로 표시한다. 분자와 빛과의 상호작용은 어떤 것이고, 또한 들뜬 상태란 어떤 상태인가에 대해서는 제2장에서 자세히 설명한다. 안테나 염료 집단이 획득한 광에너지는 반응 중심의 Chl$_2$에 효율적으로 이동되어 Chl$_2$가 들뜬 상태(**Chl$_2$***)로 변한다(에너지 이동은 3.4.5에서 설명). 이어서 Chl$_2$*은 그가 갖고 있는 에너지를 이용하여 Chl 및 Pheo을 거쳐 Q에게 전자를 준다(전자 이동은 주로 3.4.5에서 설명). 그 결과 Chl$_2$은 전자가 한 개 빠진 라디칼 양이온(**Chl$_2^{•+}$**)으로, 한편 Q은 전자가 한 개 첨가된 라디칼 음이온(**Q$^{•-}$**)으로 변한다. 이들은 **반응 활성종**(Reactive Species)이다. 광흡수를 시작으로 들뜬 상태를 거쳐 반응 활성종이 생성하기까지의 과정을 **일차 과정**(Primary Process)이라 하며, 반응 활성종으로부터 최종 생성물까지의 과정을 **이차 과정**(Secondary Process)이라 한다. 광합성에서 Chl$_2^{•+}$의 양전하는 복잡한 과정을 거쳐 산화 반응(식물에서는 물의 산화)에 사용되며, 한편 Q$^{•-}$의 음전하는 NADP$^+$의 NADPH로의 환원에 사용된다. 이러한 광합성에 포함되는 각각의 **기본 과정**(Elementary Process)들을 명확히 이해하는 것이 광화학의 중심적 명제의 하나이다.

우선 분자에 의한 광흡수가 광화학의 출발점이라는 것을 이해하자(제2장). 광흡수란 분자 내의 특정 작용기가 안테나로 작용하여 특정 파장의 빛을 잡아 그 빛이 갖고 있는 에너지를 획득하는 것이다. 이러한 안테나를 **발색단**(Chromophore)이라 하며, 예를 들어 에틸렌이나 벤젠 등의 π-전자계, 카보닐기의 비공유 전자쌍과 π-결합을 포함한 전자계 등이다. 보다 정확히 말하면 **광흡수를 수행하고 있는 실체는 발색단에 포함되는 특정 궤도함수 운동을 하고 있는 전자**이다. 이 전자가 특정 파장의 빛과 상호작용하게 되면 빛의 전기장 변동에 호응하여 에너지가 높은 궤도함수 운동을 하게 된다. 그림 1.2는 유한 전위 우물(Potential Well)에 구속된 전자의 정상 파동 운동을 보여준 것이다. 전자의 파동 운동은 에너지가 가장 낮은 상태에서는 마디점(Nodal Point)을 갖고 있지 않으며, 에너지가 높아질수록 위상의 변화를 동반하여 1개, 2개... 등 정수 개의 마디점을 갖게 된다. 즉 전자가 취할 수 있는 에너지 E은 비연속적이며($E = n^2 h^2/8mL^2$), 마디점의 수에 해당되는 **양자화된 상태** (n = 1, 2, 3 ...)**만 허용된다**. 마디점이란 파동 운동의 부호(+ 및 –)가 바뀌는 경계점이며, 따라서 이 점에 관해서 파동 운동은 반대칭이다. 이 전자의 운동은 양끝이 고정된 현의 진동 운동에 비유될 수 있다. 현을 천천히 손끝으로 흔들면 마디 점이 없는 가장 안정된 진동 운동을 하며, 더욱 강한 힘(즉 에너지)을 가하면 현이 마디점을 가진 보다 세찬 진동을 하게 되는 모습과 비슷하다. 빛의 흡수는 두 상태(예를 들어 n = 1과 n = 2) 간의 에너지 차이에 해당되는 파장에서만 일어날 수 있으며, 두 상태 간의 에너지 차이에 맞지 않은 파장의 빛은 광흡수를 이끌지 못한다.

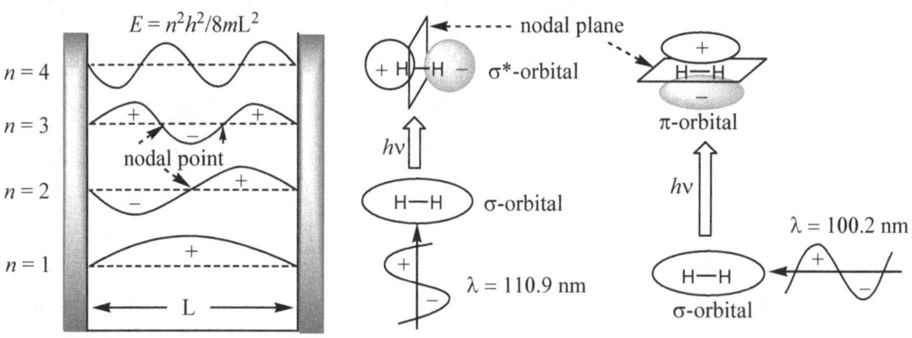

그림. 1.2 (왼쪽) 정해진 전위 우물(Potential Well)에 구속된 전자의 파동 운동(E = 전자의 파동 운동 에너지, h = Planck 상수, m = 전자의 질량, L = 파동 운동의 거리). (가운데) 수소 분자의 결합성 σ-궤도함수에는 부호의 변화가 없다(n = 1에 대응). 파장(λ) = 110.9 nm의 빛이 결합축 수직방향에서 σ-궤도함수 운동을 하고 있는 전자와 상호작용하여 마디 평면을 가진 σ*-궤도함수 운동(n = 2에 대응)으로의 변화를 보여 주는 모식도. (오른쪽) λ = 100.2 nm의 빛이 결합축과 평행 방향에서 수소 분자와 상호작용하면, σ-궤도함수는 π-궤도함수 운동으로 변한다.

실례로 제일 간단한 수소 분자의 경우를 들어보자. 수소 분자의 두 개 전자는 마디 평면(Nodal Plane)이 없는 가장 에너지가 낮은 σ−궤도함수의 전위 마당에서 운동하고 있다. 이 상태가 수소 분자의 **바닥 상태**(Ground State)이다. 수소 분자 결합축에 대하여 수직방향으로부터 110.9 nm의 빛이 분자를 횡단했을 때, σ−궤도함수 운동을 하고 있는 전자 한 개가 그 빛과 상호작용하여 빛의 전기장 진동에 유발되며, H−H 결합을 2분하는 마디 평면을 가진 σ*−궤도함수 운동으로 변한다. 마디 평면이란 궤도함수의 부호가 달라지는 경계 평면이며, 이 평면을 중심으로 σ*−궤도함수는 반대칭이다. 이 궤도함수는 H−H 결합을 불안정화시키는 반결합성 분자 궤도함수(Anti-bonding Molecular Orbital)이다. 전자 한 개가 높은 에너지의 σ*−궤도함수에 올라간 상태를 **전자 들뜬 상태**(Electronically Excited State) 혹은 **들뜬 상태**라 부르며, 이루어진 상태는 σ,σ*−상태이다. 한편 100.2 nm의 빛은 수소 분자의 결합축과 평행 방향에서 σ −궤도함수와 상호작용한다. 그 결과 전자 한 개가 π−궤도함수 운동을 하게 된다. π−궤도함수는 결합축을 포함하여 종이 평면에 대하여 수직인 마디 평면에 관해서 반대칭이며, 그 평면의 위와 아래 방향은 궤도함수의 부호가 반대이다. 그러나 π−궤도함수는 H−H 결합에 관해서는 대칭이기 때문에 결합성 궤도함수이라는 것에 유의하기 바란다. 여기에서 광흡수에 관해서 중요한 점을 강조해 두고자 한다. **분자가 빛과 상호작용할 때 분자의 모양(즉 구조)에 따라 방향성이 있다.** 이를 광흡수의 **비등방성**(Anisotropy)이라 한다. 분자는 각각 그 특유한 구조를 갖고 있으며, 분자에 구속되고 있는 전자는 그 분자 구조의 대칭성에 따라 운동하고 있다. 따라서 분자의 광흡수는 일정한 방향성을 가지게 되며 또한 광흡수의 확률도 분자의 대칭성에 의존한다.

그러면 들뜬 상태가 존재한다는 것을 어떻게 알 수 있는 것일까? 우리들은 그것을 무의식적으로 관찰하고 있다. 예를 들어 형광 도료를 이용한 교통 표식이 있다. 자동차의 헤드라이트 빛을 받은 형광 도료는 헤드라이트 빛과 다른 파장의 빛(형광)을 방출함으로써 문자나 표식을 더욱 뚜렷하게 보여 준다. 빛(형광)이 나온다는 현상은 헤드라이트 빛을 흡수하여 높은 에너지를 갖고 있는 상태가 생겼다는 것을 의미하며, 그 **빛을 낼 수 있는 상태가 바로 들뜬 상태**이다. 빛을 낼 수 있는 들뜬 상태는 하나만 있는 것은 아니다. 또 하나의 예를 들어보자(그림 1.3). 시험관에 놓인 안트라센(Anthracene)의 매우 낮은 농도의 용액에 상온에서 자외선을 쪼이면 푸른색 빛이 나오는 것을 관찰할 수 있고, 또한 쪼이고 있는 자외선을 끄면 푸른색 빛이 순간적으로 사라진다는 것을 관찰할 수 있다. 액체 질소 온도(77 K)에서 같은 실험을 했을 때, 똑같이 푸른색 빛의 발광을 관찰할 수 있으며, 자외선을 끄면 그 발광은 순간적으로 꺼진다. 그러나 그 후 약하지만 붉은색 빛이 계속 나오고 있고, 그 발광도 사라져가는 것을 볼 수 있을 것이다. 즉 붉은 빛은 푸른 빛이 나오고 있을 때에는 그에 숨겨서 인식할 수 없었던 것이며, 또한 푸른 빛보다 오랫동안 나오는(즉 수명이 긴) 빛이다. 그러나 상온에서는 붉은 빛은 나오지 않는다. 이 사실은 두 종류의 들뜬 상태, 즉 수명이 짧고 센 푸른 빛(**형광**)을 내는 상태(**들뜬 단일항 상태, S_1**)와 에너지가 보다 낮고 수명이 보다 긴 또한 세기가 낮은 붉은 빛(**인광**)을 내는 상태(**삼중항 상태, T_1**)가 존재하며, 안트라센의 인광은 상온에서 관찰되지 않는다는 것을 보여 주고 있다. 빛의 흡수는 $S_0 \rightarrow S_1$의 변화, 형광은 $S_1 \rightarrow S_0$의 변화, 인광은 $T_1 \rightarrow S_0$의 변화에 해당되며, 이러한 전자 상태 간의 변화를 **전자 전이**(Electronic Transition)라 한다. 발광 현상은 분자의 종류와 분자 구조에 따라 달라진다. 사실 벤조페논(Benzophenone, $C_6H_5-CO-C_6H_5$) 용액에 상온에서 자외선을 조사하여도 형광을 관찰할 수 없다. 왜 발광 현상이 전자 전이와 온도 또한 분자 구조에 따라 달라지겠는가? 그 원인을 두 종류의 들뜬 상태의 성질과 분자의 전자 상태에 기초하여 제3장에서 상세하게 설명할 것이다.

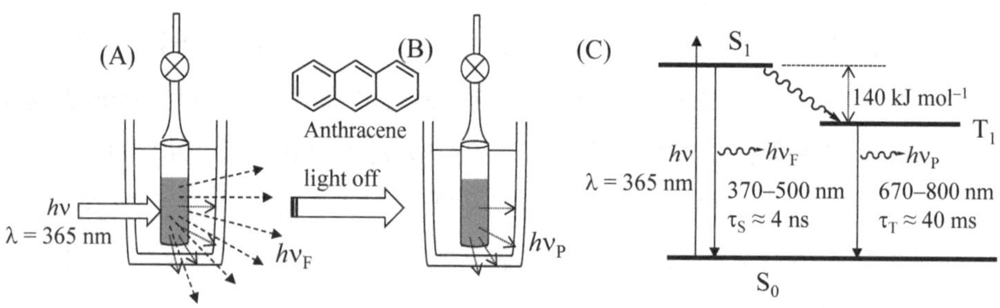

그림 1.3 (A) 액체 질소 온도(77 K)에 냉각된 안트라센의 묽은 용액에 365 nm의 자외선을 조사하면 강한 푸른색 빛(-->, 형광, $h\nu_F$)이 나온다. (B) 자외선을 끈 후에 약하지만 붉은색 빛(⋯>, 인광, $h\nu_P$)이 나오고 있는 것을 확인할 수 있다. (C) 안트라센의 전자 상태 도표. 형광 및 인광의 파장과 그 수명(각각 τ_S 및 τ_T; ns = 10^{-9} s & ms = 10^{-3} s).

이 책에서는 "**광화학은 들뜬 상태 분자의 화학**"이란 입장에 서서 기술하려고 한다. 들뜬 상태에는 어떤 것이 있으며, 그들은 어떤 물리적 · 화학적 움직임을 보여 주고, 그러한 움직임과 분자의 구조는 어떤 관계를 가지는가를 이해하기 위한 개념을 기술하고자 한다. 도식 1.1에 들뜬 분자에서 일어나는 기본 과정들을 그렸다. 그 구체적인 내용은 제3장, 제4장, 제6장에서 전형적인 화합물이나 광화학 반응을 골라서 기술한다. 이미 언급한 바와 같이, 들뜬 상태의 생성은 특정 전자와 특정 파장(에너지)의 빛과의 상호작용에 의하여 일어나기 때문에, 당연하게 빛의 흡수를 기초로 하는 화학이 광화학의 중심 내용이다. 분자가 빛을 흡수하는 구체적 내용은 **흡수 스펙트럼**(Absorption Spectrum)을 통하여 알 수 있으며, 스펙트럼의 모양이나 흡수 밴드의 강약들은 분자에 따라 다르다. 분자 구조와 스펙트럼과의 관계 및 광흡수를 지배하고 있는 원리에 대해서는 2.4절 및 3.2절에서 설명한다. 한편 생물발광(Bioluminescence)이나 화학발광(Chemiluminescence) 및 방사선 화학(Radiation Chemistry) 등에서는 광흡수가 아닌 다른 과정, 주로 고에너지 분자나 활성종의 반응에 의해 들뜬 분자가 생기는 과정들이 있다. 이러한 화학도 들뜬 분자의 화학이 중심이라는 점에서 광흡수의 유무에 상관없이 광화학에 포함된다(7.2절).

$M(S_0) + h\nu \longrightarrow {}^1M^*(S_1)$ (광흡수 과정); 또는 M + 화학 · 전기 에너지 $\longrightarrow {}^1M^*(S_1), {}^3M^*(T_1)$

광물리 과정

(들뜬 단일항 상태, S_1)	(삼중항 상태, T_1)	
${}^1M^* \longrightarrow M + h\nu_F$ (형광 과정)	${}^3M^* \longrightarrow M + h\nu_P$ (인광 과정)	복사 과정
${}^1M^* \longrightarrow$ M + 열 (내부 전환) ${}^1M^* \longrightarrow {}^3M^*(T_1)$ (계간 교차)	${}^3M^* \longrightarrow$ M + 열 (계간 교차)	비복사 과정

광화학 과정

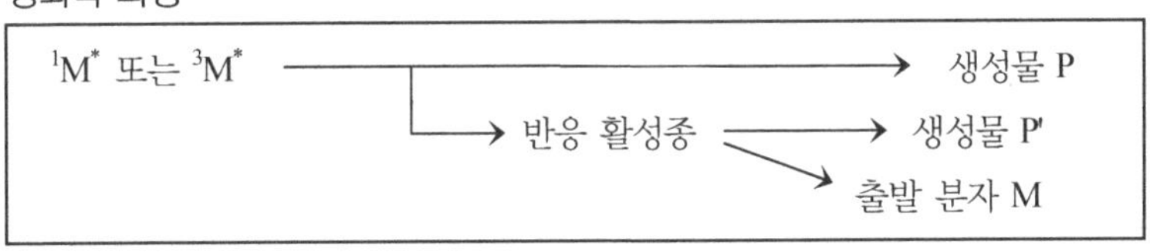

도식. 1.1 광화학의 기본적 과정. M은 바닥 상태(S_0)의 분자를, ${}^1M^*$은 들뜬 상태 S_1의 분자를, ${}^3M^*$은 T_1 상태의 분자를 표시.

들뜬 상태에는 다양한 상태들이 존재하지만, 이 책이 대상으로 하는 것은 한정되어 있다. 일반적으로 유기 분자의 **바닥 상태**는 특수한 경우를 제외하면 **단일항 상태**(Singlet Ground State, S_0)이다. 이 상태를 $\mathbf{S_0}$이라는 기호로 표시한다. 한편 이 책에서 대상으로 하는 **들뜬 상태**는 압도적으로 **최저 들뜬 단일항 상태**(Lowest Excited Singlet State, 이를 $\mathbf{S_1}$이라는 기호로 표시)와 **최저 삼중항 상태**(Lowest Triplet State, 이를 $\mathbf{T_1}$이라는 기호로 표시)들이다. 분자가 M인 경우 S_1상태는 ${}^1M^*$, T_1상태는 ${}^3M^*$라 표시하겠다. 단일항이나 삼중항이란 무엇을 의미하고 있는가. 전자를 규정하는 양자수에는 자기적 성격을 띤 **스핀 양자수**(Spin Quantum Number)라는 것이 있고, 두 개(+1/2 (α) 및 –1/2 (β))가 주어져 있다. 팽이가 자전 운동하면서 회전축이 흔들리는 방향이 왼쪽과 오른쪽 두 개밖에 없는 것과 비슷하다. 두 개의 스핀 양자수를 간편하게 표시하기 위하여 위쪽과 아래쪽 방향의 화살표(↑와 ↓)를 쓰는 경우가 많다. 지금 두 개의 전자가 상호작용하고 있는 경우(예를 들면 π−결합을 형성하고 있는 경우), 그 전자들이 반대 방향의 스핀(↑ 및 ↓)을 갖고 있을 때 이를 단일항 상태, 같은 방향의 스핀(↑ 및 ↑)을 갖고 있을 때 이를 삼중항 상태라 한다. 또한 이러한 스핀 상태를 **스핀 다중도**(Spin Multiplicity)라고 한다. 바닥 상태의 스핀 다중도는 왜 일반적으로 단일항이고, 들뜬 상태에는 왜 단일항과 삼중항이라는 두 종류의 스핀 상태가 존재하는가, 또한 스핀 다중도로 인해 들뜬 분자의 거동이 어떻게 변하는가를 이해하는 것은 광화학의 특징을 파악하는 중요한 열쇠가 될 것이다. 스핀 다중도에 대해서는 2.3절에서 자세히, 또한 S_1 과 T_1 이 보여 주는 성질의 차이 점에 대해서는 5.2절에서 상세히 설명하고자 한다.

광화학에 관여하는 빛은 ~1000 nm보다 짧은 파장, 많은 경우 자외선부터 가시광선의 빛이다. 따라서 빛을 흡수하여 도달된 들뜬 상태는 바닥 상태보다 ~120 kJ mol^{-1} 이상, 많은 경우 ~180 kJ mol^{-1} 이상 높은 에너지 상태에 있다. 열역학 원리를 따르면 이러한 높은 에너지 상태가 독립적으로 긴 시간 존재할 수는 없다. 다시 말하자면, 빛을 흡수하여 들뜬 상태에 올라간 분자는 곧바로 그 분자 또는 다른 분자의 바닥 상태로 변화하여야 한다. 즉 **들뜬 상태 분자는 한정된 수명**(Lifetime)**을 갖고 있다. S_1 및 T_1의 수명은 각각 τ_S 및 τ_T란 기호**로 흔히 표시한다. 그림 1.3에서 안트라센이 S_1 과 T_1이란 두 개 들뜬 상태를 가지고 있으며, 또한 그들이 일정하고 서로 다른 수명을 갖고 있다는 것을 보여 주었다. 들뜬 상태 분자에서 일어나는 과정들이 광화학의 중심이 되는 내용들이다. 들뜬 분자가 화학 변화를 거치지 않고 바닥 상태로 되돌아가는 과정들이 있다. 이러한 과정을 **광물리 과정**(Phtophysical Process)이라 부른다. S_1부터 S_0으로 되돌아갈 때 S_1의 에너지가 빛으로 방출되면, 이 빛을 **형광**(Fluorescence)이라 하며, T_1으로부터 나오는 빛을 **인광**(Phosphorescence)이라 한다. 이렇게 빛을 방출하여 S_0으로 되돌아가는 과정을 **복사 과정**(Radiative Process)이라 한다. 한편 빛의 방출을 거치지 않은 과정도 있으며, 이들을 **비복사 과정**(Nonradiative Process)이라 한다. 그 비복사 과정의 하나는 열을 방출하여 S_1부터 S_0로 되돌아가는 과정이며, 이를 **내부 전환**(Internal Conversion)이라 한다. 또한 S_1부터 T_1으로, 또한 T_1부터 S_0으로 **스핀 다중도의 변화를 동반하는 과정**들이 있다. 이것들을 **계간 교차**(Intersystem Crossing)라 한다. 강한 형광을 보여 주어도 그 분자의 구조가 조금 바뀌면 형광성이 떨어지기도 하고, 또한 인광을 보여 주는 경우 등 발광 현상은 다양하다. 광물리 과정들은 일정한 법칙을 따라 일어나며, 또한 발색단의 종류나 분자의 구조와 깊은 관계가 있다. 이에 대해서는 2.4절과 3.3절에서 자세히 설명한다.

바닥 상태에서는 화학 반응이 전혀 일어나지 않은 조건하에서도, 빛의 높은 에너지를 획득한 들뜬 분자는 그 에너지를 원동력으로 하여 화학 변화를 일으킬 수 있다. 그 중에는 들뜬 상태로부터 직접 최종 생성물이 생성되는 과정도 있고, 또는 라디칼(Radical), 라디칼 이온(Radical Ion) 혹은 이온(Ion) 등과 같은 **반응 활성종**(Reactive Species)을 경유하여 생성물에 도달하는 과정들도 있다. 이들을 **광화학 과정**(Photochemical Process)이라 한다. 생성된 반응 활성종이 최종 생성물에 도달하지 못하고 다시 바닥 상태의 출발 분자에 되돌아가 실질적인 화학 변화가 일어나지 않은 경우가 종종 있으나, 이것들도 화학 과정에 포함된다. 이러한 들뜬 상태부터 진행되는 모든 과정의 구체적인 내용을 **반응 메커니즘**(Reaction Mechanism)이라 한다. 제4장 및 제5장에서는 이러한 화학 과정에 일관된 법칙성이나 반응 메커니즘을 전형적인 분자들의 반응 예를 가지고, 분자의 전자 상태나 구조와 연관시켜 설명하고자 한다. 또한 제6장에서는 광화학에서 중요한 기본적 발색단의 광화학 반응을 종합하였다.

여기에서 들뜬 분자는 에너지적으로나, 그 구조, 화학적 성질에 있어서 S_0에 있는 분자의 것과 다를 뿐 아니라, 들뜬 상태라 해도 S_1과 T_1 사이에서도 다르다는 사실을 인식할 필요가 있다. 즉 이들 모두가 하나의 분자식으로써 표현되고 있어도 그 전자 상태에 따라 서로 다른 분자라고 볼 수 있다. 따라서 빛의 흡수나 발광이라는 광물리 과정도 넓은 의미로 화학 과정으로 볼 수 있다. 예를 들어 형광이나 인광은 들뜬 분자로부터 "최종 생성물로서의 빛"을 얻어내는 화학 과정이라고 이해하는 것이 타당하다. 반딧불을 비롯한 발광 생물들은 열을 동반하지 않은 빛(찬 빛)을 내고 있다. 이 신비스러운 현상을 **생체발광**(Bioluminescence)이라 하며, 그 빛은 생체 내에서의 화학 반응에 의해 에너지가 높은 화합물이 합성되어, 그로부터 들뜬 분자가 생성됨으로써 나오는 형광이다. 즉, 이 "찬 빛"은 생명 활동의 필수적 생성물이다. **화학발광**(Chemiluminescence)은 반딧불의 생물발광을 모방한 새로운 광원이다. **전기발광**(Electroluminescence)은 전기 에너지를 이용하여 들뜬 상태를 생성시켜 빛을 얻어내고 있으며, 디스플레이 등에 이용되고 있다. 이들에 있어서는 바로 "빛이 기대되는 생성물"이다(7.3절). 또한 내부 전환 과정을 통하여 발생되는 "열"은 레이저 절삭(Laser Ablation)이나 CD-R/DVD-R의 정보 기록에 이용되고 있는 "들뜬 상태로부터의 생성물"이다(7.2.2).

빛이 관여하지 않고 열에 의해 진행되는 기존의 화학 반응을 광반응과 대비하여 암반응(Dark Reaction)이라 부른다. 여기에서 암반응과 비교하여 광반응의 몇 가지 특징을 간단히 언급하겠다.

(1) 빛은 수를 셀 수 있는 **광자**(Photon)를 기초 단위로 하고 있다. 따라서 분자가 흡수한 광자수를 기본으로 하여 빛을 흡수한 분자가 방출하는 형광이나 인광의 광자수, 또는 화학 반응에 의하여 생성되는 생성물의 분자수 등을 **양자 수득률**(Quantum Yield)이라는 정량적 개념으로써 규정할 수 있다. 또한 들뜬 분자는 그에 고유한 **수명**을 갖고 있기 때문에 그를 기준으로 하여 들뜬 상태로부터 진행되는 각각의 기본 과정을 **속도 상수**(Rate Constant)라는 척도로 명확히 정의할 수 있다. 즉 광화학은 정량적 파악이 가능하며, 또한 그것을 필요로 한다. 그러한 정량적 측정을 위한 실험 방법과 해석 방법은 제4장에서 기술한다.

(2) 외부로부터 광에너지를 받아들여 에너지가 높은 들뜬 상태를 거쳐 일어나는 광반응은 **자유 에너지가 증대하는 방향으로 화학 변화를 일으킬 수 있다**(이를 Up-hill Conversion이라 부른다). 광합성에서는 이용 가능 에너지가 없는 이산화 탄소와 물로부터 생물의 에너지의 원천으로 이용되는 탄수화물이 생산되며, 이는 태양광 에너지를 화학 에너지로 전환하는 Up-hill Conversion이다. 현재 에너지 문제나 환경 문제와 관련되어 태양광을 이용한 물의 수소와 산소로의 분해 또한 물로 의한 이산화 탄소의 환원과 같은 소위 "인공 광합성(Artificial Photosynthesis)"에 관한 연구가 활발히 진행되고 있다(7.4절). 이것들은 Up-hill Conversion이다. 그러나 암반응에서는 Up-hill Conversion은 열역학적으로 금지된 과정이다[1].

(3) 광화학 반응은 극 저온이나 고체 상태에서도 그 온도나 상태에 영향을 미치지 않고 진행시킬 수 있다. 그것은 광흡수가 전자의 들뜸이며 반응계 전체의 열평형과는 무관하기 때문이다. 그 특징을 이용하여 액체 질소 온도(77 K)와 같은 극 저온에서의 광반응에 의해 라디칼이나 라디칼 이온, 카벤 등의 활성종 또는 불안정 분자 등을 발생시켜, 이것들을 분광학적으로 직접 관찰할 수 있는 연구가 가능하게 된다. 또한 이 특징은 고분자 박막에 매우 좁은 폭의 홈을 파는 광전사(Photolithography)에 응용되고 있다. 이 광전사는 전자 소자 제작에 응용되고 있는 필수적 기술이다(7.2절).

1] 물 분자의 분해 반응 $H_2O \rightarrow H_2 + 1/2O_2$은 25 ℃에서 $\Delta G^0 = 237.1$ kJ mol^{-1}의 Up-hill Conversion이므로 보통 조건에서는 열로써 진행되지 않는다. 그러나 4,310°C에서는 엔트로피 효과에 의하여 $\Delta G^0 = 0$ kJ mol^{-1}로 되기 때문에 > 4,000°C에서 이 반응은 진행한다. 반면에 광화학 반응을 이용하면 상온에서 이 분해 반응을 실현할 수 있다.

(4) 광화학 반응은 특정 파장을 선택함으로써 특정 분자의 변화를 선택적으로 일으킬 수 있는 장점을 가지고 있다. 이 장점을 이용하면 매질이나 다른 분자에 영향을 미치지 않고 목적 분자만을 변화시킬 수 있게 할 수 있다. 이 특징은 사진이나 레이저 프린터, 컬러 필터, 인쇄판과 같은 Imaging 기술/재료에 이용되고 있다(7.2절). 한편 열을 이용하는 암 반응은 특정의 분자만을 활성화시킬 수는 없다.

(5) 들뜬 분자의 수명은 그 분자에 고유한 것이며, 전형적으로는 수백 피코초로부터 밀리초이다. 즉 광화학의 모든 기본 과정은 들뜬 분자의 수명 내에 일어나야 한다. 또한 바닥 상태와 들뜬 상태 간의 전자 전이는 비단열 과정(Non-Adiabatic Process)이기 때문에 들뜬 상태에서의 동역학은 평형 이론으로써 기술할 수 없으며, 제4장에서 설명하는 **일정 상태**(Steady State)를 가정한 속도론적 해석 또는 시간분해 과도기 분광법(Time-Resolved Transient Spectroscopy)에 의하여 해석할 수 있다. 또한 들뜬 상태에서 일어나는 과정들은 펨토초(10^{-15} s)로부터 피코초(10^{-12} s)의 고속 반응(예로 빠른 전자 이동이나 에너지 이동)이 일어날 수 있기 때문에, 초고속 광스위칭으로의 응용도 가능하다. 그러나 암반응에서 이러한 고속 현상은 일어나지 않는다.

이상과 같이 광화학을 이해하기 의해서는 기존의(바닥 상태의) 화학을 설명하는 지식과 함께 그와 다른 사고가 필요하다.

1.2 | 빛의 성질

1.2.1 빛의 파동 운동

빛은 전기장과 자기장이 상호작용하면서 공간을 전파하는 파동의 성질을 갖고 있는 전자파이다(그림 1.4). 빛의 파동적 성질은 Huygens가 제기한 파동설과 Maxwell이 확립한 전자파 이론에 의거하여 설명된다. 빛의 파동 운동을 규정하는 매개 변수들은 다음 것들이며, 그들은 식 (1.1)과 같은 관계를 가진다.

- **광속도**(기호 c): 빛이 1초간에 전파하는 거리. 진공 중의 광속도 = 2.99792458 $\times$ 10^8 m s^{-1}.
- **빛의 파장**(Wavelength, λ): 파동의 골짜기로부터 다음 골짜기, 산으로부터 다음

산, 또는 마디에서 다음 마디까지의 길이이며, 그 단위는 나노미터(1 nm = 1× 10^{-9} m)로 표시한다.

- **진동수**(Frequency, ν): 1초간에 전진하는 파동의 수 = 1초간에 진동하는 횟수. 단위는 헤르츠(Hz).
- **파수**(Wavenumber, $\tilde{\nu}$): 1 cm 간의 파동 수. 단위는 cm^{-1}.

$$\text{광속도}(c) = \text{진동수} \times \text{파장} = \nu \times \lambda \quad (1.1)$$
$$\text{파수}(\tilde{\nu}) = 1/\text{파장} = 1/\lambda$$

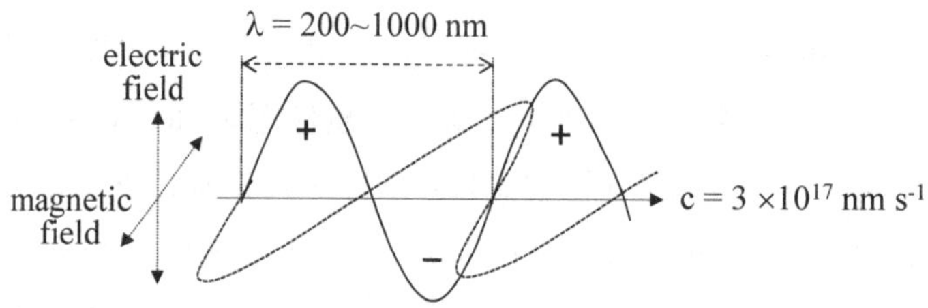

그림 1.4 빛의 파동 운동. 전기장(Electric Field)와 자기장(Magnetic Field)은 서로 직교 관계를 가지면서 빠른 속도로 진동하고 있다. 광화학에서는 주로 파장이 200 nm부터 1000 nm 사이의 빛을 이용한다.

빛은 전자파의 한 종류이며 파장(또는 진동수)에 따라 다음과 같이 분류할 수 있다(그림 1.5).

(1) **진공 자외선**(Far Ultraviolet 또는 Vacuum Ultraviolet (VUV), λ ≤ 200 nm): 간략하게 VUV라고 쓰는 경우가 있다. VUV은 공기의 주성분인 산소와 질소를 비롯하여 많은 물질들에 의하여 흡수되기 때문에 지구상에 도달하지 못하며 진공 상태에서만 관찰할 수 있다. 성층권에서는 VUV에 의하여 산소 분자가 산소 원자에로 분해되고, 이어서 산소 분자와 반응하여 오존이 형성되고 있다. 따라서 성층권에서는 오존 농도가 비교적 높은 층이 형성되고 있으며, 이를 오존층이라 하고, 생물에게 해로운 UV(<300 nm)을 차단해주고 있다.

(2) **자외선**(Near Ultraviolet (UV), 200 nm ≤ λ ≤ 380 nm): 보라색 빛보다 단파장의 빛이며 근자외선이라고도 부른다. 광화학에서 자주 이용되는 빛이며 간략하게 UV라고 쓰는 경우가 많다.

(3) **가시 광선**(Visible Light, 380 nm ≤ λ ≤ 700 nm): 인간의 눈으로 색을 인식할 수 있는 파장의 빛이며, 각 색의 파장은 다음과 같다. 380 nm ≤ 보라색 < 430 nm < 파란색 < 490 nm < 녹색 < 550 nm < 노란색 < 590 nm < 주황색 < 640 nm < 적

색 ≤700 nm

(4) **근적외선**(Near Infrared) (700 nm ≤λ ≤ ~3 μm): Near IR란 약어를 쓰는 경우가 많다.

(5) **적외선**(Infrared) (~3 μm≤λ≤~30 μm): 간략하게 IR라고 쓴다.

그림 1.5에서 보여 주듯이 자외선 및 가시광선은 그 에너지의 크기가 분자의 전자 전이에 필요한 에너지와 또한 대표적인 화학 결합 에너지에 해당하는 크기를 가지고 있다. 따라서 이 책에서 언급하는 **광화학과 밀접하게 관련되는 빛은 자외선과 가시광선**이며, 진공자외선과 근적외선에 의한 광화학도 일부 언급될 것이다.

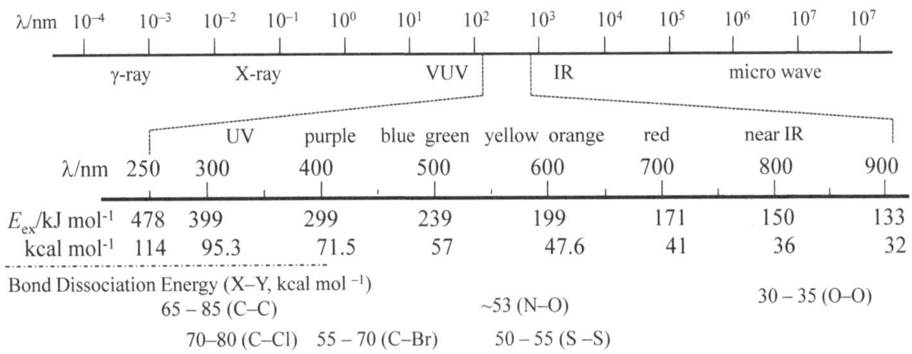

그림 1.5 (위) 전자파의 종류. (아래) 광화학에 이용되는 빛의 종류와 파장 (λ) 및 그 에너지 (E_{ex}).

빛은 진행 방향에 대하여 수직면 내에서 전기장 진동을 하고 있다(그림 1.4). 즉 빛의 전기장 벡터(Electric Vector)는 진행 방향에 대하여 수직면에 있다. 그러나 보통은 빛의 진행 방향과 벡터의 방향은 일정하지 않는다. 한편 전기장 진동에 질서가 있는 경우 이러한 빛을 **편광**(Polarized Light)이라 한다. 편광은 편광판 또는 Glan-Thompson Polarizer와 같은 편광 소자에 빛을 통과시켜서 얻을 수 있다. 질서가 없는 전기장 진동은 공간 좌표축 x, y, z 방향의 벡터로 분해할 수 있기 때문에, 빛은 x축 편광, y축 편광, z축 편광으로 구성되어 있다고 생각할 수 있다. 편광에는 직선 편광, 원 편광, 타원 편광이 있다. 전기장 벡터의 정점을 연결한 선이 빛의 진행 방향으로부터 보아 직선으로 보이는 것이 직선 편광, 원이 되는 것이 원 편광, 타원이 되면 타원 편광이라 한다. 직선 편광은 타원율 = 0, 원 편광은 타원율 = 1의 특수한 타원 편광이라고 생각할 수 있다. 직선 편광은 그 전기장 진동 방향이 쪼이는 대상 표면에 대하여 수직인 경우 이를 p 편광이라 하며, 한편 평행인 경우 s 편광이라 한다. 편광을 이용하여 측정한 스펙트럼을 편광 스펙트럼 (Polarized Spectrum)이라 하며, 빛의 흡수나 방출이 분자 구조와 어떤 관계를 가지는가에 관한 중요한 정보를 제공한다. 그림 1.2의 수소 분자의 σ,σ*−전이 및 σ,π−전이는 각각 y축 직선 편광 및 x축 직선 편광에 의해 일어날 수 있다.

1.2.2 빛의 입자성 – 광자

앞에서 언급한 바와 같이 빛의 성질은 파동으로서 대부분 이해할 수 있으나, 광전 효과나 Compton 효과는 파동 성질만으로 설명할 수 없다. Compton 효과란 X선 ($\lambda = 10^{-10} - 10^{-11}$ m의 빛)을 전자에 쪼였을 때, 전자가 튀어 돌리면서 동시에 X선도 산란된다는 현상이다. 이 현상(Compton 산란)은 파동으로서는 설명할 수가 없으며 입자와 입자 간의 충돌이 있다고 생각하면 충분히 이해할 수 있다. Einstein은 광전 효과의 해석부터 빛의 기초 단위는 $h\nu$ 의 에너지를 가진 입자, 즉 "**광자**(Photon)"라는 광양자설을 제안하였다(h는 Planck 상수). 식 (1.3)은 광자 한 개의 에너지($\mathcal{E}$)를 표시한다. 빛이 입자이면 분자처럼 그 수를 셀 수가 있다. 분자가 아보가드로(Avogadro) 수 N개 있으면, 이를 1 mol로 하는 것처럼, 광자에 대해서도 아보가드로 수 단위로 취급하면 편리하다. 따라서 빛의 에너지에 대해서도 아보가드로 수의 단위로 표시하는 경우가 많다(식 (1.4), 에너지 단위는 kJ mol^{-1})[2].

$$\text{광자 한 개의 에너지 } \mathcal{E}(\text{kJ}) = h\nu = hc/\lambda \tag{1.3}$$

$$\text{아보가드로 수 단위의 광자 에너지 } E(\text{kJ mol}^{-1}) = N\mathcal{E} = Nh\nu = Nhc/\lambda \tag{1.4}$$

1.2.2 광흡수에 관한 법칙

(a) Lambert–Beer의 법칙

분자가 빛을 흡수하는 효율을 정량적으로 알아낼 수 있게 하는 법칙이다. 빛이 물질을 통과할 때, 통과하는 물질의 길이가 d이면 들어오는 빛의 광량 (I_0)과 물질을 통과한 후 투과해서 나오는 빛의 광량 (I) 사이에는 식 (1.5)와 같은 관계가 있다. 사실상 광학 셀과 용매에 의한 반사나 굴절들이 일어나기 때문에, 그를 보정하기 의하여 I_0은 사용하는 용매와 광학 셀을 통과한 빛의 양으로 한다(그림 1.6). 흡

2] 아보가드로 수의 분자를 1 mol라고 하는 것에 대하여 아보가드로 수의 광자를 1 Einstein라 한다. 따라서 아보가드로 수 단위의 광자 에너지는 본래 kJ Einstein^{-1}라고 표시해야 하지만 분자의 에너지 단위를 kJ mol^{-1}로 표기하기 때문에, 편이상 광자의 에너지도 kJ mol^{-1}라고 표시한다.

광도(Absorbance, 기호 A)는 광학 밀도(Optical Density)라고도 부른다. 또한 물질이 흡수한 광량 $(I_0 - I)$은 식 (1.6)과 같다.

$$흡광도\ A\ (Absorbance) = \log(I_0/I) = \varepsilon cd \tag{1.5}$$

$$물질이\ 흡수한\ 빛의\ 양\ (I_0 - I) = I_0 \times (1 - 10^{-A}) \tag{1.6}$$

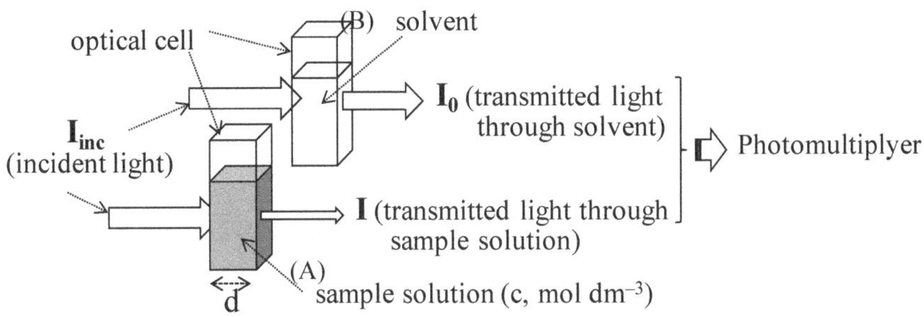

그림 1.6 광흡수 측정 과정을 보여주는 개략적인 모양도. 광원으로부터 나오는 빛을 단색화 장치(Monochromator)에 통과시켜 단색 파장을 선택하여 그 빛을 이등분한다(I_{inc}). 그를 각각 시료 용액 (A) 및 용매 (B)가 들어간 광학 셀(Optical Cell)에 통과시킨다. (B)를 투과한 후의 광량이 I_0, (A)를 투과한 후의 광량이 I이다. 각각 투과한 빛을 수광기에 있는 광전자배증관(Photomultiplyer)로써 검출하여 광량의 차이를 $\log(I_0/I)$로 바꾼다. 단색화 장치의 파장을 차례로 변화시켜, 각각의 파장에 따른 $\log(I_0/I)$의 변화를 기록한 것이 흡수 스펙트럼이다.

여기서 ε은 분자 고유의 매개변수인 몰 흡수 계수(Molar Extinction Coefficient, 단위 $cm^2\ mol^{-1}$), c은 빛을 흡수하는 분자의 농도(단위, $mol\ dm^{-3}$ 또는 M)[3], d은 빛이 통과하는 길이이다(단위, cm). 대개의 경우 크기가 1 cm × 1 cm × 4 cm 의 광학 셀(Optical Cell)을 사용해서 분광기로 측정한다(이 경우에는 d = 1 cm). 흡수 스펙트럼은 가로축을 파장 또는 파수로 하여 이에 대하여 세로축을 흡광도 또는 log(ε)의 변화로 표시한 것이다. **흡광도가 극대로 되는 흡수를 최대 흡수**(Absorption Maximum)라 하며 **그 파장**을 λ_{max}, **그 파장에서의 흡수 계수**를 ε_{max}라고 쓴다. 식 (1.5)는 흡광도가 시료 용질 농도 c에 비례한다는 것을 보여 주는 중요한 관계식으로 광화학 실험에 있어서 시료가 빛을 흡수하는 양을 평가하는 중요한 기초가 된다. 다만 그 물질이 심하게 빛을 반사하거나 산란시키는 경우, 또는 시료 분자의 농도가 높아서 분자간 상호작용이 일어나고 있을 영역에서는 식 (1.5)는 성립하지 않는다.

3] 농도의 단위로서 편이상 M란 기호를 쓰는 경우가 있다. 이 책에서도 이 기호를 쓰고 있다.

(b) Stark-Einstein 원리

"특별하지 않은 조건하에서는 **한 개의 원자나 분자는 한번에 한 개의 광자만 흡수한다**". 즉 두 개 이상의 광자를 동시에 흡수할 수 없다고 예측하는 법칙이며, 이를 광화학 제2법칙이라고도 부른다. 이 법칙은 일반적으로 사용되는 광원, 예를 들어 고압 수은등(광자 밀도가 $10^{15} \sim 10^{16}$개 $cm^{-2}s^{-1}$)의 경우 성립한다. 분자의 단면적은 대체로 $10^{-15} \sim 10^{-14}$ cm^2 이므로 1초 안에 그 분자에 도달하는 광자수는 ($10^{-15} \sim 10^{-14}$ cm^2) × ($10^{15} \sim 10^{16}$개 $cm^{-2}s^{-1}$) = 10 ~ 100개/초 정도이다. 즉 처음의 광흡수가 일어난 0.01 – 0.1초 후에 다음 광자가 도달한다. 그러나 빛을 흡수하여 생긴 들뜬 상태의 수명은 대체로 10^{-6}초(μs 영역)보다 짧다. 즉 두 번째 광자가 도달했을 때에 이미 들뜬 분자는 바닥 상태에 되돌아가거나 화학 반응을 한 후이다. 따라서 들뜬 분자가 두 번째 광자와 만나는 가능성은 거의 없다. 그러나 레이저의 경우 10^{-9}초 이하의 짧은 시간 내에 또한 매우 좁은 면적에 고밀도의 빛을 쪼일 수 있다. 따라서 이러한 경우(즉 특별한 경우)에는 두 번째 광자가 매우 짧은 시간, 예를 들어 10^{-11}초 내에 도달할 수 있기 때문에 Stark-Einstein의 법칙은 성립되지 않는다. 다시 말하자면 레이저를 광원으로 하는 광화학에서는 광자를 두 개 이상 흡수하는 과정들, 즉 2광자 흡수 또는 다광자 흡수로 인한 광화학이 가능하게 되며 그 가능성을 꼭 고려해야 한다.

(c) Grotthus-Draper 원리

"**물질이 흡수하는 빛만이 광화학 반응을 일으킬 수 있다**". 이 원리는 광화학 제1법칙이라고도 한다. 즉 광화학에 있어서 분자나 물질이 어느 파장의 빛을 흡수하는가가 전제 조건이 된다. 예를 들어 벤조페논(Benzophenone)의 2-프로판올(2-Propanol) 용액의 광화학 반응을 설명하겠다. 벤조페논의 용액(농도는 0.01 *M* 정도)에 고압 수은등으로 자외선을 쪼이면 하얀색의 고체가 생긴다. 이 고체는 광화학 반응 생성물인 벤즈피나콜(Benzpinacol)이며, 이는 2-프로판올에 대한 용해도가 낮기 때문에 고체로서 석출된다. 다음으로 가시 광선, 예를 들어 589 nm의 빛을 내는 나트륨 램프로써 광조사했을 때, 하얀색 고체는 생기지 않고 벤조페논이 그대로 남아있는 것을 알 수 있을 것이다. 벤조페논의 흡수 스펙트럼을 보면 이 분자가 빛을 흡수하는 파장(λ_{abs})은 380 nm 이하의 자외선 영역이라는 것을 알 수 있다. 즉 벤조페논은 고압 수은등부터 주로 나오는 365 nm의 자외선을 흡수하여 화학 반응을 하였던 것이다. 반면에 589 nm의 노란색 빛은 흡수되지 않기 때문에 화학 반응은 일어나지 않았다.

$$2(C_6H_5)_2C{=}O + (CH_3)_2CHOH \xrightarrow{h\nu\ (\lambda = 365\ \text{nm})} (C_6H_5)_2C(OH){-}C(OH)(C_6H_5)_2 + (CH_3)_2C{=}O$$

$$2(C_6H_5)_2C{=}O + (CH_3)_2CHOH \not\xrightarrow{h\nu\ (\lambda = 589\ \text{nm})} (C_6H_5)_2C(OH){-}C(OH)(C_6H_5)_2 + (CH_3)_2C{=}O$$

($\lambda_{abs} < 370$ nm) Benzpinacol

Chapter_02

전자 상태와 전자 전이

분자가 σ-결합만으로 이루어져 있는 경우 그 분자에 의한 빛의 흡수는 진공 자외선 영역에서만 일어난다. 한편 π-결합을 가진 분자는 π-짝지음(π-Conjugation)의 크기에 따라 근자외선으로부터 근적외선에 이르는 다양한 파장의 빛을 흡수하며, 또한 다양한 광화학적 거동을 보여 준다. 따라서 **이 책에서는 π-결합을 가진 화합물의 광화학에 대해서 다루도록** 한다. 이 장에서는 π-결합을 가진 분자들의 바닥 상태와 들뜬 상태, 그리고 그들 간의 전이(**전자 전이**)를 이해하는 데 있어서 가장 기본이 되는 분자들, 에틸렌(Ethylene, $H_2C{=}CH_2$)과 폼알데하이드(Formaldehyde, $H_2C{=}O$)에 대해서 대표적으로 해설한다.

2.1 | 에틸렌의 분자 궤도함수

그림 2.1에 에틸렌의 분자 궤도함수(Molecular Orbital)가 원자 궤도함수(Atomic Orbital)들로부터 만들어지는 과정이 개념적으로 나타나 있다. 에틸렌은 두 개의 탄소 원자와 네 개의 수소 원자가 결합한 평면 구조를 가진 분자이며, 16개의 전자(탄소 원자의 2×6개의 전자 + 수소 원자의 네 개의 전자)가 여러 다른 에너지 준위를 가진 분자 궤도함수를 형성하여 그 전위 마당에서 운동하고 있다. 분자 궤도함수는 기본으로 되는 파동함수의 선형 결합으로 표시된다. 여기서는 주목하는 결합에 한정하여 에틸렌의 분자 궤도함수를 생각하기로 한다. 탄소 원자에는 주양자

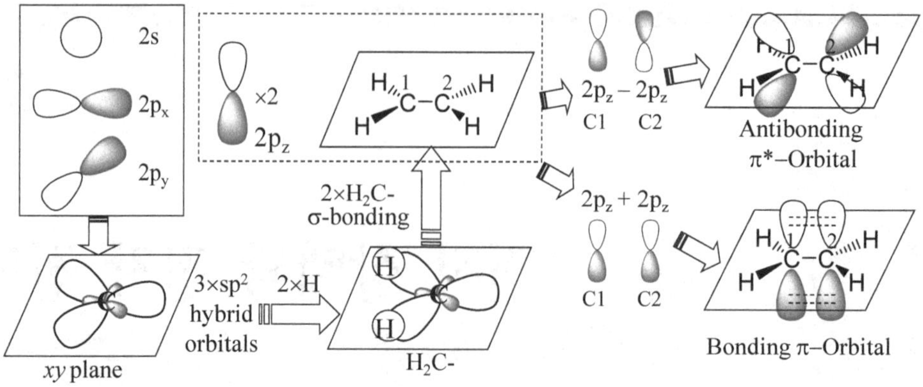

그림 2.1 에틸렌의 분자 궤도함수 구축 모식도. 2p 및 sp^2 궤도함수의 흰색 부분과 회색 부분은 서로 위상의 부호가 다르다는 것 (즉 + 또는 –)을 가리키고 있다.

수 $n = 2$에 한 개의 2s 원자 궤도함수와 세 개의 2p 원자 궤도함수($2p_x$, $2p_y$, $2p_z$)가 있으며, 거기에 네 개의 전자가 분배된다. 한 개의 2s 원자 궤도함수와 두 개의 2p 원자 궤도함수($2p_x$, $2p_y$)로부터 세 개의 sp^2 **혼성 궤도함수**(Hybrid Orbital)가 형성되고, 그것들과 혼성에 참여하지 않은 $2p_z$ 원자 궤도함수가 에틸렌의 기저 궤도함수(Basis Set)가 된다. 세 개의 sp^2 혼성 궤도함수는 xy 평면 위에 존재하고 서로 120°의 각도를 가지고 있으며, xy 평면의 상하 수직방향에 $2p_z$ 원자 궤도함수가 펴져 있다. 여기에서 $2p_z$ 원자 궤도함수는 xy 평면 위쪽과 아래쪽 궤도함수 부분에서 서로 다른 부호 (+ 또는 –)를 갖고 있다는 것, 즉 반대칭이라는 것에 주목하자. 수소 원자의 1s 궤도함수가 sp^2 혼성 궤도함수 두 개와 겹침으로써 C–H 결합이 형성되고, 메틸렌(Methylene, CH_2)기가 생긴다. CH_2기는 x축 방향에 펴져 있는 또 하나의 sp^2 혼성 궤도함수와 z축 방향에 펴져 있는 $2p_z$ 궤도함수를 갖고 있다. CH_2기 두 개가 접근하여 sp^2 혼성 궤도함수가 서로 겹치면 탄소–탄소 σ–결합이 형성된다. 그와 동시에 C–C 결합에 대하여 수직 방향에 펴져 있는 두 개 $2p_z$ 궤도함수도 서로 겹치게 됨으로써 π–결합이 생긴다. 여기에서 σ–결합과 π–결합을 정의하면 다음과 같다. 해당 결합축(여기에서는 C–C 결합)에 관하여 180° 회전시켰을 때, 궤도함수의 부호가 변하지 않은 경우(이를 회전에 관하여 대칭이라고 함), 이를 σ–결합이라 한다. 한편 부호가 (+)로부터 (–)로 또는 (–)로부터 (+)로 바뀌는 경우(회전에 관하여 반대칭인 경우), 이를 π–결합이라 한다.

우선 π–결합에 주목하여 분자 궤도함수 법에 의해 구성된 결합 형태를 고찰하겠다. 두 개 탄소 원자의 $2p_z$ 원자 궤도함수를 각각 $\phi_1(2p_z)$ 및 $\phi_2(2p_z)$라 표현하면, 그들이 π–결합의 기저 함수가 되며 그들의 선형 결합(Linear Combination)이 π–

결합의 분자 궤도함수를 형성한다. 두 개의 기저 함수로부터 두 개의 분자 궤도함수가 만들어진다: $\varphi(\pi) = C\{\phi_1(2p_z) + \phi_2(2p_z)\}$ 및 $\varphi(\pi^*) = C^*\{\phi_1(2p_z) - \phi_2(2p_z)\}$ (C 및 C*은 규격화 상수). $2p_z$ 궤도함수는 xy 평면에 관하여 반대칭, 즉 xy면 위쪽 z축 방향 궤도부분의 부호(Sign)를 + (또는 −)로 하면, 아래쪽은 − (또는 +) 부호를 가지게 된다. 따라서 두 개 $2p_z$ 궤도함수를 선형 결합하면, z축 방향의 부호가 서로 같은(yz면에 대하여 대칭인) 것과 반대칭인 두 경우가 생긴다. 두 개 $2p_z$ 궤도함수 위쪽과 아래쪽 부분의 부호가 같은 경우(즉 대칭인 경우)에는 그들은 서로 겹치고 C–C 결합의 위쪽과 아래쪽에서 비편재한 분자 궤도함수가 형성되고 안정화된다. 이를 **결합 분자 궤도함수**(Bonding Molecular Orbital, $\varphi(\pi)$)라 하며 **π−궤도함수**라 부른다. 반대칭인 경우, 반대의 부호를 가진 두 개 $2p_z$ 궤도함수는 겹칠 수 없어 각 탄소 원자 위에서 편재화되면서 서로 반발하여 C–C 결합 방향과 반대쪽으로 펴진 분자 궤도함수를 형성한다. 따라서 이 분자 궤도함수는 불안정화한다. 이 궤도함수를 **반결합 분자 궤도함수**(Antibonding Molecular Orbital, $\varphi(\pi^*)$)라 하며 **π*−궤도함수**라 부른다.

다음으로 C–C σ−결합에 관해서 생각해 보자. σ−결합의 기저함수는 sp^2 혼성 궤도함수이며, 그 분자 궤도함수는 $\varphi(\sigma) = C'\{\phi_1(sp^2) + \phi_2(sp^2)\}$ 및 $\varphi(\sigma^*) = C'^*\{\phi_1(sp^2) - \phi_2(sp^2)\}$란 식으로 표현된다. σ−궤도함수는 sp^2 혼성 궤도함수가 겹침으로써 형성되지만, 이 궤도함수는 x축 방향에 분포 확률이 크게 펴지고 있는 부분과 그 반대 방향에 작게 펴진 부분으로 구성되고 있으며 두 부분의 부호는 서로 다르다. 두 개의 sp^2 혼성 궤도함수가 x축에 따라 서로 접근할 때, 그들의 큰 부분의 부호가 같은 경우와 반대인 두 가지 조합이 있을 수 있다. 부호가 같은 경우 sp^2 혼성 궤도함수는 크게 겹치게 되며, 따라서 크게 안정화한 σ−궤도함수가 형성된다. 이렇게 형성된 분자 궤도함수를 **결합 σ−궤도함수**(Bonding σ-Orbital, $\varphi(\sigma)$)라 한다. 이 σ−궤도함수의 형성 상황은 π−궤도함수가 $2p_z$ 궤도함수의 측면 방향에서의 겹침으로써 형성되는 것과 비교하면 차이가 있음을 알 수 있을 것이다. 즉 $2p_z$ 궤도함수의 겹침은 σ−궤도함수가 형성될 때와 비교하면 궤도함수끼리의 겹침 정도가 적고 부분적이다. σ−궤도함수는 sp^2 혼성 궤도함수 사이의 겹침의 정도가 크고, 더욱이 sp^2 혼성 궤도함수가 $2p_z$ 궤도함수보다 안정하기에, π−궤도함수에 비하면 σ−궤도함수는 크게 안정화한다. 반면에 두 개 sp^2 혼성 궤도가 반대 부호를 가지면서 접근하면, 그 사이에 큰 반발이 나타나게 되어 궤도함수는 서로 겹치지 못하고 큰 궤도함수 부분이 결합하는 방향의 반대 방향으로 자리하게 된다. 이 분자 궤도함수를 **반결합 σ−궤도함수**(Antibonding σ-Orbital, φ(σ*))라 하며 **σ*−궤도함수**라 부른다. σ*−궤도함수는 궤도함수 사이의 반발이 매우 크기 때문에 π*−궤도함수보다 훨씬 불안정하다.

위에서 기술한 것처럼 에틸렌의 분자 궤도함수가 얻어진다. 즉 에틸렌의 분자 궤도함수는 φ(σ), φ(π), φ(π*), φ(σ*)이며 이 순서로 에너지 준위가 높아진다(그림 2.2)[1]. 얻어진 분자 궤도함수들에 에틸렌 분자를 이루는 전자 12개를 분배하면 다음과 같다. 전자의 분배에 관한 원칙(Aufbau 원리와 Pauli의 배타 원리)에 따라 궤도함수들의 에너지가 낮은 순서대로 각 궤도함수들에 두 개씩 전자를 분배한다. 우선 가장 안정한 네 개의 C–H σ−궤도함수에 여덟 개의 전자를(그림 2.2에서는 생략), 다음으로 안정한 C–C σ−궤도함수(φ(σ))에 전자 두 개를, 그래서 나머지 두 개를 π−궤도함수 (φ(π))에 분배한다. 이렇게 전자가 분배되었을 때 전자 두 개로써 점유된 가장 에너지가 높은 궤도함수를 **최고 점유 분자 궤도함수**(<u>H</u>ighest-<u>O</u>ccupied <u>M</u>olecular <u>O</u>rbital)라 하며 간략하게 **HOMO**라고 표시한다. 에틸렌 분자의 HOMO는 φ(π)이다. 반면에 전자가 분배되지 않아 비어 있는 궤도함수 중 가장 에너지가 낮은 궤도함수를 **최저 비점유 분자 궤도함수**(<u>L</u>owest <u>U</u>noccupied <u>M</u>olecular <u>O</u>rbital)라 하며 간략하게 **LUMO**라고 표시한다. 에틸렌 분자의 경우 φ(π*)이다. 다음으로 두 개 전자가 같은 궤도함수에 들어갈 때, Pauli의 베타 원리에 따르면 그 두 개 전자는 서로 다른 스핀 양자수(Spin Quantum Number)를 가져야 한다. 스핀 양자수에는 두 개가 있으며, 그들을 편리하게 화살표의 방향 (↑ 또는 ↓)으로 표시하며, 화살표의 방향이 반대로 되도록 들어가야 한다(상세한 설명은 2.3절 참조). 즉 φ(σ)(↑ ↓) 및 φ(π) (↑ ↓)라 표기된다. 이러한 **스핀 상태를 단일항 상태**(Singlet State)라 부른다. 이 전자 상태가 바로 **바닥 상태 에틸렌의 전자 상태**이며 다른 올레핀 분자들에게도 일반적으로 적용되는 개념이다.

지금 π−궤도함수에 속하고 있는 전자 하나가 π−궤도함수와 π*−궤도함수 간의 에너지 차이 = E(φ(π*)) − E(φ(π))에 해당되는 빛(λ ≈ 160 nm)과 상호작용하면 π*−궤도함수 운동을 하게 된다. 즉 전자 하나가 φ(π)부터 φ(π*) 준위로 올라간다. 이것을 **π,π*−전이**(π,π*−Transition)라 부르며, 이러한 전자 상태의 변화(전자 준위의 뛰어오르기)를 일반적으로 **전자 전이**(Electronic Transition)라 한다. 전자 전이가

1] 네 개의 C–H 결합의 σ−궤도함수는 에너지 준위가 C–C σ−궤도함수 (φ(σ))보다 낮고, 또한 C–H σ*−궤도함수는 C–C σ*−궤도함수 (φ(σ*))보다 높다. 그림 2.2에서는 복잡화를 피하기 위하여 그들 궤도함수들을 제외하였다.

일어나서 **전자가 φ(π)와 φ(π*)에 한 개씩 존재하는 상태를 π,π*–들뜬 상태**(π,π*–Excited State) 또는 간략하게 **π,π*–상태**라 한다. 이 상태에서는 한 개의 전자는 φ(π)의 궤도함수 운동을 하고 있고, 또 하나는 φ(π*)의 궤도함수 운동을 하고 있다. 마찬가지로 σ–궤도함수의 전자가 σ*–궤도함수에 올라가는 전자 전이는 σ,σ*–전이라 하며, 이루어진 상태는 σ,σ*–들뜬 상태이다.

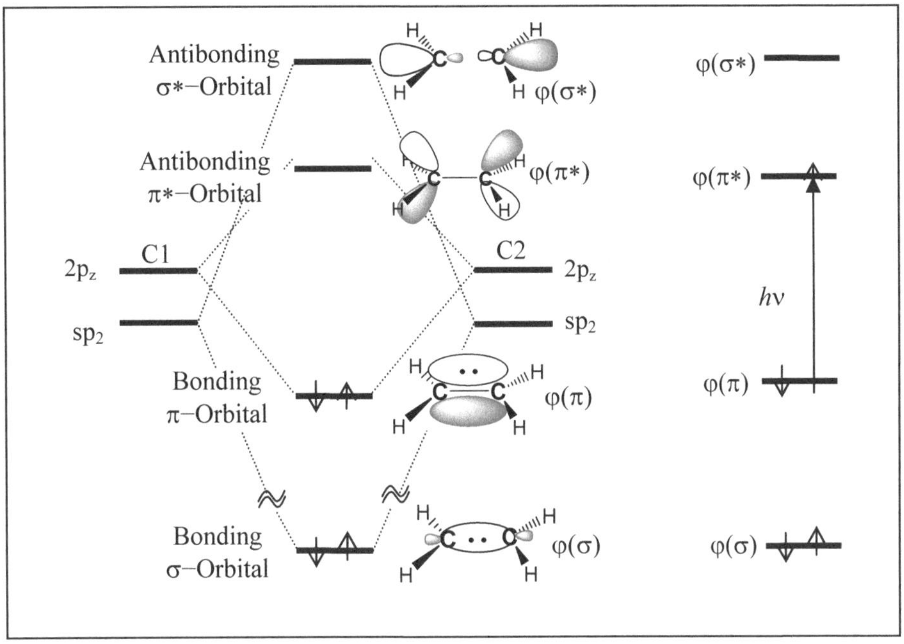

그림 2.2 (왼쪽) 에틸렌의 분자 궤도함수와 바닥 상태의 전자 배치. 궤도함수 안에 있는 화살표(↑ 또는 ↓)는 그 궤도함수에 들어 있는 전자를 표시. 네 개의 C–H σ–궤도함수는 생략. (오른쪽) π–궤도함수의 전자 한 개가 빛을 흡수하여 π*–궤도함수에 올라간 π,π*–상태의 전자 배치. 각 궤도함수에 들어간 화살표의 방향은 전자의 스핀 상태를 나타냄.

2.2 | 카보닐 화합물의 분자 궤도함수

유기 광화학에 있어서 또 하나의 대표적인 화합물은 카보닐 화합물($R^1R^2C=O$)이다. 카보닐기(>C=O)는 C=O 이중 결합을 이루는 π–결합과 σ–결합 외에 산소 원자에 비공유 전자쌍을 가지고 있어 올레핀과 다른 특이한 전자 상태를 이루고 있으며, 또한 그에 인한 특징적인 광화학적 거동을 보여 준다. 여기에서는 가장 간단한 화합물인 폼알데하이드(Formaldehyde, $H_2C=O$))를 선택하여 카보닐기의 특징적인 전자 상태를 살펴보기로 한다.

에틸렌의 경우와 마찬가지로 혼성 궤도함수와 2p 원자 궤도함수를 기저 함수로 정한다. 폼알데하이드 분자는 H_2C기와 산소 원자(O)로 구성되고 있다. 2.1절에서 보여준 바와 같이 탄소 원자의 두 개의 sp^2 혼성 궤도함수와 두 개의 수소 원자 1s 궤도함수가 겹쳐서 H_2C기가 형성된다. H_2C기가 xy 평면 내에 있다면 z축 방향에 $2p_z$ 궤도함수(이를 $2p_z$(C)라고 쓰겠다)가 퍼져 있고, 남아 있는 또 하나의 sp^2 혼성 궤도함수는 x축 방향으로 퍼져 있다. 산소 원자의 경우 2s 궤도함수와 $2p_x$ 궤도함수로부터 두 개의 sp 혼성 궤도함수(이를 각각 sp_+ 및 sp_-라고 구별하자)가 형성되며, 이들은 x축에 따라 자리잡고 있다. 이 혼성 궤도함수들은 한쪽 방향으로 궤도함수의 분포가 크게 존재하며, 그 방향의 큰 궤도함수 부분(부호 +)과 반대 방향의 작은 부분(부호 −)으로 이루어져 있다. 그 외에 $2p_y$ 궤도함수(이를 $2p_y$(O)라고 씀)와 $2p_z$ 궤도함수(이를 $2p_z$(O)라고 씀)가 카보닐기의 결합에 참여하고 있다. 즉 sp_+, sp_-, $2p_y$(O), $2p_z$(O)가 산소 원자의 기저 함수가 된다(아래 궤도함수 그림 참조). 산소 원자의 sp_+ 궤도함수가 H_2C기의 sp_2 궤도함수와 겹쳐서 C–O σ−결합이 생긴다. 이렇게 하여 폼알데하이드의 분자 골격(H_2C–O)이 형성된다. 또한 에틸렌의 경우와 마찬가지로 탄소 원자의 $2p_z$(C)와 산소 원자의 $2p_z$(O)가 π−결합을 형성하여 π−궤도함수와 π*−궤도함수가 이루게 된다. 반면에 $2p_y$(O)와 sp_-은 결합에 관여하지 않는다. 특히 $2p_y$(O)는 σ−궤도함수 및 π−궤도함수와 서로 수직으로 존재하여 이들 궤도함수들끼리의 겹침은 없기 때문에, 이 궤도함수들과 상호작용하지 않은 독립성이 강한 궤도함수이다. 따라서 $2p_y$(O)와 sp_-은 분자 궤도함수가 형성된 후에도 그 에너지 위치를 기본적으로 유지한다. 이렇게 하여 폼알데하이드의 분자 구조(H_2C=O)와 전체 분자 궤도함수가 구축된다(아래 그림 및 그림 2.3).

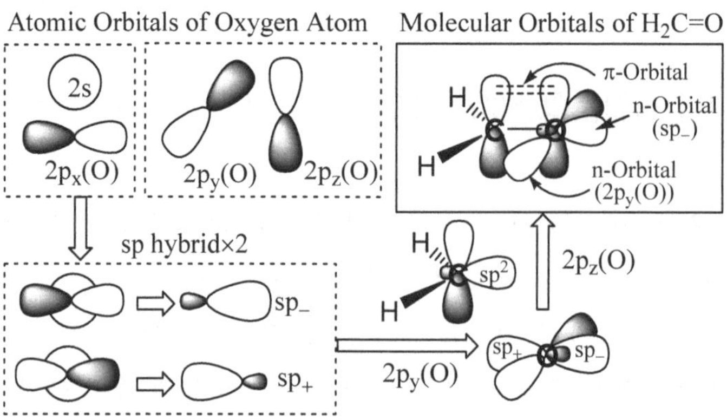

다음으로 폼알데하이드의 바닥 상태 전자 배치에 관해서 설명하겠다. 카보닐기(>C=O)의 σ-궤도함수와 π-궤도함수에 각각 전자를 두 개씩 배분하는 것은 에틸렌의 경우와 같다. 그러나 에틸렌과 근본적으로 다른 점은 카보닐기의 산소에는 화학 결합에 관여하지 않은 sp_- 궤도함수와 $2p_y$ 궤도함수가 존재하며, 이 궤도함수들은 전자를 각각 두 개씩 가지게 된다는 것이다. 화학 결합에 관여하지 않은 이러한 분자 궤도함수를 **비결합 궤도함수**(Non-bonding Orbital) 또는 **n-궤도함수**라 하며, 거기에 들어간 두 개 전자를 비공유 전자쌍(Non-covalent Electron Pair)이라 한다. 이 분자 궤도함수들에 있어서 **n($2p_y$)-궤도함수는 π-궤도함수 성격**을 가지고 있고, 한편 **n(sp_-)-궤도함수는 σ-궤도함수 성격**을 가지고 있다는 것을 주목할 필요가 있다. 그림 2.3에 폼알데하이드의 분자 궤도함수 도표를 보여 준다. 즉 폼알데하이드의 분자 궤도함수는 φ(σ), φ(n(sp_-)), φ(π), φ(n($2p_y$(O))), φ(π*), φ(σ*)이며 궤도함수의 에너지 준위는 이 순서로 올라간다. 그림 2.3부터 알 수 있는 바와 같이 **폼알데하이드의 HOMO**는 **φ(n($2p_y$(O))**이며, 에틸렌의 경우와 다르다. 한편 **LUMO**는 **φ(π*)**이며 에틸렌과 같다. 따라서 에틸렌에서 보여준 σ,σ*-전이와 π,π*-전이 외에

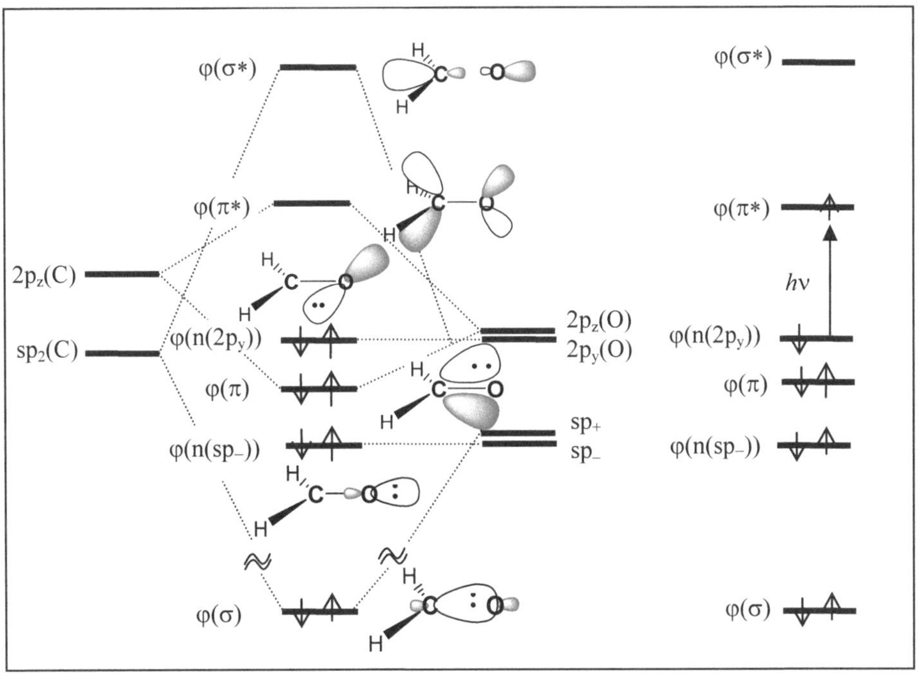

그림 2.3 (왼쪽) 폼알데하이드의 분자 궤도함수와 바닥 상태의 전자 배치. 분자 평면은 종이 표면에 대하여 수직. 궤도함수 밀도는 φ(σ) 및 φ(π)에서는 산소 쪽이 크고, 반면에 φ(π*)에서는 탄소 쪽이 크다. (오른쪽) n-궤도함수의 전자 한 개가 빛을 흡수하여 π*-궤도함수에 올라간 n,π*-상태의 전자 배치

$\varphi(n(2p_y(O)))$의 전자가 $\varphi(\pi*)$에 뛰어올라가는 전자 전이가 가능하며, 이 전자 전이를 **n,π*−전이**라 한다. 즉 n,π*−전이에 필요한 에너지 크기가 제일 작으며, 따라서 n,π*−전이가 일어나는 광흡수(n,π*−흡수)는 제일 긴 파장에서 나타난다. 사실 기체 상태의 폼알데하이드의 n,π*−흡수는 π,π*−전이(~160 nm)보다 장파장(260 ~ 350 nm)에 진동 구조를 가지면서 나타난다. 이 전자 전이에 의해 이루어진 상태를 **n,π*−상태**라 한다.

폼알데하이드가 에틸렌과 다른 또 하나의 특징을 지적하여야 한다. 산소 원자의 전기 음성도가 탄소 원자보다 크기 때문에, 산소의 $2p_z(O)$ 및 $2p_y(O)$의 에너지 준위는 탄소 원자의 $2p_z(C)$ 에너지 준위보다 낮다. 따라서 π−궤도함수 ($\varphi(\pi)$)에 대하여 산소의 $2p_z(O)$가 $2p_z(C)$보다 가깝고, 한편 탄소 원자의 $2p_z(C)$ 에너지 준위는 보다 떨어진 위치에 있다. 그 결과 π−궤도함수에 대한 $2p_z(O)$의 기여는 $2p_z(C)$보다 크다. 즉 π−궤도함수를 나타내는 식 $\varphi(\pi) = C_1\phi_1(2p_z(C)) + C_2\phi_2(2p_z(O))$에서 각 기저함수에 대한 계수는 $C_1 < C_2$로 된다. 말을 바꾸면 π−궤도함수의 분포 밀도는 산소 원자 쪽에 보다 많이 치우쳐 있다. 이는 바닥 상태에서 π−궤도함수($\varphi(\pi)$)에 들어간 두 개 전자가 존재하는 확률은 산소 원자 쪽에 더 많이 분포되어 있을 확률이 높다는 것을 의미한다. 즉 **바닥 상태 폼알데하이드**는 $\mathbf{H_2C^{\delta+}{=}O^{\delta-}}$ **(δ < 1)**와 같이 분극하고 있으며, 산소 쪽은 친핵적(Nucleophilic) 성질을 띠고, 탄소 쪽은 친전자적(Electrophilic) 성질을 가지게 된다. 이는 바닥 상태 카보닐 분자의 화학적 성질을 잘 설명한다.

그러면 $\varphi(n(2p_y(O)))$에 있었던 전자 한 개가 $\varphi(\pi*)$에 올라간 n, π*−상태의 전자적 성질은 어떻게 될까? 이 들뜬 상태에서는 산소 원자의 $n(2p_y(O))$에 있었던 전자 한 개가 없어졌기 때문에, 산소 원자 쪽 전자 밀도는 전이 전에 비하여 감소하게 된다. 한편 π*−궤도함수 ($\varphi(\pi*)$)에 있어서는 탄소 원자의 $2p_z(C)$가 $2p_z(O)$보다 가깝기 때문에 π*−궤도함수 밀도는 탄소 원자 쪽에 더 크게 기울어져 있다. 따라서 $\varphi(\pi*)$에 올라간 전자는 탄소 원자 쪽에 존재하려고 한다. 즉 **n,π*−상태**는 바닥 상태에 있는 것과 비교하면 >C=O의 극성이 낮고, 오히려 **산소 원자 쪽은 친전자적이고 탄소 원자 쪽은 친핵적**이라고 예측할 수 있다. 이것은 n,π*−전이에 대한 용매 효과를 잘 설명한다. 카보닐 화합물의 n,π*−흡수의 파장은 용매의 극성이 높아짐에 따라 단파장으로 이동하는 경향을 보여 준다. 이것은 바닥 상태에 비하여 n,π*−단일항 상태의 극성이 낮기 때문에 일어나는 현상이다. 즉 용매의 극성이 높아지면 용매화에 의하여 바닥 상태는 상당히 안정화되지만, 그 안정화 정도에 비하여 n,π*−상태의 안정화는 작다. 따라서 바닥 상태와 n,π*−단일항 상태 간의 전이 에너지는 더 커지게 된다. n,π*−상태의 또 하나의 특징은 독립적인 φ(n(2p_y(O)))에 전자가 한 개만 있는 것으로부터 나타난다. 즉 **n,π*−상태 카보닐기는 라디칼(Radical)의 성질을 가진다**는 것을 의미한다. 사실 n,π*−상태 카보닐 분자는 C–H 결합으로부터 라디칼적으로 수소 원자를 떼어내는 라디칼 반응성을 보여 주며, 또한 올레핀의 C=C 결합에 친전자적으로 첨가하는 반응 거동을 보여 준다(도식 2.1).

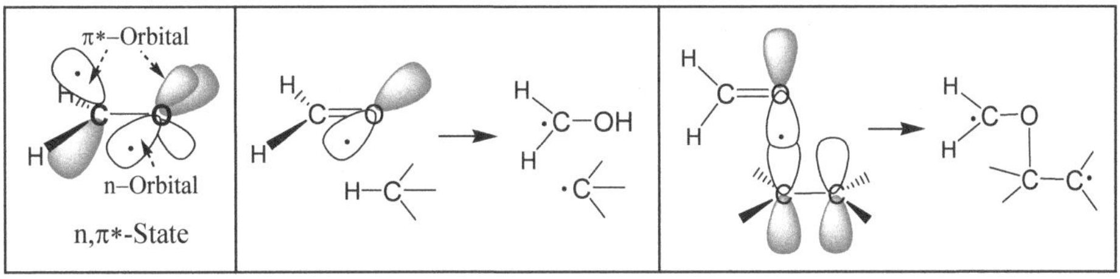

도식 2.1 (왼쪽) n,π*−상태의 전자 배치의 개념도. (가운데) n,π*−상태 분자의 라디칼적 수소 떼기 반응. (오른쪽) n,π*−상태 분자의 〉C=C〈로의 첨가.

2.3 | 들뜬 상태의 전자 상태

광화학에 있어서 기본 분자인 에틸렌과 폼알데하이드의 분자 궤도함수와 전자 상태를 설명했다. 우선 관계되는 용어를 정리하기 위해 일반적인 한 예로 분자 궤도함수 네 개 및 전자 네 개로 구성되는 전자계를 생각하도록 한다. 분자 궤도함수와 에너지(괄호 내의 ε_n)을 $\varphi_1(\varepsilon_1)$, $\varphi_2(\varepsilon_2)$, $\varphi_3(\varepsilon_3)$, $\varphi_4(\varepsilon_4)$라 하면 에너지는 이 순서로 높아진다. 그림 2.2 및 2.3을 보자. 에틸렌의 경우에는 φ(σ), φ(π), φ(π*), φ(σ*)에 해당되고, 폼알데하이드의 경우에는 φ(π), φ(n(2p_y)), φ(π*), φ(σ*)에 해당한다. 이 네 개의 분자 궤도함수들에 네 개의 전자를 배분했을 때 이를 **전자 배열**(Electronic Configuration)이라 하며, 전자가 배분된 상태를 **전자 상태**(Electronic State)라 한다.

(1) **바닥 상태**(Ground State) − 전자계 전체 에너지가 가장 낮은 전자 상태. 전자 배열은 $(\varphi_1)^2(\varphi_2)^2$ (φ_1 및 φ_2에 각각 전자 두 개 분배). 에틸렌은 $(\varphi(\sigma))^2$, $(\varphi(\pi))^2$. 폼알데하이드는 $(\varphi(\pi))^2$, $(\varphi(n(2p_y))^2$에 해당하며 에너지는 $E_0 = 2\varepsilon_1 + 2\varepsilon_2$.

(2) **최저 들뜬 상태**(Lowest Excited State) − 바닥 상태보다 에너지가 높은 상태이나, 들뜬 상태 중 에너지가 가장 낮은 전자 상태. 전자 배열은 $(\varphi_1)^2(\varphi_2)^1(\varphi_3)^1$

(φ_1에 전자 두 개, φ_2에 한 개, φ_3에 한 개 분배). 에너지는 $E_1 = 2\,\varepsilon_1 + \varepsilon_2 + \varepsilon_3$. 에틸렌의 π,π^*–상태가 이에 해당하며, 그 전자 배열은 $(\varphi(\sigma))^2$, $(\varphi(\pi))^1$, $(\varphi(\pi^*))^1$. 마찬가지로 폼알데하이드의 경우 n,π^*–상태이며, 그 전자 배열은 $(\varphi(\pi))^2$, $(\varphi(n(2p_y))^1$, $(\varphi(\pi^*))^1$.

(3) **보다 높은 들뜬 상태**(Higher Excited State) – 최저 들뜬 상태보다 더 높은 에너지를 가진 상태로, 그 전자 배열은 $(\varphi_1)^2(\varphi_2)^1(\varphi_4)^1$ (φ_1에 전자 두 개, φ_2에 한 개, φ_4에 한 개 분배). 에너지는 $E_1 = 2\,\varepsilon_1 + \varepsilon_2 + \varepsilon_4$. 에틸렌의 π,σ^*–상태가 해당하며 그 전자 배열은 $(\varphi(\sigma))^2$, $(\varphi(\pi))^1$, $(\varphi((\sigma^*))^1$. 폼알데하이드의 π,π^*–상태가 이에 해당되고, 전자 배열은 $(\varphi(\pi))^1$, $(\varphi(n(2p_y))^2$, $(\varphi(\pi^*))^1$.

전자 배열과 전자 상태는 이상과 같지만 **스핀 상태** (Spin State)에 대해서는 아직 언급하지 않았다. 이미 2.2절에서 두 개 전자가 같은 궤도함수에 들어갈 때 **Pauli의 배타 원리**를 따라야 하며, 같은 궤도함수에 들어간 두 개 전자 각각의 스핀 양자수는 달라야 한다고 설명 없이 언급하였다. 또한 들뜬 상태에는 단일항 상태와 삼중항 상태가 존재할 수 있다고도 언급하였다. 이제부터 스핀 상태에 대하여 설명하고자 한다.

2.3.1 스핀 양자수와 Pauli의 배타 원리

전자의 운동과 에너지는 Schrödinger의 파동 방정식으로부터 주어지는 주양자수 n, 방위양자수 l, 자기양자수 m_l 등 세 개의 양자수로써 설명된다. 그러나 원자 스펙트럼에 대한 자기장의 Zeeman 효과, 또한 Ag 원자의 운동에 대한 불균일 자기장 효과 등에서 나타나는 것처럼 전자가 본질적으로 두 종류의 정반대로 되는 자기적 성질을 갖고 있다는 사실이 알려졌다. 이러한 현상들은 전자의 자기적 성질과 관련되는 스핀 양자수(m_s)를 가정함으로써 합리적으로 설명할 수 있다. 스핀 양자수는 두 개가 가능하며, $m_s = +1/2$인 경우 이를 α–스핀, $m_s = -1/2$의 경우를 β–스핀이라고 한다. 이상과 같이 원자 및 분자 내의 전자의 운동을 양자역학으로 고찰할 때, 전자의 스핀까지 포함한 네 종류의 양자수(n, l, m_1, m_s)가 필요하다. 스핀 양자수에 관련된 **Pauli의 배타 원리**란 다음과 같다. **"네 종류의 양자수에 의해 결정된 상태를 가지는 전자는 한 개만 허용되며, 두 개 이상의 전자가 동시에 같은 상태를 가질 수 없다."**

여기에서 에틸렌의 바닥 상태를 생각해 보자. 전자 배열은 $\varphi(\sigma)^2\varphi(\pi)^2$이다. 파동함수 $\varphi(\sigma)$ 및 $\varphi(\pi)$가 주어지면 각 궤도함수들의 에너지와 운동을 규정하는 양자

수(n, l, m_l)들은 정해져 있다. 즉, 이 궤도함수들에 전자가 들어갈 때 이미 n, l, m_l은 결정되어 있기 때문에, 전자는 네 번째 양자수인 스핀 양자수만 선택할 수 있다. 따라서 두 개 전자 중 한쪽이 $m_s = +1/2$ (α)을 취하면, 다른 한 개 전자는 $m_s = -1/2$ (β)의 스핀 양자수를 취할 수밖에 없다. 결국 스핀 상태를 포함한 전자 배열은 $\varphi(\sigma)\{(\alpha)^1(\beta)^1\}\varphi(\pi)\{(\alpha)^1(\beta)^1\}$가 된다. 스핀 상태를 표현하기 위하여 **스핀 다중도**(Spin Multiplicity, S)라는 매개변수를 사용하며, 그것은 $S = 2\sum m_s + 1$란 식으로 표현된다. 따라서 바닥 상태의 스핀 다중도는 $S = 1$이다. 이를 **단일항 상태**(Singlet State)라고 한다. 카보닐 화합물 경우에도 바닥 상태의 스핀 다중도는 단일항이라는 것은 쉽게 판단할 수 있을 것이며, 유기 화합물에 대하여 일반적으로 바닥 상태의 스핀 다중도가 단일항이라고 할 수 있다. 즉 특별한 경우를 제외하고 **유기 화합물의 바닥 상태는 일반적으로 단일항 상태이다**(즉 S_0)[2]. 또한 Pauli의 배타 원리에

2] 산소 분자는 바닥 상태가 삼중항 상태를 가진 특수한 분자이다.

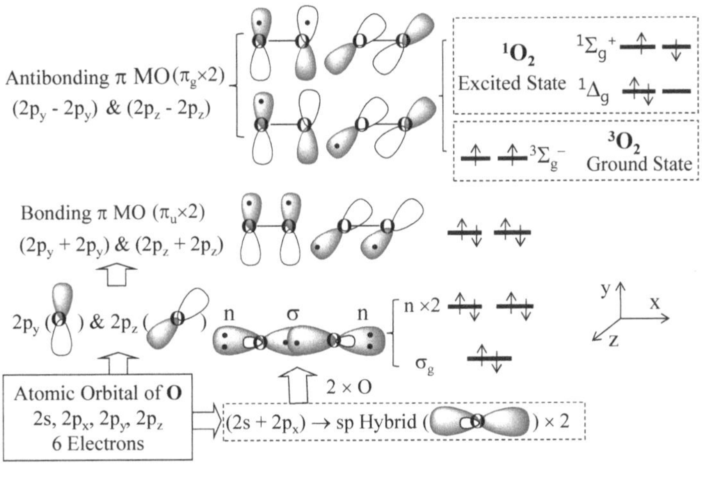

이 특이적 전자 상태에 관해서 설명하겠다(위 그림 참조). 결합에 관여하는 산소 원자의 원자 궤도함수는 2s, $2p_x$, $2p_y$, $2p_z$이며 여섯 개의 전자가 존재한다. 2s 및 $2p_x$ 궤도함수로부터 생긴 두 개 sp 혼성 궤도함수가 산소-산소 σ-결합과 x-축 반대 방향에 펴진 두 개 n-궤도함수를 형성한다. 남은 $2p_y$ 및 $2p_z$ 궤도함수가 각각 에너지적으로 겹친 결합성 π-궤도함수(두 개 π_u MO = $2p_y + 2p_y$, $2p_z + 2p_z$) 및 반결합성 π-궤도함수(두 개 π_g MO = $2p_y - 2p_y$, $2p_z - 2p_z$)을 형성한다 (π_u, π_g의 아래 첨자 u 및 g은 π-궤도함수가 각각 분자 중심에 관해서 반대칭(독일어의 ungerade) 및 대칭(gerade)을 뜻함). 궤도함수 에너지는 σ, n, π_u, π_g의 순서로 높아진다. 이 궤도함수들에 총 12개의 전자를 Aufbau 원리와 Pauli의 배타 원리에 따라 배분한다. σ 궤도함수, 두 개 n 궤도함수, 두 개 π_u궤도함수에 각각 전자 두 개씩 들어간 후, 남은 두 개 전자는 두 개의 π_g 궤도함수에 배분된다. 겹친 궤도함수에 두 개 전자를 배분할 때 세 가지 방식이 가능하다. 즉 한 개의 궤도함수에 반대 스핀을 가진 두 개 전자를 배분(단일항 상태, $^1\Delta_g$)하는 방식, 두 궤도함수에 반대 스핀을 가진 전자를 각각 배분(단일항 상태, $^1\Sigma_g^+$)하는 방식, 그리고 두 궤도함수에 같은 스핀을 가진 전자를 각각 배분(삼중항 상태, $^3\Sigma_g^-$)하는 방법들이다(기호 Δ_g, Σ_g^+, Σ_g^-은 궤도함수 각각의 대칭성을 표현함). 이 중 에너지적으로 제일 안정화되는 전자 배치는 식 (2.12), (2.13) 및 그

의하면 한 개의 분자 궤도함수에 들어갈 수 있는 전자는 최대 두 개라는 것도 자연히 알 수 있게 된다. 따라서 에너지적으로 가장 안정한 전자 배열, 즉 바닥 상태의 전자 배열을 결정할 때 가장 에너지가 낮은 궤도함수로부터 에너지가 증가하는 순서로 스핀 양자수가 다른 전자 두 개씩을 분배해간다.

Pauli의 배타 원리의 다른 표현은 **"두 개 전자를 교환했을 때 교환 전후의 파동 함수는 반대칭으로 되어야 한다"**라는 것이다. 지금 두 개의 궤도함수 φ_1과 φ_2에 전자(1)과 전자(2)가 따로 들어가 있는 상태를 생각해보자. 전자(1)과 (2)를 임의적으로 구별할 수는 없기 때문에 φ_1에 전자(1), φ_2에 전자(2) 또는 φ_1에 전자(2), φ_2에 전자(1)이 들어가고 있는 두 경우, 즉 $\varphi_1(1)\varphi_2(2)$와 $\varphi_1(2)\varphi_2(1)$을 생각해야 한다. 그러나 두 개 전자의 상태는 식별해야 하기 때문에 수학적 조작으로서 전체 파동 함수(ψ)는 그들을 이루는 궤도함수들의 선형 결합으로 표현한다. 그러면 두 종류의 표현이 가능하다(식 (2.1), $C_2 = \pm C_1$). 여기에서 Pauli의 배타 원리에 따르면 전자(1)과 전자(2)를 교환했을 때, 파동 함수의 부호는 달라져야 한다. 전자를 교환한다는 것은 전자(1)과 전자(2)를 구별하기 의한 수학적 조작이며, Pauli의 배타 원리에 따르는 조건은 $C_2 = -C_1$의 경우뿐이다. 지금 교환 전의 파동 함수를 $\psi(1,2)$, 교환 후의 것을 $\psi(2,1)$라고 하면, $\psi(1,2) = -\psi(2,1)$로 되어야 한다. 이는 전자(1)과 전자(2)가 같은 양자 상태를 취하고 있지 않다는 표현이다. 즉 "네 종류의 양자수로 결정되는 상태는 한 개의 전자밖에 취할 수 없다"라는 Pauli의 원리와 부합된다. 반면에 $C_2 = + C_1$의 경우 전자를 교환해도 $\psi(1,2) = \psi(2,1)$로 되고 두 전자 상태를 구별할 수 없다. 다시 말하면 두 전자는 같은 상태에 있다는 것이며 Pauli의 배타 원리에 배반하게 된다.

$$\psi = C_1\varphi_1(1)\,\varphi_2(2) + C_2\varphi_1(2)\,\varphi_2(1)\} \qquad (2.1)$$

2.3.2 들뜬 상태의 스핀 다중도-단일항 상태와 삼중항 상태

에틸렌의 π,π^*-들뜬 상태의 전자 배열은 $\varphi(\sigma)^2\varphi(\pi)^1\varphi(\pi^*)^1$이며, 바닥 상태와 달리 $\varphi(\pi)$와 $\varphi(\pi^*)$에 전자가 한 개씩 들어가고 있다. 즉 $\varphi(\pi)$와 $\varphi(\pi^*)$의 양자수 n, l, m_l은 서로 다르기 때문에, 각각의 분자 궤도함수에 들어간 전자는 α-스핀 또는 β-스핀 어느 쪽이나 선택할 수 있다. 지금 분자 궤도함수 $\varphi(\pi)$와 $\varphi(\pi^*)$에 들어간

림 2.4로부터 알 수 있는 바와 같이 삼중항 상태 $^3\Sigma_g^-$이다. 즉 바닥 상태는 삼중항이다. 사실 $^1\Delta_g$은 $^3\Sigma_g^-$보다 ~95 kJ mol^{-1} 높고, $^1\Sigma_g^+$은 ~157 kJ mol^{-1} 높다는 것이 알려져 있다.

두 개 전자가 다른 스핀 양자수를 취하고 있으면 S = 1 (단일항)이며, 같은 양자수를 취하면 S = 3 (삼중항)이 된다. 즉 **들뜬 상태의 스핀 다중도는 단일항과 삼중항의 두 가지가 가능하다.** 앞으로 바닥 상태로부터 에너지가 증가하는 순서로 단일항 상태들을 나열하면 S_0, S_1, S_2, S_3와 같은 기호로, 또한 삼중항 상태에서는 에너지가 증가하는 순서로 T_1, T_2, T_3와 같이 표현하겠다(산소 분자의 경우 바닥 상태가 삼중항이므로 T_0란 기호를 특별히 사용한다). 결국 두 개의 분자 궤도함수($\varphi(\pi)$와 $\varphi(\pi^*)$) 및 두 종류의 스핀 양자수(α 및 β)가 포함되고 있기 때문에 파동함수의 수는 총 네 종류가 가능하다. 그 중 한 개가 단일항 상태에 해당되고, 나머지 세 개가 삼중항 상태에 해당된다. 바로 **삼중항 상태**란 **"에너지적으로 중복되고 있는 세 개의 상태"**라는 뜻이다.

이에 대해서 좀 더 구체적으로 생각해보도록 하겠다. 이해를 돕기 위하여 분자 궤도함수 φ_1과 φ_2에 전자(1)과 전자(2)가 분배되고 있고 그 전자들이 스핀 α 및 β 양쪽을 취할 수 있는 경우를 생각한다. 지금 전자(1)이 분자 궤도함수 φ_1 (또는 φ_2)에 들어가 있으면 그 파동함수를 $\varphi_1(1)$ (또는 $\varphi_2(1)$)로, 또한 전자(1)이 스핀 α (또는 β)을 갖고 있을 때에는 그 스핀 함수를 $\alpha(1)$ (또는 $\beta(1)$)로 표시한다. 전자(2)에 대해서도 전자(1)에서와 마찬가지로 표현한다. 전자(1)과 전자(2)를 임의적으로 구별할 수 없기 때문에 궤도함수 부분을 나타내는 파동 함수로서 $\varphi_1(1)\varphi_2(2)$와 $\varphi_1(2)\varphi_2(1)$을 같이 생각해야 한다. 양자역학의 원리에 따르면 이 두 가지를 동시에 바르게 표현하는 방법은 선형 결합의 방법이며, 이 방법에 따라 각각 식 (2.2) 및 (2,3)이 얻어진다.

$$\varphi_1(1)\varphi_2(2) + \varphi_1(2)\varphi_2(1) \tag{2.2}$$

$$\varphi_1(1)\varphi_2(2) - \varphi_1(2)\varphi_2(1) \tag{2.3}$$

마찬가지로 전자(1)과 전자(2)에게 다른 스핀 양자수가 주어졌을 때 선형 결합의 원칙에 따라 스핀 부분을 나타내는 파동 함수로서 식 (2.4) 및 식 (2.5)를 얻는다. 그러나 전자(1) 및 전자(2)에게 같은 스핀 양자수가 주어지는 경우도 생각해야 하며, 이 경우 스핀 파동 함수는 식 (2.6) 및 식 (2.7)이 된다. 결과적으로 다음과 같이 총 네 종류의 스핀 파동 함수가 얻어질 수 있다.

$$\alpha(1)\beta(2) + \alpha(2)\beta(1) \tag{2.4}$$

$$\alpha(1)\beta(2) - \alpha(2)\beta(1) \tag{2.5}$$

$$\alpha(1)\alpha(2) \tag{2.6}$$

$$\beta(1)\beta(2) \tag{2.7}$$

여기에서 전체 전자계의 파동 함수(ψ)를 제일 간단한 근사적 방법으로 표현하면, 궤도 부분의 파동 함수(식 (2.2) 및 (2.3))와 스핀 부분의 파동 함수(식 (2.4) – (2.7))의 곱셈으로 얻어낼 수 있다. 즉 ψ = (궤도 부분의 식 (2.2) 또는 (2.3))×(스핀 부분의 식 (2.4) ~ (2.7) 중 하나). 합계 여덟 개의 파동 함수가 가능하지만, 여기서도 Pauli의 원리(식 (2.1))에 따라야 하므로 전자(1)과 전자(2)를 교환함으로써 부호가 반대로 되는 네 개의 파동 함수(식 (2.8) – (11))만 허용된다(식 안의 계수 1/2 및 $1/\sqrt{2}$은 규격화 상수).

$$^1\psi_0 = (1/2)\{\varphi_1(1)\varphi_2(2) + \varphi_1(2)\varphi_2(1)\} \times \{\alpha(1)\beta(2) - \alpha(2)\beta(1)\} \quad \text{(단일항 상태)} \tag{2.8}$$

$$^3\psi_1 = (1/\sqrt{2})\{\varphi_1(1)\varphi_2(2) - \varphi_1(2)\varphi_2(1)\} \times \{\alpha(1)\alpha(2)\} \tag{2.9}$$

$$^3\psi_0 = (1/2)\{\varphi_1(1)\varphi_2(2) - \varphi_1(2)\varphi_2(1)\} \times \{\alpha(1)\beta(2) + \alpha(2)\beta(1)\} \quad \text{(삼중항 상태)} \tag{2.10}$$

$$^3\psi_{-1} = (1/\sqrt{2})\{\varphi_1(1)\varphi_2(2) - \varphi_1(2)\varphi_2(1)\} \times \{\beta(1)\beta(2)\} \tag{2.11}$$

식 (2.8)에 있어서는 전자의 교환에 대해서 궤도함수 부분은 대칭이지만, 스핀 함수 부분은 반대칭이다. 즉 두 개 전자의 스핀 방향은 반대라는 것을 의미한다. 스핀 함수 부분이 반대칭인 파동 함수는 한 개만 있기 때문에 이를 단일항 상태라고 부르는 것이다. 반면에 식 (2.9) ~ (2.11)에서 궤도함수 부분은 반대칭이지만, 스핀 함수 부분은 대칭이다. 즉 두 개 전자의 스핀 방향은 같다는 뜻이다. 스핀 함수 부분이 대칭인 파동 함수는 세 개 있기 때문에 이를 삼중항 상태라고 부르며, 그 궤도함수들에 대응하는 세 개 상태는 에너지적으로 중복되고 있다[3].

다음으로 단일항 상태와 삼중항 상태의 에너지 차이에 관해서 설명하자. 일반적으로 파동 함수 ψ에 대한 에너지 (E)은 $E = \int\psi^*\mathcal{H}\psi d\tau$로 표시할 수 있다. 여기에서 $\mathcal{H}$은 2전자계의 해밀토니안(Hamiltonian) 연산자이다. 그러나 두 개 전자를 동시에 포함시켜 풀 수는 없다. 따라서 $\mathcal{H}$을 근사적으로 $\mathcal{H} = H(1) + H(2) + e^2/r_{12}$로 대신한다. $H(1)$은 전자(1)만을 고려한 1전자 해밀토니안(전자(2)는 무시), $H(2)$는 전자(2)만을 고려한 해밀토니안, e^2/r_{12}은 두 개 전자 간의 반발에 관한 항목이다. 파동 함수

3] 전자의 스핀 운동은 분자 구조와 결부된 3차원 운동이다. 따라서 스핀 파동 함수는 분자 구조의 대칭성에 따라 분열되는 경우가 생긴다. 즉 엄밀히 말하면 스핀 파동 함수에 따른 에너지 차이가 존재한다. 그러나 그 차이는 < 100 cm^{-1} (< 1 kJ mol^{-1} = 0.24 kcal mol^{-1})에 지나지 않는다. 즉 극도로 작기 때문에 보통 조건하에서는 세 가지 상태를 구별할 수 없어, "중복되고 있다"고 표현한 것이다. 스핀 운동은 x, y, z 축 성분으로 나눌 수 있기 때문에 외부로부터 자기장을 걸면 그 방향과 세기에 따라 세 가지 상태가 분열되어 간다 (그림 2.4 오른쪽 Zeeman Splitting 참조).

에너지는 궤도함수 부분이 결정하며, 스핀 함수 부분은 기여하지 않는다. 따라서 단일항 상태에 대한 에너지는 식 (2.12)로, 그리고 삼중항 상태에 대한 에너지는 식 (2.13)으로 나타낼 수 있다(식의 유도는 생략).

$$^1E = E(\varphi_1) + E(\varphi_2) + J_{1,2} + K_{1,2} \tag{2.12}$$

$$^3E = E(\varphi_1) + E(\varphi_2) + J_{1,2} - K_{1,2} \tag{2.13}$$

$$J_{1,2} = \int \varphi_1(1)\varphi_2(2)(e^2/r_{12})\varphi_1(1)\varphi_2(2)d\tau \tag{2.14}$$

$$K_{1,2} = \int \varphi_2(1)\varphi_2(2)(e^2/r_{12})\varphi_1(2)\varphi_2(1)d\tau \tag{2.15}$$

여기에서 $E(\varphi_1) = \int \varphi_1 H(1)\varphi_1 d\tau$ 및 $E(\varphi_2) = \int \varphi_2 H(2)\varphi_2 d\tau$ 은 각각 전자(1)이 분자 궤도함수 φ_1을, 전자(2)가 φ_2을 점유한다고 가정했을 때의 에너지이며, 그들 간의 고전적 쿨롱 반발에 의한 에너지가 식 (2.14)의 $J_{1,2}$(쿨롱 적분, Coulomb Integral)이다. 그러나 Pauli의 배타 원리에 따라 스핀 상태를 고려하여 전자(1)과 전자(2)를 교환했을 때에 식 (2.15)의 $K_{1,2}$(교환 적분, Exchange Integral)이란 양자역학적 전자간 상호작용에 관련된 에너지 항목이 얻어진다. 식 (2.13)으로부터 알 수 있듯이 두 개 전자 사이의 반발을 고려하면, 스핀 상태와 전자간 반발을 무시한 가상적인 상태보다 단일항 상태는 $K_{1,2}$만 에너지가 올라가고 삼중항 상태는 $K_{1,2}$만 에너지가 낮아진다. 따라서 단일항 상태와 삼중항 상태 간의 에너지 차이는 $\Delta E_{ST} = 2K_{1,2}$가 된다(그림 2.4).

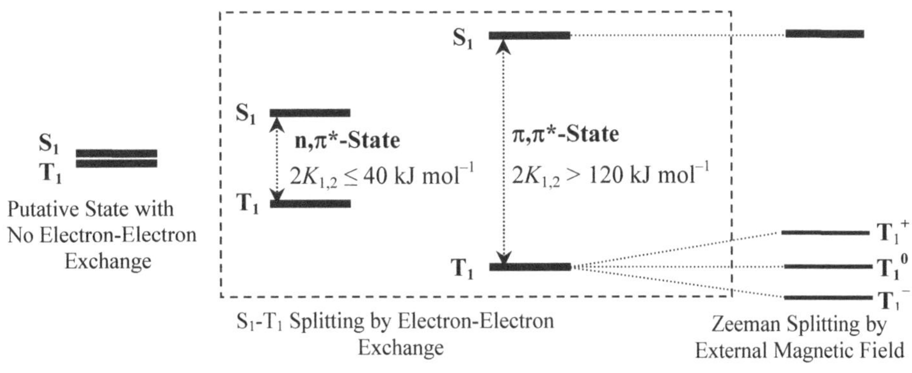

그림 2.4 (왼쪽) 전자(1)과 전자(2) 사이에서 아무런 상호작용이 없다고 가정한 가상적 상태. 단일항과 삼중항이 에너지적으로 겹치고 있다. (가운데) 전자 반발에 의한 단일항과 삼중항의 갈라짐. 그 갈라짐은 n,π*-상태에서는 작고, 한편 π,π*-상태에서는 크다. (오른쪽) 자기장을 걸면 삼중항의 세 개의 상태가 갈라지게 된다 (Zeeman 효과). 단일항은 외부 자기장의 영향을 받지 않음.

식 (2.8)~(2.11)에 의거하면 단일항 상태와 삼중항 상태의 차이를 다르게 설명할 수 있다. 식 (2.8)로부터 알 수 있는 바와 같이 들뜬 단일항 상태(S_1)의 궤도함수 부분은 전자 교환에 관하여 대칭이다. 즉 두 전자는 같은 공간에 존재하는 확률이 높다. 다시 말하면 두 개 전자는 서로 반대 스핀 양자수를 가지고 있을 때 가깝게 접근하여 짝으로 존재하게 되며, 짝을 이루어 존재하면 그 결과로 두 전자 사이의 반발이 커지고 $K_{1,2}$만큼 에너지가 높아진다. 반면에 삼중항 상태(T_1)의 궤도함수 부분은 전자 교환에 관하여 반대칭이다. 즉 두 개 전자가 서로 같은 스핀 양자수를 가지고 있을 때 될수록 멀리 떨어져 존재하고자 한다. 따라서 전자 반발의 영향이 적어지고, 그 에너지는 가상적인 전자 상태의 에너지보다 $K_{1,2}$만 낮다.

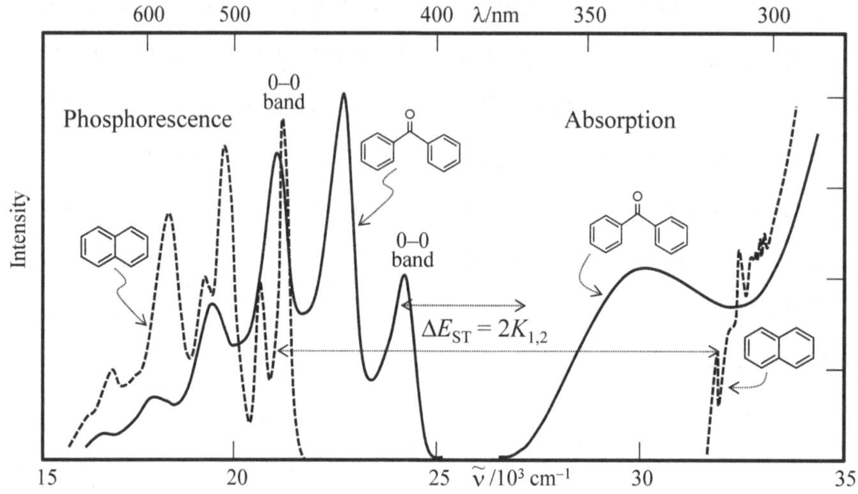

그림 2.5 나프탈렌과 벤조페논의 (오른쪽) 흡수 스펙트럼(에탄올 용액) 및 (왼쪽) 인광 스펙트럼(77 K에서의 에탄올/에터 동결 용액). 그림 내의 양쪽 화살표 가로선은 S_1과 T_1 사이의 에너지 차이($\Delta E_{ST} = 2K_{1,2}$)를 나타냄.

다음으로 π,π*–상태와 n,π*–상태에서 전자 반발의 영향이 단일항–삼중항 갈라짐(ΔE_{ST})에 어떻게 나타나는가에 관해서 설명하자. 그림 2.5는 분자의 크기가 비슷한 나프탈렌(Naphthalene)과 벤조페논(Benzophenone)의 흡수 스펙트럼과 인광 스펙트럼이다. 흡수 스펙트럼은 $S_0 \rightarrow S_1$ 전이에 의한 것이며 장파장 말단 흡수가 0–0 전이에 해당된다. 이 위치가 S_0와 S_1 사이의 에너지 차이, 즉 S_1의 에너지(ΔE_S)이다(그림 2.8 참조). 한편 인광은 $T_1 \rightarrow S_0$ 전이에 의해 일어나는 것이며 단파장 피크가 0–0 전이에 해당되고, T_1와 S_0 사이의 에너지 차이, 즉 T_1의 에너지(ΔE_T)을 준다. 따라서 흡수 스펙트럼의 0–0 전이와 인광 스펙트럼의 0–0 전이의 차이가

ΔE_{ST}에 해당한다. 그림 2.5를 보면, 나프탈렌의 0–0 흡수는 벤조페논의 것보다 상당히 단파장에 나타나며, 한편 인광에 있어서는 나프탈렌이 상당히 장파장에서 0–0 전이를 보여 준다. 즉 나프탈렌의 ΔE_{ST}은 벤조페논보다 상당히 크다는 것을 알 수 있다. 흡수 스펙트럼과 인광 스펙트럼의 0–0 전이의 차이로부터 계산하면 나프탈렌의 ΔE_{ST}은 ~120 kJ mol^{-1}이고, 벤조페논의 값은 ~30 kJ mol^{-1}이며 큰 차이가 있다. 나프탈렌의 S_1은 $^1\pi,\pi*$–상태이며 T_1은 $^3\pi,\pi*$–상태이다. 한편 벤조페논의 S_1은 $^1n,\pi*$–상태이며 T_1은 $^3n,\pi*$–상태이다. $\pi,\pi*$–상태에서는 π–궤도함수와 $\pi*$–궤도함수는 같은 공간을 점유하고 있기 때문에 π–궤도함수에 있는 전자와 $\pi*$–궤도함수에 있는 전자 사이의 상호작용은 크다. 따라서 $\pi,\pi*$–상태의 ΔE_{ST}은 크며 그 값은 120–190 kJ mol^{-1}에 달한다. 반면에 $n,\pi*$–상태의 경우 n–궤도함수와 $\pi*$–궤도함수는 서로 90°의 각도를 갖고 있어 그 궤도함수에 속하는 전자들은 서로 다른 공간에서 운동하고 있다. 따라서 상호작용이 적다. 그 결과 $n,\pi*$–상태의 ΔE_{ST}는 $\pi,\pi*$–상태에 비하면 적어서 40 kJ mol^{-1} 이하이다.

다음으로 스핀 상태에 따른 전자적 상태의 차이에 대하여 설명하겠다. 앞에서 언급한 바와 같이 S_1에서는 두 개 전자가 같은 영역에 존재하는 경향이 있다. 에틸렌의 들뜬 단일항 상태(이를 $^1\pi,\pi*$로 표시함)를 예로 들면 π–궤도함수의 전자와 $\pi*$–궤도함수의 전자는 한쪽 탄소 위에 존재하자고 한다. 즉 에틸렌의 $^1\pi,\pi*$–상태는 $^1H_2C^{(\delta-)}{=}^{(\delta+)}CH_2*$와 같이 분극된 성격을 띠게 된다. 그러나 삼중항 상태 (이를 $^3\pi,\pi*$로 표시함)에서는 두 개 전자는 서로 독립적으로 존재하자고 하는 경향이 있다. 따라서 $^3\pi,\pi*$–상태는 $^3H_2\dot{C}{-}\dot{C}H_2*$와 같은 쌍라디칼(Biradical)의 성격을 띤다. 반면에 $n,\pi*$–상태의 경우 n–궤도함수와 $\pi*$–궤도함수는 다른 공간을 점유하고 있으며 서로 겹치고 있지 않기 때문에 들뜬 단일항 상태 ($^1n,\pi*$)와 삼중항 상태 ($^3n,\pi*$) 양쪽 같이 쌍라디칼의 성질을 가진다.

2.4 | 전자 전이와 선택 규칙

2.4.1 전자 전이와 전자 스펙트럼

전자가 분자 궤도함수 φ_m(보통 HOMO)로부터 에너지가 보다 높은 φ_n(주로 LUMO)에 올라가고, 또한 높은 에너지의 분자 궤도함수 φ_n로부터 낮은 분자 궤도함수 φ_m로 되돌아가는 전자 상태의 변화, 즉 **전자 전이**(Electronic Transition)는 분자의 흡수 스펙트럼(Absortion Spectrum) 및 방출 스펙트럼(Emission Spectrum)과 불가분의 관계에 있다. 광흡수란 φ_m의 파동 운동을 하고 있는 전자가 빛과 상호작용함으로써 보다 에너지가 높은 φ_n의 파동 운동으로 변화하는 현상이다. 전자와 빛과의 상호작용을 알기 쉬운 예로서 제일 간단한 수소 원자를 들어 설명해 보자. 바닥 상태의 수소 원자는 1s 궤도함수에 전자 한 개를 가진다. 지금 파장 λ = 121.6 nm의 빛이 c (3×10^{17} nm s^{-1})의 속도로 전기장을 진동하면서 수소 원자를 통과하는 장면을 생각해 보자(그림 2.6). 즉 빛이 그 전기 백터를 진동시키면서 수소 원자를 횡단한다는 상황은, 1s 전자를 사이에 둔 두 전극의 전기장 방향이 초고속도로 변동하고 있는 것과 동일하다. 위쪽 전극이 (+)이면 음전하를 가진 전자는 그쪽에 기울려 운동하게 되며, 다음으로 전기장 방향이 바뀌어 반대가 되면 아래쪽 전극 방향에 기울려 운동하게 된다. 단 핵은 전자에 비하면 매우 무겁기 때문에 전기장 변동에 의한 영향을 받지 않고 거의 움직이지 않는다. 그런데 이 빛의 전기 백터가 (+)로부터 (−)로 변화하는 시간은 상상도 못할 정도로 짧다($\lambda/c \approx 4 \times 10^{-16}$ s). 즉 빛의 전기장 진동에 호응하여 전자는 핵을 중심으로 위쪽 방향과 아래쪽 반향으로 향하는 운동을 이 짧은 시간 내에 하게 된다. 이 궤도함수 운동은 바로 수소 원자의 들뜬 상태인 2p 궤도함수 운동이며, 이 시간은 전자의 운동 속도에 대응하고 있다. 이 1s → 2p 전자 전이는 궤도함수 간 에너지 차이에 해당되는 121.6 nm의 파장에 의해서만 일어나며, 그 외의 파장에 의해서는 일어나지 않는다. 거꾸로 2p 궤도함수 운동을 하고 있는 전자가 1s 궤도함수 운동으로 변화하면 전기장의 변화가 일어나 그 에너지 차이에 해당하는 전자파, 즉 λ = 121.6 nm의

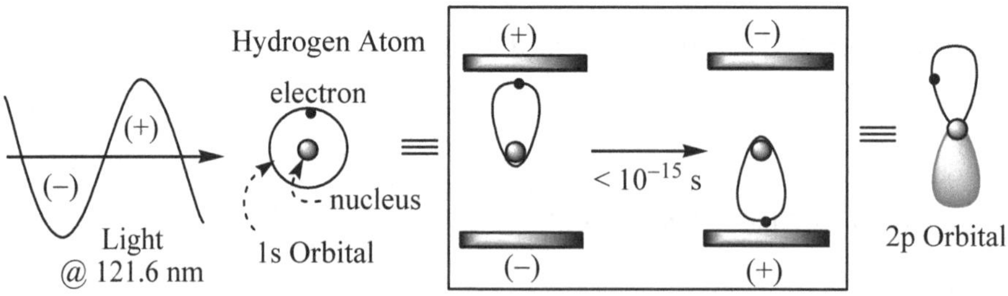

그림 2.6 (왼쪽) 121.6 nm의 빛이 수소 원자를 통과. 빛의 파장은 수소 원자의 크기보다 훨씬 길다는 것을 유의할 것. (가운데) 1s 궤도함수 운동을 하고 있는 전자(•)가 들어오는 빛의 전기장 진동 방향을 따라 핵으로부터 상하 방향으로 이끌려 운동하는 개념도. (오른쪽) 빛으로 유발된 편재화된 궤도함수 운동은 10^{-15} 초 이내에 일어난다. 이것은 2p 궤도함수 운동과 같다.

빛이 방출된다. 전자의 운동 속도는 빛의 속도에 못지 않게 빠르다. 광흡수와 광방출은 매우 빠른(거의 순간적인) 과정이라는 것을 기억할 필요가 있다.

수소 원자의 1s → 2p 전자 전이는 파장 λ = 121.6 nm에서만 일어난다. 즉 이에 대응하는 흡수 스펙트럼은 선으로 나타난다. 그러나 많은 원자로서 구성된 분자는 여러 종류의 결합과 그에 참여하는 많은 전자를 갖고 있기 때문에, 전자 상태에는 일정한 에너지 분포가 존재한다. 따라서 분자의 광흡수는 일정한 파장 범위에서 일어난다. 빛 파장(또는 파수)에 따른 흡수의 변화를 기록한 것이 **흡수 스펙트럼**(Absorption Spectrum)이다. 또한 들뜬 상태 전자가 바닥 상태로 되돌아갔을 때 그 에너지 차이에 해당되는 빛이 방출된다. 방출되는 빛의 파장(또는 파수)에 따른 변화를 기록한 것이 **방출 스펙트럼**(Emission Spectrum)이다. 흡수 스펙트럼도 방출 스펙트럼도 전자 전이와 결부되고 있기 때문에, 그들을 총칭하여 **전자 스펙트럼**(Electronic Spectrum)이라 한다. 방출 스펙트럼에는 두 종류가 있다. 들뜬 단일항 상태로부터 빛이 방출되었을 때 그에 대응하는 스펙트럼을 **형광 스펙트럼**(Fluorescence Spectrum)이라 하며, 삼중항 상태로부터 빛이 방출되면 이에 대응하는 스펙트럼을 **인광 스펙트럼**(Phosphorescence Spectrum)이라 한다. 그림 2.7에 안트라센(Anthracene)의 전자 스펙트럼이 나와 있다. 그들은 동일하게 일정한 파장 분포와 또한 예리한 산꼭대기와 골짜기를 가진 산맥 모양을 보여 준다. 또한 흡수 스펙트럼보다 형광 스펙트럼은 장파장(낮은 에너지) 쪽에 나타나고 또한 그보다 인광 스펙트럼은 장파장에 나타난다. 이러한 전자 스펙트럼들의 특징은 분자 구조와 전자 상태에 결부된 전자 전이를 반영하고 있다.

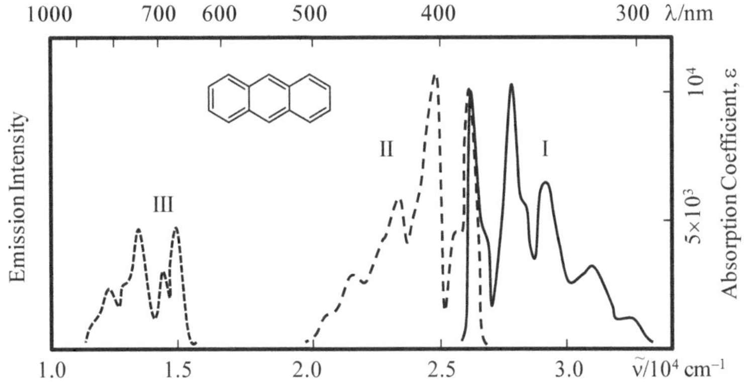

그림 2.7 안트라센(Anthracene)의 전자 스펙트럼. 가로 축; (위) 파장 (λ) 및 (아래) 파수 ($\tilde{\nu}$). 세로 축; (오른쪽) 흡수 계수 (ε) 및 (왼쪽) 발광 강도 (형광과 인광의 강도 단위는 같지 않음). (I) 흡수 스펙트럼(~300 K). (II) 형광 스펙트럼(~300 K). (III) 인광 스펙트럼(77 K).

Chapter 02

계속하여 분자의 전자 전이에 대하여 더 고찰해 보자. 분자는 화학 결합으로써 형성되고 있는데 쉽게 이해하기 위하여 2원자 분자 (X−Y)를 예로 들어 보자. 그 결합은 안정한 평형 길이 r_e을 중심으로 진동하고 있다. 그 결합을 평형 길이보다 더 길게 늘려 신장시키려면 에너지가 필요하며, 또한 짧게 압축시키려 하여도 에너지가 필요하기 때문에 평형 길이를 중심으로 결합 길이가 늘어나가나 줄어들어 신축이 되면 에너지는 더 높아진다. 그림 2.8(A)은 결합 길이(R)의 변화에 따른 에너지 변화를 보여준 것이며, 이를 **Morse 퍼텐셜 곡선**(Morse Potential Curve)이라 한다. 온도가 높아지면(즉 에너지를 가하면) 결합은 이 곡선에 따라 보다 세차게 진동하게 되며, 그에 가해지는 에너지가 매우 커져 결합 에너지를 넘으면 결합이 끊어진다($R = \infty$). 실은 결합의 진동 운동은 양자화되고 있다(핵도 역시 작은 입자이므로 그 운동은 양자화되고 있다). 즉 비연속적 진동 준위 (v = 0, 1, 2, 3…)에서만 진동 운동이 허용된다. 낮은 온도(< ~500 K)에서는 주로 v = 0 준위(**영점 진동 준위,** Zero-Point Vibration Level)에서 진동하고 있고, 보다 높은 온도에서는 보다 높은 v ≥ 1의 진동 상태에서 진동이 이루어진다. 이 책에서는 일반적으로 상온 이하의 온도 조건을 전제로 하고 있기 때문에, 바닥 상태의 분자는 v = 0의 진동 준위에 있다. 전위 에너지 곡선은 바닥 상태와 들뜬 상태에 대하여 각각 독자적으로 주어진다. 들뜬 상태에서는 반결합성 분자 궤도함수가 참여하기 때문에 그 평형 길이 r_e'은 바닥 상태의 것(r_e)보다 길고, 또한 곡선도 보다 완만한 경우가 적지 않다. 따라서 들뜬 상태의 진동 모드는 바닥 상태의 것과 다르며 그에 특유한 진동 준위(이를 v' = 0, 1, 2, 3…라고 표시함)가 주어진다. 작은 입자인 원자 핵 사이의 진동 운동은 Newton적으로 표현할 수 없으며, 확률적으로만 표현된다.

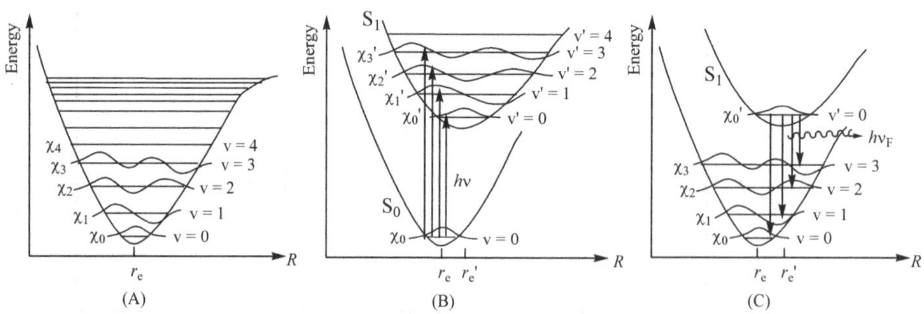

그림 2.8 (A) 2원자 분자 X-Y의 Morse 곡선. 결합의 진동 운동은 양자화되어 있어서 진동 준위 v = 0, 1, 2, 3... 등이 주어져 있고, 그에 대응하는 진동 파동 함수는 χ_0, χ_1, χ_2, χ_3... 로 표현된다. (B) 빛의 흡수 과정 ($S_0 \rightarrow S_1$ 전이)에서는 v = 0부터 v' = 0, 1, 2...로의 전이가 일어난다. (C) 형광 과정 ($S_1 \rightarrow S_0$ 전이)에서는 v' = 0부터 v = 0, 1, 2...로의 전이가 일어난다.

즉 각 진동 준위에서의 진동 운동은 진동 파동 함수(Vibrational Wave Function, 바닥 상태에 대해서는 χ_n 및 들뜬 상태에는 χ_n')로 표현된다.

우선 광흡수에 대하여 설명하자. 광흡수는 바닥 상태 (S_0)의 v = 0 진동 준위로부터 들뜬 단일항 상태 (S_1)의 진동 준위 v' = 0, 1, 2, 3…에 "수직적으로" 올라가는 전자 전이이다. 즉 v = 0 → v' = 0, v = 0 → v' = 1, v = 0 → v' = 2, v = 0 → v' = 3… 등의 전이이며, 이들은 이 순서대로 전이 에너지가 커지기 때문에 스펙트럼은 일정한 파장 분포를 가진다. 그런데 "수직적 전이"란 무엇일까? 여기에서 수직적 전이에 대해 설명하고자 한다. 3.2절에서 설명하는 **Franck-Condon 원리**(Franck-Condon Principle)에 따르면, 광흡수 과정은 결합의 진동 운동보다 훨씬 빠르기 때문에 광흡수가 진행되는 동안 결합의 길이는 변하지 않는다. 즉 광흡수 과정에서 분자 구조의 변화가 일어나지 않는다는 것이며, 따라서 광흡수 직후에 이루어진 들뜬 상태는 바닥 상태의 분자 구조를 그대로 유지하고 있다. 이 상태를 **Franck-Condon 상태**(Franck-Condon State)라 한다. 바닥 상태의 v = 0에서 결합 길이 R (즉 분자 구조)는 진동 운동에 의하여 변화하고 있으며 $R = r_1, r_2, r_3$...란 분포를 갖고 있다. 따라서 분자가 광흡수하여 S_1에 올라갈 때 이 구조 분포에 따른 Franck-Condon 상태 (즉 v' = 0, 1, 2, 3…)가 이루어진다. 즉 $S_0 \rightarrow S_1$ 전이는 진동 운동에 따른 에너지 분포를 가진다.

다음으로 형광 과정에 관하여 설명하자. 광흡수에 의하여 생성된 Franck-Condon 상태가 v' ≥ 1의 높은 진동 준위에 있으면 곧 이어서 매우 빠르게 v' = 0의 진동 준위에 떨어진다. 대체로 < 10^{-12} s이란 짧은 시간 내에 끝난다. 이를 **진동 완화**(Vibrational Relaxation)라 한다. 들뜬 단일항 상태가 빛을 방출하여 바닥 상태에 가는 $S_1 \rightarrow S_0$ 전자 전이 (즉 형광 과정)도 Franck-Condon 원리에 따라 진행된다. 발광을 보여 주는 분자의 들뜬 상태의 수명은 > 10^{-10} s이며 진동 완화보다 훨씬 길다. 즉 **들뜬 상태가 빛을 방출하기 전에 진동 완화는 일어났으며 이미 끝나 있다.** 다시 말하면 **광방출 과정은 들뜬 상태의 v' = 0 준위부터 시작되며 v' = 0 → v = 0, 1, 2, 3…의 "수직적 전자 전이"가 진행된다.**

그림 2.7에 나와 있는 안트라센의 전자 스펙트럼을 보자. 흡수 스펙트럼도 방출 스펙트럼도 예리한 산맥 모양을 보여 주고 있다. 각 산꼭대기 파장은 광흡수의 경우 v = 0 (S_0) → v' = 0, 1, 2, 3…(S_1)의 전자 전이에 해당되고 있으며, 가장 긴 파장에 나타나는 산꼭대기가 v = 0 (S_0) → v' = 0 전이에 의한 흡수이다 (이를 **0–0 전이**라 부른다). 그보다 짧은 파장에서 0-1, 0-2, 0-3…전이에 의한 흡수가 나타난다. 광방출(형광 또는 인광)의 경우 v' = 0 (S_1 또는 T_1) → v = 0, 1, 2, 3…(S_0)의 전자 전이가 일

어나며, 가장 짧은 파장의 산꼭대기가 0-0 전이를 반영하고 있다. 따라서 **전자 스펙트럼의 산맥 모양을 진동 구조**(Vibrational Structure)라 한다. 안트라센의 경우 흡수 스펙트럼과 형광 스펙트럼의 모양은 서로 거울상에 비추어진 관계처럼 보인다. 이것은 바닥 상태와 들뜬 단일항 상태의 전위 곡선이 서로 닮고 있다는 것을 반영하고 있다. 또한 흡수 스펙트럼의 제일 장파장 쪽 산꼭대기의 위치(이를 **0-0 전이** 또는 **0-0 흡수대**라 한다)와 형광 스펙트럼의 제일 단파장 쪽 산꼭대기의 위치 (0-0 전이)는 매우 가까운 위치에서 나타난다. 이것은 $r_e' \approx r_e$임을 보여 주고 있다. 안트라센은 굳은 구조를 가지고 있기 때문에 들뜬 상태에서도 그 구조를 기본적으로 유지하고 있다. 흡수 스펙트럼과 형광 스펙트럼에서 나타나는 각각의 0-0 전이의 차이를 **스톡스 이동**(Stokes Shift)이라 한다[4]. 한편 진동 구조가 명백하게 나타나지 않은 또는 진동 구조가 없는 전자 스펙트럼도 적지 않게 있으며, 구조가 복잡하거나 또는 대칭성이 떨어진 분자의 경우에 자주 볼 수 있다. 이것은 결합 형태가 복잡하며 다양한 진동이 관여하기 때문에 진동 준위 사이의 간격이 식별 못하는 정도로 짧아진 결과 진동 구조를 볼 수 없게 된 것이다.

2.4.2 전자 전이의 선택 규칙

지금까지 전자와 빛과의 상호작용, 즉 전자 전이에 관하여 설명해 왔다. 그러나 전자 전이는 언제나 같은 효율을 가지고 일어나지는 않고 각기 전자 전이마다 일어날 수 있는 확률이 존재한다. 광흡수의 경우 그 확률은 흡수 계수(ε)로부터 판단할 수 있다(흡수 계수에 관해서는 식 (1.5) 참조). 그림 2.9는 벤젠(Benzene)의 흡수 스펙트럼을 보여 주고 있으며, 이는 세 가지 흡수대(Absorption Band)로 나눌 수 있다: (I) $\lambda = 220 \sim 270$ nm, $\varepsilon_{max} \approx 250$ ($S_0 \rightarrow S_1$ 전이). (II) $\lambda = 198 \sim 200$ nm, $\varepsilon_{max} \approx 8 \times 10^3$ ($S_0 \rightarrow S_2$ 전이). (III) $\lambda = 184$ nm, $\varepsilon_{max} = 6.8 \times 10^4$ ($S_0 \rightarrow S_3$ 전이). 여기에서 S_2는 S_1보다 에너지가 높은 들뜬 단일항 상태, S_3은 S_2보다 더 높은 들뜬 단일항 상태이다. 그들의 흡수 계수(ε)는 서로 크게 다르다. 즉 $S_0 \rightarrow S_1$ 전이의 확률은 낮고, $S_0 \rightarrow S_2$ 전이는 잘 일어나며, $S_0 \rightarrow S_3$ 전이가 진행되는 확률은 제일 높다. 이렇게 같은 분자라도 전자 전이에 따라 전이 확률이 다르다.

4] 안트라센의 인광 스펙트럼은 $S_0 \rightarrow S_1$ 흡수 스펙트럼보다 많이 떨어진 위치에 나타난다. 즉 겉보기에는 스톡스 이동이 매우 크다. 인광은 삼중항 상태로부터 일어난 현상, 즉 $T_1 \rightarrow S_0$ 전이이므로 바닥 상태로부터 삼중항 상태에 올라가는 전자 전이($S_0 \rightarrow T_1$ 전이)에 대응한 흡수 스펙트럼과 비교하여 그 스톡스 이동을 정하여야 한다. 그러나 그 흡수 과정은 스핀 금지이며, 보통 조건하에서 그에 해당되는 흡수 스펙트럼은 관찰할 수 없기 때문에 **그림 2.6**에서는 $S_0 \rightarrow T_1$ 흡수를 나타내지 않았다.

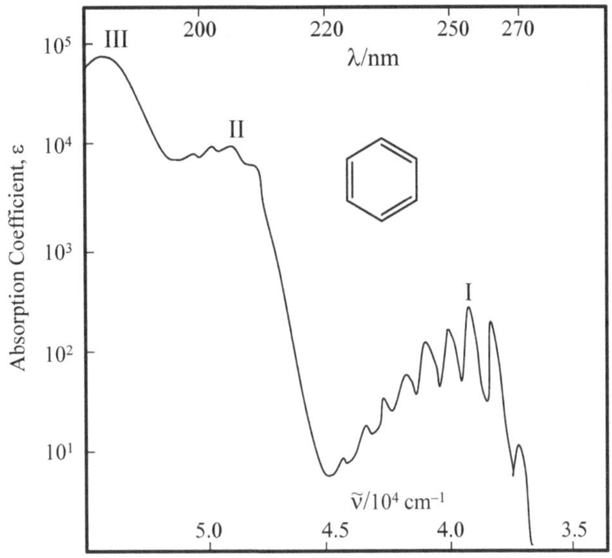

그림 2.9 벤젠의 흡수 스펙트럼(용매-헥세인). 세로축; 흡수 계수(Absorption Coefficient, ε). 가로축; (위) 파장 (λ), (아래) 파수 ($\tilde{\nu}$). 밴드 I: λ_{max} = 254 nm (ε = 250). 밴드 II: λ_{max} = 204 nm (ε = 8,800). 밴드 III: λ_{max} = 184 nm (ε = 68,000).

전자 전이가 일어날 수 있는지 혹은 일어나지 않는지를 결정하고 일어난다면 어느 정도의 확률로 일어날 것인지를 결정하는 규칙이 **선택 규칙**(Selection Rule)이다. 전자 전이가 일어나기 전의 전자 상태를 표현하는 파동 함수를 Ψ_i, 전이가 일어난 후의 파동 함수를 Ψ_f라고 하면 식 (2.16)이 **전자 전이 확률**(Transition Probability)을 표현하며, 그 확률을 결정하는 적분 부분인 식 (2.17)을 **전이 쌍극자 모멘트**(Transition Dipole Moment)라 한다.

$$\text{전자 전이 확률} \quad D=(4\pi^2/h^2)[\int \Psi_i|\mathcal{H}|\Psi_f d\tau]^2 \qquad (2.16)$$

$$\text{전이 쌍극자 모멘트} \quad \mu_{if}=\int \Psi_i|\mathcal{H}|\Psi_f d\tau \qquad (2.17)$$

$$\begin{cases} \mu_{if}=0\ (\text{금지 전이}) \\ \mu_{if}\neq 0\ (\text{허용 전이}) \end{cases}$$

여기에서 해밀토니안 $\mathcal{H}$은 전기장 진동과 관련된 전자의 좌표 벡터 ($\sum e\boldsymbol{r}$)로 표현되는 전이 모멘트 연산자이며, $\Psi_i|\mathcal{H}|\Psi_f$을 모든 공간에 적분한 것이 전이 쌍극자 모멘트 μ_{if}이다. 즉 μ_{if}가 전이 확률을 결정한다. 지금 $\Psi_i|\mathcal{H}|\Psi_f$가 기함수(Odd Function)이면 그 적분은 영이 되고(μ_{if} = 0), 그 전이는 일어날 수 없다. 한편 짝함수(Even Function)이면 그 적분은 일정한 값을 주기 때문에($\mu_{if} \neq 0$), 그 전이는 일어날 수

있다. 즉 **$\Psi_i|\mathcal{H}|\Psi_f$가 기함수로 되는 전자 전이를 금지 전이**(Forbidden Transition)라 한다. 반면에 **$\Psi_i|\mathcal{H}|\Psi_f$가 짝함수로 되는 전자 전이를 허용 전이**(Allowed Transition)라 한다. 기함수니 짝함수라는 말의 의미는 간단하다. 지금 $y = x^3$이란 기함수를 생각해 보자. $x = +a$로부터 $x = -a$로 부호를 바꾸면, y도 $+a^3$부터 $-a^3$로 부호가 바뀌어진다. 즉 이 함수는 원점 (x = y = 0)을 중심으로 하여 **반대칭**이며, $x = \pm a$ 범위에서 적분을 하면 $\int ydx = 0$이 된다. 반면에 $y = x^2$이란 짝함수는 $x = a$로부터 $x = -a$로 부호를 바꾸어도 y는 같은 $+a^2$이고 부호는 바뀌지 않는다. 즉 이 함수는 y축에 관하여 **대칭**이며 $\int ydx \neq 0$이고, 일정한 적분치를 준다. 어떤 대칭 조작을 했을 때 함수의 부호가 바뀌지면 그 함수는 기함수이며, 부호가 바뀌지 않으면 짝함수이다.

광흡수와 광방출의 확률에 관해서는 **진동자 세기 f**(Oscillator Strength)란 매개변수가 자주 사용된다. 빛의 전기장 진동에 따라 전자가 이상적인 조화 진동(Harmonic Oscillation)을 하고 있는 진동 전기 쌍극자 모멘트 μ_0와 양자 역학적 쌍극자 모멘트 μ_{if}과의 비율로써 표현된 것이 진동자 세기이다. 즉 $f = |\mu_{if}|^2/|\mu_0|^2$ ($|\mu_0|^2 = (3he^2)/(8\pi^2 m\tilde{\nu})$). 여기에서 e, m, $\tilde{\nu}$은 각각 전자의 전하, 전자의 질량, 빛의 파수이다. 진동자 세기는 전자 전이에 해당되는 흡수 스펙트럼의 모든 파수 영역에 걸쳐 흡수 계수(ε)를 적분함으로써 계산할 수 있다: $f = 4.32\times10^{-9}\int\varepsilon(\tilde{\nu})d\tilde{\nu}$. 그 최고치는 1~2이며 그런 경우 극대 흡수의 흡수 계수(ε_{max})은 $\geq 10^5$이 된다. 이러한 전자 전이를 완전히 허용된 전이(Fully Allowed Transition)라 한다. $\varepsilon_{max} \approx 10^4$이면 $f \approx 10^{-1}$이 되고 이 전자 전이는 허용이라고 하며, $10^3 < \varepsilon_{max} < 10^4$이면 $f \approx 10^{-2}$이 되고 부분적으로 허용(Partially Allowed), 또한 $\varepsilon_{max} < 10^3$이면 $f \leq 10^{-3}$이 되고 이 전이는 금지(Forbidden)된 전이이다. 벤젠의 경우 $S_0 \rightarrow S_1$ 전이는 금지 전이, $S_0 \rightarrow S_2$ 전이는 허용 전이, $S_0 \rightarrow S_3$ 전이는 완전히 허용된 전이라는 것을 알 수 있을 것이다.

분자는 주어진 전자 상태에서 결합의 진동을 하고 있으며 또한 일정한 스핀 상태를 갖는다. 따라서 파동 함수 $\Psi_{i,f}$은 전자 상태와 진동 운동(핵 운동) 및 스핀 상태를 포함하며, 또한 그들은 완전히 독립된 요소가 아니라 연관되어 서로에 영향을 미치고 있다. 특히 전자 전이는 시간 경과에 따른 현상이므로 식 (2.17)의 해밀토니안은 시간 섭동을 포함하고 있다. 이러한 모든 내용을 동시에 포함시켜 전자 전이를 설명한다는 것은 쉽지 않다. 따라서 전자 전이의 본질을 보다 쉽게 이해할 수 있도록 하기 위해 간단한 가정을 한다. 전자의 운동 에너지는 핵 운동 에너지에 비하여 훨씬 크며, 스핀 운동 에너지는 핵 운동 에너지에 비하여 무시할 수 있는 만큼 작다. 또한 각기 운동 좌표 축도 서로 달라서 각기 운동들은 근사적으로

보아 각각 독립적인 것으로 가정할 수 있다. 즉 파동 함수 $\Psi_{i,f}$은 식 (2.18)과 같이 전자의 궤도함수 $\varphi_{i,f}$, 진동 함수 $\chi_{i,f}$, 스핀 함수 $S_{i,f}$로 분해된 형식으로 표현할 수 있다. 이러한 근사를 **Bohn-Oppenheimer 근사**(Bohn-Oppenheimer Approximation)라 한다. 결국 쌍극자 모멘트 μ_{if}은 식 (2.19)가 된다. 여기에서 해밀토니안은 전자의 좌표 백터 연산자임으로 전자의 궤도함수에만 관여한다. 지금 전자의 궤도함수 부분 $(\varphi_i|\mathcal{H}|\varphi_f)$, 결합 진동 함수 부분 $(\chi_i\chi_f)$, 및 스핀 함수 부분 (S_iS_f)들이 모두 짝함수이면, 쌍극자 모멘트는 일정한 값을 가지며 $(\mu_{if} \neq 0)$, 따라서 이는 허용 전이이다. 반면에 그 중 하나라도 기함수이면 $\mu_{if} = 0$이 되기 때문에 이는 금지 전이이다. 그럼 Bohn-Oppenheimer 근사법을 따라 얻어진 식 (2.18)을 이용하여 선택 규칙을 구체적으로 고찰해 보자.

$$\Psi_{i,f} = \varphi_{i,f} \times \chi_{i,f} \times S_{i,f} \tag{2.18}$$

$$\mu_{if} = (\int \varphi_i|\mathcal{H}|\varphi_f d\tau_e) \times (\int \chi_i \chi_f \, d\tau_N) \times (\int S_i S_f \, d\tau_S) \tag{2.19}$$

(i) 분자 궤도함수의 대칭성에 관련된 전이 확률

궤도함수 부분$(\varphi_i|\mathcal{H}|\varphi_f)$이 기함수인지 또는 짝함수인지를 판단하는 것이 전이 확률을 결정하는 요점이 된다. 궤도함수 부분의 해밀토니안$(\mathcal{H} = \sum er)$은 전기 진동 백터에 관련되기 때문에 기함수이다. 예를 들어 빛의 전기장 진동은 마디 점을 중심으로 부호가 달라진다. 즉 마디 점에 관하여 반대칭이다. 따라서 φ_i가 짝함수 (대칭 조작에 관하여 대칭)이고 φ_f가 기함수(반대칭)이면, $\varphi_i|\mathcal{H}|\varphi_f$은 짝함수가 된다 (예를 들어 $x^2 \times x^3 \times x^3 = x^8$ 또는 대칭×반대칭×반대칭 = 대칭). 따라서 이 전자 전이는 허용이다. 반면에 φ_i와 φ_f가 같이 기함수 또는 짝함수이면, $\varphi_i|\mathcal{H}|\varphi_f$은 기함수가 되기 때문에 그 전자 전이는 금지이다. 그림 1.2를 예로 들어 보자. 수소 분자의 σ-궤도함수는 H-H 결합을 2분하여 종이 면에 수직인 평면에 관하여 대칭이며, 또한 결합 축을 포함하여 종이 면에 수직인 평면에 관하여 대칭이다(그 평면들의 상하 및 좌우에서 궤도함수의 부호가 같다). 한편 σ*-궤도함수 및 π-궤도함수는 마디 평면을 경계로 하여 궤도함수의 부호가 달라진다. 즉 해당하는 마디 평면에 대하여 반대칭이다. 따라서 σ → σ* 및 σ → π 전이에 관한 $\varphi_i|\mathcal{H}|\varphi_f$은 짝함수가 되기 때문에 이 전이들은 허용 전이이다. 마찬가지로 그림 2.5의 1s → 2p 전이는 허용이지만, 반면에 1s → 2s 전이는 두 궤도함수가 같은 대칭성을 가지고 있기 때문에 금지 전이이다.

벤젠의 흡수 스펙트럼(그림 2.9)에서 λ = 220 ~ 270 nm 영역에 나타나는 약한 흡수대는 궤도함수의 대칭성에 기인한 금지 전이이다. 실제로는 π–짝지음이 높은 분자 궤도함수의 대칭성을 결정하는 것은 간단하지 않는다. 거기에는 몇 가지 대칭 요소들이 포함되고 있기 때문에 분자 궤도함수의 대칭성을 바르게 결정하기 위해서는 군론(Group Theory)을 사용할 필요가 있다. 그러나 그 설명은 이 책의 목적과 범위 밖의 것으로 여기에서는 그것을 상세히 다루지 않을 것이다. 다만 매우 간단하게 정성적 설명을 한다면 다음과 같다. 단일 파장의 빛은 마디 점을 한 개 갖고 있기 때문에, 빛과 분자 궤도함수가 상호작용할 때 분자 궤도함수의 마디 평면 수가 한 개 변화하는 전이는 허용된 전이이다. 반면에 마디 평면 수가 변하지 않거나 혹은 두 개 변하는 전이는 금지된 전이이다. 마디 평면이란 궤도함수의 부호가 달라지는 경계면이며, 그 경계면에 대해서 궤도함수가 반대칭이라는 것을 의미한다. 그림 2.10을 예로 들어 설명하겠다. 안트라센의 HOMO에는 x축 방향에 마디 평면이 두 개 있으며, y축 방향에 마디 평면 한 개가 있다. 즉 궤도함수의 부호는 x축 방향에 두 번 변화하고, y축 방향에 한 번 변화한다. 한편 LUMO에는 x축 방향에 마디 평면이 네 개가 있고, y축 방향에는 마디 평면은 없다 (즉 0개). 따라서 HOMO → LUMO 전이는 y축 방향의 전자 전이 모멘트를 갖고 있으며, 이 방향의 전이는 허용된다. 반면에 x축 방향의 전이 모멘트는 없다(즉 금지되고 있다). 그림 2.7의 320 ~ 380 nm에 나타나는 안트라센의 흡수 스펙트럼은 HOMO → LUMO 전이에 의한 것이며, 이 전이는 y축과 평행 방향에 전기 진동하는 빛(즉 y축 직선 편광)에 의하여 일어날 수 있다. 한편 HOMO–1 → LUMO 전이와 HOMO → LUMO+1 전이는 x축 편광에 대해서 허용되고 있으며, 이 전이들은 ~250 nm에 나타나는 매우 강한 ($\varepsilon \approx 10^5$) 흡수에 해당한다. 이렇게 전자 전이가 방향성을 가지는 것을 **전이 이방성**(Transition Anisotropy)이라 한다. 전기장 진동의 해밀토니안 ($\mathcal{H} = \sum e\boldsymbol{r}$)은 공간적으로 x, y, z 벡터로 나눌 수 있다. 즉 $\sum e\boldsymbol{r} = e\boldsymbol{r}(x) + e\boldsymbol{r}(y) + e\boldsymbol{r}(z)$. 각 벡터 성분은 x, y, z축 편광을 의미한다. 따라서 안트라센의 HOMO → LUMO 전이

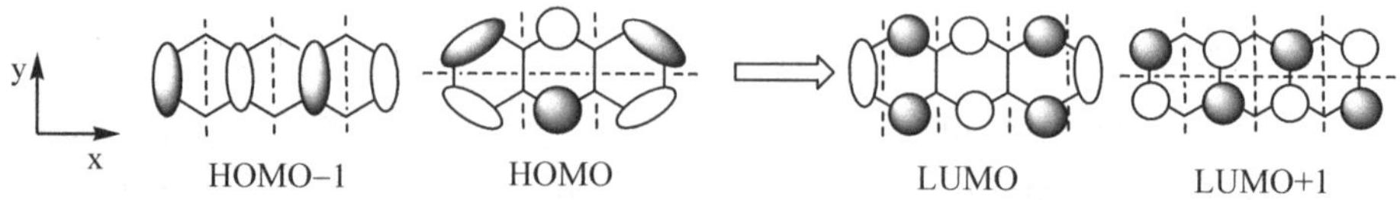

그림 2.10 안트라센의 분자 궤도함수와 그 대칭성. 검은색 및 흰색 타원 또는 원은 서로 부호가 다른 궤도함수를, 점선은 마디 평면(종이 면에 대하여 수직인 yz 및 xz 평면)을 표시. HOMO–1은 HOMO보다 낮은 점유 분자 궤도함수, LUMO+1은 LUMO 다음에 보다 높은 공 궤도함수. z–축은 종이에 대하여 수직 방향.

는 y축 편광 ($er(y)$)에 관해서 허용되고 있지만($\mu_{if} \neq 0$), x축 편광 ($er(x)$) 및 z축 편광 ($er(z)$)에 대해서는 금지되고 있다 ($\mu_{if} = 0$).

(ii) 궤도함수 간의 공간적 겹치기 정도에 따른 전이 확률

앞에서 설명한 분자 궤도함수의 대칭성에 관한 선택 규칙에서는 전이에 관여하는 분자 궤도함수들의 공간적 분포에 대해서는 고려하지 않았다. 그것과 관련하여 π,π*−전이와 n,π*−전이를 비교하여 설명하겠다. π,π*−전이의 경우 π−궤도함수와 π*−궤도함수는 같은 공간을 점유하고 있기 때문에 π−궤도함수가 π*−궤도함수로 변화할 때 공간적 제약은 없다. 즉 궤도함수 사이의 겹침이 비교적 크다. 그러나 n,π*−전이의 경우 y축 방향의 n−궤도함수와 z−축 방향의 π*−궤도함수는 공간적으로 서로 수직 관계에 있기 때문에 n−궤도함수가 운동 방향을 90° 갑자기 바꾸고 π*−궤도함수로 변한다는 것은 극도로 곤란하다. 말을 바꾸면 n,π*−전이에 관여하는 두 궤도함수는 서로 직교 관계에 있으며 궤도함수 사이의 겹침이 없기 때문에 $\int \varphi_i | \mathcal{H} | \varphi_f d\tau_e = 0$이 된다. 따라서 **n,π*−전이는 금지 전이**이다. 사실 아세톤의 n,π*−흡수는 $\lambda_{max} \approx 260$ nm에 매우 약하게 나타나며, 그 몰 흡수 계수(ε)는 ~20에 지나지 않는다. 또한 벤조페논의 n,π*−흡수 ($\lambda_{max} \approx 350$ nm)와 π,π*−전이 ($\lambda_{max} \approx 250$ nm)를 비교하면 앞의 흡수 계수는 ~10^2 정도에 지나지 않지만 후자는 $\varepsilon \geq 10^4$로 매우 큰 값을 가진다(그림 2.11 참조).

(iii) 스핀 다중도에 따른 전이 확률

단일항 상태 → 단일항 상태 또는 삼중항 상태 → 삼중항 상태의 전이와 같이 **스핀 다중도가 유지된 전자 전이는 허용 전이**이다. 즉 $\int S_i S_f \, d\tau_S \neq 0$. 반면에 단일항 상태 → 삼중항 상태 또는 삼중항 상태 → 단일항 상태의 전이와 같은 **스핀 다중도가 반전되는 전자 전이는 금지 전이**이다. 즉 $\int S_i S_f \, d\tau_S = 0$ ($\mu_{if} = 0$). 이러한 전자 전이를 **스핀 금지 전이**(Spin Fobidden Transition)라 한다. 스핀 다중도에 따른 선택 규칙은 전자 궤도함수에 따른 선택 규칙에 비하여 보다 엄격히 적용된다. 일반적으로 스핀 다중도가 보존되는 전자 전이와 화학 과정은 잘 일어날 수 있으나, 스핀 다중도가 바뀌지는 변화는 일어나지 않거나 또는 그 확률은 매우 낮다. 이를 **스핀 보존 규칙**(Spin-Conservation Rule)이라 한다. 일반적인 유기 분자의 경우 바닥 상태의 스핀 다중도는 단일항 상태이므로, 보통 관찰하고 있는 흡수 스펙트럼은 바닥 상태(S_0)로부터 들뜬 단일항 상태(S_1, S_2, S_3…)로의 전이를 반영한 것이다. 반면에 $S_0 \rightarrow T_1$, $S_0 \rightarrow T_2$와 같이 스핀 반전(Spin Inversion)을 동반하는 흡수는 흡수 스펙트럼에서 볼 수 없거나 혹은 극도로 약하게 나타난다 ($\varepsilon \ll 1$). 또한 $S_1 \rightarrow S_0$ 과정에서 나오는 빛(형광)은 자주 관찰할 수 있으나, $T_1 \rightarrow S_0$ 전이로부터 나오는 인광은 관찰하기가 어렵다. 그러나 중원자를 포함한 화합물의 경우 그 스펙트럼에서 $S_0 \rightarrow S_1$ 흡수대보다 장파장 쪽에 $S_0 \rightarrow T_1$ 전이에 의한 매우 약한 흡수대가 나타나는 경우가 있다. 특히 전이 금속 착화합물 중에는 상온에서 비교적 강한 인광을 보여 주는 화합물들이 알려져 있으며, 또한 바닥 상태부터 삼중항의 성격을 띤 들뜬 상태로의 광흡수를 보여 주는 화합물도 있다. 이와 같이 무거운 금속 원자를 가진 화합물들에서는 스핀 금지 전이 과정인 $T_1 \rightarrow S_0$ 전이나 $S_0 \rightarrow T_1$ 전이 과정이 일정한 정도의 또는 비교적 높은 효율로 일어나며, 이와 같이 무거운 원자에 의해 스핀 금지 정도가 완화되는 효과를 **중원자 효과**(Heavy-Atom Effect)라 부른다. 즉 중원자에 의하여 전자의 스핀 운동이 영향을 받아 단일항 상태에 조금의 삼중항 상태가 섞이고 또한 삼중항 상태에도 약간의 단일항 상태가 섞이기 때문에, 그 섞이는 정도에 따라 금지가 일부 완화되었던 결과이다. 상세한 설명은 2.4.3에서 할 것이다.

(iv) 핵 진동과 관계된 전이 확률(Franck–Condon 인자)

이미 2.4.1절 및 그림 2.8에서 분자의 결합 진동(핵 진동) 상태는 양자화되고 있다고 지적하였다. 보다 정확히 말하면 핵 진동은 그 에너지와 위치가 확정된 고정적 운동이 아니라 파동 함수 χ_n 및 χ_n'로써 확률적으로 표현되는 운동이다. 여기에서 다음 항목들을 다시 확인하도록 하자:

(1) 바닥 상태와 들뜬 상태에는 각각 그들의 독자적인 진동 준위(v = 0, 1, 2, 3… 및 v' = 0, 1, 2, 3…)가 주어져 있다.

(2) 보통 온도 조건에서는 바닥 상태에서는 영점 진동 준위 v = 0로부터, 한편 들뜬 상태에서는 v' = 0로부터 전자 전이가 진행한다.

(3) 전자 전이는 Franck-Condon 원리에 따라 핵 배치를 바꾸지 않고 수직적으로 일어난다($v = 0 \rightarrow v' = 0, 1, 2, 3\ldots$ 또는 $v' = 0 \rightarrow v = 0, 1, 2, 3\ldots$).

(4) 진동 함수 부분의 적분 ($\int \chi_n \chi_n' d\tau_N$)은 전자 전이 전후의 핵 배치 진동 파동 함수 간의 중첩 정도를 표현한 것이다. 이를 **Franck-Condon 인자**라 한다. 이 정도가 크면 클수록 해당되는 진동 준위 간의 전이 확률은 높다. 전자 전이가 일어났을 때 궤도함수 부분의 적분값은 일정하지만($\int \varphi_i |\mathcal{H}| \varphi_f d\tau_e$ = constant), 각기 진동 준위로의 전이 확률은 Franck-Condon 인자에 따라 변한다. 지금 흡수 스펙트럼에서 0-0 전이가 제일 강하게 나타나면 $S_0 \rightarrow S_1$ 과정에 있어서

$\int \chi_0 \chi_0' d\tau_N > \int \chi_0 \chi_n' d\tau_N$ (n = 1, 2, 3...)의 관계가 존재한다. 마찬가지로 방출 스펙트럼에서 0-0 전이가 제일 강하게 나타나면 $S_1 \rightarrow S_0$ 또는 $T_1 \rightarrow S_0$ 과정에 있어서 $\int \chi_0' \chi_0 d\tau_N > \int \chi_0' \chi_n d\tau_N$ (n = 1, 2, 3...)의 관계가 있다는 것을 보여 준다.

실제에 있어서는 전자 전이에서 각 진동 준위로의 전이 확률을 결정하는 결합의 진동 모드는 π-전자계에 결합된 치환기와 분자를 둘러싼 환경, 전형적으로는 용매화 상태에 따라 달라진다. 즉 그림 2.8에 있어서 핵간 거리를 나타내는 가로축 R은 그러한 요인들을 포함한 것이다. 치환기가 들어가면 π-전자계의 대칭성이 떨어지기 때문에 진동 모드가 복잡화되며, 또한 치환기의 부피가 크면 클수록 그 치환기의 진동이 보다 큰 영향을 미치게 된다. 또한 용매가 달라지면 바닥 상태와 들뜬 상태에 대한 용매 효과가 각각 달라지기 때문에 바닥 상태와 들뜬 상태의 전위 평면의 상대적 위치 관계, 즉 0-0 전이 에너지 및 r_e와 r_e'들이 달라진다. 그 결과 스펙트럼은 용매에 따라 단파장 또는 장파장 쪽에 이동하며 스톡스 이동도 달라질 수 있다. 또한 분자와 용매 간의 상호작용이 크면 진동 모드가 복잡화되어 스펙트럼의 미세한 진동 구조가 애매해지거나 없어지는 현상들이 나타난다.

2.4.3 전자 궤도함수와 핵 진동함수 또는 스핀 함수와의 짝지음

앞에서 설명한 전자 전이의 선택 규칙은 전자의 궤도함수 운동과 결합 진동 운동 및 스핀 운동들은 서로 독립적이라는 가정에 입각하고 있다. 이 가정은 선택 규칙의 본질을 이해하기에는 의미가 있었으나 실제로 일어나고 있는 현상, 즉 진정한 전자의 운동을 보다 옳게 설명하기에는 무리가 있다. 현실에 있어서는 전자의 궤도 운동과 결합 진동 운동 및/또는 스핀 운동은 크나 작으나 서로 짝지어 일어나고 있다. 이에 대해 여기에서는 짝지음을 통해 일어나는 내용들을 설명하고자 한다.

(i) 전자-진동 짝지음(Vibronic Coupling)

벤젠의 260 nm 영역의 진동 구조를 가진 π,π*-흡수대($^1B_{2u} \leftarrow {}^1A_{1g}$ 또는 $^1L_b \leftarrow {}^1A$)은 흡수 계수 $\varepsilon \leq 250$ ($f \approx 10^{-3}$)이며 현저히 약하다(그림 2.9). 그것은 정육각형 구조와 결부된 궤도함수 대칭성에 의한 금지 전이이기 때문이다. 만약에 벤젠이 평면 정육각형의 구조로 완전히 고정되고 움직이지 않는다면, 이 전자 전이는 완전히 금지이므로 일어나지 않을 것이다. 그러나 실제로 존재하는 벤젠 분자는 가지각색의 진동 운동, 즉 분자를 이루고 있는 결합의 신축이나 편각 및 뒤틀림 등의 운동을 끊임없이 하고 있다. $T = 0$ K에서도 영점 진동 운동이 일어나고 있다. 따라서 벤젠은 정육각형의 대칭적 평면 구조로부터 조금 엇갈린 구조를 가진 다양한 분자 형태로서 진동의 시간 영역 내에서 분포되고 있으며, 동시에 전자는 그렇게 다양하게 변형되고 비틀어진 구조에 따른 파동 운동을 하고 있다. 빛의 운동 속도는 진동 운동보다 훨씬 빠르기 때문에, 분자를 횡단하는 빛은 그렇게 분포된 다양한 분자들을 인식한다. 그 결과 정육각형으로부터 조금 변형된 구조와 그 분포에 따라 대칭성 금지가 부분적으로 풀려 낮은 확률이지만 전자 전이가 일어나게 된다. 이렇게 진동 운동에 기인하여 전자 전이의 금지가 풀어졌기 때문에 그 진동 운동과 진동 에너지에 연관된 미세한 구조를 가진 스펙트럼이 나타난다. 따라서 그 미세한 구조를 "**진동 구조(Vibrational Structure)**"라고 부른다.

다음으로 케톤 분자의 n,π*−전이를 생각해 보자. 이 전자 전이는 n−궤도함수와 π*−궤도함수가 서로 90°의 각도를 갖고 있기 때문에(즉 궤도함수 간의 직교성 때문에) 금지이다. n−궤도함수 운동을 하고 있는 전자가 90° 방향을 바꾸고 π*−궤도함수 운동을 한다는 것은 본래 허용되지 않는다. 즉 n−궤도함수와 π*−궤도함수 간의 겹침이 없기 때문에 단순한 근사에 의거하면 $\int \varphi_i(n)|\mathcal{H}|\varphi_f(\pi^*)d\tau_e = 0$로 될 것이다. 그러나 실제로는 케톤 분자들은 n,π*−흡수를 보여 준다. 아세톤의 경우 $\varepsilon_{max} \approx 20$ ($f \approx 10^{-4}$)의 매우 약한 n,π*−흡수대가 ~260 nm에 나타나며, π−짝지음을 하고 있는 아세토페논의 n,π*−흡수대는 장파장에서 약간 강하게 나타나고, 보다 큰 분자인 벤조페논의 n,π*−흡수대는 ~350 nm에서 더 강하게 나타난다(그림 2.11). 케톤 분자는 >C=O 결합의 뒤틀림 운동이나 편각 진동 등을 포함한 각종 진동 운동을 하고 있으며, 그 결합 진동 운동에 의해 n−궤도함수와 π*−궤도함수 사이에 부분적인 중첩이 생기게 되고 n,π*−전이가 일부 허용되게 된다. 예를 들어 >C=O 결합이 비틀어지고 n−궤도함수와 π*−궤도함수 사이의 각도가 90°로부터 벗어나면 그 벗어나는 정도에 따라 궤도함수 간의 중첩이 일부 가능해진다. 작은 분자인 아세톤의 경우 전이 금지를 완화시키는 효과적인 진동 운동이 적기 때문에 n,π*−전이의 금지 정도는 크다. 한편 보다 큰 분자인 벤조페논은 효과적인 진동 모드가 보다 많기 때문에 보다 많이 금지가 완화된다. 이러한 진동 운동과 궤도함수 운동과의 결합을 **전자−진동 짝지음(Vibronic Coupling)**이라 한다. 식 (2.18)을 이에 맞게 표현하면 $\mu_{if} = (\int \{\varphi_i,\chi_i\}|\mathcal{H}|\{\varphi_f,\chi_f\}d\tau_e) \times (\int S_i S_f d\tau_S)$와 같이 표현된다. 즉 전자 운동 부분과 핵 운동 부분의 파동 함수를 동시에 고려하면서 대칭성 또는 직교성에 의한 적분 판정을 하여야 한다.

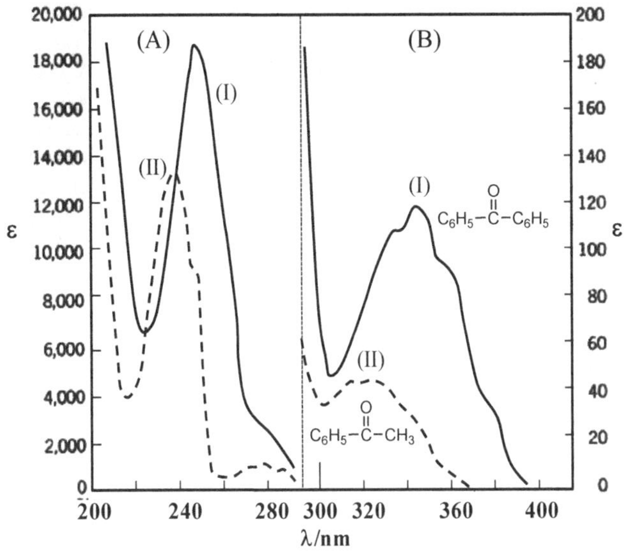

그림 2.11 벤조페논 (I) 및 아세토페논 (II)의 흡수 스펙트럼(용매-사이클로헥세인). (A) π,π*-흡수대. (B) n,π*-흡수대(흡수 계수 ε은 π,π*-전이에 대한 것의 1/100로 표시되고 있음).

(ii) 스핀-궤도 짝지음(Spin-Orbit Coupling) - 단일항 상태와 삼중항 상태 간의 전이

들뜬 상태에는 단일항 상태와 삼중항 상태가 존재할 수 있다는 것을 2.3.2에서, 또한 스핀 상태가 달라지는 전이 확률은 $\mu_{if} = 0$로 된다고 2.4.1에서 설명하였다. 그러나 그림 2.6에 보여 준 바와 같이 안트라센은 인광을 보여 준다. 인광은 삼중항 상태 T_1로부터 바닥 상태 S_0(단일항 상태)로 전이할 때 방출되는 빛이다. 즉 인광 과정은 스핀 상태가 반전되는 전이에 의한 것이기 때문에 단순한 가정에 입각한 선택 규칙에 의하면 금지 과정이다($\int S_i S_f d\tau_S = 0$). 또한 광흡수는 S_0으로부터 들뜬 단일항 상태 S_1로의 전이를 일으켰으며 T_1을 직접 주지 않았다. 실은 T_1은 S_1을 거쳐서 스핀 상태를 반전시키면서 생성된다: $S_0 + h\nu \rightarrow S_1 \rightarrow T_1 \rightarrow S_0$ + 인광. 인광은 안트라센 분자뿐만 아니라 일반적으로 관찰할 수 있는 현상이다. 즉 들뜬 단일항 상태로부터 삼중항 상태로, 또한 삼중항 상태로부터 단일항 바닥 상태로 스핀 젖혀짐을 동반하여 진행되는 과정들이 일반적으로 일어나고 있다는 것을 보여 주고 있다. 스핀 상태가 반전되는 $S_1 \rightarrow T_1$의 과정을 **계간 교차**(Intersystem Crossing)라 한다. 또한 인광을 동반하지 않고 T_1부터 S_0에 이행하는 과정($T_1 \rightarrow S_0$ + 열)도 자주 일어난다. 이 과정도 계간 교차라 한다. 그럼 왜 스핀 젖혀짐을 동반하는 과정들이 일어날 수 있었던가에 대하여 더 좀 고찰하자.

단순화한 해밀토니안으로써 고찰한 들뜬 단일항 상태의 파동 함수와 삼중항 상태의 파동 함수는 실제의 파동 함수들을 정확하게 기술하는 것이 아니었다. 그림 2.12를 보자. 음전하를 가진 전자(전하 양 *e*)가 원자핵을 중심으로 Bohr 궤도에 따라 원 궤도 운동하고 있다면 그 운동에 의하여 원 전류가 발생한다. 따라서 전류의 진행 방향에 관한 오른손의 법칙에 따라 자기장이 생긴다. 동시에 전자는 스핀 운동에 따른 자기 모멘트를 유발하고 있다. 따라서 궤도 운동에 의해 유발된 자기장이 스핀 운동에 의해 나타나는 자기장에 영향을 줄 수 있으며, 그로 인해 스핀 운동이 변화되는 가능성이 생긴다. 궤도 운동에 의하여 스핀 운동의 변화가 유발되는 상호작용을 **스핀-궤도 짝지음**(Spin-Orbit Coupling)이라 한다. 여기에서 전자와 원자핵 사이의 상대적 관계를 생각해 보자. 지금 우리는 핵은 정지하고 있으며 전자가 궤도 운동을 한다고 생각하고 있으나, 상대론적으로 보면 정지하고 있는 전자 주위를 원자핵이 궤도 운동하고 있는 것과 다름이 없다. 원자핵이 갖고 있는 전하는 $+Ze$ (Z는 원자 번호 = 핵에 존재하는 양성자수)이며 전자의 전하보다 크다. 즉 핵이 유발하는 자기 모멘트는 매우 크며, 따라서 전자의 스핀 자기 모멘트에 큰 영향을 미치고 스핀 운동 방향의 변화를 유도하는 가능성이 커진다. 이것이 스핀-궤도 상호작용을 알기 쉽게 설명하는 하나의 모델이다. 지금 원자핵이 크면 클수록 Z가 커진다. 따라서 핵이 유발하는 자기 모멘트는 커지기 때문에 전자의 스핀 운동에 대한 영향은 커진다. 다시 말하자면 중원자가 존재하면 전자 전이에서 스핀 상태가 변화하는 가능성이 높아진다. 이것이 **중원자 효과(Heavy-Atom Effect)**에 대한 하나의 설명이다. 이에 관한 구체적인 예들은 후에 소개한다.

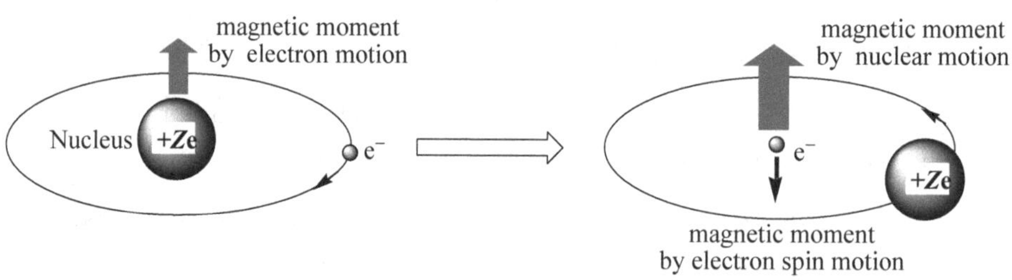

그림 2.12 (왼쪽) 전하 양 $+Ze$의 원자핵 주위를 전자가 Bohr 궤도에 따라 운동함으로써 자기 모멘트가 유발되는 모식도. (오른쪽) 이 운동은 전자를 중심으로 원자 핵이 궤도 운동하는 것과 동등하다. 핵의 운동에 의하여 유도되는 자기 모멘트와 전자의 스핀 운동에 의한 자기 모멘트가 상호작용하는 모습.

앞에서 설명한 바와 같이 전자의 스핀 운동은 전자의 궤도 운동 변화에 의해 영향을 받는다. 이것은 전자 전이에 있어서 주가 되는 스핀 상태에 다른 스핀의 성격이 혼합된다는 것을 의미한다. 결국 스핀-궤도 짝지음에 의한 전자의 스핀 운동

변화를 설명하기 위해서는 스핀-궤도 상호작용을 고려한 새로운 해밀토니안에 기초하여 파동 방정식을 풀어야 한다. 그러나 복잡한 해밀토니안을 고려하면 파동 방정식을 풀 수 없다. 여기에서는 **섭동법**(Perturbation Method)에 기초한 수정 방법에 관하여 설명하도록 한다. 단순한 가정에 기초한 해밀토니안은 전자의 운동 에너지와 정전기적 상호작용에 의한 위치 에너지만을 고려했던 것이었기 때문에 그 해밀토니안에 자기적 상호작용에 의한 위치 에너지를 첨가하여 수정하자는 것이다. 단순한 가정에 기초한 해밀토니안을 $\mathcal{H}_0$라고 표기하면 수정된 해밀토니안을 $\mathcal{H} = \mathcal{H}_0 + H'$로 표시한다. 여기에서 H'은 스핀-궤도 상호작용에 관한 해밀토니안이다. 수정된 단일항 상태와 삼중항 상태의 파동 함수를 각각 Ψ_i' 및 Ψ_f'라고 하면 그들은 자기적 상호작용을 무시했던 파동 함수(Ψ_i, Ψ_f, Ψ_j, Ψ_k)의 선형 결합으로 표현된다(식 (2.20)). 여기에서 Ψ_i 및 Ψ_f을 각각 단일항 상태(S_0 또는 S_1) 및 삼중항 상태 (T_1)의 파동함수라고 하면, Ψ_i 및 Ψ_f에 스핀 상태가 다른 파동함수 Ψ_j (T_1, T_2…) 및 Ψ_k (S_0, S_1...)을 각각 조금 섞어서 수정한다. 섞이는 정도 λ_{mn}은 식 (2.21)로써 주어지며, $|E_m - E_n|$은 두 상태(Ψ_m 및 Ψ_n) 사이의 에너지 차이이다. 즉 에너지 차이가 크면 클수록 λ_{mn}은 작아진다.

$$\Psi_i' = \Psi_i\,(\text{singlet}) + \lambda_{ij}\Psi_j\,(\text{triplet}) \text{ 및 } \Psi_f' = \Psi_f\,(\text{triplet}) + \lambda_{fk}\Psi_k\,(\text{singlet}) \qquad (2.20)$$

$$\lambda_{mn} = (\int \Psi_m|H'|\Psi_n d\tau)/|E_m - E_n| \; (m = i, n = j \text{ 또는 } m = f, n = k) \qquad (2.21)$$

$$\mu_{if} = \int \Psi_i'|\sum e r|\Psi_f' d\tau = \lambda_{fk}\int \Psi_i|\sum e r|\Psi_k d\tau + \lambda_{ij}\int \Psi_f|\sum e r|\Psi_j d\tau \qquad (2.22)$$

(자기적 상호작용을 무시한 전이 모멘트 $= \int \Psi_i|\sum e r|\Psi_f d\tau = \int \Psi_j|\sum e r|\Psi_k d\tau = 0$)

식 (2.22)는 $\Psi_i' \leftrightarrow \Psi_f'$ 전이에 같은 스핀 상태간의 전이 모멘트, 즉 단일항-단일항 전이 모멘트 $\int \Psi_i|\sum e r|\Psi_k d\tau$와 삼중항-삼중항 전이 모멘트 $\int \Psi_f|\sum e r|\Psi_j$)가 낮지만 일정한 부분 참여하게 된다. 이것은 자기적 상호작용을 무시하였을 때에는 스핀 금지였던 단일항↔삼중항 사이의 전자 전이가 어느 정도 일어날 수 있게 된다는 것을 보여주고 있다. 예로 인광 과정($T_1 \rightarrow S_0 + h\nu_p$)에 대해 설명하여 보자. 이 경우 $|E_f - E_k|$은 주로 S_1과 T_1과의 에너지 차이가 되며, $|E_i - E_j|$은 S_0과 T_1 사이의 에너지 차이가 된다. 따라서 $|E_f - E_k| \ll |E_i - E_j|$이므로 $\lambda_{fk} \gg \lambda_{ij}$가 된다. 결국 $\mu_{if} \approx \lambda_{fk}\int \Psi_i|\sum e r|\Psi_k d\tau \neq 0$. 이것은 삼중항 상태 Ψ_f'에 단일항 상태 Ψ_k의 성격이 일정한 부분 참여하게 된 것을 보여 주고 있다. 즉 스핀 허용의 $\Psi_i \leftrightarrow \Psi_k$ ($S_0 \leftrightarrow S_1$) 과정의 전이 모멘트가 관여함으로써 스핀 금지의 정도가 완화되었다는 것을 의미한다. 다시 말하자면 $S_0 \leftrightarrow S_1$ 전이의 허용성을 빌려서 인광 과정이 진행된다는 것을 의미

한다. 그러나 스핀 금지가 완화되는 정도는 에너지 차이 $|E_m - E_n|$에 의존한다. 일반적으로 유기 화합물의 경우 S_0–T_1 간의 에너지 차이는 매우 크다. 따라서 $S_0 \leftrightarrow T_1$전이의 금지 정도는 상당히 높다. 인광이 상온에서 관찰하기가 어렵고, 또한 $S_0 \rightarrow T_1$ 흡수가 보통 조건하에서 관찰할 수 없는 정도로 약하다는 사실을 잘 설명한다. 이에 비하면 S_1–T_1 에너지 차이는 훨씬 작다. 따라서 $S_1 \rightarrow T_1$계간 교차는 $S_0 \leftrightarrow T_1$전이에 비하면 훨씬 더 높은 확률로 일어날 수 있다. 실제로 계간 교차는 일반적으로 일어나는 과정이다. 이와 관련해서 $^1n,\pi^* \rightarrow {}^3n,\pi^*$와 $^1\pi,\pi^* \rightarrow {}^3\pi,\pi^*$의 계간 교차를 비교해 보자. 이미 2.3.2에서 $\Delta E_{1,3} = 2K_{1,2} = |E_m - E_n|$은 n,π*–상태가 π,π*–상태에 비하여 매우 작다는 것을 지적하였다. 이것은 다른 스핀 다중도의 혼합 정도가 n,π*–상태의 경우에서는 보다 크다는 것이며, 이는 $^1n,\pi^* \rightarrow {}^3n,\pi^*$의 과정이 $^1\pi,\pi^* \rightarrow {}^3\pi,\pi^*$의 과정보다 효율적으로 진행된다는 사실과 일치한다.

실제에 있어서는 전자의 궤도 운동은 그림 2.12와 같은 단순한 Bohr 궤도 운동이 아니며 복잡하다. 따라서 궤도함수 운동으로부터 유발되는 자기장은 전자의 스핀 운동에 복잡한 효과를 준다. 특히 전자 전이에서 궤도함수의 변화가 크면 클수록 스핀 운동에 미치는 영향은 크다. 예를 들어 n,π*–상태와 π,π*–상태를 비교하면 잘 알 수가 있다. n,π*–상태의 경우에는 n–궤도함수와 π*–궤도함수는 서로 ~90°의 각도를 가지고 있기 때문에, n,π*–전이의 결과로 형성되는 자기장은 복잡하며 변화도 크다. 따라서 스핀-궤도 짝지음은 크다. 사실 아세톤과 벤조페논의 경우 $S_1 \rightarrow T_1$의 계간 교차가 100%의 효율로 일어나며, $^3n,\pi^* \rightarrow S_0$의 과정도 빠르게 진행한다. 반면에 π,π*–상태의 경우 두 궤도함수는 같은 공간을 점유하고 있기 때문에 π,π*–전이에 의한 자기장의 변화는 보다 작고 따라서 스핀-궤도 짝지음은 보다 작다. 사실 $^1\pi,\pi^* \rightarrow {}^3\pi,\pi^*$의 계간 교차 효율은 나프탈렌(Naphthalene)의 경우 < 100%이며 또한 스틸벤(Stilbene)에서는 0%이다. 특히 계간 교차에 대하여 전자 배치는 중요한 요인으로 된다. **El-Sayed 규칙**에 의하면 $^1n,\pi^* \rightarrow {}^3\pi,\pi^*$ 또는 $^1\pi,\pi^* \rightarrow {}^3n,\pi^*$와 같이 다른 전자 배치 간의 계간 교차는 $^1n,\pi^* \rightarrow {}^3n,\pi^*$ 또는 $^1\pi,\pi^* \rightarrow {}^3\pi,\pi^*$의 과정처럼 같은 전자 배치 간의 계간 교차에 비하여 스핀-궤도 짝지음이 훨씬 크고, 따라서 계간 교차는 보다 빠른 속도로 진행된다. 이러한 계간 교차는 전자가 n–궤도함수 운동부터 π–궤도함수 운동으로, 또는 π–궤도함수 운동부터 n–궤도함수 운동으로 크게 바꿀 때 일어난다. 전자가 그러한 큰 변화를 동반하는 운동을 했을 때에는, 그로부터 유도되는 자기장의 변화는 크다. 따라서 그러한 궤도함수의 변화는 스핀 운동을 바꾸는 효과적인 원동력이 된다. 사실 아세톤의 계간 교차는 $^1n,\pi^* \rightarrow$

$^3n,\pi^*$의 과정이며, 그 속도(5×10^8 s^{-1})에 비하여 벤조페논의 계간 교차($^1n,\pi^* \rightarrow$ $^3\pi,\pi^*$ (T_2))는 ~10^{11} s^{-1}이란 매우 빠른 속도로 진행한다.

2.4.4 전위 에너지 평면의 교차와 전이

앞에서 설명한 바와 같이 단일항 상태와 삼중항 상태 간의 전이(계간 교차 또는 인광 과정)은 두 상태 간의 상호작용을 통한 혼합(스핀-궤도 짝지음)이 없으면 일어나지 않는다. 만약에 두 상태 간의 상호작용을 통한 혼합이 없는 경우에는 두 상태의 에너지 평면이 서로 독립적으로 존재하고 전자는 다른 상태의 에너지 평면을 인식하지 못 하고 자기의 에너지 평면 위에서만 운동한다. 그러나 실제에 있어서는 스핀-궤도 짝지음이 있어 두 상태 간의 표면 교차 점에서 "터널"과 같은 통로가 생겨 전자는 다른 에너지 표면에 넘어갈 수 있다. 이러한 두 에너지 평면 간의 전이는 계간 교차뿐 아니라 내부 전환, 전자 이동, 화학 반응 등에 관계되는 일반적인 문제이다.

본래 전자적 변화가 일어난다는 것은 출발점으로부터 변화해 가는 과정에서 변화 후의 전자적 성질이 점차적으로 섞여가면서 최종적으로 변화 후의 전자 상태가 지배적으로 된다는 것이다. 여기서 상태 I이 상태 II에 향하여 변화하는 상황을 크게 세 가지로 분류하여, 상태 I과 상태 II의 전위 에너지 평면 사이의 전이에 대하여 설명하겠다. 그림 2.13에서 세로축은 전위 에너지 E이며, 가로축 R은 핵의 배치 좌표(반응 좌표)이다.

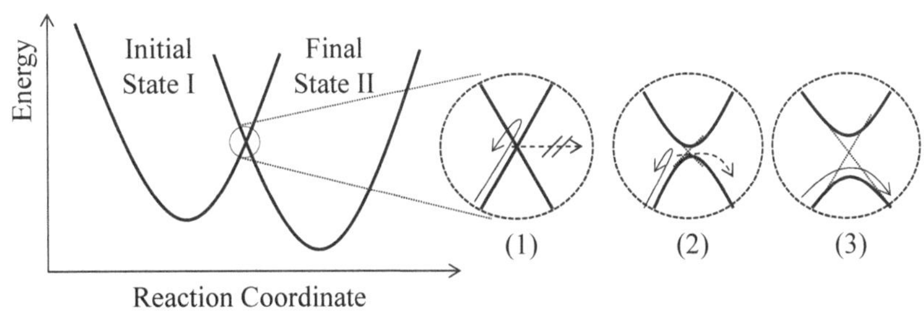

그림 2.13 두 상태 I 및 II의 전위 에너지 평면이 교차했을 때, (1) 전자적 혼합이 없어 상태 I부터 상태 II에 넘어갈 수 없는 경우, (2) 전자적 혼합이 있으나 그 정도가 적은 경우(비단열 과정), (3) 전자적 혼합이 충분히 일어나고 교차점이 상당하게 분열되는 경우(단열 과정)에 대한 개념도.

(1) 두 전위 에너지 평면이 어떤 상호작용도 갖고 있지 않는 경우에는, 두 에너지 평면의 교차점에 접근하여도 상태 I은 상태 II의 성격을 가질 수 없어 교차 점

Chapter 02

은 "절벽"과 같이 절단된 장소와 같다. 따라서 상태 I부터 상태 II로의 변화는 일어날 수가 없다. 바로 위에서 언급한 스핀-궤도 짝지음이 없는 계간 교차와 같다. 즉 $\int\Psi_m|H'|\Psi_n d\tau = 0$.

(2) 분자 구조가 변화하면 그에 대응하여 전자의 운동이 변화한다. 즉 핵 좌표가 변화하여 두 에너지 평면이 만나는 교차점에 접근해 간다는 것은 분자 구조가 변화해가는 것을 나타내며, 또한 그 분자 구조의 변화에 따라 전자의 운동도 변화한다는 것을 뜻한다. 그 교차점 근처에서 상태 I에 상태 II의 분자 구조와 그에 따른 전자 상태의 성격이 혼합되면(즉 교차점에서 상태 II의 파동 함수가 조금 혼합되면), 교차점이 분열되어 상태 II에 넘어갈 수 있는 "터널"이 형성된다. 즉 $\int\Psi_m|H'|\Psi_n d\tau \neq 0$. 그러나 그 혼합 정도가 적으면, 상태 I부터 II로의 전이는 여러 번 시도한 후에 터널을 관통하는 것처럼 진행된다. 이러한 변화를 **비단열 전이**(Non-Adiabatic Transition)라 한다. 내부 전환 및 먼 거리 전자 이동과 같은 과정들이 그 특징적인 예이다. 그 속도는 파동 함수의 혼합 정도에 의존한다. 식 (2.23)은 상태 간 전이 속도를 규정하는 "**Golden Rule**"이며 교차점을 넘어가는 속도를 준다. 여기서 ρ는 전이 직전의 상태 I과 상호작용할 수 있는 전이 직후의 상태 II의 상태 밀도이다.

$$\text{상태 간 전이 속도} = (2\pi/h)\rho(\Psi_m|H'|\Psi_n d\tau)^2 \qquad (2.23)$$

비복사 과정인 내부 전환($S_1 \rightarrow S_0$ + 열)은 들뜬 상태의 진동 준위 v' = 0부터 바닥 상태의 진동 준위 v = n >> 1로의 전이이다. 이때 핵 진동의 파동 함수 간의 중첩이 생겨 Franck-Condon 인자 ($\int\chi_0'\chi_n d\tau_N$)가 일정한 값을 취할 수 있게 되면, 그 중첩의 크기에 따라 내부 전환이 일어나는 속도가 결정된다. 지금 S_1–S_0 간의 에너지 차이가 작으면 진동 양자수 v = n가 작아지고, 교차점에서의 $\int\chi_0'\chi_n d\tau_N$의 값이 커지기 때문에 내부 전환의 속도는 커진다. 이것을 비복사 전이에 관한 **에너지 차이의 법칙**(Energy-Gap Law)이라 한다. 또 하나의 예는 전자 이동이다. 전자 주개와 전자 받개가 전자적 상호작용이 매우 낮은 먼 거리에 존재하고 있는 조건하에서도 전자 이동이 진행된다. 이를 비단열 전자 이동이라 하며, 광합성의 반응 중심에서의 전자 이동을 비롯하여 생체 내에서 진행되는 전자 이동의 일반적 과정이다(그림 3.16 참조).

(3) 전위 에너지 평면의 교차점 부근에서 두 상태의 파동 함수가 충분히 혼합되는 경우 교차점의 전자 상태가 크게 분열된다. 이를 **회피되는 교차**(Avoided Crossing)라 한다. 이러한 경우에는 상태 I로부터 상태 II로의 연속적으로 연

결되는 에너지 평면이 형성되며, 이 연결된 에너지 평면 위에서 변화가 진행된다. 이러한 변화를 **단열 과정**(Adiavatic Process)이라 하며, 화학 변화가 진행했을 때의 주된 과정이다. 들뜬 상태에는 여러 종류의 에너지 평면이 접근하여 존재하는 경우가 흔하며, 들뜬 분자의 동적 거동을 이해하기 의해서는 이러한 상태 사이의 상호작용을 주목할 필요가 있다.

Chapter_03

들뜬 상태 분자의 동적 거동

이 책에서 주제로 다루는 광화학은 들뜬 분자의 화학이라는 것을 전제하고 있다. 들뜬 분자는 그에 고유한 일정한 에너지와 수명을 갖고 있다. 즉 광화학은 명확하게 정의된 에너지와 시간이라는 척도로 규정되기 때문에 정량적인 이해가 필요하다. 상세한 설명은 제4장에서 하겠지만, 그림 3.1에 대표적인 광화학 과정들이 진행되는 시간 영역을 정리하였다. 각기 과정들의 속도는 속도 상수(k란 기호로써 표시)로써 규정된다. 일분자 과정(Unimolecular Process)의 경우 단위는 시간의 역수 (s^{-1})이며, 분자간 과정(Intermolecular Process)의 속도 상수 단위($M^{-1}s^{-1}$)은 농도와 시간이 포함된다. 주된 과정들은 나노초(ns = 10^{-9} s)로부터 마이크로초(μs = 10^{-6} s), 밀리초(ms = 10^{-3} s)의 시간 영역에서 진행되는 경우가 많으며, 팸토초(fs = 10^{-15} s)나 피코초(ps = 10^{-12} s)의 매우 짧은 시간 영역에서 일어나는 과정도 적지 않다. 최저 들뜬 단일항 상태(S_1)에서 일어나는 광물리 과정들은 마이크로초보다 짧은 시간 내에서 진행되는 경우가 많으며, 반면에 최저 삼중항 상태(T_1)에서 일어나는 광물리 과정들은 일반적으로 마이크로초보다 늦은 시간 내에 일어나며, 그 속도는 느리다. 따라서 S_1에서의 화학 과정이 10^6 s^{-1}보다 늦으면, 그 반응은 효율이 낮을 것이다. 한편 T_1에서 일어나는 화학 반응은 속도가 느려도 효율 좋게 진행될 가능성이 높다. 이러한 과정들 안에는 그 속도를 규정하는 법칙들이 있다. 여기에서는 들뜬 상태로부터 진행되는 과정들과 그들의 속도에 관하여 설명하겠다.

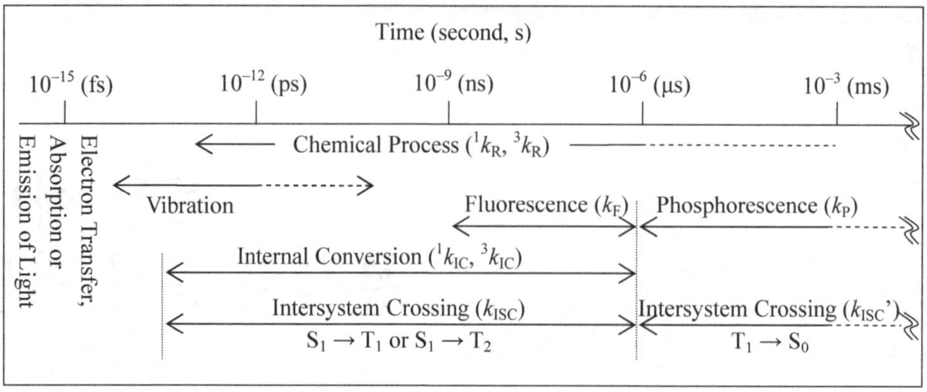

그림 3.1 광화학의 기본적 과정과 현상들이 일어나는 시간 영역.

3.1 | 분자의 전자 상태와 기본 과정

그림 3.2는 **Jablonski 도표**(Jablonski Diagram)라 하며, 광화학에 관여된 상태들의 상대적 에너지 관계를 알기 쉽게 표시한 것이다. 이와 함께 광화학에 포함되는 기본 과정을 정리하였다. 바닥 상태(S_0)와 최저 들뜬 단일항 상태(S_1) 및 최저 삼중항 상태(T_1)가 중심 대상이 된다. 보다 에너지가 높은 들뜬 상태들(S_n, T_n ($n \geq 2$))도 있으나, 복잡화를 피하기 위하여 S_2만을 포함시킨다. 두꺼운 가로선은 전자 상태(S_0, S_1, S_2, T_1)를, 얇은 가로선은 각기 전자 상태에서의 진동 준위를, 세로 방향 직선 화살표는 빛이 관여한 과정(광 흡수 및 복사 과정)을, 물결선 화살표는 빛이 관여하지 않는 과정(비복사 과정)들을 가리키고 있다. 또한 대표적 과정들의 양자 수득률(Quantum Yield)을 나타내는 식을 포함시켰다(양자 수득률에 관해서는 4.1절에서 자세히 설명한다). 계속하여 각 과정들에 대해 상세히 설명하고자 한다.

- **광흡수**(Photoabsorption) (과정 1): 빛을 흡수함으로써 바닥 상태 S_0부터 들뜬 단일항 상태 S_1 또는 S_2 (진동준위 $v' \geq 0$)로 올라 간다. 이 과정의 속도(I_a)는 10^{15} s^{-1}보다 빠르다. 광화학은 분자가 빛을 흡수함으로써 진행되기 때문에 **광흡수 과정이 광화학의 속도 결정 단계**(Rate Determining Step)가 된다. 한편 $S_0 \rightarrow T_1$ 에 해당되는 광흡수는 많은 경우 실질적으로 일어나지 않거나, 혹은 특수한 경우에서만 관찰할 수 있다.
- **진동 이완** (또는 진동 완화) (Vibrational Relaxation) (과정 2): 광흡수 직후에 생성된 S_1 또는 S_2에서의 높은 진동 상태(Franck-Condon 상태, $v' \geq 1$)가 그 진동 에

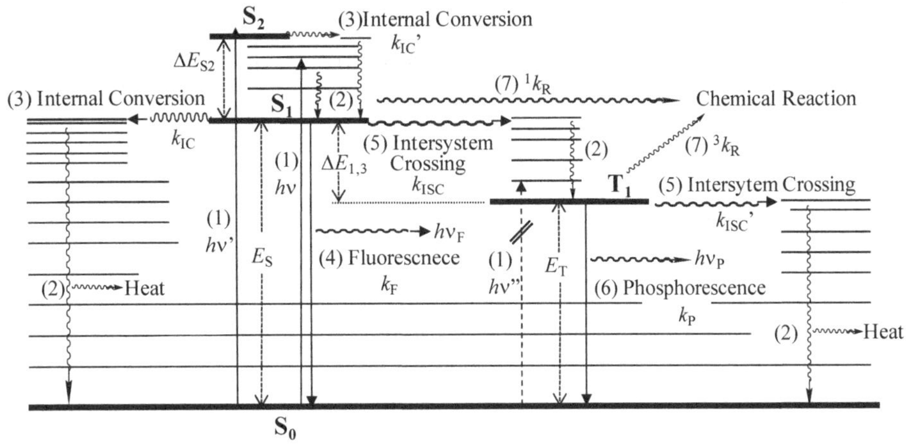

Excited-state Lifetime (τ_S & τ_T) $\mathbf{S_1}$; $\tau_S = 1/(k_F + k_{IC} + k_{ISC} + {}^1k_R)$ $\mathbf{T_1}$; $\tau_T = 1/(k_P + k_{ISC}' + {}^3k_R)$ Quantum Yield (Φ_x) $= \dfrac{\text{Number of Reacted Molecules}}{\text{Number of Absorbed Photons}}$	$\mathbf{\Phi_F} = k_F/(k_F + k_{IC} + k_{ISC} + {}^1k_R) = \boldsymbol{k_F \cdot \tau_S}$ ${}^1\mathbf{\Phi_R} = {}^1k_R/(k_F + k_{IC} + k_{ISC} + {}^1k_R) = \boldsymbol{{}^1k_R \cdot \tau_S}$ $\mathbf{\Phi_{ISC}} = k_{ISC}/(k_F + k_{IC} + k_{ISC} + {}^1k_R) = \boldsymbol{k_{ISC} \cdot \tau_S}$ $\mathbf{\Phi_P} = \Phi_{ISC} \cdot k_P/(k_F + k_{ISC}' + {}^3k_R) = \boldsymbol{\Phi_{ISC} \cdot k_P \cdot \tau_T}$ ${}^3\mathbf{\Phi_R} = \Phi_{ISC} \cdot {}^3k_R/(k_F + k_{ISC}' + {}^3k_R) = \boldsymbol{\Phi_{ISC} \cdot {}^3k_R \cdot \tau_T}$

그림 3.2 (위) Jablonski 도표. 각 들뜬 상태로부터 진행되는 주요 과정과 그들의 속도 상수의 기호. E_S = S_1의 들뜸 에너지. E_T = T_1의 들뜸 에너지. ΔE_{S2} = S_2와 S_1 사이의 에너지 격차. (아래) 들뜬 상태의 수명(Lifetime)과 양자 수득률(Quantum Yield)을 나타내는 반응 속도 식.

너지를 여러 결합의 진동 운동에 분배하면서 영점 진동 준위(v' = 0)로 떨어지는 과정이다. 마찬가지로 내부 전환 및 계간 교차 직후에도 높은 진동 준위(v' ≥ 1 및 v >> 1)의 상태가 이루어지고, 그 상태는 영점 진동 준위로 빠르게 완화된다. 그 과정들의 속도는 매우 크다($\geq 10^{12}\ s^{-1}$).

- **내부 전환**(Internal Conversion) (과정 3): 최저 들뜬 단일항 상태 S_1의 영점 진동 준위부터 바닥 상태 S_0의 높은 진동 준위로 넘어가는 과정을 내부 전환이라 한다. 그 속도 ($k_{IC} < 10^8\ s^{-1}$)는 $S_1 \sim S_0$ 에너지 차이에 의존한다(Energy-Gap Law). 이어서 빠른 진동 이완에 의하여 열을 방출하면서 S_0의 영점 진동 준위에 도달한다. 이 과정은 빛의 방출을 동반하지 않은 **비복사 과정**(Radiationless Process)이다. 높은 들뜬 단일항 상태 S_2로부터 최저 들뜬 단일항 상태 S_1에 이행하는 과정도 내부 전환이다. 이 과정은 $S_2 - S_1$ 에너지 차이 ΔE_{S2}가 작기 때문에 일반적으로 매우 빠르다($k_{IC}' > 10^{11}\ s^{-1}$).
- **형광 과정**(Fluorescence Process) (과정 4): 최저 들뜬 단일항 상태 S_1의 영점 진동

준위부터 바닥 상태로 수직적으로 떨어졌을 때에 방출되는 빛을 형광이라 한다. 이 과정은 복사 전이(Radiative Transition)의 하나이다. 그 속도 ($k_F \le 10^9$ s^{-1})는 전자 전이의 선택 규칙에 의존하며 허용 정도가 클수록 커진다. 이 과정의 양자 수득률을 Φ_F란 기호로 표현하겠다.

- **계간 교차**(또는 계간 전이) (Intersystem Crossing) (과정 5): 스핀 젖혀짐이 동반되는 과정을 총칭하여 계간 교차 또는 계간 전이라 한다. 그림 3.2에서는 최저 들뜬 단일항 상태 S_1의 영점 진동 준위부터 삼중항 상태 T_1 또는 T_2의 높은 진동 준위로 넘어가는 과정을 대상으로 하고 있다. 계간 교차에 이어서 진동 이완에 의하여 T_1의 영점 진동 준위에 도달한다. 계간 교차의 속도($k_{ISC} \le 10^{12}$ s^{-1})는 스핀–궤도 짝지음의 정도 및 El-Sayed 규칙에 의존한다. 또한 T_1의 영점 진동 준위부터 비복사적으로 바닥 상태의 높은 진동 준위로 넘어가는 과정도 **계간 교차**이다. 그 속도($k_{ISC}' \le 10^6$ s^{-1})는 $S_0 - T_1$ 에너지 차이가 $S_1 \rightarrow T_1$ 에너지 차이보다 크기 때문에 $S_1 \rightarrow T_1$ 계간 교차보다 늦다. $S_1 \rightarrow T_1$ 계간 교차의 양자 수득률을 Φ_{ISC}란 기호로 표현하겠다.
- **인광 과정**(Phosphorescence Process) (과정 6): 삼중항 상태 T_1의 영점 진동 준위부터 빛을 방출하는 복사 전이이다. 유기 화합물의 경우 그 속도는 대체로 $k_P \le 10^3$ s^{-1}이며, 스핀–궤도 짝지음의 정도에 따라 달라진다. 중금속 원자를 포함하는 유기 금속 착화합물 중에는 $k_P \approx 10^6$ s^{-1}에 달하는 화합물이 알려져 있다. 이 과정의 양자 수득률을 Φ_P란 기호로 표현하겠다.
- **광화학 과정**(Photochemical Process) (과정 7): 특별한 경우를 제외하고 일반적으로 광화학 과정은 최저 들뜬 단일항 상태 S_1 또는 최저 삼중항 상태 T_1로부터 진행한다. 들뜬 분자의 화학 반응이 일분자적으로 진행되는 경우 그 속도 상수는 ^1k_R 또는 $^3k_R \le 10^{12}$ s^{-1}이다. 또는 들뜬 분자와 바닥 상태의 분자 간에서 일어나는 분자 간 반응의 경우 그 속도는 ^1k_R 또는 $^3k_R \le 10^{10}$ $M^{-1}s^{-1}$이며, 온도와 용매의 점도에 의존한다. 이 과정들의 양자 수득률은 S_1로부터의 반응에 대해서는 $^1\Phi_R$란 기호로, 또한 T_1로부터의 반응에 대해서는 $^3\Phi_R$란 기호로 표현하겠다.

보다 높은 들뜬 단일항 상태 $S_n(n \ge 2)$로부터 그보다 낮은 들뜬 단일항 상태 S_{n-1}에로 떨어져가는 내부 전환(과정 3), 대표적으로는 $S_2 \rightarrow S_1$의 과정은 보통 매우 빨라 피코초 이내에, 즉 10^{-12} s 이내에 완료되기 때문에, $S_n(n \ge 2)$부터 형광 발광이 나타나거나 화학 반응이 일어나는 가능성은 매우 낮다. 분자가 단파장의 빛을 흡수하여 높은 들뜬 상태 S_n으로 올라가도, S_1로부터의 과정들이 관찰되는 것이 대부분이다. 이를 **Kasha의 법칙(Kasha's Rule)**이라 한다. 극소수의 특별한 경우를 제외하여 광흡수가 일어나는 빛의 파장에 관계없이, 관찰할 수 있는 현상들은 S_1부터 일어나는 것들과 같다[1]. 마찬가지로 $T_n \rightarrow T_{n-1}$의 과정도 매우 빠르다. 그런 의미로 **광화학에서 최저 들뜬 단일항 상태(S_1)와 최저 삼중항 상태(T_1)가 중심이 된다**고 말할 수 있다.

3.2 | 전자 전이와 Franck-Condon 원리

Chapter 03

Franck-Condon 원리에 따르면 **전자 전이(빛의 흡수와 방출 또는 전자 이동)가 일어나는 과정에서 분자는 구조를 변할 수 없다. 즉 전자 전이 직후에는 직전 상태의 구조가 유지된다.** 우선 **광흡수 과정**에 대하여 설명하겠다. 광화학에 관련된 빛의 파장은 수소 분자가 흡수하는 진공 자외선(~ 100 nm)으로부터 염료가 흡수하는 근적외선 (<1200 nm)의 영역을 생각하면 충분하다. 이 파장의 거리를 빛이 통과하는데 걸리는 시간은 $(100 \sim 1200\ \text{nm})/(3 \times 10^{17}\ \text{nm s}^{-1}) = (0.3 \sim 4) \times 10^{-15}$초 (s)이며, 이 시간 내에서 광자는 전기장을 변동시키면서 진행한다. 빛의 흡수에 관련하는 발색단의 크기는 보통 1 nm 이하이며 최대 10 nm를 넘는 일은 없기 때문에, 빛과 상호작용하는 발색단은 빛의 전기장 내에 완전히 들어간다. 따라서 발색단에 포함되는 전자는 $\leq 10^{-15}$ 초의 시간 안에서 빛의 전기장 백터의 영향을 받아, 바닥 상태부터 들뜬 상태의 파동 운동을 하게 된다. 대표적인 분자로서 나프탈렌을 생각해 보자. 이 분자는 파장 300 nm 부근의 빛을 흡수하지만, 300 nm의 단일 파장의 빛이 나프탈렌 분자를 통과하는 시간 (t)은, $t \approx 300\ (\text{nm})/3 \times 10^{17}\ (\text{nm s}^{-1}) = 1.0 \times 10^{-15}$ s. 즉 $\sim 10^{-15}$초 사이에 분자는 광자와 상호작용하고, 들뜬 상태로 올라간다. 이러한 짧은 시간과 비교하면 분자 구조의 변화, 즉 결합 진동의 시간은 매우 길다. 대표적으로 C–C 결합이 한번 진동하는 시간은 $\sim 10^{-12}$ s이지만, 이와 비교하면 C–C 결합은 빛

1] 벤젠은 $S_0 \rightarrow S_1$, $S_0 \rightarrow S_2$, $S_0 \rightarrow S_3$ 전자 전이에 해당되는 흡수 스펙트럼을 보여준다(그림 2.8). 한편 벤젠의 형광은 270 ~ 300 nm에 나타나지만, 그것은 $S_1 \rightarrow S_0$ 전이에 의한 것이며, 보다 높은 S_2 또는 S_3로부터의 형광은 나타나지 않는다. 형광을 검출하는 파장을 290 nm에 고정하고 벤젠을 들뜨게 시키는 빛의 파장을 270 nm보다 짧은 파장에로 변화시키면 흡수 스펙트럼의 흡광도에 대응하여 형광의 강도가 변화한다. 들뜨게 시키는 빛의 파장에 따른 형광 강도의 변화를 기록한 것을 들뜬 상태 스펙트럼(Excitation Spectrum)라 하며, 이는 흡수 스펙트럼과 유사한 스펙트럼이 된다. 즉 단파장의 빛에 의해 S_2 또는 S_3가 생성되어도 그들은 Kasha의 법칙에 따라 거의 다 S_1로 떨어져, 결과적으로 흡광도에 따른 강도로 $S_1 \rightarrow S_0$ 형광을 주게 된다.

의 흡수에 의한 전자 전이 중에는 정지하고 있는 것과 다름 없다. 즉 **빛을 흡수하여 전자 전이를 일으킨 직후의 분자는 바닥 상태의 구조를 그대로 유지하고 있다.** 다시 말하면 전자 전이 중에 핵 좌표의 변화는 일어나지 않으며, 전자 전이가 "수직 전이(Vertical Transition)"라는 것을 의미하는 연유이다. 이것이 광흡수에 관한 Franck-Condon 원리이며, 전자 전이에 일반적으로 적용되는 원리이다.

Franck-Condon 원리에 따르면 분자의 흡수 스펙트럼에서 왜 일정한 파장 범위를 가진 흡수대가 나타나는가를 이해할 수 있다. 분자는 끊임없이 각종 진동 운동과 회전 운동을 하고 있으며, 또한 시간 경과에 따라 용매화 상태도 변화하고 있다. 따라서 진동 운동의 시간 영역 내에 분자의 구조와 배향 및 용매화 등이 조금씩 다른 수많은 상태가 분포되고 있다. 여기에 높은 속도로 들어오는 빛은 구조나 배향 및 용매화 상태가 조금씩 다른 다양한 분자들을 인식한다. 따라서 그 다양한 상태 분포에 따라 전자 전이의 에너지가 조금씩 다르기 때문에 흡수되는 빛의 파장에는 그에 해당하는 범위의 분포가 생긴다.

다음으로 **형광 및 인광 등 들뜬 분자가 빛을 방출하는 과정**에 관해서 Franck-Condon 원리를 설명하겠다. 전자의 운동 속도는 $\sim 10^{15}$ nm s^{-1}라는 초고속이다. 발색단의 크기는 대체로 ≤ 10 nm이기 때문에, 그 에너지 우물의 공간에서 파동 운동하고 있는 전자가 들뜬 상태의 파동 운동부터 바닥 상태의 파동 운동으로 변하는 시간은 $\leq 10^{-15}$ 초로 매우 짧다. 그 짧은 시간 내에 일어나는 파동 운동의 변화에 따른 전기장의 변동과 동시에 빛이 방출된다. 이것은 빛의 흡수와 마찬가지로 초고속 현상이며, 따라서 빛이 방출되는 동안 분자의 모든 운동은 동결되고 있다고 볼 수 있다[2].

또한 **분자간의 전자 이동**에도 **Franck-Condon 원리가 적용된다.** 전자 주개부터 전자 받개에 전자가 한 개 이동하는 **전자 이동**(Electron Transfer; $A + D \rightarrow A^{-\bullet} + D^{+\bullet}$)은 광화학에서 일반적 과정의 하나이다(3.4.4 및 7.4.2 참조). 전자의 질량 (9.1×10^{-31} kg)은 제일 가벼운 원자 핵인 양성자(Proton)의 질량(1.7×10^{-27} kg)에 비해서 ~1/2000에 지나지 않기 때문에, 운동량 보존 법칙 ($mv = m'v'$)에 의거하면 전자는 양성자보다 ~2000배 빠르게 움직일 수 있다. 보다 큰 원자 핵이나 분자의 운동 속도는 당연하게 보다 늦다. 즉 전자가 이동하고 있는 동안 분자 구조와 용매 분자의 배향 상태는 변하지 않는다. 전기적으로 중성인 분자간에서 전자 이동이 일

2] 그림 3.1에서 보여준 형광과 인광의 방사 수명(Radiative Lifetime, τ_F 및 τ_P)은 10^{-9}초보다 길지만, 이것은 빛의 방출 시간 그 자체가 아니라, 빛을 방출할 수 있는 들뜬 상태 분자의 통계학적 분포를 반영한 것이다.

어나면, 출발 시점의 전기적 중성 상태로부터 전자 이동 후에는 전하를 띤 상태로 변화한다. 그러나 전자 이동 직후의 분자 구조와 용매화 상태는 전자 이동이 일어나기 직전의 것을 유지하고 있다. 이 상태는 바로 Franck-Condon 상태이며 불안정하다. 따라서 전자 이동이 일어난 후 이어서 전하를 띤 상태에 맞는 안정화된 상태로 변한다. Franck-Condon 상태와 결부된 에너지는 전자 이동의 속도를 결정하는 중요한 요소이다.

3.3 | 들뜬 상태의 수명과 기본 과정의 속도

Chapter 03

빛을 흡수하여 생긴 들뜬 상태 분자는 그들에게 고유한 수명을 갖고 있다. 들뜬 상태의 수명(τ_S, τ_T)은 해당되는 들뜬 상태로부터 일어나는 모든 과정의 속도를 더한 것의 역수의 값이며, 그 중에서도 가장 빠른 과정의 속도가 수명에 가장 큰 영향을 미친다. 그림 3.2에 들뜬 상태로부터 진행되는 중요한 과정과 들뜬 상태의 수명을 나타내는 속도식 및 중요한 과정의 양자 수득률을 종합하였다. S_1으로부터 일어나는 중요한 물리 과정은 형광 과정, 내부 전환 및 계간 교차이며, 이 과정들의 속도 상수와 화학 반응 과정의 속도가 모두 함께 S_1 상태의 수명(τ_s)을 결정한다. 마찬가지로 T_1 상태의 수명(τ_T)은 인광 과정, 비복사 과정인 계간 교차($T_1 \rightarrow S_0$)의 속도 상수 및 화학 과정의 속도로써 결정된다. 물리 과정들의 속도는 일정한 법칙성에 의거하여 결정되고 있기 때문에 우선 물리 과정의 속도에 대하여 설명하겠다.

3.3.1 들뜬 상태로부터 진행하는 물리 과정의 속도

(i) 복사 과정 – 형광 및 인광

형광이나 인광 등의 복사 속도 상수 ($k_{em} = k_F$ 또는 k_P)는 $S_1 \rightarrow S_0$ 또는 $T_1 \rightarrow S_0$ 전자 전이의 허용성에 의존한다. 그 허용성은 해당되는 광흡수 과정($S_0 \rightarrow S_1$ 또는 $S_0 \rightarrow T_1$)에 의거하여 판단할 수 있다. 즉 k_{em}은 해당되는 전자 전이의 최대 흡수 파수($\tilde{\nu}_{max}$)와 진동자 세기(Oscillator Strength, f)에 의존한다(식 3.1). 이미 언급한 바와 같이 진동자 세기는 해당되는 흡수대의 최대 몰흡수 계수(ε_{max})로부터 평가하여 구할 수 있다. 예를 들어, *p*–터페닐(*p*–Terphenyl) 또는 안트라센의 π,π^*–전이의 몰흡수 계수는 $\varepsilon_{max} \approx 10^4$이다. 이 경우 $f \approx 1$이며, 이 전자 전이는 허용이다. 한편 벤젠의 장파장 π,π*–전이 또는 벤조페논의 n,π*–전이에 있어서는 $\varepsilon_{max} \approx 10^2$이며, 따라서 $f \approx 10^{-3}$이다. 스핀 금지 전이인 $S_0 \rightarrow T_1$ 전이에 관해서는 유기 화합물의 경우 $f \approx 10^{-5}$이다. 이렇게 광흡수의 효율은 다양하게 변화하며, 진동자 세기는 자리수의 변화를 보여 준다. 즉 k_{em}을 결정하는 지배적 요인은 진동자 세기 f이다.

$$k_{em}\,(k_F \text{ 또는 } k_P) \approx (\tilde{\nu}_{max})^2 f \tag{3.1}$$

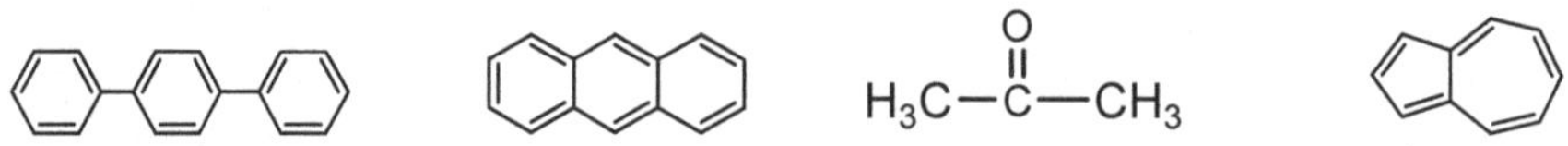

p–Terphenyl	Anthracene	Acetone	Azulene
$\varepsilon = 3 \times 10^4$	$\varepsilon = 8.5 \times 10^3$	$\varepsilon = 2 \times 10^1$	$\varepsilon(S_0 \rightarrow S_2) \approx 10^4$
$k_F = 1.0 \times 10^9\ s^{-1}$	$k_F = 5.0 \times 10^7\ s^{-1}$	$k_F \approx 10^5\ s^{-1}$	$k_F(S_2 \rightarrow S_0) \approx 10^7\ s^{-1}$

식 (3.1)을 이용하여 대표적인 화합물에 대하여 복사 속도 상수를 계산해 보자. *p*–터페닐의 $S_0 \rightarrow S_1$ π,π*–흡수는 279 nm ($\tilde{\nu}_{max} = 3.56 \times 10^4\ cm^{-1}$)에 나타나며, $\varepsilon_{max} = 3 \times 10^4$ ($f = 1$)이다. 식 (3.1)에 따라 계산한 π,π* 복사 과정 ($S_1 \rightarrow S_0$ + 형광)의 k_F은 $1.3 \times 10^9\ s^{-1}$이다. *p*–터페닐의 관측된 형광 수명 (τ_S)은 0.95 ns ($\sim 1 \times 10^{-9}$ s), 또한 형광 양자 수득률(Φ_F)은 0.97이다. 따라서 형광 방사 속도 상수 k_F은 $1/(\Phi_F \times \tau_S) = 1.4 \times 10^9\ s^{-1}$. 계산값과 관측된 값은 잘 일치한다. 이 값이 유기 화합물의 형광 방사 속도의 상한이라고 볼 수 있다. 한편 아세톤은 ~270 nm ($\tilde{\nu}_{max} \approx 3.7 \times 10^4\ cm^{-1}$)에 $\varepsilon_{max} \approx 20$ ($f \approx 10^{-4}$)의 비교적 금지도가 높은 n,π*–전이를 보여 준다. 이 전이의 k_{em}은 $(3.7 \times 10^4)^2 \times 10^{-4} \approx 10^5\ s^{-1}$이다. 이것이 유기 화합물이 형광을 낼 수 있는 방사 속도의 하한치라고 볼 수 있다. 아세톤의 경우, 보다 빠른 계간 교차($k_{ISC} = 5 \times 10^8\ s^{-1}$)가 존재하기 때문에 그 계간 교차 과정과 경쟁적으로 일어나는 형광은 매우 약하다. 또한 벤조페논에 있어서는 예측되는 형광 방사 속도($k_F < 10^7\ s^{-1}$)에 비하여 $S_1 \rightarrow T_2$ 계간 교차가 $\sim 10^{11}\ s^{-1}$란 높은 속도로 일어나기 때문에, 상온에서 형광을 관측할 수 없다. 아줄렌(Azulene)은 $S_2 \rightarrow S_0$ 전이에 따른 형광을 ~360 nm에 보여 주는 특이한 화합물의 하나이다. 이 분자의 $S_0 \rightarrow S_1$ 흡수는 585 nm에 매우 약하게 나타나며($\varepsilon_{max} < 10$), 그에 해당되는 전자 전이의 금지성은 매우 높다. 그 약한 흡수로부터 예측되는 형광 방사 속도는 $10^5\ s^{-1}$보다 상당히 늦기 때문에, 이에 해당되는 형광은 관찰할 수 없다. 한편 340 nm에 나타나는 $S_0 \rightarrow S_2$ 흡수는 매우 강하다 ($\varepsilon_{max} \approx 10^4$). 이것이 $S_2 \rightarrow S_0$ 전이에 따른 형광이 나타나는 요인의 하나라고 생각할 수 있다.

다음으로 **스핀 금지 과정인 인광에 대하여 생각해보자.** 아세토페논(Acetophenone, C_6H_5–CO–CH_3)이나 벤조페논의 흡수 스펙트럼을 세밀히 관측하면, $S_0 \rightarrow S_1$ n,π^*–흡수보다 장파장 쪽(각각 ~385 및 ~400 nm)에 $S_0 \rightarrow T_1$ ($^3n,\pi^*$) 전이에 의한 흡수가 관찰되며 그 흡수 계수는 극도로 낮다 (ε_{max} = $10^{-1} \sim 10^{-2}$). 따라서 식 (3.1)에 의거하여 계산하면 $k_p = 10^1 \sim 10^2\ s^{-1}$이며, 이 값은 관측된 벤조페논의 인광 방사 속도 상수 ($k_p = 1.2 \times 10^2\ s^{-1}$)에 대응하고 있다. 한편 방향족 화합물의 $S_0 \rightarrow T_1$ ($^3\pi,\pi^*$) 전이에 의한 흡수는 훨씬 약하며, 아이오딘화 에틸(C_2H_5I)과 같은 무거운 원자(아이오딘 원자)를 가진 물질을 용매로 사용하는 외부 중원자 효과나 또는 가압된 산소 분위기하에서 얻어지는 자기적 효과에 의해, 겨우 $S_0 \rightarrow T_1$ 흡수를 관찰할 수 있다. 예를 들어 벤젠은 산소를 100기압으로 가압한 조건하에서 ~340 nm에 $S_0 \rightarrow T_1$ 흡수를 보여준다. 실험적으로 얻어낸 벤젠의 인광 방사 속도 k_p은 ~$3 \times 10^{-2}\ s^{-1}$으로 매우 작다. 이 정도의 값이 인광 발광 속도 상수의 하한치라 생각된다. 이상과 같이 **전형적인 유기 화합물의 인광 방사 속도 상수 k_p은 $10^2\ s^{-1}$을 크게 넘는 일은 없다.** 따라서 대부분의 경우 다른 경쟁 과정이 빠르게 진행하기 때문에, 상온에서 그리고 유동 용액 중에서는 인광을 관찰하기가 매우 곤란하다.

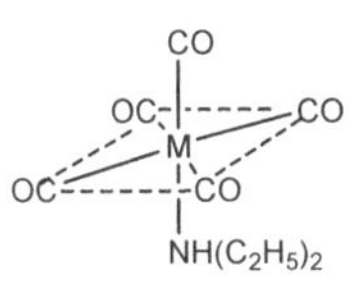

M = Cr, Mo, W

$\lambda(S_0 \rightarrow S_1) \approx 400$ nm
$\varepsilon \approx 5 \times 10^3$
(M = W)
$\lambda(S_0 \rightarrow T_1) \approx 440$ nm
$\varepsilon \approx 10^2$
τ_T = 5.1 μs @ 77K

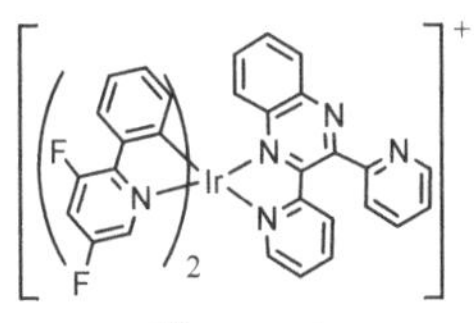

$[Ir^{III}(L)_2L']^+$

$\lambda(S_0 \rightarrow S_1)$ = 370 nm
$\varepsilon \approx 10^4$
$\lambda(S_0 \rightarrow T_1)$ = 500 nm
$\varepsilon \approx 10^3$
τ_T = 1.18 μs @ 300K

한편 중원자를 포함하는 화합물, 특히 전이 금속 착화합물의 경우 내부 중원자 효과(Internal Heavy-Atom Effect)에 의해 명확한 $S_0 \rightarrow T_1$ 흡수를 보여주는 예가 적지 않게 있다. 예를 들어 $M(CO)_5(NHEt_2)$ (M = Cr, Mo, W; Et = C_2H_5)은 ~400 nm에 리간드장에 기초한 강한 흡수를 보여주지만, 가장 무거운 원자인 텅스텐에 있어서는 그 흡수보다 장파장 쪽, ~440 nm에 명확한 $S_0 \rightarrow T_1$ 흡수를 보여준다. 이 흡수로부터 얻어진 $\varepsilon_{max} \approx 10^2$을 이용하여 계산해 보면, 인광 방사 속도 상수는 $k_p \approx 10^6\ s^{-1}$로 된다. 이 착화합물은 533 nm에 인광을 보여주며, 그 인광 수명은 77 K에서 5.1 μs이다. 또 하나의 예를 들어보자. 중원자 Ir(III)의 착화합물 $[Ir^{III}(L)_2L']PF_6$ (위 구조식 참조)은 Ir(III)부터 리간드 L'의 π* 궤도함수로의 전자 전이, 즉 MLCT(Metal-to-Ligand Charge-Transfer)에 의한 흡수를 370 nm에 보여준다. 이 흡수는 $S_0 \rightarrow S_1$ 허용 전이에 의한 것이다 ($\varepsilon_{max} \approx 10^4$). 그러나 그보다 장파장 쪽

(500 nm)에 $\varepsilon_{max} \approx 10^3$의 $S_0 \rightarrow T_1$ MLCT 흡수가 나타난다. 이 착화합물은 형광을 보여주지 않고, T_1 (^{3}MLCT) 상태로부터 나오는 인광을 방출하며, 그 인광의 지속 수명 시간은 τ_P = 1.18 μs이다. 이렇게 중원자 효과에 의하여 계간 교차가 빨라지고, 또한 스핀 금지가 크게 풀려짐으로써 인광이 강하게 나타나게 된다. 특히 Ir(III) 착화합물은 매우 강한 인광을 상온에서 효율적으로 방출하기에 전기 발광 소자에 응용되고 있다(7.3.2).

(ii) 비복사 과정 – 내부 전환 및 계간 교차

(a) **내부 전환**–비복사 과정인 내부 전환이나 계간 교차는 복사 과정과 다른 메커니즘에 기초를 두고 있기 때문에, 그 속도에 미치는 영향을 검토하기 위해서는 각각 다른 규칙을 적용하여야 한다. 우선 **내부 전환**에 대하여 설명하겠다. 내부 전환은 S_1의 영점 진동 상태 (χ_0')로부터 S_0의 높은 진동 준위 (χ_n, n >> 1)로의 이행이다(그림 3.2의 과정 (3)). 그 속도는 두 상태의 진동 파동 함수의 중첩, 즉 Franck-Condon 인자 ($\int \chi_0' \chi_n dr$)에 의존한다. 천천히 진동 운동하고 있는 상태 (v' = 0)로부터 갑자기 세차게 진동하는 상태 (v >> 1)로 변하는 것은 본래 일어나기가 어렵다. 따라서 진동 상태의 차이가 크면 클수록 일어나기가 힘들다. 진동 모드의 차이는 S_0과 S_1 사이의 에너지 간격(ΔE; kJ mol^{-1})에 의존하며 내부 전환 속도 상수는 **에너지 간격 규칙(Energy-Gap Law)**에 따른 식 (3.2)와 같이 표현된다.

$$^1M^* (v'=0) \rightarrow M + \text{열}(v >> 1)$$
$$k_{IC} \approx 10^{13}\exp(-\alpha \Delta E) \tag{3.2}$$

여기에서 α는 비례 상수이다. 전형적인 유기 화합물이나 전이 금속 착화합물의 경우, E_S (=ΔE)은 209~418 kJ mol^{-1} (50~100 kcal mol^{-1}) 정도이며, 따라서 $k_{IC} = 10^6 \sim 10^8\ s^{-1}$가 된다. 한편 S_2와 S_1 사이는 보통 ΔE < 126 kJ mol^{-1} (30 kcal mol^{-1})이기에, $S_2 \rightarrow S_1$의 내부 전환에 대해서는 $k_{IC} > 10^{11}\ s^{-1}$로 된다. 즉 $S_2 \rightarrow S_1$의 내부 전환은 매우 빠르기 때문에 일반적으로 $S_2 \rightarrow S_1$ 및 $S_2 \rightarrow S_0$의 과정에 따른 형광은 관찰되지 않는다. 높은 삼중항 상태로부터 낮은 삼중항 상태에 비복사적으로 떨어지는 과정($T_2 \rightarrow T_1$)도 내부 전환이며, 그 속도도 역시 일반적으로 매우 빠르다. 그러나 예외도 있다. 이미 앞에서 언급한 바와 같이 아줄렌은 $S_2 \rightarrow S_0$ 전이에 따른 형광을 ~360 nm에 보여준다. 아줄렌의 경우 S_2와 S_1 사이의 에너지 간격은 ΔE_{S2} (=ΔE) ≈ 167 kJ mol^{-1} (40 kcal mol^{-1})에 달한다. 따라서 $k_{IC}(S_2 \rightarrow S_1) \approx 10^9\ s^{-1}$ 정도로 되기 때문에 $S_2 \rightarrow S_0$에 따른 형광 과정이

경쟁적으로 일어날 수 있게 된다.

(b) **계간 교차**–다음으로 다른 스핀 상태 사이에서 일어나는 비복사 과정, 즉 계간 교차($S_1 \rightarrow T_1$ + 열, $S_1 \rightarrow T_2$ + 열, $T_1 \rightarrow S_0$ + 열)에 대하여 설명하겠다. 계간 교차의 속도는 이미 언급한 바와 같이 주로 스핀–궤도 짝지음의 정도와 두 상태간의 에너지 간격의 크기($\Delta E_{1,3}$)에 의하여 결정된다. 몇 가지 예를 표 3.1에 나타낸다. 벤조페논의 계간 교차는 ~10^{11} s^{-1}란 매우 빠른 속도로 일어난다. 이 과정은 S_1 ($^1n,\pi^*$) → T_2 ($^3\pi,\pi^*$)의 계간 교차와 이어지는 보다 빠른 내부 전환 T_2 ($^3\pi,\pi^*$) → T_1 ($^3n,\pi^*$)을 포함한다. 즉 S_1과 T_2 사이의 $\Delta E_{1,3}$이 매우 작다는 것이 빠른 계간 교차가 일어나는 원인의 하나이다. 그것과 함께 보다 중요한 요인으로서 2.4.3의 El-Sayed 규칙에서 찾을 수 있다. 즉 S_1–T_2 간의 스핀–궤도 짝지음이 크기 때문이다.

여기에서 스핀의 방향을 화살표로 표시하면, 벤조페논의 경우 S_1 ($^1n,\pi^*$)의 전자 배치는 $\pi(\uparrow\downarrow)n(\downarrow)\pi^*(\uparrow)$, 한편 T_2 ($^3\pi,\pi^*$)은 $\pi(\uparrow)n(\downarrow\uparrow)\pi^*(\uparrow)$로 표현된다. 즉 $S_1 \rightarrow T_2$ 계간 교차에 있어서 π–궤도함수(z 방향)의 전자 한 개는 직교하고 있는 n–궤도함수(y 방향)의 파동 운동으로 바뀐다. 이러한 큰 궤도 운동의 변화에 의해 전기장과 자기장의 큰 변화가 만들어진다. 이러한 변화는 전자의 스핀 운동에 큰 영향을 주고 스핀 상태의 변화에 대한 금지도가 약해진다. 한편 아세톤의 경우 S_1과 T_1 사이에 T_2가 없고, 계간 교차는 $^1n,\pi^* \rightarrow {}^3n,\pi^*$ 전이이다. 즉 계간 교차에서 전자의 궤도함수 운동은 변하지 않는다. 따라서 스핀–궤도 짝지음은 벤조페논에 비하면 작고, 계간 교차는 세 자리 가까이 느리다. 나프탈렌의 경우 그 계간 교차는 $^1\pi,\pi^* \rightarrow {}^3\pi,\pi^*$ 전이이며 궤도함수 운동에 변화가 없기 때문에, 스핀–궤도 짝지음은 작으며 또한 $\Delta E_{1,3}$도 크다(~126 kJ mol^{-1}, 30 kcal mol^{-1}). 따라서 아세톤에 비교했을 때 계간 교차 속도는 더욱 느리다.

표 3.1 몇 가지 화합물의 계간 교차에 관련된 전자 전이 및 그 에너지 격차($\Delta E_{1,3}$)에 따른 계간 교차 양자 수득률(Φ_{ISC})와 속도 상수(k_{ISC})

	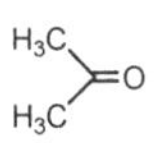	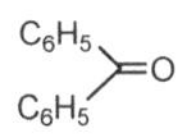	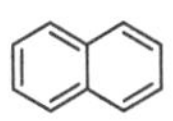	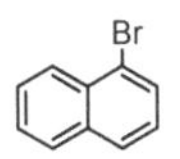	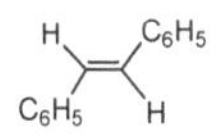
전자 전이	$S_1 \rightarrow T_1$ $^1n,\pi^* \rightarrow {}^3n,\pi^*$	$S_1 \rightarrow T_2$ $^1n,\pi^* \rightarrow {}^3\pi,\pi^*$	$S_1 \rightarrow T_1$ $^1\pi,\pi^* \rightarrow {}^3\pi,\pi^*$	$S_1 \rightarrow T_1$ $^1\pi,\pi^* \rightarrow {}^3\pi,\pi^*$	$S_1 \rightarrow T_1$ $^1\pi,\pi^* \rightarrow {}^3\pi,\pi^*$
$\Delta E_{1,3}$ (kcal mol^{-1})	~ 7	< 5	30	30	46
Φ_{ISC}	1.0	1.0	0.7	1.0	~ 0
k_{ISC}/s^{-1}	5×10^8	$\sim10^{11}$	$\sim10^6$	$\sim10^9$	$< 10^6$

스핀–궤도 짝지음이 큰 또 다른 예는 **중원자 효과**(Heavy-Atom Effect)이다. 표 3.1의 나프탈렌과 1–브로모나프탈렌(1-Bromonaphthalene)을 비교하면 계간 교차 속도는 후자가 세 자리나 크다. 원자에는 스핀–궤도 결합 상수(ζ)가 있어 그것은 원자 번호가 큰 원자일수록 크다. 탄소 원자($Z = 6$, $\zeta = 0.42$ kJ mol^{-1})와 비교하면 브로민 원자($Z = 35$)에서는 $\zeta = 29$ kJ mol^{-1}에 달한다. 중원자 효과가 현저한 예는 전이 금속 착화합물이다. $W(CO)_5NH(C_2H_5)_2$및 Ir(III) 착화합물에 대해서는 이미 언급했지만, 또 하나의 예로서 2가의 Ru^{11} 원자에 2,2'–바이피리딘(2,2'-Bipyridine, bpy)이 3분자 배위한 $[Ru(bpy)_3]^{2+}$에 대하여 설명하자. 이 착화합물은 ~450 nm에 $S_0 \rightarrow S_1$ 전이에 의한 최대 흡수를 보여주지만, 이것은 Ru의 dπ–궤도함수에 있는 전자가 bpy 배위자의 π*–궤도함수에 들뜨게 되는 MLCT 전이(Metal-to-Ligand Charge-Transfer Transition)에 의한 것이다. 그러나 ^{1}MLCT* 상태는 형광을 내지 않고 ~10^{12} s^{-1}라는 빠른 속도로 같은 전자 배열의 삼중항 상태 (T_1, ^{3}MLCT*)로 계간 교차를 한다. 또한 이 ^{3}MLCT* 상태는 상온에서 수명이 ~1 μs의 강한 인광을 615 nm에서 방출한다(그림 3.3). 이것은 Ru 원자에 의한 중원자 효과 때문에 스핀 젖혀짐을 동반하는 계간 교차($S_1 \rightarrow T_1$ 및 $T_1 \rightarrow S_0$)나 인광 과정의 속도가 증가된 결과이다.

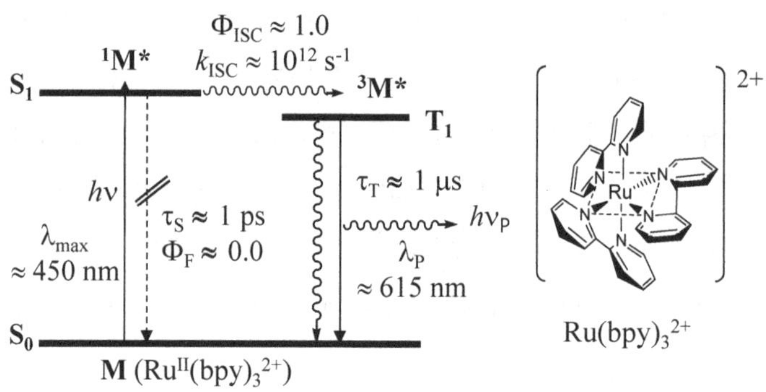

그림 3.3 $Ru(bpy)^{2+}$의 광물리 과정과 계간 교차 속도 및 들뜬 상태의 수명.

3.3.2 화학 과정의 속도

(i) 일분자 반응 과정(Unimolecular Reaction Process)

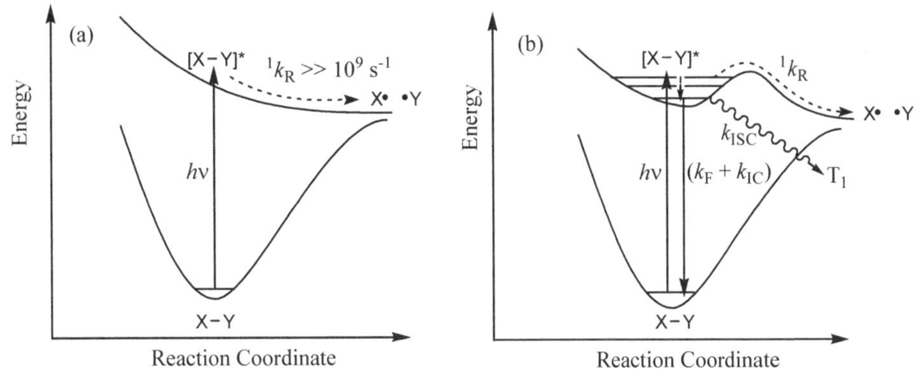

그림 3.4 (a) 들뜬 상태의 위치 에너지 표면이 해리적인 경우. (b) 들뜬 상태의 화학 반응 과정에서 활성화 장벽이 존재하는 경우.

들뜬 분자의 일분자적 화학 반응에 있어서의 시간적 한계에 대하여 생각해보자. 지금 결합 절단이 한번의 진동으로 일어난다고 가정하면, 그 속도는 10^{12}~$10^{13}\ s^{-1}$이 된다. 이것이 화학 과정의 속도에 있어서 상한값이 된다. S_1에서 이 과정이 일어나면, 이미 언급한 바와 같이 형광 방사 속도의 상한이 $10^9\ s^{-1}$이기 때문에 형광을 관찰할 수가 없으며, 삼중항 상태도 거의 생성하지 않는다. 그림 3.4(a)에서 보여주듯이, 들뜬 상태의 위치 에너지 표면이 해리적인 경우에 이런 빠른 반응이 일어난다. 그러한 광화학 반응의 실례를 들어보자. 아이오딘화 수소(Hydrogen Iodide, HI)는 220 nm에 $\varepsilon \approx 160$의 약한 최대 흡수를 가진다. 이 흡수 파장에서 빛을 쪼이면 결합 절단(HI → H + I)이 양자 수득률 ~1로 일어난다(양자 수득률에 대해서는 4.1절 참조). 전이 금속 카보닐 착화합물 $M(CO)_6$ (M = Cr, Mo, W)은 300 ~ 350 nm에 리간드장 전이(Ligand-Field Transition)에 의한 흡수를 보여주며, 빛을 흡수하면 양자 수득률 ~1로써 CO 리간드를 방출한다 ($M(CO)_6 + h\nu \rightarrow M(CO)_5 + CO$). 이러한 반응은 그림 (3.4)(a)에 보여주는 것과 같은 과정에 따른 화학 반응이며 빠른 속도로 진행한다. 마찬가지로 금속–금속 결합을 가진 $[(CO)_5Mn–Mn(CO)_5]$도 삼중항 상태 ($^3\sigma,\sigma^*$)에서 그림 (3.4)(a)에 따른 광화학적 균일 분해 반응을 한다 ($^3[(CO)_5Mn–Mn(CO)_5]^* \rightarrow (CO)_5Mn\bullet + \bullet Mn(CO)_5$). 그러나 이러한 반응은 유기 광화학에서는 흔하지 않다. 많은 경우, 그림 (3.4)(b)와 같이 들뜬 상태 반응 경로에서 활성화 과정이 관여한다. 그 활성화 장벽의 크기에 따라 반응 속도 ^1k_R (또는 ^3k_R)가 결정되며, 그 속도가 $10^5\ s^{-1}$ (형광 속도의 하한치)보다 느리면, S_1로부터 화학 반응은 일어나지 않거나 혹은 일어나도 그 효율은 현저히 낮다. 다시 말하자면 S_1에서 화학 반응이 효율적으로 일어나기 위해서는 ^1k_R가 ~10^6 s^{-1}보다 빠른 속도로 진행되어야 한다.

한편 T_1에서 인광 과정 및 계간 교차가 10^6 s^{-1}을 넘는 일은 거의 없기 때문에, 느린 화학 과정도 시간만을 생각하면 일어날 가능성이 있다. 예를 들어 케톤의 Norrisch Type Ⅱ 반응을 설명하자(식 (3.3)). Norrisch Type Ⅱ 반응이란, n,π*–상태(S_1 또는 T_1)에서 카보닐기의 산소가 알킬기의 γ 위치 수소를 떼어냄으로써 1,4–쌍라디칼 중간체가 생성되어 그 β 절단에 의해 올레핀과 엔올이 생성하는 반응이다. 엔올은 최종적으로는 케톤으로 이성질화한다. R = CH_3의 지방족 케톤은 S_1 또는 T_1에서 비슷한 속도로 수소를 떼어내며, $R^1 = R^2 = H$의 경우 ^1k_R & $^3k_R \approx 10^7$ s^{-1} 정도이다. 그에 비하면 계간 교차의 속도가 훨씬 빠르기 때문에 ($k_{ISC} = 3.1 \times 10^8$ s^{-1}) S_1에서의 반응 양자 수득률($\Phi_R(S_1)$)은 매우 낮다. 즉 $S_1 \rightarrow T_1$의 과정이 우선적으로 진행했기 때문이다. 한편 생성된 T_1의 ~60%가 반응을 하였다. 나머지 ~40%는 떼어낸 수소가 γ 위치에 되돌아가서 출발 분자가 재생하는 과정에 해당된다. R^1 또는/및 $R^2 = CH_3$인 경우, $^1k_R \approx 2 \times 10^8$ s^{-1} 정도로 커지게 되어 S_1로부터 일어나는 반응의 양자 수득률 $\Phi_R(S_1)$이 0.1까지 증가한다. 그 결과 계간 교차 수득률이 떨어지고 $\Phi_R(T_1)$도 감소한다. 그러나 생성된 T_1의 80% 이상이 반응하고 있다. 한편 방향족 케톤의 경우 (R = C_6H_5, $R^1 = R^2 = CH_3$), T_1로의 계간 교차가 ^1k_R보다 훨씬 빠르다 ($k_{ISC} > 10^{10}$ $s^{-1} >> {}^1k_R$). 따라서 S_1에서는 반응이 일어날 수 없다. 결국 반응은 T_1에서 $^3k_R = 5 \times 10^8$ s^{-1}의 속도로 진행하며, T_1은 100% 반응을 한다 ($\Phi_R = 1.0$).

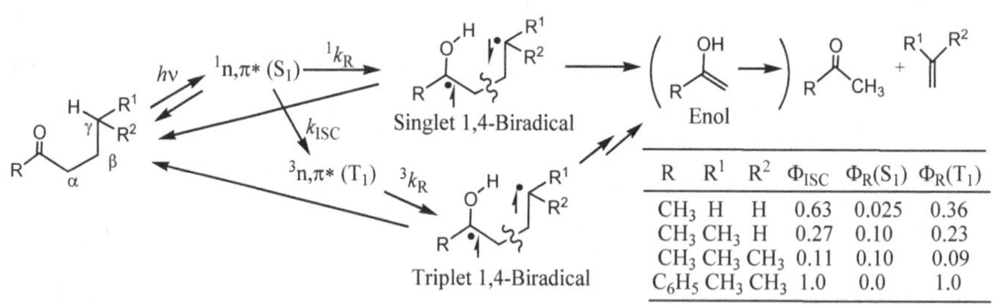

R	R^1	R^2	Φ_{ISC}	$\Phi_R(S_1)$	$\Phi_R(T_1)$
CH_3	H	H	0.63	0.025	0.36
CH_3	CH_3	H	0.27	0.10	0.23
CH_3	CH_3	CH_3	0.11	0.10	0.09
C_6H_5	CH_3	CH_3	1.0	0.0	1.0

(3.3)

(ii) 분자간 반응 과정의 기초

분자간 반응 과정(Intermolecular Reaction Process)의 구체적 내용은 3.4절에서 설명하도록 하고, 여기에서는 분자간 상호작용의 기초적 측면에 관해서 언급하고자 한다. 우선 두 개의 분자 M_1 및 M_2가 용액 중에서 상호작용하기 위해서는 매질 내에서 움직여 유효 충돌 반경 내에 서로 접근하여 만나야 한다. 따라서 상대 분자의 수가 많으면 많을수록 상호작용하는 기회가 늘어난다. 즉 분자간 반응 속도는 농도에 의존하며, 속도 상수의 단위는 농도 단위(M = mol dm^{-3})을 포함한 $M^{-1}s^{-1}$로써 표현된다. 매질 내에서 분자가 움직이는 것을 **확산**(Diffusion)이라 하며, 확산은 반응물이 매질 분자와 충돌하면서 그들을 밀면서 움직이는 운동이기 때문에, 매질의 점도(η)의 영향을 받으며, 또한 밀어내기 위한 에너지가 필요하다. 따라서 확산 속도(k_{dif})는 온도가 높을수록 또한 점도가 낮을수록 빠르다. 확산 속도는 **Debye 식**에 의해 근사적으로 계산할 수 있다(식 (3.4)). 여기에서 R은 기체 상수, T은 온도 (K), η은 매체의 점도이며, k_{dif}의 단위는 $M^{-1}s^{-1}$이다. 지금 분자를 딱딱한 공에 비유하여 상온($T \approx 300$ K)에서 그들이 충돌하는 속도, 즉 확산 속도를 계산하면 점도가 낮은 펜테인(Pentane)의 경우 3×10^{10} $M^{-1}s^{-1}$, 벤젠이나 메탄올 및 에탄올 등에서는 $(0.5 \sim 1) \times 10^{10}$ $M^{-1}s^{-1}$, 점도가 높은 글리세린에서는 4×10^{6} $M^{-1}s^{-1}$이란 값들을 얻을 수 있다.

$$k_{dif} = 8RT/3000\eta \ (M^{-1}s^{-1}) \quad (3.4)$$

분자간 반응 속도는 이 확산 속도와 함께 '몇 번 충돌하면 반응이 일어나는가'라는 유효 충돌 횟수에 의해 결정된다. 단 한 번의 충돌만으로 일어나는 반응은 확산이 그 반응의 속도를 결정하기 때문에 이를 **확산 지배 반응**(Diffusion-Controlled Reaction)이라 한다. 이것이 분자간 반응 속도의 상한이 된다. 그림 3.5에서 보여준 바와 같이 분자간 반응은 **충돌 복합체**(Encounter-Collision Complex, (B))를 거쳐서 진행한다. 충돌 복합체란 반응물 분자(M_1 및 M_2)가 서로 반응 유효 거리에 접근했을 때 그 주위를 용매 분자가 둘러싸고 분자가 만난 상태에서 일정 시간 머물고 있는 분자쌍을 말한다. 충돌 복합체를 둘러싼 상태의 용매를 **용매 바구니**(Solvent Cage)라 하며, 분자간 반응 및 반응 활성종이 쌍의 형태로 진행하는 반응들에서 중요한 역할을 한다. 반응이 진행되는 겉보기의 반응 속도(k_{app})는 $k_{app} = (k_{dif} \times k_R)/(k_R + k_{-dif})$이란 식으로 표현된다(식의 유도에 관해서는 4.2절의 일정 상태 가설 참조). 지금 반응의 자유 에너지 변화가 충분히 감소인 경우($\Delta G < -13$ kJ mol^{-1}), 충돌 복합체 (B)는 출발 상태 (A)로 돌아가기보다 생성물 (C)에 훨씬 더 빠른 속도로 진행이 된다. 즉 $k_R >> k_{-dif}$가 되기 때문에 $k_{app} \approx k_{dif}$ (확산 지배)가 된다.

$$M^* (S_1 \text{ 또는 } T_1) + Q \rightarrow M + Q \ (Q = O_2 \text{ 등의 소광제}) \quad (3.5)$$

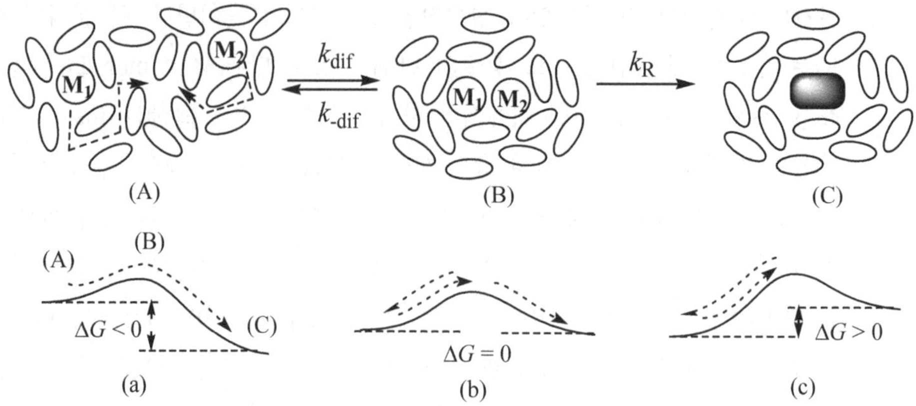

그림 3.5 (위) M_1, M_2은 반응 분자, 흰 타원은 용매 분자, (A)는 분자간 상호작용이 없는 출발 상태, (B)는 바구니 용매 중에 생성된 충돌 복합체, (C)는 생성계를 표시한다. (아래) (a) 자유 에너지 감소 과정, (b) 자유 에너지 동등 과정, (c) 자유 에너지 증가 과정.

확산 지배 과정의 예로서 산소 분자가 들뜬 상태를 붕괴시키는 **소광**(Quenching)에 대하여 살펴보자(식 (3.5)). 산소 분자는 바닥 상태가 상자기성(Paramagnetism)을 가진 삼중항 상태(T_0)이며, 또한 그 T_0와 최저 들뜬 상태(단일항 상태, S_1)과의 에너지 간격이 매우 적은(95 kJ mol^{-1}) 특이한 분자이다. 따라서 산소는 들뜬 분자를 한번의 충돌로 소광할 수 있는 효율적인 **소광제**(Quencher)이다. 유기 용매 중에서의 산소의 포화 농도($[O_2]$)는 $\sim 10^{-3}$ M 정도이다. 따라서 산소가 들뜬 분자를 확산 지배적으로 소광하는 속도는 $k_{dif} \times [O_2] \approx (10^{10}\ M^{-1}s^{-1}) \times (10^{-3}\ M) \approx 10^7\ s^{-1}$ 정도가 된다. 이 값을 들뜬 상태가 일분자적으로 바닥 상태에 되돌아가는 속도(즉 수명의 역수)와 비교해보자. 많은 경우 S_1의 수명은 $\sim 10^{-8}$ s보다 짧기 때문에 S_1은 산소에 의해 소광되는 속도보다 열 배 이상 빨리 바닥 상태로 붕괴한다. 따라서 산소에 의한 S_1의 소광(대표적으로는 형광의 소광)은 크지 않고 부분적이다. 그 반면 T_1의 수명은 10^{-6} s보다 긴 경우가 많아, 공기가 포화된 용액 속에서는 산소에 의한 소광 속도는 T_1의 붕괴 속도의 100배 이상 크다. 그렇기 때문에 T_1은 거의 완전히 소광된다. 유기 화합물의 인광 방사 속도는 $10^2\ s^{-1}$보다 느리다. 만약에 용매 속에 용해하고 있는 산소의 농도가 10^{-6} M 정도의 매우 낮은 경우라 하여도 T_1의 소광 속도는 $(10^{10}\ M^{-1}s^{-1}) \times (10^{-6}\ M) = 10^4\ s^{-1}$ 정도가 되어 인광 방사 속도보다 100배 이상 빠르다. 산소뿐 아니라 T_1을 소광하는 불순물이 소량 존재해도 같은 현상이 일어날 수 있다. 이것이 상온 및 유동 용액의 조건하에서는 인광을 검출하기가 어려운 주된 이유의 하나이다. 유기 화합물의 인광 스펙트럼은 보통 액체 질소 온도 (77 K)에 온도를 낮추어서 용액을 동결시킨 상태에서 측정한다. 그 이유의 하나는 확산 속도가 무시할 수 있기 때문에 분자간 소광이 일어나지 않다는 데 있다.

일분자적 광화학 반응이 일어나지 않는 분자 M_1의 용액에 제3성분 M_2를 첨가했을 때 M_1의 형광이나 인광이 감소하거나 사라지는 등 소광이 일어나면, 그것은 들뜬 상태 분자 $^1M_1$* 또는 $^3M_1$*가 M_2와 상호작용했다는 증거이다. **분자간 화학 반응이 S_1에서 진행되면 제3성분에 의해 형광이 소광되며, T_1에서 진행되면 인광이 소광된다.** 따라서 **제3성분에 의한 발광의 소광은 들뜬 상태에서의 분자간 상호작용을 알아내는 중요하고 기본적인 실험적 지견**이다. 반복해서 언급한 것처럼 S_1 또는 T_1의 들뜬 분자는 높은 들뜸 에너지를 갖고 있으며, 또한 HOMO 및 LUMO에 각각 전자 한 개만 있는 전자 배치 상태에 있다. 이것이 들뜬 분자가 바닥 상태 분자와 쉽게 상호작용할 수 있는 원동력을 주고 있다. 분자간 광반응에서 일어나는 전형적 초기 과정은 식 (3.6a ~ c)에 보여주는 **에너지 이동, 들뜬 복합체**(Exciplex)**의 형성** 및 **전자 이동**들이다. 이 과정들에서 P_a~P_c은 반응 생성물 또는 M_1 + M_2이다. 이제부터 이 과정들에 초점을 맞추어 설명할 것이며, 여기에서 분자 M_1을 빛을 흡수하여 들뜬 상태로 되는 분자, M_2는 빛을 흡수하지 않고 들뜬 상태 분자와 상호작용하는 바닥 상태 분자로 한다.

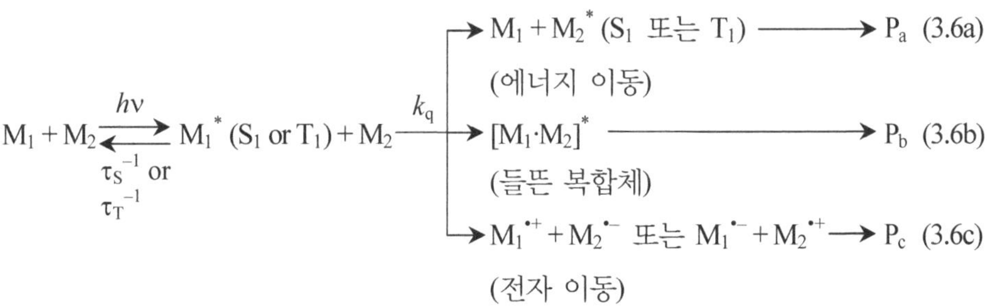

$$\text{Stern-Volmer 식}: \Phi_F/\Phi_F^0 = 1 + (k_q \times \tau_S[M_2]) \text{ 또는 } \Phi_P/\Phi_P^0 = 1 + (k_q \times \tau_T[M_2]) \quad (3.6d)$$

식 (3.6a ~ c)의 **분자간 상호작용을 정확히 이해하기 위해서는 그 속도 상수 k_q을 결정하여야 한다.** 분자간에서 일어나는 과정의 속도 상수는 4.2절에서 상세히 설명하는 일정 상태 가설에 의거하여 유도한 **Stern-Volmer 식**(3.6d)을 이용하여 얻을 수 있다. 여기에서 Φ_F^0 및 Φ_P^0은 각각 M_2가 존재하지 않았을 때의 형광 및 인광의 양자 수득률(또는 발광 세기), Φ_F 및 Φ_P은 각각 M_2가 존재했을 때의 형광 및 인광의 양자 수득률(또는 발광 세기), τ_S 또는 τ_T은 각각 S_1 또는 T_1의 수명, k_q은 분자간 속도 상수, $[M_2]$은 반응계에 존재하는 M_2의 농도(단위 *M*)이다. 이 Stern-Volmer 식에서 τ_S, τ_T, Φ_F/Φ_F^0, Φ_P/Φ_P^0들은 실험적으로 얻을 수 있는 양이며, 농도

$[M_2]$은 실험자가 선택한 양이다. 따라서 Stern-Volmer 식 (3.6d)을 이용함으로써 반응 속도 상수 k_q를 비교적 쉽게 결정할 수 있다. 구체적 방법에 대해서는 4.2절에서 설명하지만 대략적으로는 다음과 같이 한다. 우선 M_1 용액부터 나오는 형광(또는 인광)의 세기(즉 $\Phi_F{}^0$ 또는 $\Phi_P{}^0$)를 측정하고, 그 다음 M_2가 존재하는 조건하에서 형광(또는 인광)의 세기(즉 Φ_F 또는 Φ_P)를 M_2의 여러 농도에서 측정하면 그 비율 $\Phi_F/\Phi_F{}^0$(또는 $\Phi_P/\Phi_P{}^0$)을 얻을 수 있다. 지금 $\Phi_F/\Phi_F{}^0$ (또는 $\Phi_P/\Phi_P{}^0$)와 $[M_2]$가 직선 관계를 보여주면, 그 직선의 기울기는 $k_q \times \tau_S$ 또는 $k_q \times \tau_T$을 준다. 별도 실험으로부터 τ_S 또는 τ_T을 얻을 수 있기 때문에 k_q가 결정된다.

3.4 | 들뜬 상태에서의 분자간 상호작용

3.4.1 에너지 이동–Förster Mechanism 및 Dexter Mechanism

용액 중에서 M_1의 형광 또는 인광의 세기가 빛을 흡수하지 않은 제3성분 M_2에 의해서 약해지고(즉 소광되고) 동시에 M_2의 형광 또는 인광이 나타나게 되면, 이것은 바로 식 (3.6a)에 보여준 에너지 이동이 일어난 것을 뒷받침하는 증거이다. 즉 M_1*가 사라지면서 M_2*가 생성했다는 것이다. 에너지 이동이 일어나기 위해서는, $E(M_1{}^*)$ (M_1의 들뜸 에너지) > $E(M_2{}^*)$ (M_2의 들뜸 에너지)의 에너지적 조건이 필수적이다. 에너지 이동에는 두 가지 기본 메커니즘이 있기 때문에 그를 설명하겠다.

(i) 단일항 상태 에너지 이동에 관한 Förster 메커니즘 (${}^1M_1{}^* + M_2 \rightarrow M_1 + {}^1M_2{}^*$):

이미 언급한 바와 같이, HOMO로부터 LUMO에 올라간 전자는 HOMO의 파동운동보다 마디 평면이 많은 파동 운동을 하고 있어 그로 인한 쌍극자 진동이 발생하고 있다. 지금 바닥 상태 M_2의 HOMO 전자가 이 쌍극자 진동과 공명하여 마디 평면이 보다 많은 파동 운동, 즉 M_2의 LUMO의 쌍극자 진동을 할 수 있는 조건을 만족한다면, ${}^1M_1{}^*$가 바닥 상태로 붕괴됨과 동시에 M_2의 전자는 LUMO의 운동으로 변하게 되고 들뜬 상태 ${}^1M_2{}^*$가 생성되게 된다(그림 3.6). 마치 진동하고 있는 공명 함에 다른 공명 함을 대치시켰을 때 후자가 공명해서 진동을 시작하는 것과 닮아 있다. 따라서 이 에너지 이동 메커니즘을 **공명 메커니즘**(Resonance Mechanism) 또는 쌍극자 진동을 바탕으로 하고 있기에 **쌍극자–쌍극자 메커니즘**(Dipole-Dipole Mechanism)이라고도 한다. 에너지를 주는 ${}^1M_1{}^*$의 $S_1 \rightarrow S_0$ 전이에 대한 쌍극자 모멘트는 형광 스펙트럼의 매개변수($F(\lambda)$ 및 Φ_F)에 의해, 한편 에너지를 받는 M_2의 $S_0 \rightarrow S_1$ 전이에 대한 쌍극자 모멘트는 흡수 스펙트럼의 매개변수 ($\varepsilon(\lambda)$)에 의해 표현된다. 따라서 $^1M_1^*$의 형광 스펙트럼과 M_2의 흡수 스펙트럼이 잘 중첩되면 될수록 에너지 이동의 속도가 빨라진다[3]. Förster 메커니즘에 의한 에너지 이동은 공명현상이기 때문에 분자간의 직접적 접촉, 즉 궤도함수의 겹침을 필요로 하지 않으며 분자간 접촉 거리를 훨씬 넘는 긴 거리(~ 10 nm = 100 Å)에서도 일어난다.

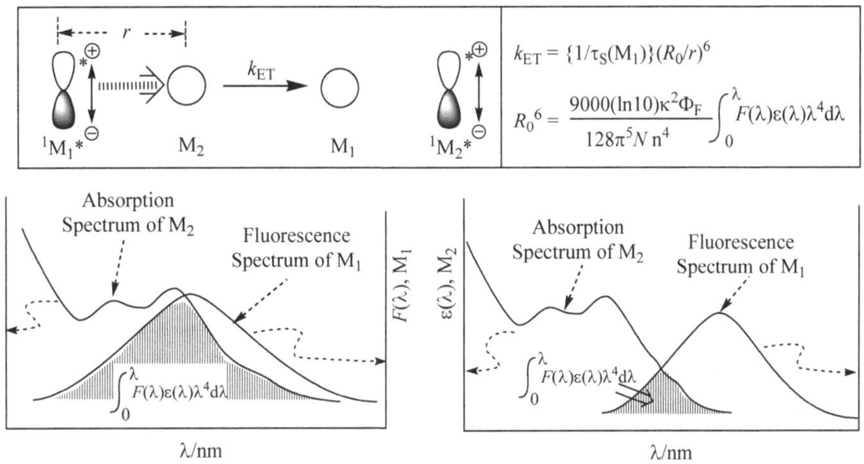

그림 3.6 (위) (왼쪽) 단일항 에너지 이동에 관한 Förster 메커니즘의 개념도. (오른쪽) 에너지 이동의 속도 식. (아래) (왼쪽) M_1의 형광 스펙트럼과 M_2의 흡수 스펙트럼 사이의 중첩 ($\int F(\lambda)\varepsilon(\lambda)\lambda^4 d\lambda$)이 큰 경우. 효율적 에너지 이동에 바람직한 상황. (오른쪽) 스펙트럼적 중첩이 작은 경우. 에너지 이동 효율이 높지 않는 상황.

그런데 그림 3.6에 보여준 스펙트럼의 중첩이 큰 경우 $^1M_1$*이 방출한 형광을 M_2가 흡수해서 들뜬 상태가 될 가능성이 있으며, 이를 "Trivial Mechanism"이라 한다. 이 경우에는 거리 의존성은 없고 또한 일정한 "속도 상수"도 없다. 또한 재흡수에 의하여 형광이 "소광"되어도 $^1M_1$*의 형광 수명은 변함이 없다. 따라서 Förster 메커니즘과는 완전이 다르다. 여기에서 중요한 문제를 지적해야 한다. 이미 앞장에서 언급한 바와 같이, 유기 분자의 경우 바닥 상태와 삼중항 상태 사이

3] 그림 3.6의 속도식에 대하여 간단한 설명을 붙이겠다. R_0: 반응계에 고유한 Förster 거리라 하며, 전형적으로는 2.0 ~ 9 nm. κ^2: 쌍극자 모멘트의 방향성, 즉 분자 사이의 상대적 배향 상태에 관한 매개변수이며, 0~1의 값을 취한다. 용액 중에서는 2/3의 값을 취한다. 만약에 M_1 및 M_2의 쌍극자 모멘트가 서로 평행이면 $\kappa = 1$, 한편 직교 관계에 고정되고 있으면 에너지 이동은 일어나지 않는다($\kappa = 0$). $F(\lambda)$: M_2의 흡수 스펙트럼과 중첩되고 있는 M_1의 형광 스펙트럼의 면적(규격화된 전체 스펙트럼에 대한 상대 면적). $\varepsilon(\lambda)$: 중첩되고 있는 M_2 흡수스펙트럼 영역의 각기 파장 λ에서의 몰 흡수 계수.

의 전자 전이($S_0 \leftrightarrow T_1$)는 금지 전이이기 때문에 에너지 이동에 필요한 $^3M_1^*$와 M_2의 전자 전이 쌍극자 모멘트가 거의 없거나 극도로 작다. 에너지를 받는 데 있어서 필수적인 $S_0 \rightarrow T_1$ 흡수가 거의 없다는 것을 상기하자. 즉 **유기 화합물의 경우 삼중항 에너지 이동에 있어서 Förster 메커니즘은 중요하지 않다.**

Förster 메커니즘에 의한 에너지 이동은 공명 현상이기 때문에 그 속도(효율)는 분자간의 거리 r에 의존하며, 분자간의 충돌이 없어도 일어난다. 예를 들면, 1–클로로나프탈렌(1-Chloronaphthalene, M_1)은 330 ~ 400 nm에 약한 형광 ($\Phi_F = 0.05$)을 내며, 한편 페릴렌(Perylene, M_2)은 350 ~ 450 nm에서 흡수를 보여주고 그 형광은 매우 세다 ($\Phi_F = 0.78$). 따라서 에너지 이동을 검토하는 목적에 적합한 반응계이다. 이 반응계에서는 M_1부터 M_2로의 에너지 이동 속도(k_{ET})는 용매의 점도에 의존하지 않으며, 벤젠 중에서도 또한 액체 파라핀 중에서도 속도는 같다(~10^{11} $M^{-1}s^{-1}$). 이 속도는 벤젠 중의 확산 속도(~10^{10} $M^{-1}s^{-1}$)보다 한 자리 크고, 더욱이나 액체 파라핀 중의 확산 속도(3×10^8 $M^{-1}s^{-1}$)보다 300배나 크다. 이것은 에너지 이동이 분자의 충돌 없이 진행되었다는 것을 보여주고 있다. 또한 M_2가 존재하지 않으면 M_1의 형광 수득률은 0.05이지만, M_2가 존재하고 에너지 이동이 최대한으로 일어난 조건하에서는 M_2부터의 형광 수득률은 0.5에 달한다. 이것은 에너지를 주는 M_1의 형광 수득률보다 에너지를 받아 생긴 $^1M_2^*$가 형광을 방출하는 효율이 훨씬 높기 때문이다. 또한 만약에 M_1이 방출한 형광을 M_2가 다시 흡수하는 "Trivial Mmechanism"에 의해 $^1M_2^*$가 생성했다고 하면, M_2부터의 형광 수득률은 0.05를 넘을 수 없다.

Förster 메커니즘에 따른 에너지 이동의 이론적 해석에 의하면 에너지 이동 속도(k_{ET}) 또는 이동 효율(η_{ET})은 M_1과 M_2 간의 거리(r)의 6승에 반비례한다 (k_{ET} 또는 $\eta_{ET} \propto r^{-6}$). 이 이론적 예측은 굳은 σ–결합으로 연결된 두 개의 발색단 사이의 분자내 에너지 이동 실험에 의해 증명되었다. 그림 3.6의 화합물은 1–나프틸아미노(1-Naphthylamino, M_1; 형광 파장 330 ~ 400 nm)기와 1–다이메틸아미노–5–나프틸설폰아미도(Dansyl, 1-Dimethylamino-5-naphthylsulfonamide, M_2; 흡수 파장 300 ~ 400 nm)기를 펩타이드 사슬로 연결한 화합물이다. 펩타이드 결합에 참여하는 아미노산 여기 수를 변화시키면 M_1과 M_2 간 거리(r)를 1.2 nm부터 4.3 nm까지 변화시킬 수 있다. M_1이 선택적으로 흡수하는 파장(~ 290 nm)에서 빛을 쪼이고 형광 스펙트럼을 분석하면, $r \leq 2$ nm에서는 M_2로부터의 형광만 450 ~ 600 nm에 관측된다(M_1의 형광은 완전히 소광된다). 즉 에너지 이동 효율은 100%이다. 거리가 2 nm보다 길어지면 M_1와 M_2 양쪽부터의 형광이 관측된다. 그 비율($\eta = \Phi_F(M_2)/$

$\Phi_F(M_1)$)은 $\eta \propto r^{-6}$의 관계에 따라 변화하며, r = 3.5 nm에서 $k_{ET} \approx 1/\tau_S(M_1)$로 된다. 따라서 Förster 거리(Förster Distance) R_0은 ~3.5 nm로 결정된다.

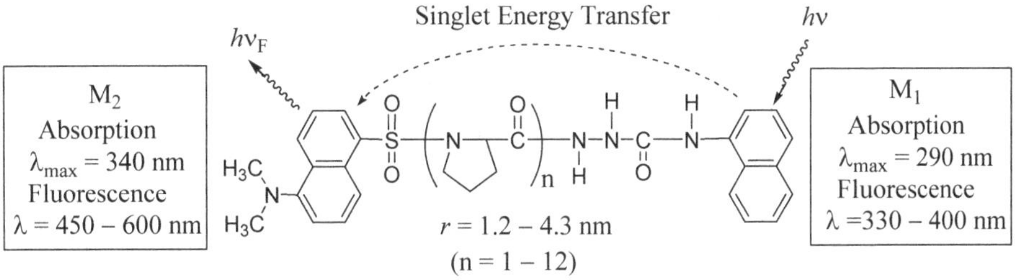

그림 3.7 두 발색단 M_1 및 M_2을 굳은 펩타이드 사슬로 연결한 화합물과 그들의 최대 흡수 파장과 형광의 파장 영역.

(ii) **삼중항 에너지 이동에 관한 Dexter 메커니즘** ($^3M_1^* + M_2 \rightarrow M_1 + {}^3M_2^*$):

다음으로 에너지 이동에서 분자간의 접촉을 필요로 하는 **교환 메커니즘**(Exchange Mechanism 또는 Dexter Mechanism)에 대해서 설명하겠다. 이 메커니즘에 의한 에너지 이동은 두 분자가 궤도함수의 겹침이 일어나기 위한 접촉 유효 거리(r < 0.5 nm)에 접근하여 "M_1와 M_2 사이의 전자 교환"을 통해서 진행된다. 알기 쉽게 말하면, M_1^*의 들뜬 전자가 M_2의 LUMO에 이동하고, 동시에 M_2의 HOMO에 있는 전자가 M_1의 HOMO에 이동한다(그림 3.8). 그 결과 M_1은 바닥 상태로 변하고, 한편 M_2는 들뜬 상태로 변한다. 이것은 바로 에너지 이동이 진행되었다는 것이다. 이 메커니즘의 매우 중요한 내용은 Förster 메커니즘과 달리 **에너지 이동에서 M_1과 M_2의 스펙트럼적 성질을 포함하지 않는다**는 것이다. 따라서 **교환 메커니즘에 의거하면 삼중항 에너지 이동이 가능하다**($^3M_1^* + M_2 \rightarrow M_1 + {}^3M_2^*$).

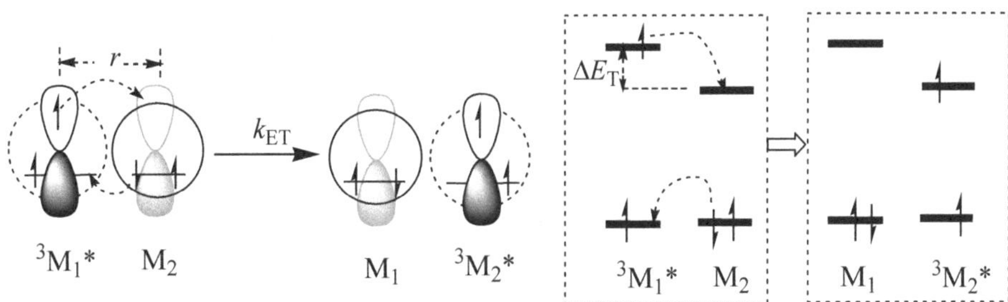

그림 3.8 Dexter 메커니즘에 의한 삼중항 에너지 이동의 개념도. $k_{ET} \propto \exp(-r)$.

이 교환 메커니즘에 의해 진행되는 에너지 이동은 궤도함수의 중첩을 통해서 진행되기 때문에 그 과정에서 스핀 상태가 보존되어야 한다. 에너지 이동의 속도

k_{ET}은 분자간의 거리 r의 지수 함수에 의존한다. 또한 에너지를 넘겨주는 분자의 삼중항 에너지 준위가 에너지를 받는 분자의 삼중항 에너지 준위보다 높아야 하며, 그 두 분자의 삼중항 에너지의 차이 ΔE_T가 ~13 kJ mol^{-1} (~3 kcal mol^{-1})보다 크지 않으면 효율적인 에너지 이동이 진행하지 않는다. 계산에 의하면 이러한 에너지 조건이 만족된 조건하에서 $r = 0.5$ nm이면 $k_{ET} \approx 10^9\ s^{-1}$, 한편 $r = 1.0$ nm로 길어지면 ~$10^4\ s^{-1}$까지 떨어진다. 즉 용액 중에서의 Dexter 메커니즘에 의한 삼중항 에너지 이동은 분자가 충돌 거리에 접근될 때까지 일어나지 않는다고 생각할 수 있다. 다시 말하면, $\Delta E_T >$ ~13 kJ mol^{-1}의 조건하에서는 두 분자가 충돌하면 에너지 이동이 일어난다. 즉 용액 중에서의 에너지 이동이 확산 지배적으로 진행한다.

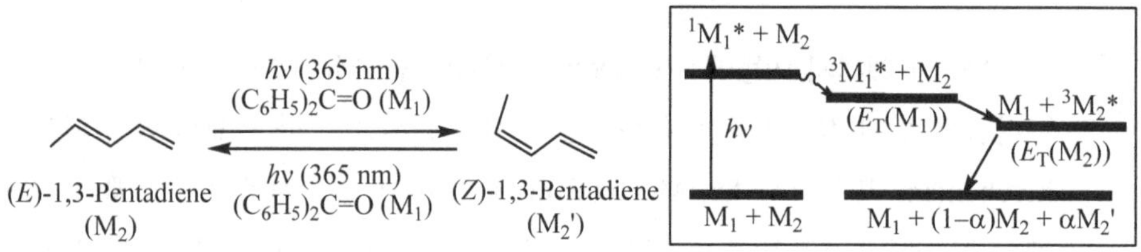

그림 3.9 벤조페논(M_1)에 의한 (*E*)- 또는 (*Z*)-1,3-펜타다이엔(1,3-Pentadiene, M_2 또는 M_2')의 (*E*)-(*Z*)-이성질화 반응 및 그의 반응 경로

교환 메커니즘에 의한 삼중항 에너지 이동은 용액 중에서의 삼중항 감광 반응과 관련해서 굉장히 중요하다. 여러 번 언급하고 있는 바와 같이 일반적 유기 화합물의 경우, 바닥 상태로부터 광흡수를 통해서 직접 T_1 상태를 생성시킬 수는 없다. 또한 π,π* 들뜬 상태만 가진 화합물에서는 $S_1 \rightarrow T_1$ 계간 교차가 일어나지 않거나 또는 그 효율이 매우 낮은 경우가 적지 않다. 예를 들면 스틸벤(Stilbene) 또는 1,3-펜타다이엔 같은 화합물들은 $S_1 \rightarrow T_1$ 계간 교차를 거의 하지 않는다 ($\Phi_{ISC} = 0$). 즉 이러한 화합물들의 경우 빛을 흡수시키는 방법으로 삼중항 상태를 생성시킬 수 없다는 것, 즉 삼중항 상태를 경유하는 광화학 반응을 관찰할 수 없다는 것이다. 계간 교차의 효율이 낮은 원인의 하나는 S_1과 T_1 사이의 에너지 차이 ΔE_{ST}가 크기 때문이라는 것을 상기하자. 스틸벤 및 1,3-펜타다이엔의 경우 ΔE_{ST}은 각각 ~162 kJ mol^{-1} (~40 kcal mol^{-1}) 및 ~209 kJ mol^{-1} (~50 kcal mol^{-1})로 매우 크고, T_1의 들뜸 에너지 E_T는 각각 ~209–238 kJ mol^{-1} (~50–57 kcal mol^{-1}) 및 ~246 kJ mol^{-1} (~59 kcal mol^{-1})이다. 이 값들을 n,π* 들뜬 상태를 가진 벤조페논의 값들과 비교해 보자. 이 분자의 경우 $\Delta E_{1,3} \approx 25$ kJ mol^{-1} (~6 kcal mol^{-1}) 및 $E_T \approx 289$ kJ mol^{-1} (~69 kcal mol^{-1})이며, $S_1 \rightarrow T_1$ 계간 교차의 효율은 100% ($\Phi_{ISC} = 1$)에 달한다.

지금 벤조페논(M_1)과 1,3–펜타다이엔(M_2)을 포함하는 반응계를 생각해 보자. M_1은 ~380 nm까지 빛을 흡수하지만 한편 M_2는 260 nm 이상의 빛을 흡수하지 않는다. 이 반응계에 365 nm의 자외선(수은등의 공명선)을 쪼이면 그 자외선을 흡수하지 않는 M_2의 (E)–(Z) 이성질화 반응이 일어난다(그림 3.9). 이 광화학 반응은 다음과 같은 과정을 거쳐 진행된다. 우선 빛을 흡수하여 생긴 $^1M_1^*$은 100%의 효율로 $^3M_1^*$으로 계간 교차한다. 이 반응계에서 삼중항 에너지 차이($E_T(M_1) - E_T(M_2)$)는 ~43 kJ mol^{-1}이므로, $^3M_1^*$부터 M_2로의 에너지 이동이 확산 지배적으로 진행된다. 이 때 스핀 보존 법칙에 따라 에너지를 받은 M_2는 삼중항 상태 $^3M_2^*$로 전환되고, 그로부터 일정한 비율로 이성질체 M_2'가 생성한다(5.2.1(ii) 참조). 여기에서 언급된 반응계의 벤조페논 분자처럼 빛을 흡수하면서도 자기는 화학 변화하지 않고 다른 화합물의 화학적/물리적 변화를 일으키는 화합물을 **감광제**(Photosensitizer 또는 Sensitizer)라 하며, 일어난 반응을 **감광 반응**(Photosensitized Reaction), 일어난 현상을 **감광**(Photosensitization)이라고 하며 삼중항 상태를 거쳐 일어나면 삼중항 감광이라 한다.

삼중항 감광이 일어났다는 것은 $^3M_1^*$가 M_2로 의해 **소광**(Quenching)되었다는 것을 의미한다. 즉 **감광과 소광은 짝지워진 과정(Coupled Process)을 통해 일어나는 표리 일체의 현상이다.** 지금 분자 M_1의 광화학 반응이 S_1로부터 진행되고 있는지 또는 T_1로부터 진행되고 있는지를 알고 싶을 때, 흡수 파장이 M_1보다 짧지만 삼중항 에너지는 매우 낮은 분자 Q(예를 들면 1,3–펜타다이엔, 페로신(Ferrocene), 산소 등)에 의한 소광법이 효과적이다. 분자 M_1의 형광이 소광되지 않는 정도의 농도(대체로 $< 10^{-3}$ M)로 Q을 첨가했을 때 반응이 일어나지 않거나 또는 효율이 현저히 떨어지면, 이 반응은 T_1을 거쳐 진행되었을 가능성이 높다. 이런 분자 Q를 **삼중항 소광제**(Triplet Quencher)라 한다. 한편 삼중항 에너지가 충분히 낮은 소광제가 ~10^{-3} M 정도 존재하여도 반응에 별로 영향을 주지 않는 경우를 생각해 보자. 삼중항 소광이 확산 지배로 일어난다면 소광 속도는 10^{10} ($M^{-1}s^{-1}$) × 10^{-3} (M) ≈ 10^7 s^{-1}이 된다. 이미 언급한 것처럼 삼중항의 수명은 대체로 10^{-6} s보다 상당히 길다. 따라서 삼중항 상태에서 반응이 진행되고 있다면 반응은 소광될 것이다. 즉 이 반응에서는 T_1이 관여하고 있는 가능성은 낮다. 바람직한 소광제는 광화학 반응을 확산 지배적으로 소광하면서도 자기 자신은 화학 변화를 하지 않는 화합물이다. 5.2절에 설명하는 일정 상태 가설에 의거한 Stern-Volmer 식에 의해 소광을 반응 속도론적으로 분석함으로써 삼중항 상태의 반응성을 정량적으로 파악할 수 있다.

3.4.2 들뜬 복합체 및 들뜬 이합체의 형성

바닥 상태에서 M_1과 M_2 사이에 상호작용이 없어도 들뜬 상태의 M_1^* (S_1 또는 T_1)이 바닥 상태 분자 M_2와 들뜬 상태를 유지하면서 분자 복합체 $[M_1 \cdot M_2]^*$을 형성하는 반응계가 많이 알려져 있다. 이 복합체를 **들뜬 복합체(Exciplex** = Exci(ted Com)plex)라 한다. 같은 분자간에서 생성하는 들뜬 복합체를 특별히 **들뜬 이합체** (**Excimer** = Exci(ted Di)mer; $M_1 = M_2$)라 부른다. 들뜬 복합체(이하 EX란 기호로 표시)는 그림 3.4에서 설명한 충돌 복합체와는 본질적으로 다르다. 그림 3.10에 안트라센(M_1)과 *N,N*–다이메틸마닐린(*N,N*-Dimethylaniline, M_2)로 구성된 전형적인 EX 생성계의 발광 스펙트럼을 나타냈다. EX은 고유의 들뜸 에너지와 수명을 가진 전자적 들뜬 종이며 빛을 방출할 수 있다. 그 발광 거동으로부터 EX을 이루고 있는 전자적 성질을 분석할 수 있다. 그 결과에 의하면 EX의 전자 상태는 식 (3.7)과 같이 표현된다.

$$[M_1 \cdot M_2]^* = \underbrace{M_1^+M_2^- \leftrightarrow M_1^-M_2^+}_{\text{전하 이동}} \leftrightarrow \underbrace{M_1^*M_2 \leftrightarrow M_1M_2^*}_{\text{들뜸 공명}} \tag{3.7}$$

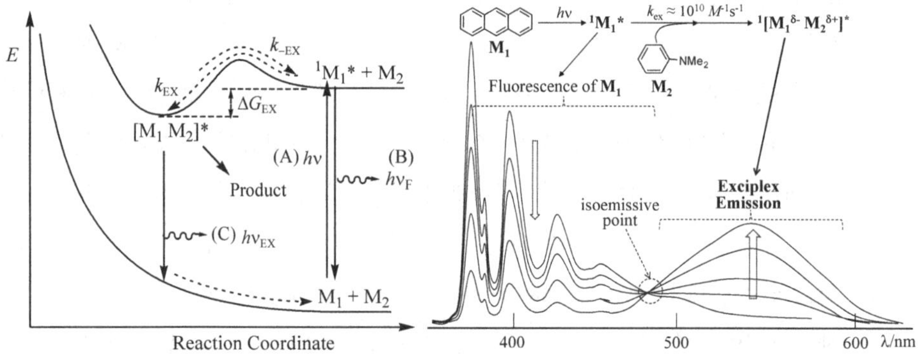

그림 3.10 (왼쪽) 들뜬 단일항 상태에서 EX가 생성하는 과정과 에너지 평면의 개념도. (A) M_1의 광흡수. (B) M_1의 형광. (C) 들뜬 복합체의 발광. ΔG_{EX} = 들뜬 복합체 생성 자유 에너지 변화. (오른쪽) M_1= 안트라센, M_2 = *N,N*–다이메틸아닐린(*N,N*–Dimethylaniline)의 들뜬 복합체 생성계에서의 발광 스펙트럼. 380 ~ 500 nm의 진동 구조를 가진 M_1의 형광 스펙트럼이 M_2의 농도가 증대됨에 따라 소광되면서 500 ~ 600 nm에 새로운 발광(즉 들뜬 복합체의 발광)이 나타난다. 형광 소광과 들뜬 복합체의 발광 출현에서 발광 세기가 변하지 않은 파장이 있다. 이를 등발광 점(Isoemissive Point)이라 하며, 이는 $^1M_1^*$의 소광과 들뜬 복합체 생성이 당량 관계에 있다는 것을 보여준다.

EX가 형성되는 원동력은 **전하 이동**(Charge Transfer; $M_1^+M_2^- \leftrightarrow M_1^-M_2^+$)과 **들뜸 공명**(Excitation Resonance; $M_1^* M_2 \leftrightarrow M_1 M_2^*$)에 의한 안정화에 있다. 전하 이동이란 분자간에서 전자가 한쪽 분자로부터 상대쪽 분자로 부분적으로 또는 완전히 이동하는 것을 의미한다. 따라서 분자간의 쿨롱적 상호작용에 의한 안정화가 이루어진다. 지금 M_1 = 전자 받개, M_2 = 전자 주개의 경우 EX은 $[M_1^{\delta-}M_2^{\delta+}]^*$ ($\delta \le 1$)의 전하를 띤 전자 상태를 가진다. 지금 $\delta = 1$의 극단적인 경우 전자가 한 개 완전히 이동한 $[M_1^{\bullet-}M_2^{\bullet+}]^*$와 같은 라디칼 이온쌍이라고 볼 수 있다. 한편 들뜸 공명은 들뜬 전자가 두 분자의 분자 궤도함수에 비편재화되고 있는 전자 상태이며, 그로 인하여 안정화가 이루어진다. 양쪽 분자의 들뜸 에너지 준위의 차이가 크면 들뜸 공명에 의한 기여 부분이 감소되고, 반면에 에너지 차이가 작으면 작을수록 들뜸 공명의 기여가 증대된다. 즉 M_2 위에 나타나는 전자적 들뜸의 비율이 증가한다. 들뜬 이합체에서는 들뜸 에너지 준위의 차이가 없기 때문에 들뜸 공명의 기여가 지배적이며, 두 개의 분자간에 들뜸 에너지가 동등하게 비편재화된다. 식 (3.7)에 표시한 바와 같이 EX 형성의 원동력(즉 자유 에너지 변화 $-\Delta G_{EX}$)은 전하 이동과 들뜸 공명에 있다. 전하 이동의 세기와 정도는 전자 주개 쪽의 이온화 에너지(Ionization Energy, IP)와 전자 받개 쪽의 전자 친화력(Electron Affinity, EA)에 의존하며, 들뜸 공명은 M_1과 M_2 간의 들뜸 에너지 격차(ΔE_{ex})에 의존한다. 따라서 EX 형성 과정에서 $-\Delta G_{EX}$은 식 (3.8)와 같이 표현된다. 여기에서 a_1 및 a_2는 비례 계수, $a_1(IP - EA)$은 전하 이동에 의한 안정화 기여의 크기를 나타내며, $a_2\Delta E_{EX}$은 들뜸 공명에 의한 기여의 크기를 나타내고, ΔH_{solv}은 분자의 용매화에 의한 엔탈피 변화이며, w_p은 생성된 전하에 의한 쿨롱 에너지이다.

$$-\Delta G_{EX}/RT = -a_1(IP - EA) + a_2\Delta E_{EX} + \Delta H_{solv} + w_p \tag{3.8}$$

$$M_1 + M_2 \underset{\tau_S^{-1}}{\overset{h\nu}{\rightleftarrows}} {}^1M_1^* + M_2 \underset{k_{EX}}{\overset{k_{EX}}{\rightleftarrows}} {}^1[M_1 \cdot M_2]^* \, ({}^1EX) \xrightarrow{k_{RX}} M_1 + M_2 \text{ \&/or Product} \tag{3.9a}$$

$$k_q = k_{app} = k_{EX} \times \{k_{RX}/(k_{-EX} + k_{RX})\} = pk_{EX}; p = k_{RX}/(k_{-EX} + k_{RX}) \tag{3.9b}$$

EX 생성에 있어서는 M_1*가 M_2에 의해 소광된다. 그러나 그 생성은 들뜬 상태를 유지하면서 진행되는 단열 과정이기 때문에 M_1^* + M_2로 되돌아갈 수 있다. 따라서 EX의 생성 자유 에너지 변화 $-\Delta G_{EX}$가 크지 않으면 (즉 EX의 안정화가 크지 않으면), EX은 M_1^* + M_2로 쉽게 돌아갈 수 있다. 한편 $-\Delta G_{EX}$가 크면 EX은 M_1^* + M_2로 해리하기가 어렵다. 이러한 상황을 S_1에서 EX가 생성되는 반응계에 관해서 설명하겠다(식 (3.9a), ^{1}EX은 단일항 상태의 EX을 나타냄). 여기에서 ^{1}EX가 생성하는 속도를 k_{EX}, ^{1}EX부터 $^1M_1^* + M_2$로 해리하는 속도를 k_{-EX}, 바닥 상태에 붕괴하거나 화학 반응을 하는 속도를 k_{RX}라 하면 EX가 생성하는 겉보기의 속도 k_{app}은 식 (3.9b)로 주어진다. 지금 $-\Delta G_{EX} >> \sim 20$ kJ mol^{-1}의 경우, EX가 $^1M_1^* + M_2$로 해리하는 활성화 에너지가 크기 때문에 $k_{-EX} << k_{RX}$라고 가정할 수 있다. 즉 $k_{app} \approx k_{EX}$. 지금까지의 연구에 의하면 EX의 생성 과정은 확산 지배적이라는 것이 알려져 있다. 따라서 $k_{app} \approx k_{EX} \approx k_{dif}$. 한편에 $-\Delta G_{EX}$가 매우 작은 경우($-\Delta G_{EX} < \sim 20$ kJ mol^{-1}), ^{1}EX가 $^1M_1^* + M_2$로 빨리 해리할 수 있기 때문에 $k_{-EX} >> k_{RX}$가 성립된다. 그렇다면 $k_{app} \approx (k_{EX}/k_{-EX}) \times k_{RX} \approx \exp(-\Delta G_{EX}/RT) \times k_{RX}$의 관계가 성립된다. 지금 S_1에서 ^{1}EX가 생성하는 반응계에서 M_1이 전자 받개 분자, M_2를 일련의 전자 주개 분자, M_1과 M_2의 ΔE_{ex}가 매우 큰 경우를 생각해 보자. 이 ^{1}EX에서는 들뜸 공명은 무시할 수 있다(즉 $a_2 = 0$). ^{1}EX의 형성은 M_1의 형광이 M_2에 의해 소광된 결과이며, 따라서 형광 소광 속도(k_q)에 있어서 $k_q = k_{app}$의 관계가 성립한다. 지금 구조가 비슷하면서도 IP가 다른 각종 M_2로써 형광 소광을 하면, Stern-Volmer식 (3.6d)을 이용하여 M_2에 따른 k_q ($= k_{app}$)을 얻을 수 있다. 이 반응계에서 식 (3.8)의 EA은 일정한 값이고, 또한 비슷한 반응계이므로 $\Delta H_{solv} - w_p$도 일정하다고 가정할 수 있다. 그 가정에 따르면 $\log(k_{app}) \propto -\Delta G_{EX} \propto IP$이 성립한다. 그림 3.11에 실례를 보여준다. 여기에서 M_1 = 1– 또는 2–사이아노나프탈렌(1- or 2-Cyanonaphthalene, 전자 받개의 성질을 가진 형광성 화합물), M_2 = 퓨란(furan), 피롤(pyrrole), 싸이오펜(thiophene)

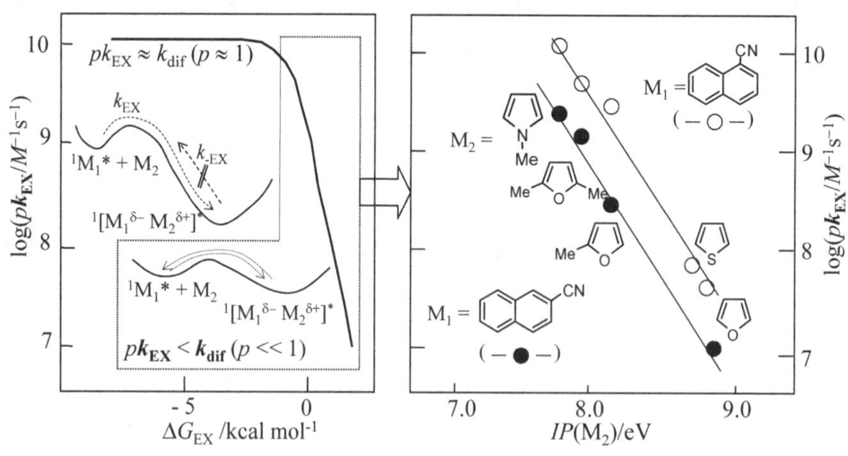

그림 3.11 (왼쪽) EX 생성계의 형광 소광 속도 pk_{EX}와 자유 에너지 변화 ΔG_{EX}과의 관계에 관한 에너지 도표. $\Delta G_{EX} < -3$ kcal mol^{-1}이면 $pk_{EX} \approx 10^{10}$ $M^{-1}s^{-1}$, $\Delta G_{EX} > 0$에서는 $\log(pk_{EX})$은 ΔG_{EX}와 직선적 관계를 가진다. (오른쪽) $\log(pk_{EX})$와 M_2의 $IP(M_2)$ 사이의 직선 관계를 보여주는 실례.

그리고 그들의 유도체(전자 주개의 성격을 가진 형광 소광제)이다. 이 반응계에서 $\log(k_{app})$는 *IP*와 직선 관계를 보여주며, M_2가 1–메틸피롤(1-Methylpyrrole) 또는 2,5–다이메틸퓨란(2,5-Dimethylfuran)의 경우에는 EX로부터의 발광이 장파장 쪽에 나타난다.

EX의 형성은 광화학 반응의 중요한 초기 과정의 하나이다. 그 이유는 다음과 같다. (1) 두 개의 분자가 궤도함수의 겹침이 생기는 거리 (0.3 ~ 0.5 nm)에서 일정한 상대적 입체 배열을 취하고 있다. (2) 전하 이동과 들뜸 공명에 의해 두 개의 분자가 화학적으로 활성화되고 있다. (3) EX은 일정한 수명을 가지고 있어 그에 해당되는 시간 안에서 활성화 상태가 유지되고 있다. 이와 같이 EX은 자신이 가진 들뜸 에너지를 원동력으로 하여 다양한 화학 반응을 한다. EX을 경유하여 반응이 일어나는 경우 화학 과정이 발광 과정과 경쟁하기 때문에, 광화학 반응이 효율적으로 진행되는 반응계에서는 일반적으로 EX의 발광은 관찰되지 못하거나 또는 발광이 나타나도 매우 약하다.

다음으로 EX을 경유하는 입체선택적 고리화첨가 반응(Stereoselective Cycloaddition Reaction)을 소개하겠다. 퓨란(Furan, M_2)을 용매로 한 1–사이아노나프탈렌(1-Cyanonaphthalene, M_1)의 용액에 313 nm의 자외선을 쪼이면 유일한 생성물로서 M_1과 M_2과의 $[_{\pi}4 + {}_{\pi}4]$–첨가 생성물이 얻어진다(수득률 > 90%) (그림 3.12(a)). 이 첨가 반응에서는 *exo*– 및 *endo*– 구조를 가진 생성물이 가능하지만, *exo*–생성물만 선택적으로 생성한다. 즉 이 광화학 반응은 입체선택적 첨가 반응이다. 퓨란은 M_1의 형광(310 ~ 340 nm에 진동 구조를 가지면서 비교적 강하게 나타남)을 소광한다. 그 속도는 $pk_{EX} = 3 \times 10^7\ M^{-1}s^{-1}$이며 확산 지배 속도의 1/300에 지나지 않는다. 즉 ${}^1M_1^*$와 ${}^1EX$가 들뜬 상태에서 평형 관계에 있다는 것을 보여주고 있다($p \ll 1$). 그림 3.12(b)은 퓨란을 용매로 한 M_1의 용액이 보여주는 형광 스펙트럼이다. 이 형광은 테트라하이드로퓨란(Tetrahydrofuran) 중에서 관측된 형광에 비하면 훨씬 약하다(즉 퓨란에 의해 소광되고 있다). 또한 M_1의 형광과 함께 장파장 쪽에 폭넓은 ${}^1EX$으로부터의 발광이 나타난다. 온도가 낮아지면 M_1의 형광은 약해지고, 동시에 ${}^1EX$의 발광이 증가한다. 이 현상은 ${}^1M_1^*$와 ${}^1EX$가 평형 관계에 있기 때문에 나타난다. ${}^1EX$의 발광이 약하다는 사실은 첨가 반응 과정이 발광 과정과 경쟁하면서도 보다 빠르게 진행했다는 것을 보여주고 있다. 그림 3.12(a)의 첨가 반응이 *exo*–선택적으로 진행한 것은 ${}^1EX$의 입체배열을 반영하고 있다. 이 외에 ${}^1EX$을 경유하는 광화학 반응은 수많이 알려져 있으며 광화학에서 일반적인 반응 메커니즘의 하나이다.

Chapter 03

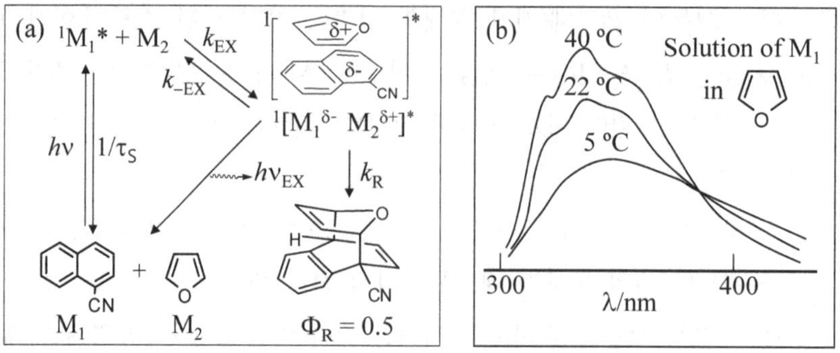

그림 3.12 (a) 1–사이아노나프탈렌과 퓨란과의 [$_\pi4$ + $_\pi4$] 고리화첨가 반응 과정. (b) 퓨란을 용매로 한 1–사이아노나프탈렌 용액의 발광 스펙트럼 및 그 온도 의존성.

표 3.2 들뜬 복합체를 경유하는 방향족 화합물의 고리화첨가 반응의 몇 가지 예(화학수득률 > 80%).

M_1 + M_2 $\xrightarrow{h\nu}$ P1 + P2

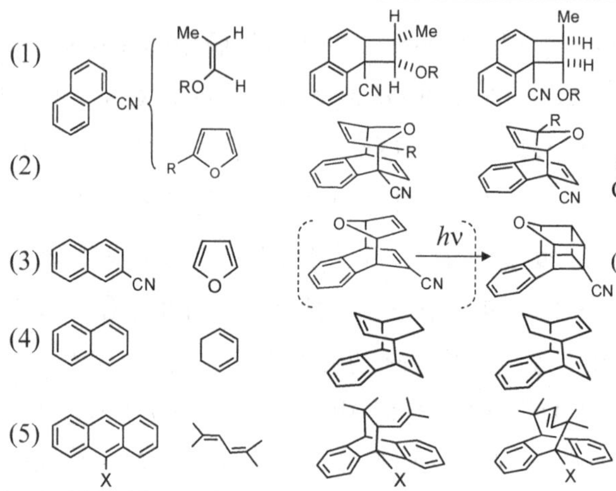

	R	P1 : P2	EX emission
(1)	C_6H_5	>90 : <10	very weak
	C_2H_5	~50 : ~50	no emission
(2)	H (*exo*–adduct)		very weak
	CH_2OH	100 : 0	no emission
	CH_2OCH_3	6.3 : 1	very weak
(3)	(*endo*-adduct only)		no emission
(4)		9:1	no emission
(5)	X = H	0 : 90	no emission
	X = CN	84 : 0	no emission

표 3.2에 몇 가지 반응 예를 보여준다. 일반적으로 M_1 및 M_2 양쪽이 π–짝지음에 의해 평탄한 구조를 가진 화합물의 경우, 입체선택적인 첨가 반응이 일어난다. 반응 예 (1)에서 M_2 = 1–페녹시프로펜(1-Phenoxypropene)의 첨가 반응은 입체특이적(Stereospecific)이며, 또한 내향 선택적(*Endo*-selective)이다. 한편 M_2 = 1–에톡시프로펜(1-Ethoxypropene)의 첨가 반응은 입체특이적이지만 *endo* 선택성은 없다. 반응 예 (2)와 (3)을 비교하면 퓨란의 첨가 방향이 반대이다. M_1의 CN 치환기의 위치에 따라 안정한 EX의 구조가 달라졌다는 것을 시사한다. 반응 예 (2)에서 푸르푸랄(Furfural, R = CH_2OH)은 위치특이적(Regiospecific)으로 반응하지만, R = CH_2OCH_3기를 가진 유도체의 반응은 특이성이 낮다. 이것은 안정한 EX 구조에 대

한 수소 결합의 중요성을 보여준다. 반응 예 (4)에서는 M_1에서 X = H이면 $[_{\pi}4 + _{\pi}4]$ 첨가가, 한편 X = CN의 경우 $[_{\pi}4 + _{\pi}2]$ 첨가가 선택적으로 진행된다. 즉 EX의 CT 성격에 따라 첨가 반응 양식이 지배된 것으로 이해할 수 있다. 후에도 EX을 경유하는 반응을 때때로 소개할 것이다.

같은 분자간에서 첨가 반응이 일어나면 이를 **이합체화 반응**(Dimerization Reaction)이라 하며, 반응 예는 5.2.7에서 소개한다. 여기에서는, 특징적 예로서 안트라센의 **광이합체화**(Photodimerization)를 설명하겠다(그림 3.13). 안트라센의 벤젠 용액에 자외선을 쪼이면 정량적으로 안트라센 이합체(Anthracene Photodimer, APD)가 석출된다. 안트라센의 형광을 상온에서 측정했을 때 그 농도를 증가시키면 스펙트럼의 변화 없이 형광의 세기가 약해진다. 이를 형광의 **농도 소광**(Concentration Quenching)이라 한다. 그것은 들뜬 단일항 상태의 안트라센($^1M_1^*$)이 확산 지배적으로 바닥 상태 안트라센 분자와 상호작용하여 들뜬 이합체 $^1[M_1 \bullet M_1]^*$을 형성했기 때문이다. 상온에서는 $^1[M_1 \bullet M_1]^*$은 매우 빠르게 이합체화 반응을 한다. 따라서 $^1[M_1 \bullet M_1]^*$부터의 발광은 상온에서는 관찰되지 못 하고, M_1 형광의 농도 소광만 관찰된다. APD의 용액을 77 K에서 동결한 조건하에서 254 nm의 빛을 조사하면 APD은 두 개의 안트라센 분자의 쌍(M / M)으로 분해된다. 생성된 분자쌍은 APD의 구조를 반영하여 안트라센 분자 평면이 서로 평행 배열되고 있으며, 또한 서로 가깝게 마주보는 상태로 고정되어 있다. 이 상태에서 안트라센이 흡수하는 365 nm의 빛을 쪼이면 $^1[M_1 \bullet M_1]^*$가 생성되고 그로부터의 발광이 장파장 쪽에 나타난다. 온도가 극도로 낮은 77 K에서는 이합체화 반응은 진행되지 않기 때문에 $^1[M_1 \bullet M_1]^*$부터의 발광을 관찰할 수 있게 된다.

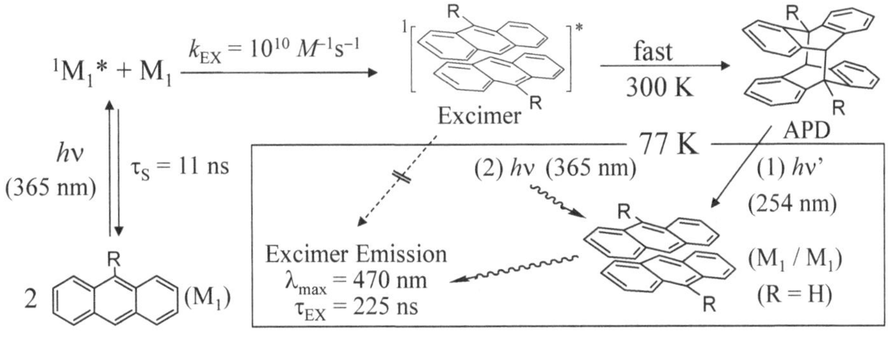

그림 3.13 안트라센의 광이합체화 반응의 반응 경로. 상온(~300 K)에서는 이합체 APD가 정량적으로 생성하고, 들뜬 이합체(Excimer)의 발광은 관찰 못함. 사각형 안에는 77 K에서 들뜬 이합체의 발광을 관찰한 실험 결과를 보여줌(본문 참조).

안트라센의 유도체들, 특히 작은 치환기(R = CH_3, Cl, CN, CO_2H, CO_2CH_3 등)들이 9-위치를 비롯하여 1- 또는 2-위치에 치환된 유도체는 이합체화 반응을 한다. 한편 작은 치환기가 9- 및 10- 위치에 두 개 치환된 유도체의 경우, 이합체화 반응의 효율이 낮고 또한 경우에 따라 $^1[M_1 \bullet M_1]^*$의 발광을 보여준다. 이러한 반응계에서는 $^1[M_1 \bullet M_1]^*$은 생성하지만 치환기의 입체 장애로 인해 이합체화의 속도가 느려졌기 때문에 $^1[M_1 \bullet M_1]^*$의 발광이 나타날 수 있다. 9–페닐안트라센(9-Phenylanthracene)의 경우에는 페닐기가 서로 반대로 향한 구조의 들뜬 이합체가 생성되지만 페닐기의 입체 장애가 너무 커서 이합체화 반응은 일어나지 않는다. 또한 9,10–다이페닐안트라센(9,10-Diphenylanthracene)은 두 개 페닐기의 큰 입체 장애로 인해 이합체화 반응도 $^1[M_1 \bullet M_1]^*$의 생성도 하지 않고 $^1M_1*$으로부터 강한 형광을 낸다 ($\Phi_F \approx 0.9$).

3.4.3 전하 이동 복합체의 들뜬 상태

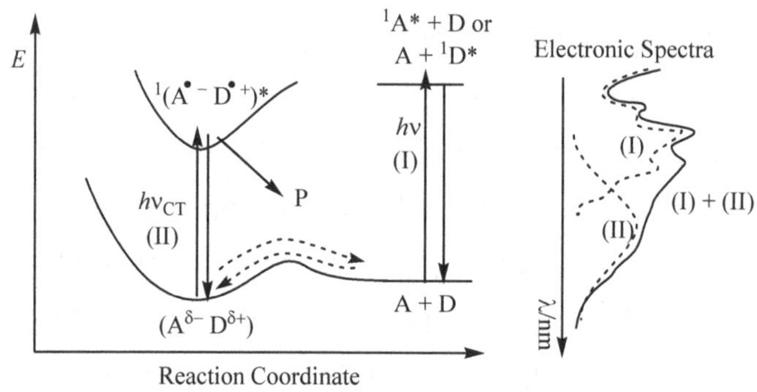

그림 3.14 (왼쪽) 바닥 상태에서 전하 이동 복합체가 생성하는 개념도. (오른쪽) (I): D (또는 A)가 존재하지 않을 때의 A (또는 D)의 흡수 스펙트럼. (I)+(II): A와 D 양쪽이 공존하는 용액의 스펙트럼. (II): (I)+(II)부터 (I)을 빼내고 얻어낸 전하 이동 복합체의 흡수 스펙트럼.

앞에서 설명한 들뜬 복합체가 생성하는 경우 바닥 상태에서는 분자간의 전자적 상호작용이 없다. 그러나 전자를 받아들이는 성격이 비교적 센 분자(A)와 전자를 주는 성격을 가진 분자(D)가 공존하면, 바닥 상태에서 분자간 상호작용이 생겨 전하 이동 복합체(Charge-Transfer Complex, $D^{\delta+}A^{\delta-}$ ($\delta \ll 1$))를 평형적으로 형성하는 반응계가 알려져 있다(그림 3.14). 이는 CT 복합체 또는 EDA 복합체(Electron-Donor-Acceptor Complex)라고도 부른다. 이 복합체 형성에 있어서는 분자간의 궤도함수들의 겹침에 의해 전하가 부분적으로 이동하는 것이 주된 원동력이 된다. 이러한 반응계의 흡수 스펙트럼은 A와 D의 흡수 외에 CT 복합체에 의한 새로운 흡수 대를 보여준다. 이 CT 복합체의 흡수 파장에서 빛을 쪼이면 CT 복합체의 들뜬 상태가 생기지만, 그 전자 상태는 전자가 D로부터 A로 완전히 이동한 라디칼 이온쌍 상태 $^1(D^{•+}A^{•-})^*$라는 것이 알려져 있다.

CT 복합체가 들뜬 상태로부터 바닥 상태로 붕괴되는 속도는 Energy-Gap Law에 따르며, 들뜸 에너지가 작으면 작을수록(CT 흡수 파장이 길면 길수록) 붕괴 속도가 빨라진다. 예를 들면 흡수 파장이 450 nm보다 길면 붕괴 속도는 > 10^{11} s^{-1}이 된다. 따라서 CT 복합체가 가시 광선을 흡수하는 경우 화학 반응을 하는 가능성은 낮아진다. 많은 경우 화학 반응이 일어나는 전형적인 CT 복합체는 자외선을 흡수하는 반응계들이다. 그럼 CT 복합체의 광화학 반응의 예를 들어보자. 테트라클로로-*p*-벤조퀴논(Tetrachloro-*p*-benzoquinone, A)과 헥사메틸벤젠(Hexamethylbenzene, D)가 공존하는 벤젠 용액은 510 nm에 CT 흡수를 보여준다. 이 용액에 436 nm의 빛을 쪼이면 1:1-첨가물이 주로 생성되지만, 반면에 CT 흡수의 장파장 말단 파장(546 nm)에서 광조사하면 아무런 반응도 일어나지 않는다(그림 3.15). 이 반응은 활성화 에너지가 필요한 양성자 이동 과정을 포함하고 있기 때문에 그 활성화 에너지를 줄 수 없는 546 nm에서는 반응이 진행하지 않는다. 그러나 436 nm에서는 들뜬 상태의 높은 진동 준위가 이루어지기 때문에 효율은 낮지만 일부 활성화 장벽을 넘어서 반응이 진행되게 된다.

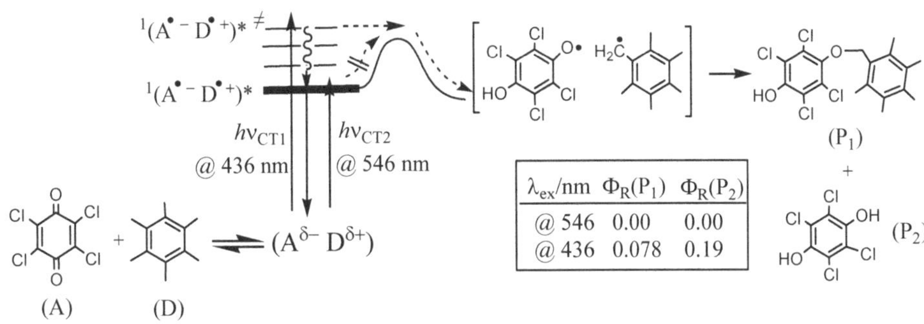

λ_{ex}/nm	$\Phi_R(P_1)$	$\Phi_R(P_2)$
@ 546	0.00	0.00
@ 436	0.078	0.19

그림 3.15 테트라클로로-*p*-벤조퀴논(Tetrachloro-*p*-benzoquinone)과 헥사메틸벤젠(Hexamethylbenzene)을 구성 성분으로 하는 CT 복합체 생성계의 광화학 반응. $^1(A^{•-}D^{•+})^{*\neq}$은 436 nm에서 생성되는 높은 진동 준위의 들뜬 CT 복합체.

말레산 무수물(Maleic Anhydride, A)과 벤젠(Benzene, D) 사이에서도 CT 복합체가 형성되며, CT 복합체가 흡수하는 > 280 nm의 빛을 조사하면 1:2-첨가물이 생성한다(식 (3.10)). 이 반응은 우선 들뜬 CT 복합체로부터 $[_{\pi}2+_{\pi}2]$ 1:1-첨가물이 생성된 후, 이어서 1,3-다이엔 구조를 가진 첨가물과 A과의 Diels-Alder 첨가 반응이 빛의 관여 없이 진행되어 최종 생성물이 생성된다. 또 다른 예를 소개하자. 테트라나이트로메테인(Tetranitromethane)은 각종 방향족 화합물과 CT 복합체를 형성하는 전형적인 전자 받개 분자 A이다. 이 화합물은 *p*–메톡시톨루엔(*p*-Methoxytoluene, D)과 CT 복합체를 형성하여 400 ~ 650 nm에 CT–흡수를 보여준다. 이 반응계에 425 nm 이상의 빛을 쪼이면, D에 NO_2기 또는 $C(NO_2)_3$기가 도입된다. 그 생성물의 비율은 사용하는 용매에 따라 크게 달라진다(식 (3.11)). 즉 용매의 극성에 따라 이온성 반응 또는 라디칼적 반응이 우선적으로 진행한다.

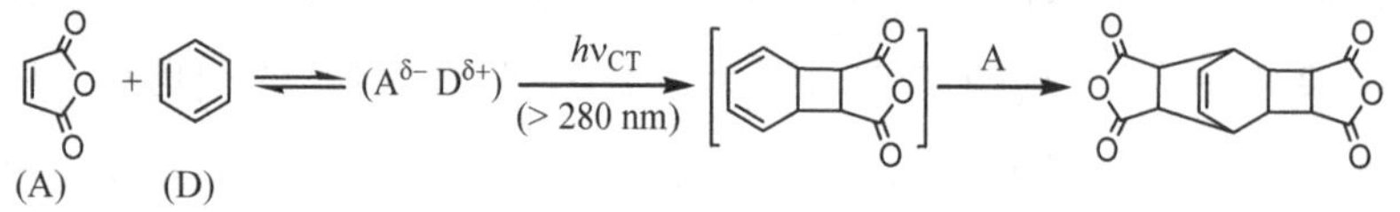

(3.10)

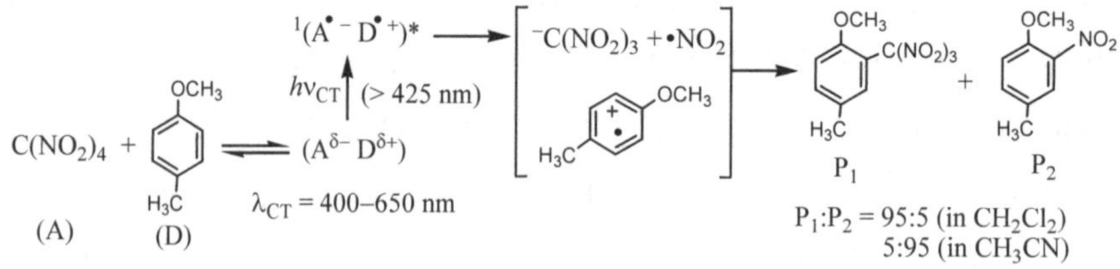

(3.11)

3.4.4 광 유발 전자 이동(Photo–Induced Electron Transfer, PET)

전자 이동(Electron Transfer)은 문자 그대로 분자간에서 한 개의 전자가 이동하는 반응, 즉 전자 주개(D)로부터 전자 받개(A)로 전자가 이동하여 A는 1전자 환원되고 D는 1전자 산화되는 반응이다($A + D \rightarrow A^{\bullet-} + D^{\bullet+}$). 따라서 전자 이동 반응은 D의 전자를 주는 능력과 A의 전자를 받는 능력에 의존한다. 분자가 전자를 줄 수 있는 능력은 최소 이온화 전위(Ionization Potential, *IP*)로, 한편 전자를 받아들이는 능력은 최대 전자 친화력(Electron Affinity, *EA*)으로서 규정된다. 바닥 상태 분자의 *IP*는 HOMO로부터 전자를 한 개 때어내는 최소 에너지이며, *EA*는 전자 한 개가 분자의 LUMO에 속박됨으로써 안정화되는 에너지이다. 들뜬 상태(S_1 또는 T_1)에서는 HOMO와 LUMO에 전자가 한 개씩 들어가 있다. 따라서 들뜬 분자의 최소 이온화 에너지 *IP**은 LUMO에 있는 전자를 제거하기 위한 에너지이기 때문에, 들뜸 에너지(E_{ex})만 낮다($IP^* = IP - E_{ex}$). 한편 들뜬 상태의 최대 전자 친화력 *EA**은 전자가 반점유의 HOMO에 들어가 안정화되는 에너지이기 때문에 E_{ex}만 크다($EA^* = EA + E_{ex}$). 다시 말하면 **들뜬 분자는 바닥 상태에 비교하면 E_{ex}만 전자를 주는 능력이 높고 또한 전자를 받아들이는 능력도 높다**(그림 3.16). 따라서 들뜬 상태에서는 전자 이동이 보다 쉽게 일어날 수 있으며, 사실 광화학에서 전자 이동은 일반적 과정의 하나로 되고 있다.

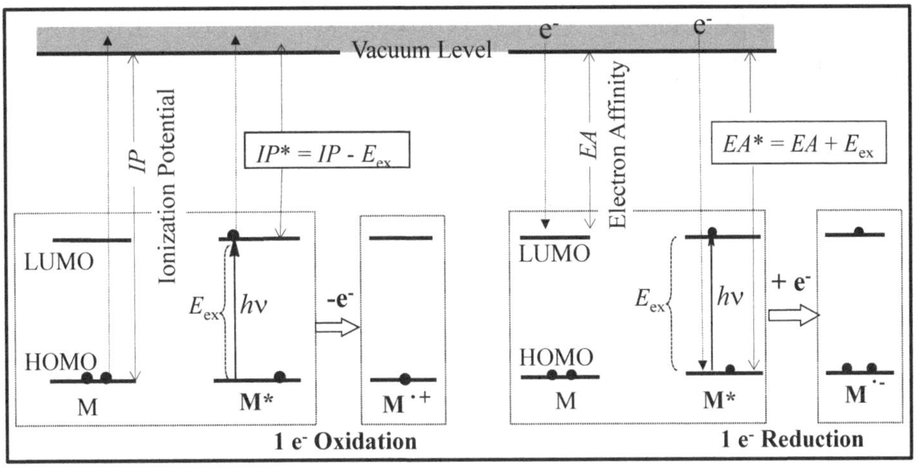

그림 3.16 바닥 상태와 들뜬 상태의 이온화 전위(Ionization Potential) 및 전자 친화력(Electron Affinity)에 대한 개념도. *IP* 및 *IP**은 각각 바닥 상태 분자 및 들뜬 상태 분자의 최소 이온화 전위. *EA* 및 *EA**은 각각 바닥 상태 분자 및 들뜬 상태 분자의 최대 전자 친화력. 이온화 전위 및 전자 친화력은 각각 분자의 1전자 산화 반응 및 1전자 환원 반응을 규정하는 에너지 지표.

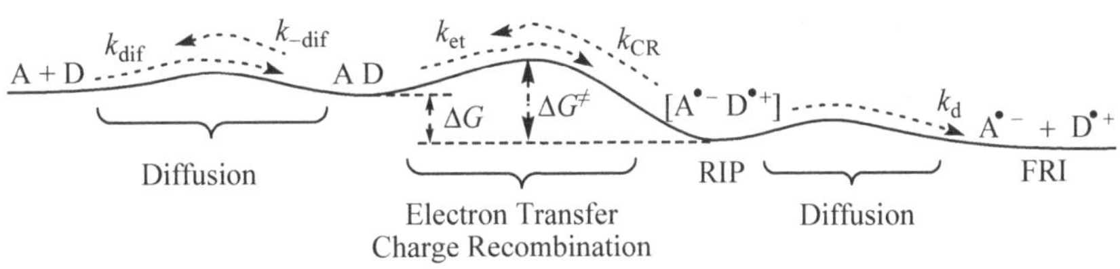

(3.12)

$$k_{et} = \kappa Z\exp(-\Delta G^{\neq}/RT) \tag{3.13a}$$

$$\Delta G^{\neq} = (\Delta G + \lambda)^2/4\lambda;\ (\lambda = \lambda_{in} + \lambda_{out}) \tag{3.13b}$$

$$\lambda_{out} = [(\Delta e)^2/4\pi\varepsilon_0](1/n^2 - 1/\varepsilon_r)[1/(2r_A) + 1/(2r_D) - 1/r_{AD}] \tag{3.13c}$$

전자 이동의 기본을 이해하기 위하여 우선 용액 중에서의 바닥 상태 분자 사이의 전자 이동 과정을 식 (3.12)에 의거하여 설명하겠다. 식 (3.12)에는 다음과 같은 기본 과정들이 포함된다. (1) 전자 받개 A와 전자 주개 D가 서로 전자 이동을 할 수 있는 거리에 접근하여 충돌 복합체(A D)를 형성하는 확산 과정. (2) A와 D 사이에서 전자 한 개가 이동하는 전자 이동 과정. 그 직후에는 바구니 용매 속에서 $A^{\bullet-}$와 $D^{\bullet+}$가 쿨롱 힘에 의해 쌍의 상태로 존재하고 있다. 이를 **라디칼 이온쌍**(Radical Ion Pair, $[A^{\bullet-}\ D^{\bullet+}]$)이라 하며, 이후 RIP란 약어를 쓰겠다. (3) RIP에서 $A^{\bullet-}$ 부터 $D^{\bullet+}$로 전자가 되돌아가는 과정. 이 과정을 **전하 재결합**(Charge Recombination, 이후 CR란 약어를 쓰겠다)이라 하며, 이 과정도 또 다른 전자 이동 과정이다. (4) RIP의 전하 해리(Charge Dissociation). CR 과정과 경쟁하면서 용매화에 의해 $A^{\bullet-}$와 $D^{\bullet+}$가

서로 독립된 자유 라디칼 이온(Free Radical Ion, 이후 FRI라 함)으로 해리한다. 이 과정은 확산 과정이다.

전자 이동 속도 k_{et}는 활성화 자유 에너지 변화 $\Delta G^{\neq}$에 의해 결정된다(식 (3.13a)). 이 식에서 Z는 (A D)가 전이 상태에 넘어가는 빈도 인자, κ은 전이 상태로부터 RIP로 넘어가는 투과 계수, R은 기체 상수, T은 온도(K)이다. Marcus **이론**(Marcus Theory)에 의하면 $\Delta G^{\neq}$은 전자 이동 전후, 즉 (A D)와 RIP 사이의 자유 에너지 변화 ΔG의 2차 함수로 표현된다(식 (3.13b))[4]. 여기에서 λ은 **재배열 에너지**(Reorganization Energy)이다. 재배열 에너지는 전자 이동 전후에 일어난 반응물의 구조 변화에 의한 λ_{in}과 용매의 재배열에 의한 λ_{out}로 구성되고 있다($\lambda = \lambda_{in} + \lambda_{out}$). 식 (3.13c)은 λ_{out}을 나타내는 식이며, 여기에서 Δe은 전자 이동에 의한 전하 변화 양, n은 용매의 굴절률, ε_r은 용매의 유전 상수, r_A 및 r_D은 각각 A 및 D의 분자 반경, r_{AD}은 A와 D 간의 거리이다(그림 3.17).

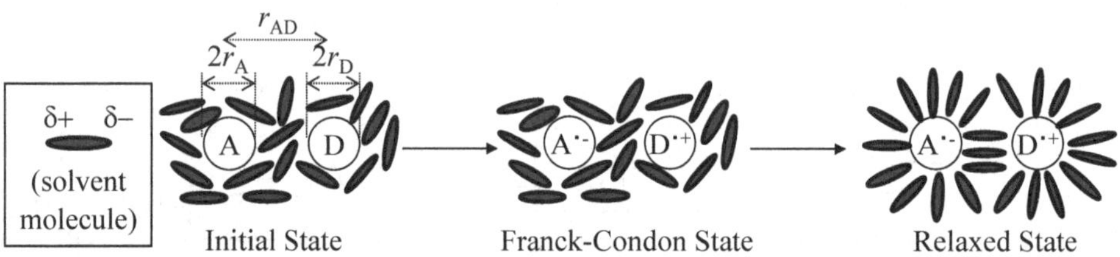

그림 3.17 전자 이동 전후의 용매화 상태 변화에 대한 개념도(설명은 본문 참조).

다음으로 전자 이동 과정에 있어서 용매화의 기여가 매우 중요하다는 점에 대해서 설명하겠다. 전자 이동은 전하의 변화를 동반하기 때문에 용액 중에서는 용매화 에너지에 관련된 λ_{out}가 중요한 의미를 갖는다. 그림 3.17은 전자 이동에서 일어나는 용매화 상태의 변화를 단순화하여 보여준 것이다. 여기에서 전자 이동에 관여하는 분자를 중성 분자라고 한다. 그러면 (A D)를 둘러싸고 있는 용매 분자의 배열을 시간적으로 평균화했을 때 용매화 상태는 상당하게 난잡하고 용매 분자의 배열에서 규칙성이 모자라는 상태라 말할 수 있다(Initial State). 그러나 전자 이동이 일어난 후에 생성되는 RIP [$A^{\bullet-}$ $D^{\bullet+}$]은 전하를 띠고 있다. 따라서 용매 분자가 RIP에 대하여 그 쌍극자를 보다 질서 있게 배향함으로써 반응계는 안정화된다. 그

4] 식 (3.13b)는 Marcus가 처음으로 제기한 고전적 이론식이다. 최근에는 양자역학적 입장에서 분자의 진동 상태를 고려한 보다 일반성이 있는 이론들이 제기되고 있다. 그러나 그러한 식은 복잡하고 전자 이동의 본질을 이해하는 데 있어서 어려움이 있다. 식 (3.13b)은 될수록 알기 쉽게 설명하자는 이 책의 목적에 충분히 부합한다.

러나 Franck-Condon 원리에 따르면 전자 이동 직후의 용매화 상태는 전자 이동 직전과 같다(Franck-Condon State). 따라서 전자 이동 직후의 용매화 상태는 $[A^{\bullet-}\ D^{\bullet+}]$에 대해서는 불안정한 상태이며, 그 후 용매 재배열 과정을 거쳐 안정한 상태로 완화되어 간다(Relaxed State). 이 용매화 상태의 변화에 대응한 에너지가 λ_{out}이며, 그를 나타내는 식 (3.13c)에는 전하의 변화 양(Δe)과 용매의 극성(δ)을 나타내는 굴절률(n) 그리고 유전 상수(ε_r)를 포함한다.

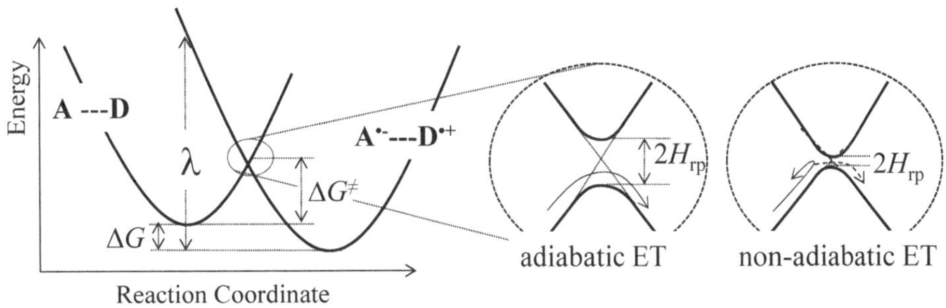

그림 3.18 전자 이동의 에너지 표면에 대한 개념도. ET = Electron Transfer(전자 이동).

그림 3.18은 전자 이동에 관한 에너지 관계를 보여준 도표이다. 가로축(Reaction Coordinate)은 반응물의 구조 변화와 함께 용매화 상태를 포함하고 있다. 전자 이동 전의 상태 (A D)와 전자 이동 후의 상태 $[A^{\bullet-}\ D^{\bullet+}]$에는 각각 독자적인 에너지 평면이 주어진다. 그 에너지 평면이 교차되는 점이 전이 상태가 된다. 상태 (A D)에서 분자간 궤도함수의 겹침이 있으면 교차점(즉 전자 이동의 전이 상태)에서 (A D)의 성격(파동 함수)와 $[A^{\bullet-}\ D^{\bullet+}]$의 성격(파동 함수)가 혼합되어 교차점이 분열된다(2.4.4 참조). 그러한 궤도함수의 혼합을 표현하는 매개 변수가 H_{rp}이며, 그것이 크면 상태 (A D) 로부터 상태 $[A^{\bullet-}\ D^{\bullet+}]$로 순조롭게 넘어갈 수 있다. 이런 변화를 **단열적 변화**(Adiabatic Change)라 한다. 한편 H_{rp}가 작으면 활성화의 고개를 쉽게 넘어갈 수 없어, 넘어가기 위해서 몇 번이고 시도한 후에 터널을 관통하는 것처럼 통과하게 된다. 이 과정은 (A D)의 전자 상태로부터 $[A^{\bullet-}\ D^{\bullet+}]$의 전자 상태로 전이했다는 뜻이며, 따라서 **비단열 변화**(Non-adiabatic Change)이라 한다. 단열 과정의 κZ은 식 (3.14a)으로, 한편 비단열 과정에 대해서는 식 (3.14b)으로 주어진다. 여기에서 τ_{solv}은 용매화가 완료되는 시간이다. 비단열 전자 이동은 거리 r_{AD}에 의존하며, 그 거리 의존성은 식 (3.14c)으로 주어진다. 거리 의존 계수 β은 대체로 $10\,nm^{-1}$ 정도이지만, 특별한 전자적 상호작용(소위 Super-Exchange Interaction)이 존재하면 작아진다. 용액 중에서의 전자 이동은 분자가 전자적 상호작용을 충분히 할 수 있

는 거리에 접근하기 때문에 기본적으로 단열 과정이다. 한편 광합성계나 효소계와 같은 생체 내에서의 전자 이동은 구성 성분이 먼 거리에 고정되고 있는 경우가 적지 않으며, 그러한 반응계의 전자 이동은 기본적으로 비단열 과정이다.

$$\text{단열 과정}: \kappa Z = (1/\tau_{solv})\{l/(16\pi RT)^{1/2}\} \tag{3.14a}$$

$$\text{비단열 과정}: \kappa Z = (|H_{rp}|^2/\hbar)/(4\pi\lambda RT)^{1/2} \tag{3.14b}$$

$$\text{전자 이동 거리 의존성}: \kappa Z \propto \exp(-\beta r_{AD});\ \beta \le 10\,\mathrm{nm}^{-1} \tag{3.14c}$$

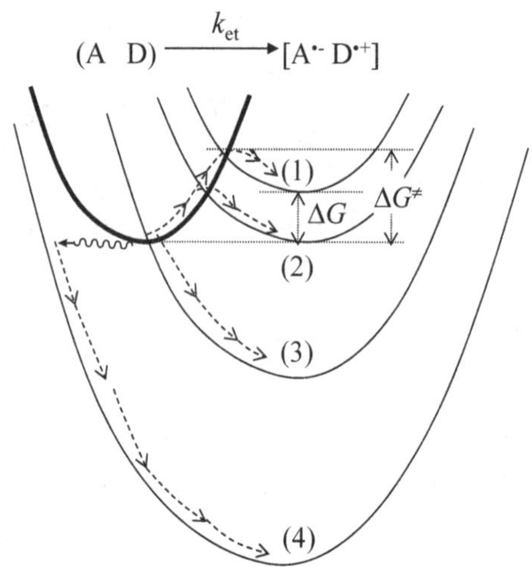

	ΔG	$\Delta G^{\neq}$	k_{et}/s^{-1}
(1)	> 0	> 0	< 10^9
(2)	0	≠ 0	~10^9
(3)	$-\lambda$	0	10^{12}–10^{13}
(4)	< $-\lambda$	>> 0	< 10^9

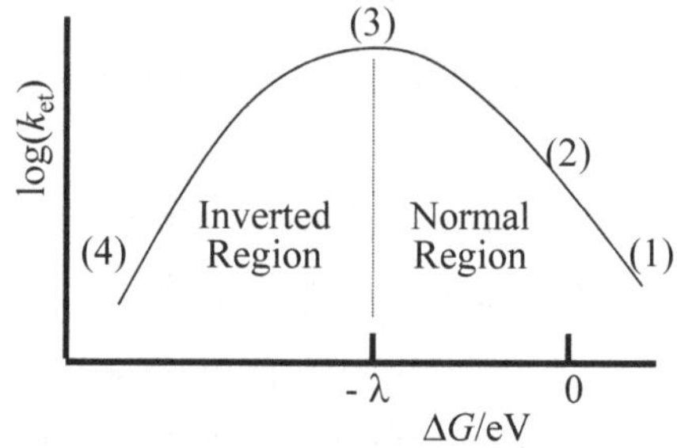

그림 3.19 (왼쪽) Marcus 이론에 기초한 전자 이동의 에너지 평면 (굵은선으로 표시한 곡선은 (A D)의 에너지 평면, 얇은 선의 네 개 곡선 (1)~(4)는 ΔG에 따른 $[A^{\bullet-}\ D^{\bullet+}]$의 곡선). (1) 자유 에너지 증가 (($\Delta G$ > 0). (2) 자유 에너지 변화 동등 과정 ((ΔG = 0). (3) 속도가 최대로 되는 자유 에너지 감소 과정 ($\Delta G = -\lambda$). (4) 역전 영역 ($\Delta G < -\lambda$). (오른쪽) (위) ΔG와 속도 k_{et}과의 대략적 관계. (아래) ΔG와 log(k_{et})과의 플롯.

식 (3.13a, b)로부터 알 수 있는 바와 같이, **Marcus 이론이 예견하는 중요한 내용은 log(k_{et})가 ΔG의 2차 방정식으로 표현된다**는 것이다(그림 3.19). 지금 ΔG가 정수의 영역으로부터 음수의 영역으로 감소해 가면, 그에 따라 log(k_{et})은 증대해 간다. 이 영역($\Delta G > -\lambda$)을 **정상 영역**(Normal Region)이라 한다. 이 영역의 속도 변화는 종래의 반응 속도에 대한 상식으로 이해할 수 있는 거동이다. 지금 $\Delta G = -\lambda$이면, $\Delta G^{\neq} = 0$로 되고 반응 속도가 최고치에 달한다($k_{et} = \kappa Z \approx 10^{13}\ s^{-1}$). 그 후 ΔG가 보다 더 감소해 가면 갈수록 거꾸로 log(k_{et})은 감소해 간다. 이 영역 ($\Delta G < -\lambda$)을 **역전 영역**(Inverted Region)이라 한다. 이 영역의 속도의 거동은 화학 반응에 대한 종래

의 반응 속도 이론으로는 이해하기가 어려운 예측이었다. 종래의 이론이 원자간의 결합 형성과 구조 변화에 주목하여 얻어진 것이었다면, Marcus 이론은 전자의 이동에 관한 이론이라는 점에서 근본적 차이가 있다. 실은 전자 이동은 이 책의 주제 중 하나인 전자 전이와 공통된 내용을 포함하고 있다. 들뜬 상태로부터 바닥 상태로의 내부 전환의 속도가 Energy-Gap Law에 따라 에너지 격차가 크면 클수록 감소한다는 것을 상기하자. 역전 영역의 전자 이동은 비단열 과정이며 내부 전환과 비유할 수 있는 전자 전이 과정이다.

전자 이동의 자유 에너지 변화는 어떻게 하면 얻을 수 있는가? 전자 이동 계를 이루고 있는 전자 주개 분자와 전자 받개 분자 사이에서 전자를 주고 받을 수 있는 능력을 평가하기 위해 그림 3.16에서는 기체 상태에서 측정하여 얻어진 물리 상수인 *IP*나 *EA*을 사용하였다. 그러나 용액 중의 전자 이동을 평가하자면 반응에 관여하는 분자의 용매화 에너지를 비롯하여 용매 분자들의 분포 상태를 고려하여 계산하여야 한다. 그것은 사실상 불가능할 만큼 복잡하다. 현실적으로는 용액 중의 D의 전기화학적 1전자 산화 전위 $E_{ox}(D/D^{\bullet+})$와 A의 1전자 환원 전위 $E_{red}(A^{\bullet-}/A)$을 사용한다. 그것은 그 측정된 산화-환원 전위들이 이미 용매화 에너지를 포함하고 있기 때문이다. 산화/환원 전위의 측정은 D 또는 A의 용액에 전극을 넣고 전압 전위를 (+) 또는 (–)의 방향으로 변화시켰을 때, 전극 위에 흡착된 D가 1전자 산화되는 전위가 $E_{ox}(D/D^{\bullet+})$이며, A가 전극으로부터 전자 한 개를 받는 전위가 $E_{red}(A^{\bullet-}/A)$이다. 식 (3.15)는 전기화학적 산화/환원 전이를 쓰고 ΔG (바닥 상태의 자유 에너지 변화) 및 ΔG^* (들뜬 상태의 자유 에너지 변화)를 계산하는 식이다. 이 식을 Rehm-Weller 식(Rehm-Weller Equation)이라 하며, w_p은 전자 이동에 의하여 생성된 $D^{\bullet+}$와 $A^{\bullet-}$을 정전기적 쿨롱 인력권 밖으로 떼어 놓기 위해 필요한 에너지이다. 산화/환원 전위는 기준 전극(Reference Electrode, 예를 들어 노말 수소 전극, 칼로멜 전극, 은 전극, 또는 페로신 전극 등)을 기준으로 하여 전위의 차이로 얻어낸 전위이다. 일반적으로 유기 분자의 산화 전위는 대부분 플러스(+)의 값을, 한편 환원 전위는 마이너스(–)의 값을 취한다. 또 극성이 높은 용매 중에서는 w_p은 산화/환원 전위에 비교하면 매우 작다. 따라서 바닥 상태에서는 대부분의 경우 $\Delta G > 0$이다. 즉 전자를 주는 능력이 특별히 강한 D 또는 전자 수용성이 매우 센 A를 사용하지 않는 한, 바닥 상태에서는 전자 이동은 일어나지 않는다. 그러나 들뜬 상태에서는 식 (3.15b)로부터 즉시 알 수 있듯이 큰 들뜸 에너지 E_{ex}가 추가되기 때문에 $\Delta G^* < 0$로 되는 반응계는 일반적으로 존재한다.

바닥 상태의 전자 이동 자유 에너지 변화: $\Delta G = E_{ox}(D/D^{\bullet+}) - E_{red}(A^{\bullet-}/A) - w_p$ (3.15a)

들뜬 상태의 전자 이동 자유 에너지 변화: $\Delta G^* = E_{ox}(D/D^{\bullet+}) - E_{red}(A^{\bullet-}/A) - E_{ex} - w_p$ (3.15b)

이제부터 **광유발 전자 이동**(Photo-Induced Electron Transfer, 이후 **PET**란 약어를 쓰겠다)에 대하여 설명하겠다. 그림 3.20에 PET의 반응에 포함되는 기본 과정을 보여준다. 이미 언급한 바와 같이 전자 이동이 바닥 상태에서 일어나지 않은 경우에도 들뜬 상태에서는 일어날 수 있으며, 따라서 PET은 광화학에서 일반적 과정의 하나라는 것을 강조하고자 한다. 전자 이동에 의해 생성하는 RIP에는 주로 두 종류가 있다. 극성이 낮은 용매(예를 들어 탄화수소나 에터 등)은 $D^{\bullet+}$와 $A^{\bullet-}$를 각각 용매화해서 안정화시키는 능력이 낮다. 따라서 이러한 용매 중에서는 $D^{\bullet+}$와 $A^{\bullet-}$은 그 사이에 작용하는 쿨롱 인력에 끌려 서로 접촉된 상태가 이루어진다. 이를 **접촉 라디칼 이온쌍**(Contact Radical-Ion Pair; CIP)이라 하고, $D^{\bullet+}$와 $A^{\bullet-}$ 사이에서 궤도함수의 겹침이 일어날 수 있다. 이미 설명한 CT 복합체의 들뜬 상태 또는 전하 이동이 100% 이루어진 들뜬 복합체는 CIP의 한 종류이다. 한편 극성이 높은 용매, 특징적으로는 아세토나이트릴(Acetonitrile, CH_3CN)은 라디칼 이온을 세게 용매화하여 안정화할 수 있다. 따라서 $D^{\bullet+}$와 $A^{\bullet-}$를 각각 용매화하면서 그들 사이에 용매 분자가 수 분자 들어간 **용매 분리 라디칼 이온쌍**(Solvent-Separated Radical-Ion Pair, SSIP)이 생성된다. 이 경우 분자간 궤도함수의 겹침은 없다.

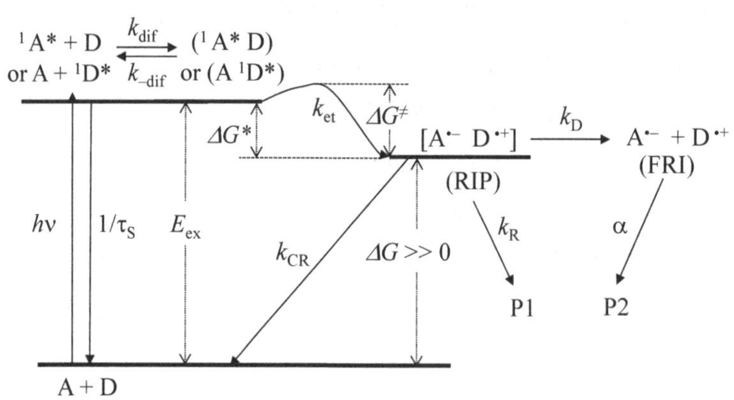

그림 3.20 광유발 전자 이동(PET)과 그 후 진행되는 기본 과정 및 그와 관련된 에너지들 (들뜬 단일항 상태의 경우만 표시). P1 및 P2는 생성물.

RIP의 동적 거동에 대한 용매의 효과가 매우 크다는 것을 식 (3.16)에 의거하여 설명하자. 지금 300 K에서 분자간 거리(r) 3 Å의 CIP부터 분자간 거리(R)가 7 Å의

SSIP로 변화하는 속도를 계산하면, 테트라하이드로퓨란(ε_r = 7.58, η = 0.55 cp) 중에서는 ~1×10^4 s^{-1}, 한편 아세토나이트릴(ε = 37.5, η = 0.345 cp) 중에서는 ~5×10^8 s^{-1}이며 큰 차이가 있다. 또한 SSIP (R = 7 Å)에서 작용하는 쿨롱 힘 w_p을 용매가 헥세인의 경우와 아세토나이트릴의 경우를 비교하면 0.98 eV (95 kJ mol^{-1})에 달하는 큰 차이가 있다. 즉 아세토나이트릴은 RIP의 쿨롱 상호작용을 크게 차폐할 수 있다. 따라서 극성이 높은 용매 중에서는 용매화가 더 진행되고 $D^{\bullet+}$와 $A^{\bullet-}$가 정전기적 쿨롱 인력으로부터 벗어나서 자유 라디칼 이온(FRI)으로 확산 해리할 수 있게 된다.

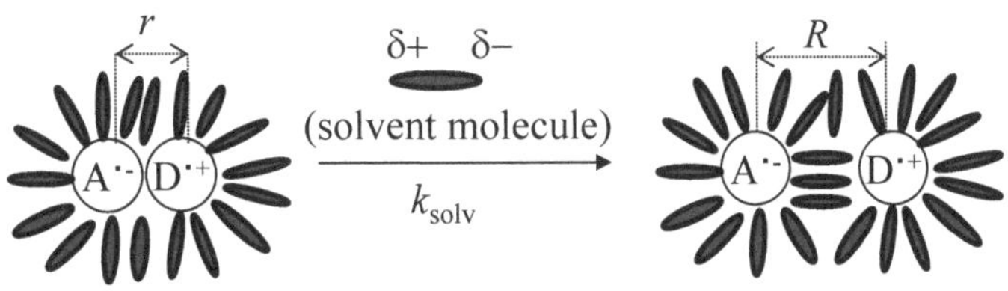

CIP SSIP

$$k_{solv} = (2.3 \times 10^9/\eta)\exp\{(-e_0^{\,2}/\varepsilon_r k_B T)(1/r - 1/R)\} \qquad (3.16)$$

(η = 용매의 점도, ε_r = 용매의 유전 상수, e_0 = 라디칼 이온의 전하 양, k_B = Boltzman 상수)

PET의 속도 k_{et}은 ΔG^*에 의해 지배되고 또한 생성된 RIP가 바닥 상태의 (A + D)에 되돌아가는 제짝 재결합의 속도 k_{CR}은 $-\Delta G$에 의존한다. 한편 RIP가 FRI로 해리하는 속도 k_D은 확산 속도이다. 그림 3.20에서 PET은 $^1M_1^*$의 붕괴와 경쟁하기 때문에 PET가 효율 좋게 일어나기 위해서는 $k_{et}[M_2] > 1/\tau_S$의 조건을 만족하여야 한다(M_2 = D 또는 A). 예를 들어 $^1M_1^*$의 수명이 $\tau_S = 5 \times 10^{-8}$ s이고 $[M_2] = 0.01$ M이면, $k_{et} > 2 \times 10^9$ $M^{-1}s^{-1}$로 되어야 한다. 이 경우에는 $\Delta G^* < -13$ kJ mol^{-1}의 조건이 필요하다. 또한 PET에 의해 일어나는 반응은 반드시 RIP을 거쳐서 진행하기 때문에, **PET에 의한 반응의 효율은 재결합 속도 k_{CR}의 크기에 의해 결정된다.** 만약에 $\Delta G \approx -\lambda$ (λ = 1.5 – 2 eV)이면 $k_{CR} \approx 10^{13}$ s^{-1}란 매우 빠른 속도가 되기 때문에, 다른 과정들은 재결합 과정과 경쟁하여 진행하기가 어렵다. 즉 반응이 잘 일어나기 위해서는 $\Delta G < -\lambda$ (역전 영역) 또는 $\Delta G > -\lambda$ (정상 영역)의 조건을 만족하는 것이 바람직하다.

우선 k_{et}에 대하여 더 고찰하도록 하겠다. 그림 3.19의 $\log(k_{et})$와 ΔG와의 관계는 일정한 λ의 값에 대하여 그려진 것이다. 그러나 식 (13c)에서 알 수 있는 바와 같이 λ은 용매의 극성과 분자간의 거리 r_{AD}에 따라 변화한다. 여기에서 같은 용매를 사용하여 ΔG을 변화시켰을 때 ε_r와 n은 일정하기 때문에 ΔG에 대한 $\log(k_{et})$의 플롯은 전자 이동이 일어나는 거리 r_{AD}에 따라 몇 가지 곡선을 갖게 된다(그림 3.21). 예를 들어 CIP또는 SSIP가 생성되는 경우에는 각각 다른 곡선이 주어진다. 즉 분자간의 접촉 거리보다 먼 거리에서 전자 이동이 일어나면 SSIP가 직접 생기며, 그 λ의 값은 CIP의 값보다 크다. 다시 말하면 ΔG가 충분히 큰 음수이면 먼 거리에서 전자 이동이 일어날 수 있다는 것이다. 이러한 먼 거리 전자 이동은 PET에서 일어날 수 있다. 한편 $-\Delta G$가 크지 않을 때에는 CIP가 생길 가능성이 크다. 그런데 용액 중에서 우리가 관찰하고 있는 "분자간 전자 이동 속도"는 k_{et} 그 자체가 아니라, 그림 3.20에서 보여주듯이 A와 D의 확산을 포함하는 겉보기의 속도 k_{obs}이다. 즉 $k_{obs} = k_{et} \times \{k_{dif}/(k_{-dif} + k_{et})\}$. 겉보기의 속도 k_{obs}을 실험적으로 결정할 때 형광 또는 인광의 소광을 자주 이용한다. 즉 S_1에서의 PET라면 형광 소광 실험으로부터 또는 T_1에서의 PET은 인광 소광 실험으로부터 Stern-Volmer 식(식 (3.6d))에 의해 k_{obs}을 얻을 수 있다(4.2.2 참조). 지금 k_{et}가 매우 크면 (즉 $k_{-dif} \ll k_{et}$), $k_{obs} = k_{dif}$. 따라서 그림 3.21에 보여주듯이 $\log(k_{obs})$은 $-\Delta G < 0$의 영역에서 일정한 값 (즉 $\log(k_{dif})$)을 취하게 된다.

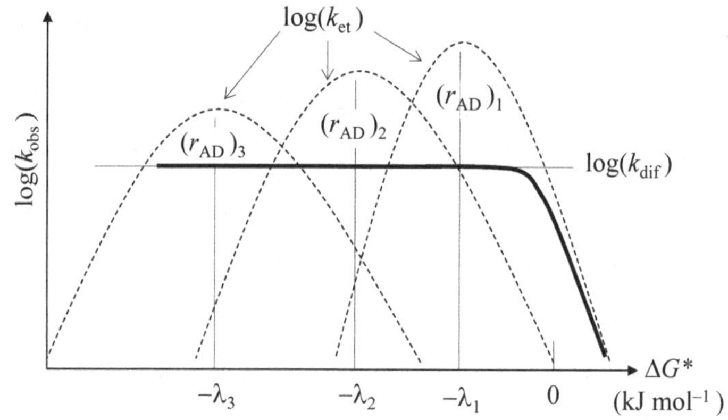

그림 3.21 (굵은 곡선) $\log(k_{obs})$와 ΔG과의 관계. (점선 포물선) Marcus 식에 따라 또한 분자간 거리 r_{AD}에 대응한 진정의 전자 이동 속도 k_{et}와 ΔG과의 관계. $(r_{AD})_3 > (r_{AD})_2 > (r_{AD})_1$; $\lambda_3 > \lambda_2 > \lambda_1$.

그러면 PET의 거리에 따른 광화학 반응을 소개하자(그림 3.22). *N,N*–다이메틸아닐린(*N,N*-Dimethylaniline, D)와 할로젠화벤젠(Halobenzene C_6H_5–X, A)의 메탄올 용액에 > 300 nm의 자외선을 쪼이면 벤젠 (P1)과 *o*– 및 *p*–다이메틸아미노바이페닐(*o*- & *p*-Dimethylaminobiphenyl, P2)이 생성한다. 그 생성 비율 P1/P2는 66/34 (X = Cl), 42/58 (X = Br), 12/88 (X = I)와 같이 X = Cl, Br, I의 순서로 감소한다. 또한 메틸

기가 중수소화된 D (C_6H_5–$N(CY_3)_2$; Y = ^2H)을 사용했을 때, 생성하는 벤젠(P1)은 C_6H_5–Y (Y = ^2H)와 C_6H_5–H의 혼합물이며, 그 비율 C_6H_5–Y/C_6H_5–H은 X= Cl, Br, I의 순서로 감소한다. D의 형광은 C_6H_5–X에 의해 소광되고, 그 속도 k_{obs}은 $-E_{red}$가 작아짐에 따라 커진다. 따라서 이 반응은 들뜬 단일항 상태에서 진행된 PET에 의한 반응이라는 것을 알 수 있다. 할로젠화벤젠이 전자를 받으면 C–X 결합이 빠르게 끊어져 C_6H_5•와 X^-로 분해한다는 것이 알려져 있다. 지금 분자가 접촉된 상태에서 PET가 일어나면, $D^{•+}$와 C_6H_5•가 바구니 용매 속에서 서로 가까운 거리에서 생성된다. 이 경우 C_6H_5•은 $D^{•+}$와 라디칼 짝지음을 하거나(P2의 생성), $D^{•+}$의 CY_3부터 Y을 떼어내는 반응(C_6H_5–Y의 생성)을 주로 할 것이다. 한편 먼 거리에서 PET가 일어나면, C_6H_5•와 $D^{•+}$은 먼 거리에 존재하기 때문에 P2가 생성될 가능성이 낮으며, 또한 C_6H_5•은 용매의 메탄올로부터 수소 원자 H을 떼어내고 C_6H_5–H을 생성할 가능성이 높다. 환원 전이가 제일 큰 음수이며 따라서 $-\Delta G^*$가 제일 작은 클로로벤젠(X = Cl)의 경우에 근거리 PET에 의해 CIP을 거쳐 반응이 진행되며, 브로모벤젠(X = Br)의 경우에는 SSIP와 같은 RIP을 거쳐 반응이 일어났다고 볼 수 있다.

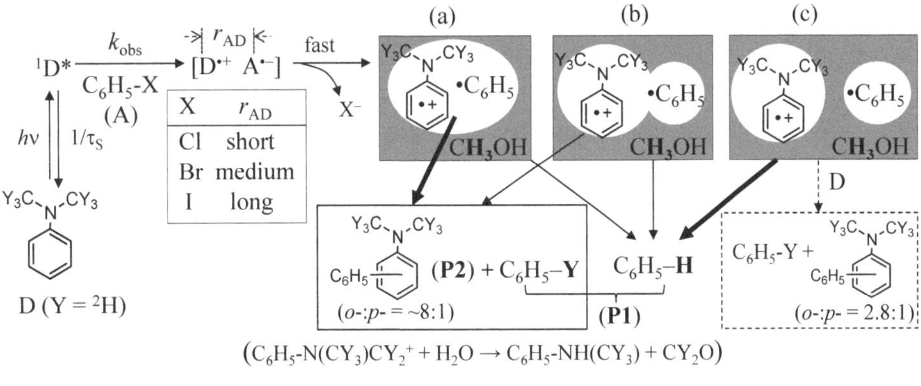

C_6H_5–X	$-E_{red}$/V	$k_{obs}/M^{-1}s^{-1}$	C_6H_5–Y/ C_6H_5–H	P1/P2[§]	Φ_P^0
X = Cl	2.13	1.3×10^9	66/34	40/60	0.50
X = Br	1.81	3.4×10^9	42/58	56/44	0.56
X = I	1.21	10.1×10^9	12/88	90/10	0.80

[§]P1 = [C_6H_5–Y+ C_6H_5–H], P2 = o– & p–C_6H_5–C_6H_4–$N(CY_3)_2$ (Y = ^2H).

그림 3.22 *N,N*–다이메틸아닐린(*N,N*–Dimethylaniline, D)과 할로젠화벤젠(Halobenzene, A)과의 PET에 의한 반응. (a) X = Cl: 주로 용매 바구니 중에서 반응이 진행. (b) X = Br: 용매 바구니 중에서의 반응과 C_6H_5•와 용매 (CH_3OH)과의 반응이 경쟁적으로 진행. (c) X = I: C_6H_5•은 용매 바구니 밖에서 반응.

한편 $-\Delta G^*$가 제일 크게 되는 아이오딘화 벤젠(X = I)은 $^1D^*$와 먼 거리에서 PET을 하였다고 생각할 수 있다. 이때 생성한 P2의 *o*–/*p*–이성질체의 비율은 다른 경우와 큰 차이가 있어, 바구니 용매 속에서 $C_6H_5\bullet$와 $D^{\bullet+}$가 반응한 것이 아니라 $C_6H_5\bullet$가 중성 분자 D와 반응하여 생성된 것으로 생각할 수 있다.

다음으로 전자 주개(D)와 전자 받개(A) 사이의 광화학 반응에 있어서 용매 효과가 현저하게 나타나는 예를 소개하자(그림 3.23). 유전 상수(ε_r)가 8 이하의 용매에서 들뜬 단일항 안트라센($^1A^*$)은 *N,N*–다이메틸아닐린(D)과 들뜬 복합체를 형성하여 그로부터의 발광을 보여준다(그림 3.10). 이 반응계의 벤젠 용액에 > 350 nm의 빛을 조사하면(A만 광흡수하는 조건), D가 존재하지 않는 경우와 비슷하게 또는 그보다 효율적으로 A의 이합체(APD)가 생성된다. 이 결과는 $^1A^*$가 D에 의해 100% 소광되고 있는 사실과 겉보기에는 모순된다. 실제로는 소광에 의해 생성된 ^1EX은 $^1A^*$보다 긴 수명을 갖고 있기 때문에, $^1A^*$와 A 사이의 반응에 비하면 ^1EX는 A와 보다 효율 좋게 상호작용할 수 있게 된다. 한편 극성이 높은 아세토나이트릴 중에서는 들뜬 복합체의 발광은 전혀 관찰되지 못 하고, 같은 조건하에서 광조사하면 A와 D의 1:1 첨가물이 주로 또한 일부 A의 환원 생성물이 생성된다. 이 용액에 미량의 중수(^2H_2O)를 포함시키고 빛을 쪼이면, 안트라센의 10-위치에 중수소가 들어간 첨가물이 얻어진다. 이것은 PET에 의해 반응이 진행되었다는 것을 보여준다. *N,N*–다이메틸아닐린 대신에 첨가물이 생성할 수 없는 *N,N*–다이메틸–*p*–

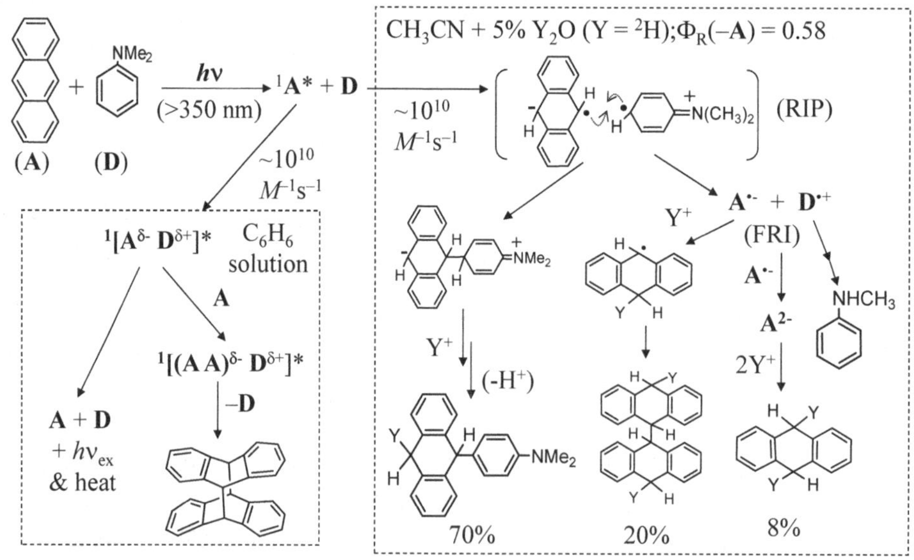

그림 3.23 안트라센 (A)와 *N,N*–다이메틸아닐린 (D)과의 광화학 반응. $\Phi_R(-A)$은 반응에 의해 안트라센이 소모되는 양자 수득률.

톨루이딘(*N,N*-Dimethyl-*p*-toluidine)을 사용하면 9,10–다이하이드로안트라센(9,10-Dihy-droanthracene)이 > 80%로 생성한다. 이 반응은 Birch 환원 반응과 형식적으로 닮아 있다.

또 하나의 예를 소개하겠다(그림 3.24). 1–사이아노나프탈렌(1-Cyanonaphthalene, A)과 인덴(Indene, D)으로 이루어진 반응계는 벤젠 등 극성이 낮은 용매 속에서, A가 흡수하는 > 310 nm의 빛을 조사하면 *endo*–선택적이며 또한 위치 특이적인 고리화첨가 반응이 일어난다. 이 반응의 입체특이성은, 이미 설명한 바와 같이 들뜬 복합체가 생성될 때에 이루어지는 입체 배열에 따라 얻어진 결과이다. 한편 극성이 높은 아세토나이트릴을 용매로 하면 이 첨가물은 전혀 생성되지 않고 A가 대부분 회수되면서 D의 이합체 D_2가 주로 생성된다. 다음으로 이 용액에 소량의 중수(^2H_2O)를 공존시키면 A가 대부분 회수되면서 D로의 중수의 *anti*–Markovnikov 첨가(*anti*-Markovnikov Addition)가 주로 일어난다. 이 반응계에서는 A의 형광은 D에 의하여 확산 지배적으로 소광된다. 아세토나이트릴 중에서는 A가 빛을 흡수하여 들뜬 단일항 상태 $^1A^*$가 생성된 후 PET가 일어나고 $A^{-\bullet}$와 $D^{+\bullet}$가 생성된다. 양전하를 가진 $D^{+\bullet}$은 친전자적 반응종이며, 중성 분자 D에 친전자적으로 첨가하여 이합체 양이온 라디칼($D_2^{+\bullet}$)을 생성한다. 이어서 $D_2^{+\bullet}$은 $A^{-\bullet}$ 또는 D로부터 전자를 받아 이합체 D_2로 전환된다. 한편 중수가 존재하면 중수가 $D^{+\bullet}$ 또는 $D_2^{+\bullet}$에 친핵

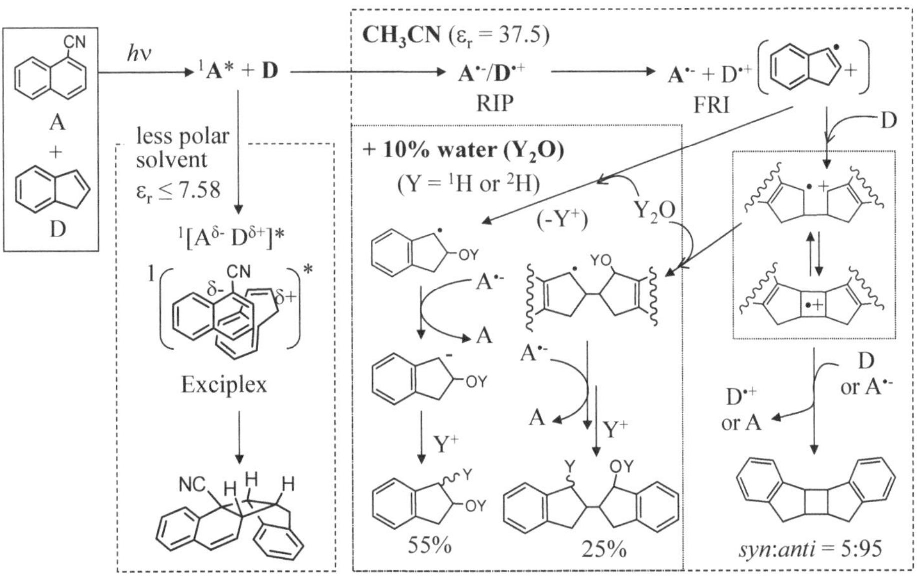

그림 3.24 1–사이아노나프탈렌 (A)과 인덴 (D)과의 광화학 반응. 용매가 에틸 아세테이트(Ethyl Acetate)보다 극성이 낮으면 들뜬 복합체를 경유하는 입체특이적 고리화첨가 반응이 진행한다. 아세토나이트릴 중에서는 FRI을 경유하는 반응이 일어난다.

적으로 첨가한다. 이렇게 하여 생성된 중성 라디칼은 $A^{-\bullet}$로부터 전자를 받아 음이온으로 되고 ($\bullet$D–OY & $\bullet D_2$–OY + $A^{-\bullet}$ → $^{-}$D–OY & $^{-}D_2$–OY + A), 이어서 중수로부터 $^{2}H^{+}$을 받아 중수 첨가물이 생성된다. 이 반응들은 FRI을 거쳐 진행된다. PET을 경유하는 광화학 반응은 많이 알려져 있으며, 제5장에서 다시 설명할 것이다.

Chapter_04

광화학 과정의 반응속도론적 해석

제3장에서 들뜬 상태 분자의 동적 거동에 대해서 설명하였다. 그림 3.1에 정리된 것처럼 들뜬 분자는 10^{-12}초 ~ 10^{-3}초 (ps ~ ms)란 매우 짧은 시간 내에, 즉 매우 빠른 속도로 다른 상태 또는 다른 분자로 변화한다. 해당하는 광화학 현상에 포함되는 각각의 과정들의 속도를 정확히 알아내고, 그를 분자 구조 및 전자 상태와 관련시킴으로써 들뜬 상태 분자의 화학적 정체가 뚜렷하게 나타나게 될 것이다. 따라서 광화학 과정의 반응속도론적 해석은 광화학을 이해하는 데 있어서 본질적 의미를 가진다. 광화학에서는 양자 수득률(형광 및 인광, 계간 교차 또는 화학 반응 등) 및 들뜬 상태의 수명(τ_S, τ_T, τ_{EX} 등)이라는 정량적인 척도를 실험적으로 얻을 수 있으며, 그들을 이용하면 반응속도론적 해석을 비교적 쉽게 수행할 수 있다. 또한 최근에는 매우 짧은 시간 (> 10^{-14} s = 10 fs)의 시분해 능력을 가진 과도기 분광법(Transient Spectroscopy)이 개발되어, 짧은 시간 영역에 존재하는 들뜬 분자 및 화학적 활성종들을 직접 검출하고 그들의 동적 거동을 해석할 수 있게 되었다. 이 장에서는 그러한 반응속도론적 방법에 대하여 해설한다.

4.1 | 양자 수득률

4.1.1 양자 수득률의 개념

광화학에서 **양자 수득률**(Quantum Yield, 이하 **QY**란 약어를 쓰겠다)은 매우 중요하고 기본적인 반응속도론적 척도이다. 그를 표시하는 기호로서 화학 과정에 대해서는 Φ_R, 형광 과정에 대해서는 Φ_F, 인광 과정에 대해서는 Φ_P, $S_1 \rightarrow T_1$의 계간 교차에 대해서는 Φ_{ISC} 등을 사용한다(그림 3.2 참조). 화학 반응에서 일반적으로 사용하고 있는 수득률(즉 사용한 원료의 몇 %가 최종 생성물로 변했는가를 규정하는 양)을 QY와 구별하기 위하여 화학적 수득률이라고 말하는 경우가 있다. 양자수득률 QY란 광화학 반응에서 반응 분자가 흡수한 광자수(n_{abs})에 대하여 일어난 변화수(n_x)와의 비율을 나타낸다(식 (4.1)). 흡수된 광자수는 광량계(Actinometer)를 사용해서 결정할 수 있다. 광화학 과정에 있어서의 변화수란 반응한 분자의 수 또는 생성된 생성물의 수이며, 광물리 과정에 대해서는 S_1 또는 T_1으로부터 방출되는 형광 또는 인광의 광자수 등이다. 후에 자세히 설명하겠지만, QY의 다른 표현은 목적으로 하는 과정의 속도(υ_x)와 광흡수 속도 (I_{abs})와의 비율이며, I_{abs}은 S_1으로부터 진행되는 모든 과정의 속도의 총화 ($\sum\upsilon_i$)와 같다.

$$\Phi_R, \Phi_F, \Phi_P, \Phi_{ISC} \text{ 등} = n_x/n_{abs} = \upsilon_x/I_{abs} = \upsilon_x/\sum\upsilon_i \tag{4.1}$$

화학 과정의 QY(Φ_R)와 화학적 수득률과의 관계에 관해서 간단히 설명하겠다. 일반적으로 $\Phi_R > 0.1$이면 비교적 효율이 좋은 광반응으로 간주된다. 주목하고 있는 화학 과정은 물리 과정을 비롯한 다른 과정들과 경쟁하면서 진행한다. 그 화학 과정이 S_1으로부터 진행되는 모든 과정 중에서 1%를 점유하고 있다면 $\Phi_R = 0.01$이란 낮은 QY로 된다. 그러나 그 화학 반응이 선택적으로 진행되고 유일한 생성물만 주었다면 광반응의 효율은 낮지만 화학적 수득률은 ~100%이다. 한편 화학 과정이 비교적 높은 효율로 진행하지만(예를 들어 화학 과정 전체에 대하여 $\Phi_R = 0.5$), 그 선택성이 낮아 몇 가지 생성물이 생성되는 경우를 생각해 보자. 지금 목적 생성물 Px의 화학적 수득률이 40%라 하자. 그러면 Px 생성에 대한 QY은 $\Phi_{Px} = 0.5 \times 0.4 = 0.2$로 되고 화학적 수득률은 높지 않지만 QY의 값은 낮은 편은 아니다. 이렇게 두 수득률 사이에는 직접적 관계가 없는 경우가 적지 않다.

4.1.2 발광 양자 수득률의 측정

형광 또는 인광의 QY(Φ_F, Φ_P)은 형광 분광계를 이용하여 표준 물질의 형광 양자 수득률(Φ_{std})과 비교하는 방법으로 비교적 쉽게 결정할 수 있다. 대표적인 예로서 표 4.1에 몇 가지 표준 물질의 Φ_{std}의 값들을 보여준다. 이 값들은 검정된 표준 램프를 사용하고 발광 검출기의 파장에 따른 분광 감도를 엄격히 보정한 후, 입사광과 발광의 절대적인 광자수를 측정하여 결정된 값들이다. 이 방법은 매우 복잡한 실험을 필요로 하기 때문에 일반적으로 적용할 수 없다. 현실적으로는 같은 측정 조건(쪼이는 빛의 강도 I_{irr}와 파장 λ_{ex}, 분광기의 설정 조건 등) 하에서 시료와 표준 물질의 형광의 세기를 비교하는 아래의 식에 의거하여 결정한다. 이 식에서 아래 첨자 s 및 std는 각각 시료 및 표준 물질의 매개변수를 표시한다.

$$\Phi_F = \Phi_{std} \times (OD_S/OD_{std}) \times (F(\lambda)_S/F(\lambda)_{std}) \times (n_S^2/n_{std}^2)$$

Φ_F 및 Φ_{std} = 시료 및 표준 물질의 형광 양자 수득률

OD_S 및 OD_{std} = λ_{ex}에서의 시료 및 표준 물질 용액의 흡광도

$F(\lambda)_S$ 및 $F(\lambda)_{std}$ = 시료 및 표준 물질 용액이 보여주는 발광 파장 영역의 스펙트럼 면적

n_S 및 n_{std} = 시료 및 표준 물질 용액의 굴절률. 용매가 같으면 n_S = n_{std} = 용매의 굴절률

표 4.1 대표적 표준 물질의 발광 파장과 발광 양자 수득률

표준 물질	용매	발광 파장 영역/nm	Φ_{std}
Benzene	Cyclohexane	270~300	0.05
Tryptophan	Water @ pH=7.2	300~380	0.14
9,10-Diphenylanthracene	Cyclohexane	400~500	0.90
Quinine Sulphate	0.1 M H_2SO_4	400~600	0.54
Fluorescein	0.1 M NaOH	500~600	0.79
Rhodamine 101	Ethanol+0.01% HCl	600~650	1.0
Chlorophyll a	Ether	600~750	0.32

표준 물질의 흡수 및 발광 스펙트럼이 가능한 한 시료의 흡수 및 발광 스펙트럼과 유사한 것을 선정하여야 한다. 또한 시료 용액을 만들 때에는 형광성 불순물 및 들뜬 상태를 소광하는 불순물이 혼입하지 않도록 주의하여야 한다. 특히 산소는 들뜬 상태에 대한 효율적인 소광제이므로, 공기는 될 수 있는 한 제거하여야 한다. 인광의 QY(Φ_P)도 같은 방법으로 결정한다.

4.1.3 광화학 반응 양자 수득률 Φ_R의 측정

그림 4.1에 광화학 반응 양자 수득률을 측정하는 장치의 개략적 그림을 그렸다.

광원은 일반적으로 수은 램프 또는 Xe 램프이며, 그 빛을 단색화장치(Monochromator) 또는 광학 필터에 통과시켜 시료가 흡수하는 일정 파장의 빛을 분리하여 얻는다. 이 광원들은 열선(원적외선)을 방출하기 때문에 10 cm 정도의 물 층을 통과시켜 그를 제거한다. 렌즈를 사용하여 평행 광선 또는 그와 가까운 빛을 얻어서 시료가 들어 있는 반응 용기에 조사한다. 반응 용기로서 마개 또는 고무마개(Septum)로 밀폐할 수 있는 광학 용기가 적합하다. 실험에서 자외선을 쓰는 경우 모든 유리 제품은 석영으로 만들어진 것이어야 한다.

QY를 결정하는 절차는 다음과 같다: (1) 우선 반응 용기와 동일한 용기에 화학 광량계(Chemical Actinometer)의 용액을 넣어 해당되는 파장의 빛을 일정 시간 쪼이고, 단위 시간당 광량 (I_0/mol)을 측정한다. (2) 다음으로 용매만 넣은 반응 용기와 광량계 용기를 직렬로 두고, 용매를 통과한 단위 시간당 광량 (I_s/mol)을 측정하고, (3) 마지막으로 시료 용액을 넣은 반응 용기와 광량계 용기를 직렬로 두고 일정 시간 광조사하여 단위 시간당 반응한 분자수(n_R/mol)와 시료 용액을 통과한 광량 (I_t/mol)을 측정한다. 시료 분자가 반응하는 양은 시간에 관하여 직선적인 범위 이내, 보통 < 10%로 하여야 한다. 이렇게 하여 광반응의 QY(Φ_R)은 아래 식으로부터 얻어진다. 시료 용액이 빛을 > 98% 흡수하는 경우 $I_t \approx 0$이므로 실험 (2)는 생략할 수 있다.

$$\Phi_R = (n_R/I_0) \times \{I_s/(I_s - I_t)\}$$

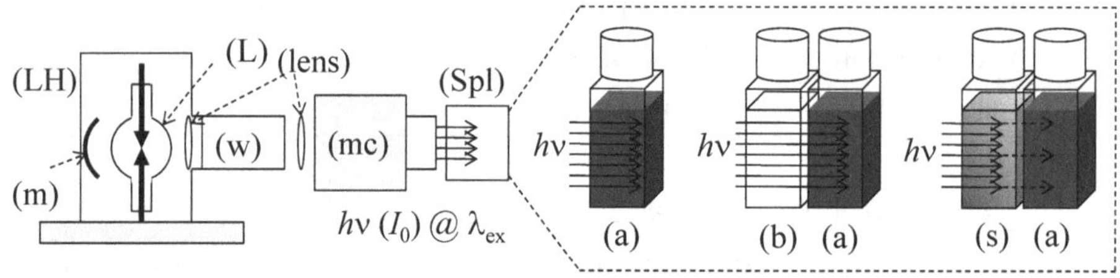

그림 4.1 광화학 반응 양자 수득률 Φ_R의 측정 실험을 보여주는 개념도. (LH) 광조사 장치. (L) 램프. (m) 반사경. (w) 순환 물 용기. (mc) 단색화장치(Monochromator). (Spl) 반응 용기 수납함. (실험 1) 광량계 (a)에 일정 시간 광조사하여 I_0 결정. (실험 2) 시료 용액에 사용된 용매가 들어 있는 용기 (b)을 통과한 광량 I_s을 그 뒤에 놓은 광량계 (a)로 결정. (실험 3) 시료 용액 (s)에 일정 시간 광조사하여 분자의 변화 양 n_R 결정. 동시에 시료를 통과한 광량 I_t을 측정.

화학 광량계로서 자주 사용되는 것은 옥살산철(III) 광량계(Ferrioxalate Actinometer)이며, 옥살산포타슘과 황산철(III)로부터 만들어낸 수용액이다. 식 (4.2)에 보여주듯이 옥살산철(III)은 ≤ 436 nm의 빛에 의하여 Fe^{2+}로 환원된다. 빛을 쪼인 용액에 페난트롤린(Phenanthroline, L)을 첨가하여 생성된 Fe^{2+}을 $[FeL_3]^{2+}$로 전환시켜 그 양을 분광법으로 결정한다. 각 파장에서의 Fe^{2+} 생성의 QY(Φ_{Fe2+})은 다음과 같이 정확히 결정되어 있다: Φ_{Fe2+} = 1.25 (254 nm), 1.24 (313 nm), 1.21 (365 nm), 1.11 (436 nm). 따라서 입사광의 양 I_0은 단위 시간당 생성하는 Fe^{2+}의 양(n_{Fe2+})으로부터 $\boldsymbol{I_0 = n_{Fe2+}/\Phi_{Fe2+}}$로 주어진다.

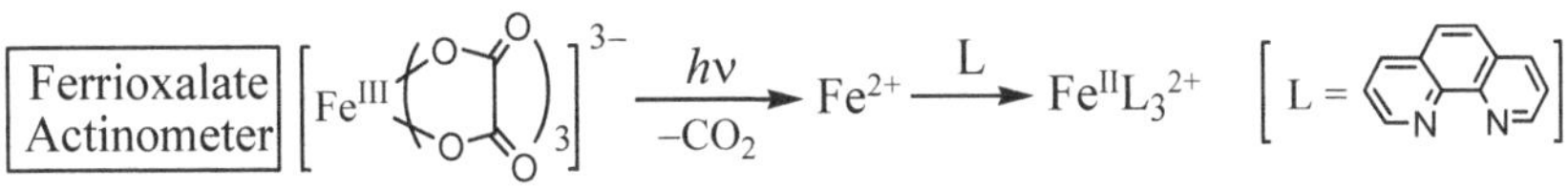

(4.2)

4.2 | 일정 상태 가설에 따른 반응속도론적 해석

4.2.1 일분자 과정 양자 수득률을 구하는 반응 속도식

(i) 형광 및 인광의 양자 수득률

광화학의 모든 과정은 광흡수가 없으면 진행하지 않는다. 따라서 **광흡수가 전체 속도를 결정하는 속도 결정 단계**(Rate-Determining Step)이다. 광흡수에 이어서 진행되는 광물리 과정 및 광화학 과정은 매우 빠르게 진행되기 때문에 일정 상태 가설이 성립한다. **일정 상태 가설**(Steady-State Concentration Hypothesis)이란 **일정한 광량의 빛을 조사하고 있는 조건하에서는 생성된 들뜬 상태 분자** ($^1M^*$ 및 $^3M^*$)**와 수명이 짧은 활성종(X) 등의 농도는 일정하다**는 가정에 입각하고 있다. 이 가정에 따르면 광조사하고 있는 사이에는 그들의 시간에 따른 농도 변화는 없고 일정한 농도가 유지되고 있다. 즉 $d[^1M^*]/dt = d[^3M^*]/dt = d[X]/dt = 0$ ($[^1M^*]$, $[^3M^*]$및 $[X]$은 각각 $^1M^*$, $^3M^*$ 및 X의 일정 상태에서의 농도). 그러면 우선 식 (4.3)~(4.8)에 기초하여 형광 또는 인광의 QY에 대한 반응속도론적 해석을 살펴보자. 여기에서는 해석 경과를 보다 쉽게 이해할 수 있도록 하기 위하여 화학 과정과 중간 활성종 X의 관여가 없는 간단한 반응계를 생각하고 있다.

들뜬 단일항 상태(S_1)부터의 과정		속도 상수	속도	
$M + h\nu \longrightarrow {}^1M^*$	광흡수		I_{abs}	(4.3)
${}^1M^* \longrightarrow M + h\nu_F$	형광	k_F	$k_F[^1M^*]$	(4.4)
${}^1M^* \longrightarrow M +$ 열	내부 전환	k_{IC}	$k_{IC}[^1M^*]$	(4.5)

$$^{1}M^* \longrightarrow {}^{3}M^* \qquad \text{계간 교차} \qquad k_{ISC} \qquad k_{ISC}[^{1}M^*] \qquad (4.6)$$

삼중항 상태(T_1)부터의 과정

$$^{3}M^* \longrightarrow M + h\nu_P \qquad \text{인광} \qquad k_P \qquad k_P[^{3}M^*] \qquad (4.7)$$

$$^{3}M^* \longrightarrow M + \text{열} \qquad \text{계간 교차} \qquad k_{ISC}' \qquad k_{ISC}'[^{3}M^*] \qquad (4.8)$$

광흡수 속도(I_{abs})는 $^{1}M^*$가 생성하는 속도이며, 한편 $^{1}M^*$가 소멸되는 속도는 식 (4.2)~(4.6)의 속도의 합이다(즉 $\sum v_i = (k_F + k_{IC} + k_{ISC})[^{1}M^*]$). $^{1}M^*$의 시간적 농도 변화($d[^{1}M^*]/dt$)는 $^{1}M^*$가 생성하는 속도와 소멸하는 속도의 차이이므로 $d[^{1}M^*]/dt = I_{abs} - (k_F + k_{IC} + k_{ISC})[^{1}M^*]$. 일정 상태 가설에 의거하면 $d[^{1}M^*]/dt = 0$이므로 $I_{abs} = (k_F + k_{IC} + k_{ISC})[^{1}M^*]$ 또는 $[^{1}M^*] = I_{abs}/(k_F + k_{IC} + k_{ISC})$의 관계를 얻는다. 여기에서 $^{1}M^*$의 일분자 과정 (식 (4.4)-(4.6))의 각기 속도 상수는 각기 분자에 고유한 물리적 값이며, 그 총합의 역수가 $^{1}M^*$의 수명 (τ_S)이 된다. 즉 $\boldsymbol{\tau_S = 1/(k_F + k_{IC} + k_{ISC})}$. 따라서 $[^{1}M^*] = I_{abs} \times \tau_S$. 이에 기초하면 S_1으로부터 진행되는 각기 과정들의 QY은 그 과정의 속도와 광흡수 과정 (식 (4.3))의 속도와의 비율이므로, 식 (4.9) 및 (4.10)이란 간단한 식으로 표현된다. 즉 각기 과정의 속도 상수와 $^{1}M^*$의 수명과의 곱으로 표현된다.

$$\text{형광 과정의 QY: } \Phi_F = k_F[^{1}M^*]/I_{abs} = k_F \times I_{abs} \times \tau_S/I_{abs} = \boldsymbol{k_F \times \tau_S} \qquad (4.9)$$

$$\text{계간 교차}(^{3}M^*\ \text{생성})\text{의 QY: } \Phi_{ISC} = k_{ISC}[^{1}M^*]/I_{abs} = k_{ISC} \times I_{abs} \times \tau_S/I_{abs} = \boldsymbol{k_{ISC} \times \tau_S} \qquad (4.10)$$

다음으로 삼중항 상태로부터 진행되는 과정들의 QY을 유도하겠다. 마찬가지로 $^{3}M^*$가 생성하는 속도는 $k_{ISC}[^{1}M^*]$, 한편 $^{3}M^*$가 소멸되는 속도는 $^{3}M^*$부터 진행되는 모든 과정의 속도의 합, 즉 $(k_P + k_{ISC}')[^{3}M^*]$이다. 일정 상태 가설에 의거하면 $d[^{3}M^*]/dt = k_{ISC}[^{1}M^*] - (k_P + k_{ISC}')[^{3}M^*] = 0$이므로 $[^{3}M^*] = k_{ISC}[^{1}M^*]/(k_P + k_{ISC}') = k_{ISC} \times I_{abs} \times \tau_S/(k_P + k_{ISC}')$의 관계를 얻는다. 여기에서 $^{3}M^*$의 수명(τ_T)은 식 (4.7)과 (4.8)의 속도 상수 총합의 역수 ($\boldsymbol{\tau_T = 1/(k_P + k_{ISC}')}$)이므로 $[^{3}M^*] = k_{ISC} \times I_{abs} \times \tau_S \times \tau_T$. 결국 식 (4.11)과 같이 T_1으로부터 진행되는 과정의 QY = ($^{3}M^*$가 생성하는 QY, Φ_{ISC}) ×(해당 속도 상수)×($^{3}M^*$의 수명, τ_T)이란 간단한 표현으로 된다.

$$\text{인광 과정의 QY: } \Phi_P = k_P[^{3}M^*]/I_{abs} = k_P \times k_{ISC} \times I_{abs} \times \tau_S \times \tau_T/I_{abs} = \Phi_{ISC} \times k_P \times \tau_T \qquad (4.11)$$

(ii) 일분자 화학 과정의 속도식

여기에서 먼저 S_1에서 화학 반응이 일어나는 반응계에 대하여 생각해 보자. 식 (4.3)~(4.6)을 포함하여 식 (4.12)의 화학 과정이 진행한다고 한다. 일정 상태 가설에 의거하면 화학 반응 QY의 속도식은 식 (4.13)이 된다. 식 (4.12)에서 X1은 최종 생성물 P1에 이르는 중간 상태 또는 활성종(라디칼 또는 라디칼 이온 등)이며, α은 X1이 P1을 생성하는 비율이다. 이 경우에는 S_1의 수명 τ_S은 식 (4.3)~(4.6)에 식 (4.12)가 합쳐져 고려되어야 한다. 즉 $\tau_S = 1/(k_F + k_{IC} + k_{ISC} + k_{R1})$. 또한 $d[^1M^*]/dt = I_{abs} - (k_F + k_{IC} + k_{ISC} + k_{R1})[^1M^*] = 0$을 가정하면 $[^1M^*] = I_{abs}/(k_F + k_{IC} + k_{ISC} + k_{R1}) = I_{abs} \times \tau_S$이므로, P1 생성 양자 수득률($\Phi_{P1}$)은 식 (4.13)이 된다.

마찬가지로 T_1의 화학 반응의 QY도 쉽게 유도할 수 있다. 식 (4.14)에서 X3은 최종 생성물 P3에 이르는 중간 상태 또는 활성종이며, β는 X3으로부터 P3이 생성하는 비율이다. T_1의 수명은 $\tau_T = 1/(k_P + k_{ISC}' + k_{R3})$, 또한 $d[^3M^*]/dt = k_{ISC}[^1M^*] - (k_P + k_{ISC}' + k_{R3})[^3M^*] = 0$이므로 $[^3M^*] = k_{ISC}[^1M^*]/(k_P + k_{ISC}' + k_{R3}) = k_{ISC} \times I_{abs} \times \tau_S \times \tau_T$. 결국 P3 생성에 대한 QY은 식 (4.15)가 된다.

$$^1M^* \xrightarrow{k_{R1}} X1 \xrightarrow{\alpha} P1 \qquad (\text{P1 생성 속도} = \alpha k_{R1}[^1M^*]) \tag{4.12}$$
$$X1 \xrightarrow{(1-\alpha)} \text{M 또는 기타}$$

$$\textbf{P1생성의 QY: } \Phi_{P1} = \alpha k_{R1}[^1M^*]/I_{abs} = \alpha k_{R1} \times \tau_S \tag{4.13}$$

$$^3M^* \xrightarrow{k_{R3}} X3 \xrightarrow{\beta} P3 \qquad (\text{P3 생성 속도} = \beta k_{R3}[^1M^*]) \tag{4.14}$$
$$X3 \xrightarrow{(1-\beta)} \text{M 또는 기타}$$

$$\textbf{P3 생성의 QY: } \Phi_{P3} = \beta k_{R3}[^3M^*]/I_{abs} = \beta \Phi_{ISC} \times k_{R3} \times \tau_T \tag{4.15}$$

일분자 광화학 반응의 QY에 관한 예로서 아세톤(Acetone)의 광분해 반응, 소위 Norrisch Type I 반응(Norrisch Type I Reaction)을 설명하도록 하겠다. 기체 상태의 아세톤에 254 nm의 자외선을 조사하면, 에테인(Ethane)과 일산화 탄소가 1:1의 비율로 생성되며, $\Phi_R(C_2H_6) = \Phi_R(CO) = 1.0$이다 (식 (4.16a)). 이 반응계에서는 $\Phi_{ISC} = 1.0$ (즉 $k_{ISC} >> k_F + k_{IC} + k_{R1}$)이며, 생성된 $^3M^*$은 이어서 100%의 효율로 C–C 결합 절단을 하여 아세틸 라디칼($CH_3CO\bullet$)과 메틸 라디칼($CH_3\bullet$)로 분해한다(즉 $k_{R3} >> k_P + k_{ISC}'$). 기체 상태에서 아세틸 라디칼은 메틸 라디칼과 CO로 100% 분해하기 때문에 생성된 두 개 메틸 라디칼이 결합하여 에테인을 준다 ($\beta = 1$).

한편 액체 상태의 아세톤에 빛을 쪼이면 식 (4.16a)의 반응이 거의 일어나지 않는다. 즉 $\Phi(C_2H_6)$ & $\Phi(CO) << 1.0$. 액체 상태에서는 광분해 직후 메틸 라디칼과 아세틸 라디칼이 쌍으로 생성되어 그 주위를 용매 분자가 바구니처럼 둘러싸고 있다. 따라서 라디칼 쌍(X3)은 용매 바구니로부터 빠르게 벗어나지 못하고 일정 시

간 그 속에 갇혀 있다. 그 결과 대부분의 라디칼 쌍은 재결합하여 바닥 상태 아세톤으로 되돌아 간다. 즉 $\beta \ll 1.0$. 이러한 용매화 상태의 효과를 **용매 바구니 효과**(Solvent-Cage Effect)라 하며 활성종이 쌍으로 생성하는 반응계(특히 전자 이동 반응계)에서 그 효율을 결정하는 중요한 요소의 하나가 된다. 고려해야 할 또 하나의 요인은 액체 상태에서는 들뜬 분자와 용매 분자와의 충돌이 심하게 일어난다는 것이다. 즉 들뜬 분자는 그를 둘러싸고 있는 용매 분자와의 충돌에 의해 진동 에너지를 잃어버리고, 결과적으로 반응의 전이 상태를 넘어가기에 필요한 에너지를 상당하게 잃어버린다(그림 3.4(b) 참조).

기체 상태:

$$CH_3COCH_3 + h\nu \rightarrow {}^1M^* \rightarrow {}^3M^* \rightarrow CH_3CO\bullet + CH_3\bullet \rightarrow 2CH_3\bullet + CO \rightarrow C_2H_6 + CO \quad (4.16a)$$

액체 상태: $CH_3COCH_3 + h\nu \rightarrow \rightarrow {}^3M^* \dashrightarrow [CH_3CO\bullet/CH_3\bullet]_{cage}$ (X3) $\quad$ (4.16b)

또 하나의 예로서 5–메틸–2–뷰탄온(5-Methyl-2-butanone, M)의 Norrisch Type II 반응(Norrisch Type II Reaction)을 들어보자(그림 4.2). Norrisch Type II 반응이란 분자내에 >C=O기로부터 γ–위치에 C–H을 가진 케톤이 광흡수에 의하여 β–절단을 하고 탄소수가 적은 케톤과 올레핀으로 분해되는 반응이다. 반응 용액으로부터 용해 산소를 제거한 후, 313 nm의 빛을 쪼이면 2–메틸프로펜(2-Methylpropene)과 아세톤이 1:1의 비율로 선택적으로 생성된다. 아세톤의 생성 QY(Φ_{P1}) = 0.4이다. 이 용액에 T_1을 선택적으로 소광하는 소광제(1,3-Pentadiene)를 1.0 M 첨가하여 반응시키면 Φ_{P1}은 0.3으로 떨어진다. 즉 소광이 안 된 부분 (Φ_{P1} = 0.3)은 S_1으로부터 진행했으며, 소광된 부분(Φ_{P1} = 0.1)은 T_1부터의 반응이라는 것을 알 수 있다. 빛을 흡수한 M은 ${}^1n,\pi^*$ 상태로 올라가고 이 상태에서 케톤의 산소가 γ–C–H로부터 수소를 떼어내며, 단일항 1,4–쌍라디칼(Singlet 1,4-Biradical, X1)을 준다. 그 속도는 $k_{R1} = 2 \times 10^9\ s^{-1}$이다. 최종 생성물은 X1의 β–절단에 의해 생성한다. 이 ${}^1n,\pi^*$ 의 화학 과정과 경쟁하여 계간 교차가 $k_{ISC} \approx 10^9\ s^{-1}$의 속도로 진행한다. 그 후 ${}^3n,\pi^*$에서 γ–C–H의 수소 떼어내기 반응이 $k_{R3} = 4 \times 10^8\ s^{-1}$의 속도로 진행되어 삼중항 1,4–쌍라디칼(Triplet 1,4-Biradical, X3)이 생성되고, 그의 β–절단에 의해 최종 생성물이 생성된다. 이 반응계에서는 ${}^1n,\pi^*$ 및 ${}^3n,\pi^*$로부터의 화학 과정은 매우 빠르기 때문에 바닥 상태로의 붕괴 과정은 무시할 수 있다. 즉 $\tau_S = 1/(k_{ISC} + k_{R1}) \approx 0.3$ ns 및 $\tau_T = 1/k_{R3} = 2.5$ ns을 얻는다. 화학 과정은 매우 빠르지만, $\Phi_{P1} = \alpha k_{R1} \times \tau_S = 0.3$ 및 $\Phi_{P3} =$

$\beta\Phi_{ISC} \times k_{R3} \times \tau_T = 0.1$에 지나지 않는다. 그것은 1,4–쌍라디칼에서 O–H 수소가 γ–C• 에 되돌아가서 바닥 상태 케톤이 재생하는 과정이 관여하였기 때문이다. 즉 $\alpha < 1$ 및 $\beta < 1$.

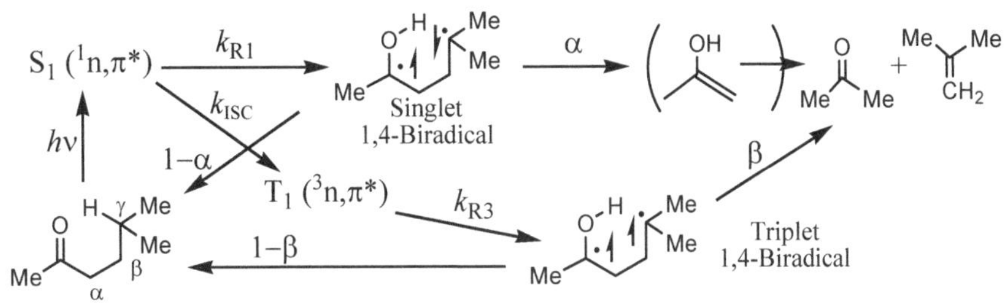

그림 4.2 5–메틸–2–뷰탄온(5–Methyl–2–butanone, M)의 Norrisch Type II 반응 (Me = CH_3).

4.2.2 분자간 상호작용에 대한 속도식

(i) 들뜬 상태의 소광과 Stern–Volmer식

분자 M의 형광 또는 인광이 반응계에 첨가된 제3성분의 분자 Q에 의해 사라지거나 또는 약해졌을 때 이를 소광(Quenching)이라 한다. 소광이란 현상은 들뜬 상태($^1M^*$ 또는 $^3M^*$)가 Q와 상호작용했다는 증거이다. 따라서 **발광 소광은 매우 중요한 광화학적 현상**이다. 우선 **형광 소광**에 관한 **Stern-Volmer 식**을 유도해 보자. 형광 소광의 전형적인 메커니즘에는 다음과 같은 것들이 있다. (a) Q가 $^1M^*$와 충돌하여 그 에너지를 단순히 상실시키는 과정 ($^1M^* + Q \rightarrow M + Q$). (b) 에너지 이동 ($^1M^* + Q \rightarrow M + {^1Q^*}$). (c) $^1M^*$와 Q와의 화학 반응 ($^1M^* + Q \rightarrow$ Product). (d) 전자 이동 ($^1M^* + Q \rightarrow M^{+\bullet} + Q^{-\bullet}$ 또는 $M^{-\bullet} + Q^{+\bullet}$). (e) 들뜬 복합체의 형성 ($^1M^* + Q \rightarrow {^1[MQ]^*}$). 단순화를 위하여 (a)~(e)의 모든 과정들을 식 (4.17)로 일반적으로 표현하도록 하겠다. 즉 Y1 = (M + Q), (M + $^1Q^*$), Product, ($M^{+/-\bullet} + Q^{-/+\bullet}$) 또는 $^1[MQ]^*$. 여기에서, 설명을 단순화하기 위하여 (M + $^1Q^*$), ($M^{+/-\bullet} + Q^{-/+\bullet}$) 또는 $^1[MQ]^*$으로부터는 화학 과정이 관여하지 않고, 모두 바닥 상태 (M + Q)로 붕괴한다고 한다. 소광제 Q가 없을 때의 형광의 QY을 Φ_F^0 (= $k_F \times \tau_S$)라고 쓰고, 한편 Q에 의한 형광 소광이 일어났을 때에는 Φ_F^Q라고 쓰겠다. 여기에서 형광 소광에 관여하는 식 (4.3)~(4.6) 및 식 (4.17)에 대하여 일정 상태를 가정하면 $d[^1M^*]/dt = I_{abs} - (k_F + k_{IC} + k_{ISC} + {^1k_Q}[Q])[^1M^*] = 0$, 이를 변형하면 $[^1M^*] = I_{abs} \times \tau_S/(1 + {^1k_Q} \times \tau_S[Q])$. 결국 식 (4.18)을 얻는다. 여기에서 **Φ_F^0와 Φ_F^Q의 비를 취하면 식 (4.19)와 같은 매우 간단한 식**을 얻는

다. 이 식이 **Stern-Volmer 식**이다.

$$^1M^* + Q \xrightarrow{^1k_Q} Y1 \ \text{(소광 과정)} \qquad \text{속도} = {}^1k_Q[^1M^*][Q] \tag{4.17}$$

$$\Phi_F{}^Q = k_F[^1M^*]/I_{abs} = k_F\{I_{abs} \times \tau_S/(1 + {}^1k_Q \times \tau_S[Q])\}/I_{abs} = k_F \times \tau_S/(1 + {}^1k_Q \times \tau_S[Q]) \tag{4.18}$$

$$\Phi_F{}^0/\Phi_F{}^Q = 1 + {}^1k_Q \times \tau_S[Q] \tag{4.19}$$

마찬가지 방법으로 인광 소광의 Stern-Volmer 식도 쉽게 유도할 수 있다. 설명을 단순화하기 위하여 **소광제 Q는 $^1M^*$을 소광하지 않고 삼중항 $^3M^*$만 소광한다고** 가정한다[1]. 즉 식 (4.17)은 무시할 수 있다. 식 (4.20)에서 Y3 = (M + Q), (M + $^3Q^*$), Product, ($M^{+/-\bullet}$ + $Q^{-/+\bullet}$) 또는 $^3[M\ Q]^*$이며 또한 (M + $^3Q^*$), ($M^{+/-\bullet}$ + $Q^{-/+\bullet}$) 또는 $^3[MQ]^*$부터는 화학 과정이 관여하지 않고 바닥 상태 (M + Q)로 붕괴한다고 한다. 그러면 $d[^3M^*]/dt = k_{ISC}[^1M^*] - (k_P + k_{ISC}' + {}^3k_Q[Q])[^3M^*] = 0$, 이를 변형하면 $[^3M^*] = k_{ISC}[^1M^*]/(k_P + k_{ISC}' + {}^3k_Q[Q]) = k_{ISC} \times I_{abs} \times \tau_S \times \tau_T/(1 + {}^3k_Q \times \tau_T[Q])$. 결국 $\Phi_P{}^Q$ 에 대한 식 (4.21)이 유도되고 $\Phi_P{}^0$와 $\Phi_P{}^Q$의 비로부터 식 (4.19)와 비슷한 **Stern-Volmer 식** (4.22)를 얻는다.

$$^3M^* + Q \xrightarrow{^3k_Q} Y3 \quad \text{(소광 과정)} \quad \text{속도} = {}^3k_Q[^3M^*][Q] \tag{4.20}$$

$$\begin{aligned}\Phi_P{}^Q &= k_P[^3M^*]/I_{abs} = k_P\{k_{ISC} \times I_{abs} \times \tau_S \times \tau_T/(1 + {}^3k_Q \times \tau_T[Q])\}/I_{abs} \\ &= \Phi_{ISC} \times k_P \times \tau_T/(1 + {}^3k_Q \times \tau_T[Q])\end{aligned} \tag{4.21}$$

$$\Phi_P{}^0/\Phi_P{}^Q = 1 + {}^3k_Q \times \tau_T[Q] \tag{4.22}$$

발광(형광 및 인광)의 소광 실험은 쉽게 수행할 수 있다. 우선 발광 분자 M의 용액에 그가 흡수하는 파장 λ_{ex}의 빛을 조사하고 발광 스펙트럼을 측정하고, 그 세기($\Phi_F{}^0$ 또는 $\Phi_P{}^0$)를 얻는다. 그 후 같은 측정 조건 (M의 농도, 용매, 온도, λ_{ex},

1] 일반적으로 $^1M^*$와 $^3M^*$ 양쪽을 Q가 소광하는 경우가 있을 수 있다. 이런 경우 $^1M^*$의 소광에 의하여 $^3M^*$의 생성이 그만큼 감소되고 있다. 즉 인광 소광에는 형광 소광 부분도 포함되어 있기 때문에, Stern-Volmer 식은 $\Phi_P{}^0/\Phi_P{}^Q = (1 + {}^3k_Q \times \tau_T[Q]) \times (1 + {}^1k_Q \bullet \tau_S[Q])$로 된다. 그러나 $\tau_S \ll \tau_T$인 경우가 일반적이다. 그러면 Q의 농도가 매우 낮아서 형광 소광이 무시할 수 있는 조건에서도 (즉 $^1k_Q \times \tau_S[Q] \ll 1$), 인광 소광이 일어난다. 그 때에는 $\Phi_P{}^0/\Phi_P{}^Q \approx (1 + {}^3k_Q \bullet \tau_T[Q])$. 예를 들어 $^3k_Q = {}^1k_Q = k_{dif} = 1 \times 10^{10}\ M^{-1}s^{-1}$, $\tau_T = 1 \times 10^{-5}\ s^{-1}$, $\tau_S = 5 \times 10^{-8}\ s^{-1}$의 경우를 생각해 보자. 그러면 $[Q] = 1 \times 10^{-4}\ M$에서 $^1k_Q \bullet \tau_S[Q] = 0.05$ *vs.* $^3k_Q \times \tau_T[Q] = 10$. 즉 형광 소광이 무시되는 Q의 농도에서 $^3M^*$은 완전히 소광된다. 한편 $^3k_Q \ll {}^1k_Q$의 경우, 예를 들어 $^1k_Q = 1 \times 10^{10}\ M^{-1}s^{-1}$에 대하여 $^3k_Q = 1 \times 10^8\ M^{-1}s^{-1}$이면, $[Q] = 1 \times 10^{-2}\ M$에서 $^1k_Q \times \tau_S[Q] = 5.0$ *vs.* $^3k_Q \times \tau_T[Q] = 10$. 즉 형광 소광은 무시할 수 없다. 그렇지만 이런 일이 일어나는 반응계는 많지 않다.

분광기의 설정 조건)을 유지하면서, [Q] = c_1, c_2, c_3, c_4... 등의 농도하에서 Q를 첨가하여 발광의 세기(Φ_F^Q 또는 Φ_P^Q)를 측정한다(그림 4.3(a)). 다음으로 그림 4.3(b)에 보여주듯이 발광 세기의 비율(Φ_F^0/Φ_F^Q 또는 Φ_P^0/Φ_P^Q)을 [Q]에 대하여 플롯한다. 이를 **Stern-Volmer Plot**라 한다. 직선 관계가 얻어지면 그 기울기가 ${}^1k_Q \times \tau_S$ 또는 ${}^3k_Q \times \tau_T$이며, 이를 **Stern-Volmer 상수**라 부르며 K_{SV}로 표시한다.

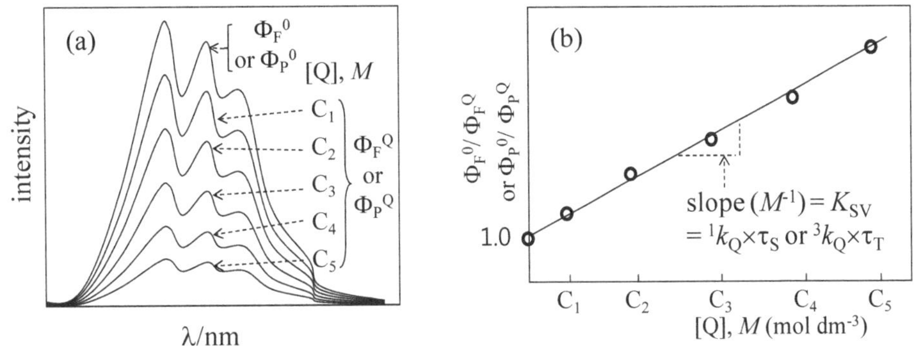

그림 4.3 형광 또는 인광 소광의 개념도. (a) [Q]에 따른 M_1의 발광 세기 변화. Φ_F^0 및 Φ_P^0 = Q가 없을 때의 형광 및 인광의 세기. Φ_F^Q 또는 Φ_P^Q = Q가 존재하였을 때의 형광 또는 인광의 세기. Q의 농도 ([Q] = $C_1 < C_2 < C_3$...)에 따라 발광 세기가 감소한다. (b) Stern-Volmer Plot. Q의 농도 [Q]와 발광 세기의 변화 (Φ_F^0/Φ_F^Q 또는 Φ_P^0/Φ_P^Q) 사이의 직선 관계.

Stern-Volmer 식은 발광 소광에만 적용되는 것은 아니다. 화학 과정의 소광에도 똑같이 적용된다. 삼중항 상태의 화학 과정(식 (4.14))에 대한 QY(식 (4.15))을 소광이 없는 조건이라는 뜻에서 Φ_{P3}^0라 표현하고 한편 Q로 소광되었을 때에는 Φ_{P3}^Q란 기호를 사용한다. 반응계에 Q가 존재하면, $d[{}^3M^*]/dt = k_{ISC}[{}^1M^*] - (k_P + k_{ISC}' + k_{R3} + {}^3k_Q \times \tau_T[Q])[{}^3M^*] = 0$. 따라서 $[{}^3M^*] = k_{ISC}[{}^1M^*]/(k_P + k_{ISC}' + k_{R3} + {}^3k_Q \times \tau_T[Q]) = k_{R3} \times I_{abs} \times \tau_S \times \tau_T/(1 + {}^3k_Q \times \tau_T[Q])$. 결국 $\Phi_{P3}^Q = \Phi_{ISC} \times k_P \times \tau_T/(1 + {}^3k_Q \times \tau_T[Q])$이 얻어지고 이것과 식 (4.15)부터 Stern-Volmer 식 $\Phi_{P3}^0/\Phi_{P3}^Q = 1 + {}^3k_Q \times \tau_T[Q]$을 얻는다. 즉 **들뜬 상태가 소광되면 들뜬 상태로부터 진행되는 어떤 과정에 대해서도 Stern-Volmer 식은 일반적으로 성립한다.**

들뜬 복합체 형성에 의한 형광 소광에 대해서는 조금 더 설명할 필요가 있다. 이미 언급한 바와 같이 ${}^1M^*$ + Q와 들뜬 복합체 ${}^1[MQ]^*$은 유사 평형 관계에 있다. 따라서 식 (4.17) 대신에 식 (4.23)~(4.26)을 사용해서 속도식을 유도해야 한다. 여기에서 식 (4.24), (4.25), (4.26)은 각각 ${}^1[MQ]^*$의 가역적 해리 과정, 붕괴 과정 및 화학 과정이다. 일정 상태를 가정하면, $^1M^*$에 관해서 $d[^1M^*]/dt = (I_{abs} + k_{-EX}[^1[MQ]^*]) - (k_F + k_{IC} + k_{ISC} + k_{R1} + {}^1k_{EX}[Q])[^1M^*] = 0$. 따라서 식 (4.27a)가 얻어진다. 한편 $^1[MQ]^*$에 관해서 $d[^1[MQ]^*]/dt = k_{EX}[^1M^*][Q] - (k_{-EX} + k_{dX} + k_{Rx})[^1[MQ]^*] = 0$. 따라서 $[^1[MQ]^*] = k_{ex}[^1M^*][Q]/(k_{-EX} + k_{Rx} + k_{dX})$. 이를 식 (4.27a)에 대입하여 정리하면, 식 (4.27b)로 된다. 여기에서, $\tau_S = 1/(k_F + k_{IC} + k_{ISC} + k_{R1})$ 또한 $^1[MQ]^*$의 수명 $\tau_{EX} = 1/(k_{RX} + k_{dX})$. 결국 Q가 존재하는 조건하에서 형광의 QY은 식 (4.18) 대신에 식 (4.28)이 된다. 따라서 Stern-Volmer 식은 식 (4.19) 대신에 식 (4.29a)가 된다.

$^1M^* + Q \longrightarrow {}^1[MQ]^*$	들뜬 복합체 형성	$k_{EX}[^1M^*][Q]$	(4.23)
$^1[MQ]^* \longrightarrow {}^1M^* + Q$	가역적 해리	$k_{-EX}[^1[MQ]^*]$	(4.24)
$^1[MQ]^* \longrightarrow M + Q$	붕괴 과정	$k_{dX}[^1[MQ]^*]$	(4.25)
$^1[MQ]^* \longrightarrow$ Product	화학 과정	$k_{RX}[^1[MQ]^*]$	(4.26)

$$I_{abs} = (k_F + k_{IC} + k_{ISC} + k_{R1} + k_{EX}[Q])[^1M^*] - k_{-EX}[^1[MQ]^*] \quad (4.27a)$$

$$I_{abs} = \{(1/\tau_S + k_{EX}[Q]) - k_{-EX}k_{EX}[Q]/(k_{-EX} + 1/\tau_{EX})\}[^1M^*] \quad (4.27b)$$

$$\Phi_F{}^Q = k_F[^1M^*]/I_{abs} = k_F \times \tau_S(1 + k_{-EX} \times \tau_{EX}[Q])/(1 + k_{-EX} \times \tau_{EX} + k_{EX} \times \tau_S[Q]) \quad (4.28)$$

$$\Phi_F{}^0/\Phi_F{}^Q = 1 + k_{EX} \times \tau_S[Q]/(1 + k_{-EX} \times \tau_{EX}) = 1 + pk_{EX} \times \tau_S[Q] \quad (4.29a)$$

$$p = 1/(1 + k_{-EX} \times \tau_{EX}) = (k_{RX} + k_{dx})/(k_{-ex} + k_{Rx} + k_{dx}) \quad (4.29b)$$

식 (4.29a)의 형광 소광의 속도 상수 pk_{EX}은 식 (4.19)의 ^1k_Q와 같은 것이며, $^1k_Q = pk_{EX}$은 겉보기의 들뜬 복합체 형성 속도 상수이다. 여기에서 p는 $^1[MQ]^* \rightarrow {}^1M^* + Q$의 가역적 해리를 고려한 매개변수이며, 식 (4.29b)로 표현된다. 즉 생성된 들뜬 복합체가 $^1M^* + Q$로의 가역적 해리와 경쟁하면서 바닥 상태로 붕괴하거나(식 (4.21)), 화학 과정(식 (4.22))에 넘어가는 확률이다. 이미 3.4.3에서 설명한 바와 같이 $^1[MQ]^*$가 $^1M^* + Q$에 비하여 충분히 안정하면 ($\Delta G < -20$ kJ mol^{-1}), 가역적 해리 과정 (4.24)은 과정 (4.25) 및 (4.26)에 비하여 무시할 수 있다 ($k_{-EX} \ll k_{RX} + k_{dX}$). 이 경우에는 $p \approx 1$, 따라서 $k_Q = k_{EX} = k_{dif}$ (확산 속도 상수). 반면에 $^1[MQ]^*$의 안정화가 충분하지 않은 경우 가역적 해리 과정 식 (4.24)가 그 외의 과정보다 매우 빠르다는 조건이 성립한다 (즉 $k_{-EX} \gg k_{RX} + k_{dX}$). 그렇다면 $pk_{EX} \approx (k_{RX} + k_{dX})(k_{EX}/k_{-EX}) = (k_{RX} + k_{dX})K_{EX}$. 여기에서 K_{EX}은 $^1[MQ]^*$ 형성에 관한 유사 평형 상수이다. 따라서 $K_{EX} = \exp(-\Delta G/RT)$이며, ΔG은 $^1[MQ]^*$ 형성과 관련된 에너지 매개변수(IP, EA, ΔE_{EX})로 표현되기 때문에, $\log(pk_{EX})$은 해당 매개변수와 직선 관계를 보여준다 (3.4.3 그림 3.10~12 참조).

(ii) 분자간 광화학 반응에 대한 속도 식

(a) 지금 S_1에서 분자간 화학 과정이 진행하면 식 (4.17) 대신에 식 (4.30)을 생각해야 한다. 여기에서 Y1 = (M + ^{1}Q*), ($M^{+/-\bullet}$ + $Q^{-/+\bullet}$), ^{1}[MQ]* 또는 활성종 X1이며, α은 Y1부터 최종 생성물 P1이 생성하는 비율이다. 일정 상태를 가정하면 P1이 생성하는 QY(Φ_{P1})은 식 (4.31)이 되며, 그 역수는 [Q]의 역수와 직선 관계로 된다 (식 (4.32)).

$$^1M^* + Q \xrightarrow{^1k_R} Y1 \xrightarrow{\alpha} \alpha P1 \qquad \text{P1의 생성 속도} = \alpha\,{}^1k_R[^1M^*][Q] \tag{4.30}$$

$$Y1 \xrightarrow{(1-\alpha)} M + Q \text{ 또는 기타}$$

$$\Phi_{P1} = \alpha\,{}^1k_R[^1M^*][Q]/I_{abs} = \alpha\,{}^1k_R \times \tau_S[Q]/(1 + {}^1k_R \times \tau_S[Q]) \tag{4.31}$$

$$1/\Phi_{P1} = (1/\alpha)\{1 + 1/({}^1k_R \times \tau_S[Q])\} \tag{4.32}$$

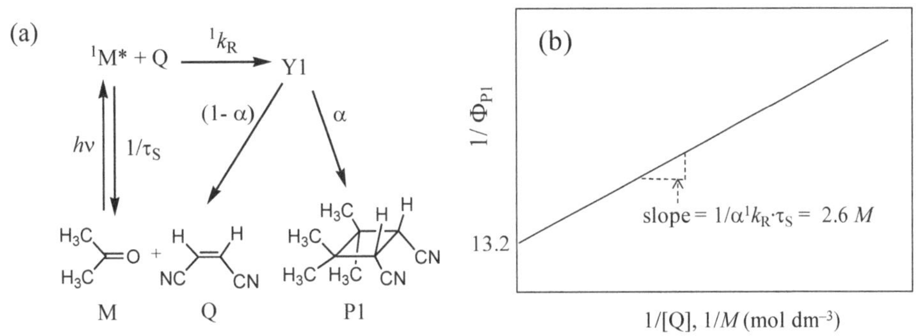

그림 4.4 (a) 아세톤과 (Z)-1,2-다이사이아노에틸렌과의 입체특이적 고리화첨가 반응. (b) $1/\Phi_{P1}$와 1/[Q]와의 직선 관계.

예를 들어 보자(그림 4.4). 아세톤(M)은 1,2-다이사이아노에틸렌(1,2-Dicyanoethylene, Q)과 첨가 반응을 하여 옥세테인(Oxetane, P1)을 선택적으로 생성한다. 아세톤의 형광은 Q에 의하여 소광되며, 그 Stern-Volmer Plot의 기울기 ($^1k_Q\tau_S$)와 아세톤의 S_1 수명($\tau_S = 2 \times 10^{-9}$ s)부터, $^1k_Q = 3.5 \times 10^9\ M^{-1}s^{-1}$을 얻을 수 있다. 그림 4.4(b)는 $1/\Phi_{P1}$와 1/[Q] 사이의 직선 관계를 보여주며 그 직선의 기울기($1/\alpha\,{}^1k_R \times \tau_S = 2.6\ M$)와 절편($1/\alpha = 13.2$)으로부터 $^1k_R \times \tau_S = 5\ M^{-1}$을 얻는다. 별도 실험에 의해 $\tau_S = 2 \times 10^{-9}$ s가 결정되어 있으므로 $^1k_R = 2.5 \times 10^9\ M^{-1}s^{-1}$이 구해진다. 이 값은 형광 소광으로부터 얻어진 값과 실험 오차 내에서 일치하기 때문에, 이 광반응은 들뜬 단일항 상태에서 진행했다고 결론 지을 수 있다.

중간체 Y1(단일항 들뜬 복합체)부터 P1이 생성하는 효율(α)은 절편의 역수이므로 α = 1/13.2 = 0.076이 구해진다. 이렇게 얻어진 α은 [Q] → ∞으로 외삽한 값이므로 이를 한계 양자 수득률(Limiting Quantum Yield)이라 한다. 이러한 해석으로부터 중간체 Y1은 7.6%의 비율로 생성물을 주고, 나머지 92.4%는 출발 분자 M + Q에로 되돌아갔다는 것을 알 수 있다.

(b) 다음으로 T_1에서 진행하는 분자간 화학 반응, 식 (4.33)에 대하여 설명하겠다. 여기에서 Y3 = $(M + {}^3Q^*)$, $(M^{+/-\bullet} + Q^{-/+\bullet})$, $^3[MQ]^*$ 또는 활성종이며, β는 Y3부터 최종 생성물 P3이 생성하는 비율이다. 일정 상태를 가정하면 P3 생성 QY (Φ_{P3})은 식 (4.34)가 되며, 그 역수는 Q의 농도의 역수 (1/[Q])와 직선 관계가 된다(식 (4.35)).

$$^3M^* + Q \xrightarrow{^3k_R} Y3 \xrightarrow{\beta} P3 \quad (\text{P3 생성 속도} = {}^3k_R[{}^3M^*][Q]) \tag{4.33}$$

$$Y3 \xrightarrow{(1-\beta)} M + Q \text{ 또는 기타}$$

$$\Phi_{P3} = \beta\,{}^3k_R[{}^3M^*][Q]/I_{abs} = \Phi_{ISC}\bullet\beta\,{}^3k_R \times \tau_T[Q]/(1 + {}^3k_R \times \tau_T[Q]) \tag{4.34}$$

$$1/\Phi_{P3} = \{1/(\Phi_{ISC} \times \beta)\}\{1 + 1/({}^3k_R \times \tau_T[Q])\} \tag{4.35}$$

$$Ph_2CO\,(M) + h\nu + Ph_2CH(OH)\,(Q) \longrightarrow Ph_2CH(OH){-}CH(OH)Ph_2\,(P3) \tag{4.36}$$

벤조페논(Benzophenone, M)과 벤즈하이드롤(Benzhydrol, Q)을 포함하는 벤젠 용액에 M가 흡수하는 365 nm의 빛을 쪼이면 벤즈피나콜(Benzpinacol, P3)이 정량적으로 생성된다 (식 (4.36); Ph = C_6H_5). P3 생성 QY의 역수 ($1/\Phi_{P3}$)와 벤즈하이드롤 농도의 역수(1/[Q])를 플롯하면, 그림 4.4(b)와 비슷한 직선을 얻을 수 있다. 이 직선의 절편은 1이다. 따라서 $\Phi_{ISC} \times \beta$ = 1, 즉 $\Phi_{ISC} = \beta = 1$. 이 실험 결과는 삼중항 벤조페논($^3M^*$)이 생성하는 QY (Φ_{ISC})가 1이라는 이미 알려져 있는 사실과 일치한다. 또한 직선의 기울기($1/{}^3k_R \times \tau_T$ = 0.333 M)와 이미 알려져 있는 $^3M^*$의 수명($\tau_T = 1.2 \times 10^{-5}$ s)으로부터 화학 과정의 속도 상수가 $^3k_R = 2.5 \times 10^6\ M^{-1}s^{-1}$로 구해진다.

이 반응계에 삼중항 상태를 효과적으로 소광하는 삼중항 소광제 (Q_T), 예를 들면 산소 또는 삼중항 에너지가 낮은 나프탈렌(Naphthalene, Q_T)을 존재시키면, 반응 효율이 크게 떨어진다. 즉 이 반응이 삼중항 상태를 경유하고 있다는 것을 증명한다. 지금 Q_T가 공존하면, 식 (4.33)과 경쟁하여 Q_T에 의한 $^3M^*$ 의 소광(식 (4.37))이 관여한다. 앞에서 얻어진 $\Phi_{ISC} = \beta = 1$로부터 Q_T가 존재했을 때의 QY은 식 (4.38)이 되며, 그 역수는 식 (4.39)가 된다(속도식의 유도는 생략). 벤즈하이드롤의 농도([Q])를 1.0 M로 고정한 조건하에서, Q_T의 농도를 변화시키고 각기 농도에서의 $\Phi_{P3}{}^{Q}$을 측정한다. 식 (4.39)에 따라 $1/\Phi_{P3}{}^{Q}$와 $[Q_T]$의 그래프를 그리면 직선 관계를 얻는다. 그 기울기($^3k_Q/^3k_R[Q]$ @ [Q] = 1.0 M)는 450이다. 삼중항 에너지를 비교하면, M에 비하여 Q_T의 삼중항 에너지는 매우 낮다. 따라서 소광 과정 식 (4.37)은 확산 지배적이라고 생각할 수 있다. 즉 $^3k_Q = 1.0\times10^{10}\ M^{-1}s^{-1}$. 따라서 $^3k_R = 2.2\times10^{6}\ M^{-1}s^{-1}$을 얻을 수 있다. 이 값은 앞에서 설명한 실험과 식 (4.35)로부터 구한 속도 상수와 일치한다. 또한 직선의 절편으로부터 $\tau_T = 1.4\times10^{-5}$ s가 얻어지고 이 값은 이미 알려져 있는 $^3M^*$의 수명과 일치한다.

$$^3M^* + Q_T \xrightarrow{^3k_Q} M + {}^3Q_T{}^* \longrightarrow M + Q_T \text{(소광 속도} = {}^3k_Q[^3M^*][Q_T]) \quad (4.37)$$

$$\Phi_{P3}{}^{Q} = {}^3k_R[^3M^*][Q]/I_{abs} = {}^3k_R\times\tau_T[Q]/(1+{}^3k_R\times\tau_T[Q]+{}^3k_Q\times\tau_T[Q_T]) \quad (4.38)$$

$$1/\Phi_{P3}{}^{Q} = (1+1/{}^3k_R\times\tau_T[Q]) + {}^3k_Q[Q_T]/{}^3k_R[Q] \quad (4.39)$$

중수소화된 벤즈하이드롤(Q = $Ph_2CX(OH)$; X = ^2H, Ph = C_6H_5)을 사용하여 같은 광화학 반응을 수행하였을 경우, $1/\Phi_{P3}$과 1/[Q]의 직선 관계로부터 $^3k_R(^2H) = 8.1\times10^5\ M^{-1}s^{-1}$가 얻어진다. 이 값과 X = ^1H의 경우의 속도 상수와의 비율은 $^3k_R(^1H)/^3k_R(^2H) = 2.7$로 된다. 이와 같이 치환된 동위 원소에 의해 나타나는 반응 속도의 변화 효과를 **동위체 효과**(Isotope Effect)라 한다. 이 반응에서 상당한 동위체 효과가 나타났다는 사실은 $^3M^*$가 $Ph_2CX(OH)$으로부터 X을 라디칼적으로 떼어내고 있다는 것을 증명한다 (식 (4.40)). 이미 2.2절에서 설명한 바와 같이, 벤조페논의 T_1 ($^3n,\pi^*$)은 산소의 n–궤도함수에 한 개의 전자를 갖고 있기 때문에 그 반응성은 알콕시 라디칼 (RO•)와 비슷하다. 일반적으로 케톤의 T_1 ($^3n,\pi^*$)은 $C(sp^3)$–H 결합으로부터 수소를 떼어내는 반응을 자주 한다.

$$^3Ph_2CO^*\ (PhC{=}\dot{O}) + Ph_2CX(OH) \xrightarrow{^3k_R} Ph_2\dot{C}(OX) + Ph_2\dot{C}(OH) \rightarrow Ph_2CH(OX){-}CH(OH)Ph_2 \quad (4.40)$$

(n orbital)

(c) 마지막으로 S_1 및 T_1 양쪽으로부터 다른 반응이 진행되는 반응계에 관해서 설명하겠다. 그림 4.4(a)에서 볼 수 있듯이 아세톤(M)은 S_1에서 (E)– 및 (Z)–1,2–다이사이아노에틸렌 (Q)와 입체특이적 고리화첨가 반응을 하여 옥세테인(P1)을 선택적으로 준다. 그러나 Q의 농도가 감소되면 P1의 생성이 낮아지고, Q의

(E)–(Z) 이성질화 반응이 진행되게 된다. 이성질화 반응은 산소나 1,3–펜타다이엔과 같은 삼중항 소광제에 의해 효율적으로 소광되기 때문에 T_1에서 진행한다. 식 (4.29)와 식 (4.41)을 같이 고려하면, 이성질화 반응의 양자 수득률 ($\Phi_{E\text{–}Z}$)은 식 (4.42a)로, 또한 그 역수는 식 (4.42b)로 주어진다. 이 식은 $1/\Phi_{E\text{–}Z}$와 1/[Q]과의 관계가 직선이 아니라 더 복잡한 거동을 보여준다는 것을 예견한다. 지금 Q의 농도가 0.07 M 이하, 즉 $1/[Q] > 15\ M^{-1}$의 영역에서는 $1/\Phi_{E\text{–}Z}$와 1/[Q]는 직선 관계를 보여주지만, 농도가 보다 높아지면 ([Q] > 0.1 M, 즉 $1/[Q] < 10\ M^{-1}$) $\Phi_{E\text{–}Z}$는 [Q]가 증가함에 따라 무한히 작아진다 ($1/\Phi_{E\text{–}Z}$은 무한히 커진다). 이 현상은 S_1의 수명 ($\tau_S \approx 2$ ns)이 짧은 반면, T_1의 수명 ($\tau_T \approx 10\ \mu$s)이 훨씬 길기 때문에 일어난 현상이다. 즉 농도가 낮은 영역에서는 S_1은 Q와 상호작용하기 전에 계간 교차를 한다. 즉 $1 \gg {}^1k_Q \times \tau_S[Q]$. 따라서 $1/\Phi_{E\text{–}Z} \approx (1/\beta\Phi_{ISC}) \times (1 + 1/{}^3k_Q \times \tau_T[Q])$가 성립되고 $1/\Phi_{E\text{–}Z}$와 1/[Q]는 직선 관계가 된다. 한편 수명이 긴 T_1은 Q의 농도가 낮아도 Q와 상호작용할 수 있어, 결과적으로 $^3M^*$에 의한 삼중항 감광 (E)–(Z) 이성질화 반응만 진행한다. 한편 농도가 높은 영역 ($1/[Q] < 10\ M^{-1}$)에서는 $^1M^*$ (S_1)은 계간 교차와 경쟁하면서 Q와 상호작용하게 된다. 결국 [Q]가 매우 커지면 $1 \ll {}^1k_Q \bullet \tau_S[Q]$로 되고, 따라서 $[Q] \to \infty$이면 $\Phi_{E\text{–}Z} \to 0$으로 변화해 간다.

$$^3M^* + (E)\text{–}Q \xrightarrow{^3k_Q} M + {}^3(E)\text{–}Q^* \longrightarrow M + \beta(Z)\text{–}Q + (1-\beta)(E)\text{–}Q \qquad (4.41)$$

(E)–Q: 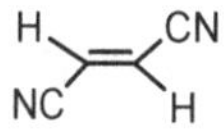 (Z)–Q: 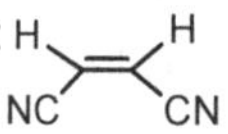

$$\Phi_{E\text{–}Z} = \{(\beta\Phi_{ISC}) \times {}^3k_Q \times \tau_T[Q]\}/\{(1 + {}^3k_Q \times \tau_T[Q]) \times (1 + {}^1k_Q \times \tau_S[Q])\} \qquad (4.42a)$$

$$1/\Phi_{E\text{–}Z} = (1/\beta\Phi_{ISC}) \times (1 + {}^1k_Q \times \tau_S[Q]) \times (1 + 1/{}^3k_Q \times \tau_T[Q]) \qquad (4.42b)$$

4.3 | 시간분해 분광법

4.3.1 발광 수명 및 발광 소광 속도의 측정

발광 수명은 펄스 광(Pulse Light)을 광원으로 이용하여 측정한다. 펄스 광이란 발광 수명보다 짧은 시간 내에 방출되는 빛이다. 분자 M의 용액에 그가 흡수하는 파장의 펄스 광을 조사하면 ^{1}M*가 펄스 광의 시간 분포에 따라 "순간적으로" 생성된다. 그 후 ^{1}M*의 농도는 그의 수명에 대응하여 시간 경과에 따라 지수 함수적으로 감쇠해 간다. 따라서 ^{1}M*부터 방출되는 형광의 세기는 그 수명에 따라 감쇠해 간다. 지금 펄스 광을 조사한 직후의 시간을 t = 0로 규정하고, 그 때의 ^{1}M*의 농도를 $[^1M^*]_0$로, 경과 시간 t에서의 ^{1}M*의 농도를 $[^1M^*]$로 표기하면, $[^1M^*]$의 시간적 변화는 식 (4.43)으로 주어진다. 이 미분 방정식을 적분하면 식 (4.44)가 얻어진다. 시간 t에서의 형광의 세기 $\Phi_F(t)$는 $[^1M^*]$에 비례하기 때문에 $[^1M^*]/[^1M^*]_0 = \Phi_F(t)/\Phi_F(0)$가 성립한다. 형광 세기의 로그 시간 변화는 $\ln(\Phi_F(t)) \propto -t/\tau_S$이란 비례관계를 주기 때문에 그로부터 형광 수명 τ_S (= ^{1}M*의 수명)이 얻어진다. 인광 수명(즉 ^{3}M*의 수명 τ_T)도 같은 방법, 즉 인광 세기의 로그 시간 변화 $\ln(\Phi_P(t)) \propto -t/\tau_T$로부터 결정된다.

$$d[^1M^*]/dt = -(1/\tau_S)[^1M^*];\ 1/\tau_S = k_F + k_{ISC} + k_{IC} + k_{R1} \tag{4.43}$$

$$[^1M^*] = [^1M^*]_0 \exp(-t/\tau_S);\ [^1M^*]/[^1M^*]_0 = \Phi_F(t)/\Phi_F(0) = \exp(-t/\tau_S) \tag{4.44}$$

반응계에 소광제 Q가 공존하여 식 (4.17)에 따라 형광 소광이 일어나는 경우에는 형광의 감쇠 시간 (즉 관측된 수명 τ_{obs})은 $\tau_{obs} = \tau_S/(1 + {}^1k_Q \times \tau_S[Q])$와 같이 표현되기 때문에 Q의 농도가 증가됨에 따라 τ_{obs}은 짧아진다. 각종 농도의 Q가 공존하는 조건하에서 τ_{obs}을 관측하고, $\ln(\Phi_F(t))$와 $1/\tau_{obs}$을 플롯하여, [Q]에 따른 τ_{obs}을 결정한다. 결국 $\ln(\Phi_F(t)) \propto -t/\tau_{obs}$의 관계로부터 ^1k_Q가 얻어진다.

형광의 세기와 수명은 분자에 따라 또한 환경과 분자간 상호작용의 유무에 따라 다양하다. 정확한 수명을 얻기 위해서는 우선 펄스 광의 시간 폭이 형광 수명에 비하여 충분히 짧아야 하며, 또한 검출기(Detector)도 감도가 높고 빠른 시간 변화에 따라갈 수 있는 것이어야 한다. 실제의 측정에서는 펄스 광은 한 번만 쪼이는 것이 아니라 같은 세기의 펄스 광을 일정한 시간 간격을 두면서 반복해서 쪼이고, 검출된 형광 세기의 시간 변화에 대하여 포개넣기(Convolution) 적분식을 풀어내기(Deconvolution) 연산을 하여 수명을 얻어낸다. 그 구체적인 계산 방법에 관한 설명은 이 책의 범위를 넘기 때문에 여기에서는 생략하겠다. 최근에는 그 계산을 자동적으로 해 주는 분광기가 판매되고 있으며 $\tau_S > 10^{-9}$ s = 1 ns의 형광 수명을 쉽게 측정할 수 있게 되었다. 보다 짧은 수명을 정확히 측정하는 목적에는 시간관련 단일 광자 계수법(Time-Correlated Single Photon Counting Method)을 사용한 분광기도 이용되고 있다. 거기에 사용되는 주된 광원은 수소 방전관 또는 Xe 램프이며, 이들은 (1) 펄스 시간 폭이 수 ns 이하 (< 10^{-9} s), (2) 빛 파장은 근자외선

부터 가시 광선 영역(300 ~ 700 nm), (3) 반복 속도가 수 kHz 등의 특성을 가지고 있으며 측정에서 요구되는 성능을 충족한다. 반도체 레이저 (펄스 폭 = 수 ps ~ 수 ns, 파장 = 300 ~ 1200 nm, 반복 속도 = 수 kHz)도 이용되고 있다. 그 외에 각종 레이저들을 광원으로 이용한 장치도 제작되고 있다. 다만 이용할 수 있는 파장이 제한되고 있기 때문에 특수한 목적, 예를 들어 강력한 빛을 간편하게 얻어야 할 목적에는 N_2 레이저 (펄스 폭 = 300 ps ~ 수 ns, 파장 = 337 nm, 반복 속도 = 200 Hz) 또는 YAG 레이저 (펄스 폭 = 100 fs ~ 20 ps, 파장 = 266, 532, 1064 nm, 반복 속도 = 30 Hz)가 이용되며, 또한 매우 짧은 시간의 펄스 광이 필요한 경우에는 Ti:Sapphire 레이저 (펄스 폭 = 100 fs ~ 수 ps, 파장 = 266, 400, 800, 653 ~ 1150 nm, 반복 속도 < 수 MHz)가 이용되고 있다. 발광을 검출하는 수광기(Photodetector)도 감도가 높고 빠른 시간 변화에 대응할 수 있는 기능을 갖추어야 한다. 이제까지 광범하게 이용된 것은 광전증배관(Photomultiplier Tube, 시간 분해 > 10^{-9} s)이지만, 최근에는 시간 분해가 ~ 10^{-12} s에 달하고 또한 근적외선도 검출할 수 있는 고감도 APD (Avaranche Photodide)을 이용할 수 있게 되었다. 또한 다중-채널 다이오드 어레이 (Multi-Channel Diode Array) 또는 스트리크 카메라(Streak Camera)를 이용하면 각기 시간 t에 따른 발광 스펙트럼, 소위 **시간분해 발광 스펙트럼**(Time-Resolved Emission Spectrum)을 얻을 수 있다.

4.3.2 과도기 흡수 분광법(Transient Absorption Spectroscopy)

시료 용액에 강력한 펄스 광을 쪼이면 펄스 시간 내에 비교적 높은 농도로 들뜬 상태 또는 활성종이 생성되고 그들의 흡수 스펙트럼을 측정할 수 있게 되었다. 그 스펙트럼을 짧은 시간 영역에서 각기 시간마다 분할하여 측정하는 분광법을 과도기 흡수 분광법이라 한다. 들뜬 상태의 흡수는 $S_1 \rightarrow S_n$ $(n \geq 2)$ 또는 $T_1 \rightarrow T_n$ $(n \geq 2)$ 전이에 대응한다. 이때 바닥 상태 분자의 양은 들뜨게 된 분자의 양만큼 감소하므로 바닥 상태의 흡수는 그만큼 감소되고 있다. 이를 **광표백**(Photobleaching)이라 한다. 지금 들뜬 분자 ($M^* = {}^1M^*$ 또는 ${}^3M^*$)의 과도기 흡수를 생각해 보자. 관측하고 있는 흡수 (ΔA_t)에는 광조사하기 전의 바닥 상태의 흡수 ($\varepsilon_g[M]_0$), 광조사한 후 시간 t에서의 바닥 상태의 흡수 ($\varepsilon_g[M]_t$), 시간 t에서의 들뜬 상태의 흡수 ($\varepsilon_e[M^*]_t$)가 관여한다. 즉 $\Delta A_t = \varepsilon_e[M^*]_t + \varepsilon_g([M]_t - [M]_0)$. 여기에서 ε_g 및 ε_e은 각각 바닥 상태 및 들뜬 상태의 주어진 파장에서의 흡수 계수, 또한 $[M]_0$, $[M]_t$, $[M^*]_t$은 각각 광조사하기 전의 바닥 상태의 농도, 시간 t에서의 바닥 상태의 농도, 시간 t에서의 들뜬 상태의 농도이다. 지금 시간 t에서 M* 외에 아무 것도 생성되지 않는다고 가정하면, 광표백에 해당되는 바닥 상태의 농도($[M]_t - [M]_0$)와 생성된 M*의 농도는 같다. 따라서 $\Delta A_t = (\varepsilon_e - \varepsilon_g)[M^*]_t$가 성립한다. 이 관계는 흡수가 일어나는 각 파장에서 성립하기 때문에 시간 t에서의 들뜬 상태의 흡수 스펙트럼을 얻을 수 있다. 그 흡수의 시간에 따른 감쇠는 M*의 수명을 예측할 수 있게 해준다. 그 해석은 4.3.1에서 설명한 방법에 따라 수행한다. 또한 시간이 지나가면서 M*의 흡수가 감쇠됨에 따라 새로운 과도 흡수가 나타나고, 그 흡수가 활성종 X (예를 들면 라디칼 또는 라디칼 이온)에 의한 것이면, $M^* \rightarrow X$의 속도와 X의 수명을 결정할 수 있다.

펄스 광원은 주로 각종 레이저이다. 펄스 광의 강도, 빛의 품질, 신뢰성 및 기기의 보수 편이성 등을 감안하여 고체 레이저를 쓰는 경우가 적지 않다. 대표적으로는 YAG 레이저 또는 Ti:Sapphire 레이저가 잘 이용되고 있다. 레이저 펄스 광을 쪼인 후, 지연 시간 t 후에 직각 방향 또는 일정한 각도의 방향으로부터 모니터 펄스 광을 쪼이고, 4.3.1에서 설명한 분광기를 이용하여 스펙트럼을 얻는다. 레이저 펄스 광의 강도가 너무 높으면 다광자 흡수(Multi-Photon Absorption)가 일어나고 분자의 이온화가 일어나거나 ($M + nh\nu \rightarrow M^{\bullet +} + e^-$) 또는 심한 화학 변화가 일어나게 되어 분석에서 어려움이 생긴다. 또한 수명이 비교적 긴 삼중항 상태가 고농도로 생성되면 삼중항-삼중항 소멸(Triplet-Triplet Annhilation; $^3M^* + {}^3M^* \rightarrow {}^1M^* + M$, $M^{\bullet +} + e^- + M$, 또는 $M + M$)이 일어나는 가능성이 있기 때문에 적당한 광량을 선택하여야 한다.

Chapter_05

광화학의 실제와 기본 반응 형식

Chapter 05

5.1 | 광화학의 실험 방법

5.1.1 광원

20세기 초까지는 광화학 반응의 광원은 주로 태양광이었다. 그러나 20세기 중반부터 기술의 발전에 의해 강력한 각종 광원이 개발되어 광화학 발전에 큰 도움을 주었다. 현재 광화학 반응에 이용되고 있는 대표적 광원에 대하여 설명하겠다.

§ **위험 주의!! 광원 및 방사광을 직시하는 것은 절대로 피할 것.** 강력한 빛을 내는 램프, 자외선을 방출하는 광원, 레이저들이 점등 시 직시하면 눈을 손상시킬 가능성이 높다.

a. 수은 램프(Mercury-Arc Lamp)

저압 수은 램프(Low-Pressure Mercury Lamp): 주로 253.7 nm(흔히 254 nm라고 쓰는 경우가 많음)의 자외선이, 또한 동반하여 이에 비하면 약한 184.9 nm(흔히 185 nm라고 쓰는 경우가 많음)의 진공 자외선이 방출된다. 벤젠 및 그 유도체, 지방족 케톤, 치환 올레핀 또는 다이엔들은 253.7 nm의 빛을 흡수하기 때문에 그들의 광화학 반응에 이 램프는 적합하다. 이 램프는 투명 석영관 내에 방전 전극을 설치하고 또한 수백 Pa (수 10^{-3} atm)의 낮은 압력의 Ar 가스와 수은 증기를 봉인하여 만든 램프이다. 두 전극 간에 고전압을 걸어 주면 아크 방전이 일어나고 플라스마가 형성된다. 그 결과 수은 원자가 들뜬 상태가 되어 그로부터 빛이 방출된다. 출력은 크지 않지만 단일 파장의 253.7 nm 빛을 얻을 수 있다는 이점이 있다. 가시 광선과 적외선은 거의 없으며 또한 발열이 낮아 특별히 냉각할 필요가 없다. 공기 중에서 점등시키면 184.9 nm의 빛으로 인해 산소로부터 유독한 오존(O_3)이 발생하기 때문에 주의하여야 한다. 램프의 방전관에 쓰이는 유리 재료가 184.9 nm의 빛을 차단할 수 있는 석영 또는 Vycor 유리이면 253.7 nm의 빛만을 얻을 수 있으며, 한편 184.9 nm의 빛을 이용하는 실험에서는 고품질의 석영을 쓴 방전관을 이용한다. 소형 저압 수은 램프는 살균등에 이용되고 있고, 형광등은 석영관 대신에 내면이 형광 물질로 피복된 유리관을 사용한 수은등이다.

고압 수은 램프(High-Pressure Mercury Lamp) 또는 **초고압 수은 램프**(Super-High-Pressure Mercury Lamp): **자외선** 영역에서는 313 nm와 365 nm의 빛이 주로 나오고, 약하지만 334 nm의 빛도 방출된다. **가시 광선** 영역에서도 404.5 nm, 435.8 nm, 546.1 nm, 578 nm에서 강한 공명선이 나온다. 수많은 방향족 화합물, 케톤, π-짝지음 정도가 높은 올레핀, 전이 금속 착화합물들은 300 ~ 400 nm 영역의 빛을 흡수하기에 고압 수은등을 이용하는 경우가 많다. 이 램프도 투명 석영관 내에 방전 전극이 설치되고 또한 Ar 가스와 수은이 봉인된 것이지만, 점등되고 있을 때 수은 증기는 수백 kPa(수 atm) ~ 수 MPa(수십 atm)에 달하며 큰 전류가 흐른다. 그 결과 여러 종류의 들뜬 상태 수은 원자가 생기고 다양한 전자 전이가 일어나기 때문에 다양한 파장에서 강력한 빛이 방출된다. 이 램프에서는 253.7 nm 및 184.9 nm의 빛은 램프 내에 고농도로 존재하는 수은 원자가 재흡수하여 거의 나오지 않는다. 일반적인 고압 수은등의 경우 자외선 영역에서는 365 nm의 빛이 보다 강하다. 가시 광선을 차단하고 자외선만 나오게 한 램프를 Black Light라 한다. 고압 수은등에는 큰 전류가 흐르기 때문에 굉장한 열이 발생한다. 따라서 물로서 냉각을 시켜주거나(수냉) 강한 공기 환류(공랭)를 통해 냉각을 시켜주어야 한다. 많은 경우 램프는 방전관 주위에 또 하나의 투명 석영관을 두고 그 외부 석영관에 물을 흐르게 하여 냉각하는 이중 구조로 되고 있다.

b. 제논(Xe) 램프

수 Mpa의 Xe 가스를 봉인한 강력한 아크 램프이며, **200 nm 부터 근적외선** 영역에 이르는 빛을 발광한다. 이 램프와 단색화장치(Monochromator)를 같이 사용하면 이 파장 범위에서 원하는 어떤 파장의 단색광도 얻을 수 있다. 큰 열이 발생하기 때문에 냉각을 시켜줄 필요가 있다. 또한 방출되는 진공 자외선에 의하여 오존이 발생하기 때문에 오존을 분해시키는 장치가 부속되어 있어야 한다.

c. 할로젠 램프

아이오딘을 봉인하여 만든 텅스텐 램프로, 가열된 필라멘트 위에서 아이오딘화 텅스텐이 분해와 재생을 반복하고 휘도가 높은 빛을 방출한다. 가시 광선 영역으로부터 적외선 영역까지 연속적인 발광 스펙트럼을 가진다. 본래는 영상용 램프 및 자동차용 헤드라이트로서 개발된 광원이다. 최근에는 자외선을 내는 램프도 개발되어 고분자 제조를 위한 자외선 경화(UV-curing) 또는 고분자 가공에 이용되고 있다.

d. 레이저

레이저(LASER: Light Amplification by Stimulated Emission of Radiation)는 20세기 중엽에 발명된 최신 광원이며 일정한 파장의 빛, 즉 단색광(Monochromatic Light)을 방출한다. 그 후 계속된 기술 발전에 의해, 방출되는 파장이 자외선에서부터 적외선에 이르는 레이저가 개발되고 있으며, 연속 발진 또는 펄스 발진 레이저 등 다양한 레이저를 이용할 수 있게 되었다. 화학적 용도에서는 분광기용 광원으로부터 레이저 절삭(Laser Ablation), 전자 디바이스용 감광저항체(Photoresist)의 세밀 가공 등 다양하게 이용되고 있다. 최근에는 레이저의 특징을 살린 광화학 반응도 연구되어 있으며, 또한 다광자 들뜸(Multi-Photon Excitation)을 이용한 중합 반응으로의 응용도 시도되고 있다. 레이저 발진에 이용되는 재료도 기체, 염료 용액, 고체, 반도체 등 다양하다. 레이저의 발진 원리 및 레이저의 종류, 그 응용 등에 대해서는 전문 서적에 자세히 서술되고 있기 때문에 이 책에서는 이 이상 언급하지 않겠다.

e. 수소 방전관(Hydrogen Discharge Lamp)

진공 자외선부터 가시 광선 영역(168 ~ 500 nm)의 빛을 발생한다. 수백 Pa의 수소 가스를 봉입시켜 아크 방전을 함으로써 연속 스펙트럼의 발광이 얻어진다. 출력은 낮지만 긴 시간 안정적으로 사용할 수 있는 연속 발진이 가능하기 때문에 분광 측정에 사용된다.

5.1.2 광파장의 선택

앞에서 언급한 바와 같이 레이저 이외의 광원의 경우, 연속 광 또는 복수의 공명선의 빛을 준다. 형광과 인광의 양자 수득률과 광화학 반응의 양자 수득률을 결정하기 위해서는 측정 대상 분자가 흡수하는 파장 영역 내의 빛을 쪼여 주어야 한다. 분자가 흡수 못 하는 파장의 빛이 포함되고 있으면 그 분자가 흡수하는 광량을 정확히 결정할 수 없기 때문에 양자 수득률을 옳게 결정할 수 없다. 또한 광화학 반응에서 생성물이 흡수하는 파장의 빛이 포함되고 있으면 생성물이 2차적으로 광화학 반응을 하게 되는 가능성이 높다. 그러한 경우 반응의 선택성과 목적 생성물의 화학 수득률이 현저히 떨어지고, 때로는 처리하기가 매우 어려운 혼합물을 줄 수가 있다. **"빛은 광화학에 있어서의 시약이다"**라는 것을 명심하여야 한다. 불필요한 시약을 반응계에 넣으면 불필요한 반응이 일어난다는 것은 화학 전체에 관통되는 진리이다. 특히 부반응을 피하기 위해서는 불필요한 파장의 빛을 광화학 반응계에 주지 않도록 제외하는 것이 필요하다. 양자 수득률 측정에 있어서 원하는 파장의 빛을 얻기 위해서는 단색화장치를 사용하는 것이 바람직하다. 또는 아래에 설명하는 광학 필터(Optical Filter)를 사용하면 좋다.

차단 필터(Cut-Off Filter): 광화학 연구에서 가장 많이 사용되는 광학 필터이다. 예를 들어 쉽게 입수할 수 있는 파이렉스 유리(Pyrex Glass)는 두께 1 ~ 2 mm이면 280 nm 이하의 빛을 차단한다. 또한 차단하는 파장이 310 nm, 340 nm, 360 nm, 410 nm 등의 유리 필터도 시판되고 있다. 벤조페논 또는 안트라센 그리고 그들의 유도체 등 수많은 유기 화합물 및 금속 착화합물들은 300 ~ 400 nm 영역의 빛을 흡수한다. 따라서 고압 수은등과 차단 필터를 같이 사용하는 경우가 많다. Xe 램프와 410 nm 차단 필터를 같이 사용하면 자외선이 차단된 가시 광선을 얻을 수 있어 인공 광합성의 연구에서 필수적인 실험 장치이다.

벤드페스 필터(Bandpass Filter): 원하는 파장을 중심으로 단파장 쪽과 장파장 쪽의 빛을 차단하여 일정한 파장 영역의 빛을 통과하는 광학 필터이다. 각종 색유리 필터(Color Glass Filter)가 판매되고 있으며, 중심 파장에서의 투과율이 30 ~ 80%에 달하는 등 투과율이 비교적 높다는 장점이 있으나, 통과 파장 범위가 수십 ~ 100 nm로 비교적 넓다는 단점이 있다. 차단 필터와 함께 쓰면 파장 범위를 좁게 개선할 수 있다. 색유리 필터는 특수한 필름을 유리판 위에 바른 것이며, 이 필름은 물 및 유기 용매에 의해 변질하기 때문에 취급과 보관에 주의가 필요하다. 화합물의 용액을 이용하는 벤드페스 필터도 있다. 두께 1 cm의 K_2CrO_4 수용액(0.27 *g/L*)은 310 nm을 중심으로 통과 파장 폭 ~10 nm, 투과율 ~50%의 필터 특성을 가지며, 고압 수은 램프로부터 313 nm 공명선을 선택적으로 얻어내는 목적에 적합하다. 또한 240 *g/L* $CoSO_4 \cdot 7H_2O$ 및 250 *g/L* $CuSO_4 \cdot 5H_2O$의 두께가 각각 1 cm의 수용액에 고압 수은 램프의 빛을 통과시키면 365 nm의 공명선을 투과율 ~80%로 얻을 수 있다.

5.1.3 광화학 반응 장치와 실험 요령

광화학 반응 방식에는 내부 조사 형식과 외부 조사 형식이 있다. **내부 조사**란 광원을 반응 용액 안에 직접 잠기게 하거나 혹은 반응 용기 중심에 두고 광조사하는 방식이다 (그림 5.1(A)). 비교적 큰 규모, 특징적으로는 수백 m*L*~수 *L*의 반응에 이용된다. 광원은 주로 찬물로 냉각시키는 수냉식 고압 수은 램프이며, 반응 용기를 수조 안에 넣어 냉각하는 것이 바람직하다. 300 nm 이하의 빛을 차단할 필요가 있는 경우 Pyrex 유리로 만든 도넛 모양의 두 겹으로 된 2중 원통 용기에 반응 용액을 넣어 그 원통 중심에 광원을 둔다(그림 5.1(B)). 이 도넛 모양 용기는 수십~200 mL 규모의 반응에 적합하다. 한편 반응물이 300 nm 이하에서만 빛을 흡수하는 경우 저압 수은 램프를 이용한다.

외부 조사란 그림 4.1에서 이미 보여준 것과 같은 장치를 쓰고 반응 용기의 외부로부터 광조사하는 방식으로 반응의 규모는 비교적 작고 특징적으로는 수십 m*L* 이하이다. 정량적인 연구 목적, 특히 양자 수득률 측정에 이용되는 방식이다. 반응 속도론적 연구를 위해서는 수많은 시료를 같은 조건하에서 광조사하여 반응 정도를 비교할 필요가 있다. 이를 위하여 회전목마형 광조사 장비(Merry-Go-Round Irradiation Apparatus)가 고안되고 있다 (그림 5.1(C)). 이것은 각종 시료 용액을 포함한 시험관을 램프 주변에 배열하여 그들을 회전시키면서 광조사하는 장치이며, 각 시험관에 도달하는 광양은 같다.

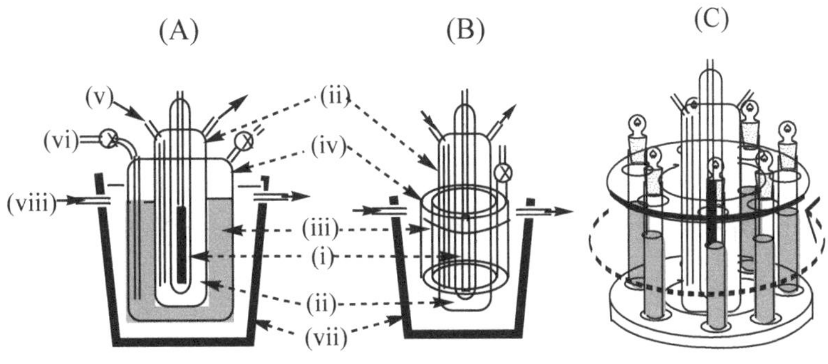

그림 5.1 (A) 고압 수은 램프를 사용한 내부 광조사 반응 장치. (i) 방전관. (ii) 물 냉각 재킷. (iii) 반응 용액. (iv) 반응 용기. (v) 광원 냉각수 도입구. (vi) 반응 용액으로의 N_2 또는 Ar 가스 도입구. (vii) 반응 장치 전체를 냉각하는 수조. (viii) 냉각수 도입구. (B) 도넛 모양 반응 용기를 사용한 내부 광조사 장치. (C) 회전목마형 광조사 장치. 장치의 중심에 광원을 두고 반응 용기를 원형으로 늘어놓은 회전 장치를 회전시키면서 광조사한다.

광화학 반응을 실행할 때 몇 가지 요령을 알아야 한다. 내부 조사 실험에 관해서 살펴 보자. (1) 우선 광조사하기 전에 반응 용액에 N_2 또는 Ar 가스를 통과시켜 **용해 산소**를 **제거하여야 한다.** 단 산소화 반응을 할 때에는 오히려 산소 가스 또는 공기를 반응 용액에 도입시키면서 광조사한다. (2) 다음으로 **빛을 흡수하는 화합물의 적합 농도를 결정**한다. 이때 반응 용액의 **적절한 흡광도(OD)를 알아야 한다.** 예를 들어 광조사하는 파장에서의 흡광도가 OD = 2면, 광원으로부터 5 mm 이내에서 90%의 빛이 흡수된다. 더 OD가 커지면 광원 주변의 좁은 영역에서만 광흡수가 일어나게 되고, 결과적으로 생성물이 광원 곧 가까이에서 주로 생성된다. 따라서 생성물이 빛을 흡수하여 부반응이 일어날 가능성이 높아진다. 또한 광원 표면에 용해도가 낮은 부산물이 부착하여 고분자성 화합물로 변화하면서 필름 상태로 광원 표면을 덮어, 빛이 반응 용액으로 들어가는 것을 방해하는 사태가 일어나는 경우도 있다. 이러한 경우 전환 효율과 화학 수득률이 낮은 결과를 조래할 것이다. (3) **분자간 반응**의 경우, 빛을 흡수하는 화합물 M의 농도는 앞에서 설명한 방법으로 결정하고, 빛을 흡수하지 않은 상대방 화합물 Q의 농도는 4.2.2(ii)에서 설명한 반응속도론적 계산에 의하여 들뜬 분자 M*의 90% 이상을 소광할 수 있도록 설정한다. 즉 Stern-Volmer 식 (4.19)와 식 (4.22)로부터 들뜬 단일항 상태에서는 $[Q] > 10/({}^1k_Q \cdot \tau_S)$ (단위 M) 또는 삼중항 상태에서는 $[Q] > 10/({}^3k_Q \cdot \tau_T)$을 만족시키는 것이 바람직하다. 그리고 들뜬 상태 분자와 반응할 상대 분자 Q가 빛을 흡수하지 않도록 파장을 설정하여야 한다.

5.2 | 광화학 반응의 대표적 형식과 구조 · 반응성 관계

여기까지 설명한 것처럼 분자가 빛을 흡수하면 들뜬 상태가 생기지만 반드시 화학 변화가 일어나는 것은 아니다. 반응하기 위한 조건들이 만족되어야 한다. 또한 광화학 변화가 구체적으로 어떤 과정을 거쳐서 진행되는가 그리고 반응이 어떤 상태와 어떤 활성종을 통해 일어나고 있는지, 분자 구조와 반응성 사이에는 어떤 관계가 있는지 등을 알아내는 것은 광화학의 기본 내용이 된다. 구체적인 반응 과정을 반응 메커니즘(Reaction Mechanism)이라 하며, 이를 이해하는 것은 광화학의 본질을 파악하는 데 있어서 기본이 될 것이다. 여기에서는 대표적인 광화학 반응과 그 반응 메커니즘, 광화학 반응의 기본 형식, 광화학 반응에 포함되는 활성종

등에 대하여 설명하겠다.

5.2.1 대표적 광화학 반응과 반응 메커니즘

(i) 케톤에 의한 광화학적 수소 빼내기 반응 – 전자 상태와 반응성과의 관계

케톤의 n,π*–상태는 n–궤도함수에 전자가 한 개 존재하는 상태이므로 알콕시 라디칼(RO•)과 유사한 반응성을 가진다는 것을 여러 번 지적해 왔다. 즉 sp^3–C–H 로부터 수소를 빼내는 반응은 n,π*–상태 케톤의 특징적 반응의 하나이다. 벤조페논의 2–프로판올(2-Propanol) 용액을 Pyrex 플라스크 안에 넣어 질소 가스를 반응 용액에 통하고 산소를 제거한 뒤, 태양광에 며칠간 쬐면 흰색 고체가 석출한다. 이 고체는 벤조페논의 환원 생성물인 벤즈피나콜(Benzpinacol)이다. 고압 수은 램프를 광원으로 사용하면 수 시간 내에 정량적으로 반응이 완료된다 (그림 5.1(A) 및 (B) 참조). 그림 5.2는 그 반응 메커니즘이다. 벤조페논이 빛을 흡수하여 S_1 (^{1}n,π*)으로 올라가 그 상태로부터 100%의 확률로 T_1 (^{3}n,π*)에 계간 교차한 다음, 2–프로판올로부터 수소 원자를 빼낸다. 여기까지의 과정을 **일차 과정**(Primary Process)이라 한다. 2–프로판올로부터 생성된 2–하이드록시–2–프로필 라디칼(2-Hydroxy-2-propyl Radical, $(CH_3)_2\dot{C}(OH)$)은 환원 능력이 비교적 강해, 수소 원자를 벤조페논에 주고 그를 케틸 라디칼(Ketyl Radical, $(C_6H_5)_2\dot{C}(OH)$)로 환원하고 자신은 아세톤으로 산화된다. 벤즈피나콜은 케틸 라디칼의 이합체화에 의해 생성된다. 이 과정들을 **이차 과정**(Secondary Process)이라 한다. 결국 1분자의 2–프로판올은 2분자의 벤조페논을 환원해서 1분자의 벤즈피나콜을 생성시킨다. 실험 결과에 의하면 2–프로판올 중의 반응에서는 벤즈피나콜 생성 양자 수득률은 1.0이며, 벤조페논이 소멸하는 양자 수득률은 2.0이다.

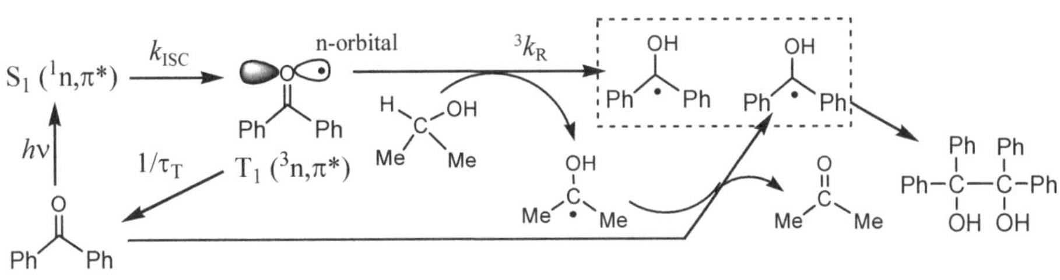

그림 5.2 벤조페논(Benzophenone)의 2–프로판올 중에서의 광화학적 환원 반응(Ph = C_6H_5, Me = CH_3); $k_{ISC} \approx 10^{11}$ s^{-1}, ^3k_R = 1.3×10^6 $M^{-1}s^{-1}$.

들뜬 상태에서의 수소 빼내기 반응은 케톤의 일반적 반응의 하나이지만 그러한 반응을 하지 않는 케톤도 적지 않다. 즉 그 반응이 일어나기 위한 전자적 및 구조적 조건이 있다. 그 내용을 그림 5.3에 기초하여 초기 과정에 초점을 두고 설명하겠다. 4-페닐벤조페논(4-Phenylbenzophenone)은 수소 빼내기 반응을 안 하는 전형적인 케톤이다. 이 분자를 벤조페논 부분과 바이페닐(Biphenyl) 부분으로 나누어 생각해 보면, 케톤 부분의 ^{3}n,π* 준위는 288 kJ mol^{-1}, 바이페닐 부분의 ^{3}π,π* 준위는 272 kJ mol^{-1}이다. 즉 최저 삼중항 상태는 ^{3}π,π*이며 이 상태는 수소 빼내기 반응의 능력을 거의 갖고 있지 않는다. 사실 이 분자의 인광 측정으로부터 최저 삼중항 상태는 ~283 kJ mol^{-1}의 에너지를 가진 ^{3}π,π*라는 것이 밝혀져 있다. 같은 이유로 9-플루오레논(9-Fluorenone) 및 2-아세토나프톤(2-Acetonaphthone)과 같이 ^{3}π,π*-준위가 ^{3}n,π* 보다 낮은 플루오렌 또는 나프탈렌 발색단을 가진 케톤들은 수소 빼내기 반응을 보여주지 않는다. 또한 4-다이메틸아미노벤조페논(4-Dimethylaminobenzophenone)의 경우 들뜬 상태에서 전자 주는 성격을 가진 다이메틸아미노($(CH_3)_2N$)기로부터 전자 받는 성질을 가진 벤조일(C_6H_5–C=O)기에 전하가 완전히 이동한 전하 이동 상태(Charge-Transfer State, ^{3}CT)가 생성되며, 이 상태가 2-프로판올와 같은 극성 용매 중에서는 최저 들뜬 상태로 된다. 즉 이 분자의 최저 삼중항 상태는 ^{3}n,π*가 아니기 때문에 반응성이 극도로 낮다. 여기서 케톤의 수소 빼내기 반응에 관한 일반 법칙을 말해 두겠다. **삼중항 상태에서 수소 빼내기 반응을 하는 케톤(일반적으로 알데하이드를 포함한 카보닐 화합물)의 T_1은 ^{3}n,π*의 전자 배치를 가지고 있다.**

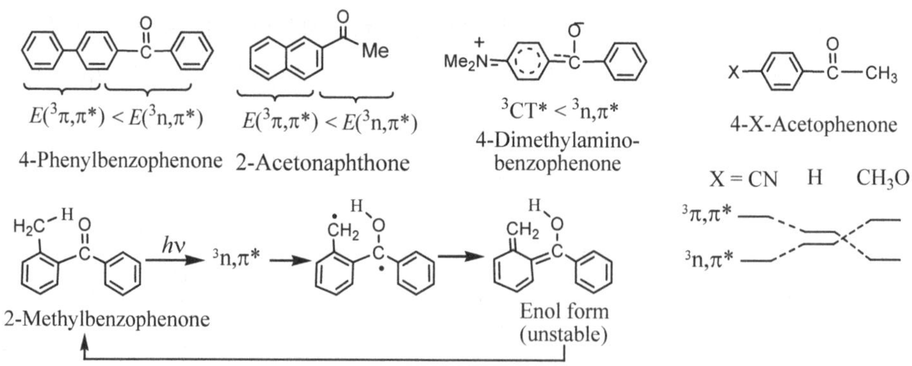

그림 5.3 각종 방향족 케톤 삼중항 상태의 전자 배치와 수소 빼내기의 반응성.

아세토페논(Acetophenone)도 2-프로판올 중에서 광화학적으로 환원되어 해당되는 피나콜 화합물이 생성되지만, 벤조페논에 비교하면 그 반응성은 낮다. 이 케톤의 경우 ^{3}π,π*와 ^{3}n,π*사이의 에너지 격차가 작기 때문에 T_1에 양쪽 성질이 섞이게 된다. 특히 극성 용매 중에서는 $^3\pi,\pi^*$의 성질이 보다 강하게 나타나며, 비극성 용매 중에서는 $^3n,\pi^*$의 성질이 지배적으로 된다. 사실 아세토페논의 삼중항 상태가 2-프로판올로부터 수소를 빼내는 속도는 극성 용매인 아세토나이트릴 중에서는 ~2 × 10^5 $M^{-1}s^{-1}$, 이에 비하여 비극성 용매인 벤젠 중에서는 열 배나 크다(~2 × 10^6 $M^{-1}s^{-1}$). 아세토페논의 4-위치에 전자 주는기가 치환된 4-메톡시아세토페논(4-Methoxyacetophenone, X = CH_3O)은 비극성 용매 중에서도 $^3\pi,\pi^*$의 성질이 주가 되기 때문에 반응성이 매우 낮다. 반면에 전자 끄는기를 가진 4-사이아노아세토페논(4-Cyanoacetophenone, X = CN)은 $^3n,\pi^*$의 성질이 지배적인 최저 삼중항 상태를 갖고 있기 때문에 반응성이 높다. 여기서 앞서 내세운 일반 법칙을 다음과 같이 표현하자. **삼중항 상태 카보닐 화합물의 수소 빼내기 반응에서 $^3n,\pi^*$의 성격을 갖는 것이 중요하다.**

그러나 이 결론은 다른 반응이 일어나지 않거나 또는 충분히 느리지 않으면 성립되지 않는다. 2-위치에 CH_3기 또는 OH기가 치환된 벤조페논 유도체의 경우 최저 삼중항 상태는 $^3n,\pi^*$이지만, 2-프로판올 중에서 자외선을 쪼여도 반응이 거의 일어나지 않는다. 이것은 $^3n,\pi^*$-상태에서 카보닐기가 *ortho*-위치의 치환기로부터 수소를 빼내는 반응이 빠르게 진행되기 때문에, 분자간 반응이 진행하지 않는 결과이다. 같은 이유로 Norrsich Type I 그리고 Type II 반응이 효율적으로 진행하는 경우, 그러한 케톤들도 분자간 수소 빼내기 반응을 선택적으로 하지 않는다.

(ii) 올레핀의 (*E*)–(*Z*) 이성질화 반응– $^1\pi,\pi^*$ 및 $^3\pi,\pi^*$의 동적 거동

바닥 상태(S_0)에서 올레핀을 가열하여 (*E*)–(*Z*) (*cis-trans*) 이성질화((*E*)–(*Z*) Isomerization) 반응을 일으키자고 하면 170~250 kJ mol^{-1}의 활성화 에너지가 필요하다. 이 에너지는 >C=C< π 결합이 끊어져 두 sp^2–C< 평면이 서로 회전하여 90° 비틀어진 상태가 되기 위한 에너지 장벽이다. 한편 이론적 예측에 의하면 반결합성 궤도함수에 전자가 들어간 S_1 ($^1\pi,\pi^*$) 및 T_1 ($^3\pi,\pi^*$)에서는 궤도함수의 반결합성 때문에 >C=C< 결합의 두 개 sp^2–C< 평면이 서로 90° 비틀어진 상태(Twisted State)가 에너지적으로 제일 안정하다. 따라서 들뜬 상태에서는 (*E*)– 및 (*Z*)–이성질체 어느 쪽으로부터라도 두 개 sp^2–C< 평면이 회전하여 공통적으로 90° 비틀어진 상태로 변화한다. 이 에너지 극소점으로부터 S_0의 에너지 평면의 꼭대기에 떨어진 후, 일정한 비율 (1–α):α로 (*E*)– 및 (*Z*)–이성질체로 도달한다. >C=C< 결합의 비틀어짐에 대하여 특별한 입체적 요인이 없으면 그 비율이 1:1 (α = 0.5)에 가까운 값으로 되는 경우가 많다. 이러한 이성질화의 과정을 회전 메커니즘(Rotational Mechanism)라 한다.

전형적인 예는 스틸벤(Stilbene, 이하 **St**로 표시)의 광이성질화 반응이다(그림

Chapter 05

5.4). 바닥 상태에서는 (*E*)–St는 평면 구조를 갖고 있다. 한편 (*Z*)–St의 경우 두 개 페닐기는 *ortho* C–H 사이의 입체 반발 때문에 평면으로부터 약간 비틀어져 있다. 상온에서 각 이성질체의 용액에 광조사하면, (*E*)–(*Z*) 이성질화 반응이 진행되지만, 일정한 시간이 지나면 (*E*)/(*Z*) 이성질체 비율은 일정한 값에 도달하고 변하지 않게 된다. 이 상태를 **광정지 상태**(Photostationary State, 이후 **PSS**로 표시)라 한다. 이것은 광조사하고 있는 파장에서 두 개의 이성질체가 같은 흡광도를 갖게 된 상태, 즉 ε_E[(*E*)–St] = ε_Z[(*Z*)–St]로 된 상태이다(ε_E 및 ε_Z은 각각 (*E*)– 및 (Z)–St의 몰흡수 계수, [(*E*)–St] 및 [(Z)–St]은 각각 (*E*)– 및 (*Z*)–St의 농도). 예를 들면 광조사하는 파장이 313 nm이면, 이 파장에서의 (*E*)–St의 흡수 계수는 (Z)–St보다 약 열 배($\varepsilon_E/\varepsilon_Z \approx$ 10) 정도이므로 PSS에서는 [(Z)–St]/[(*E*)–St] ≈ 10로 된다. 즉 (Z)–St가 80∼90%를 점유한다. 상온에서는 (*E*)–St의 형광은 매우 약하고(Φ_F = 0.05), 또한 (*Z*)–St은 형광을 나타내지 않는다(Φ_F = 0.0). 그러나 액체 질소 온도(77 K)에서는 이성질화 반응이 전혀 일어나지 않게 되는 반면, 양쪽이 같이 강한 형광을 보여준다($\Phi_F \approx$ 1.0). 즉 S_1에서 진행되는 이성질화 과정은 상온에서는 형광 과정보다 훨씬 빠르며(^1k_R >> $k_F \approx 10^9$ s^{-1}), 한편 77 K에서는 결합 회전이 억제되어 형광 과정이 지배적으로 된 결과이다($^1k_R << k_F$).

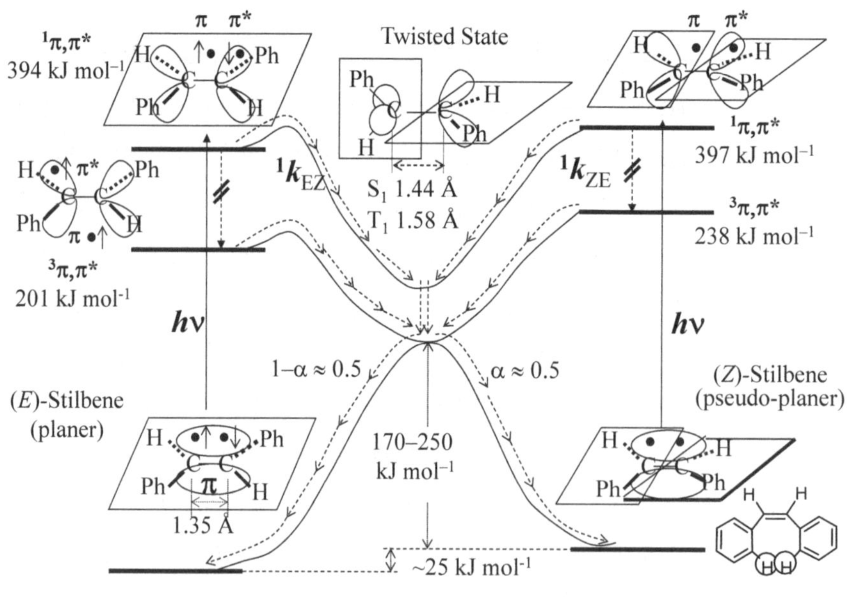

그림 5.4 스틸벤의 (*E*)–(*Z*) 이성질화 반응의 에너지 도표(Ph = C_6H_5). 복잡화를 피하기 위하여 π,π*–상태 궤도함수 그림에서 π–궤도함수는 생략. S_1 및 T_1에서는 두 PhCH 평면이 ∼90° 비틀어진 상태(Twisted State)가 제일 안정하고, C=C간 거리는 바닥 상태보다 길고 또한 서로 다르다.

스틸벤(St)은 $S_1 \rightarrow T_1$ 계간 교차를 하지 않기 때문에 T_1에서의 화학적 거동은 직접적인 광흡수로의 방법으로는 알아낼 수 없다. 그러나 삼중항 에너지 이동에 의한 감광 반응을 이용하면 가능하다(식 (5.1)). 벤조페논을 감광제(Sensitizer)로 사용하여 벤조페논과 St가 공존하는 용액에 St가 흡수하지 않은 365 nm의 빛을 조사하면 St의 (*E*)–(*Z*) 이성질화가 효율적으로 진행한다. 벤조페논은 ~360 nm에 극대 흡수를 보여주며, 빛을 흡수하면 100%의 효율로 T_1 (^{3}n,π*)을 생성한다. 그 T_1 에너지 E_T는 288 kJ mol^{-1}이며, 이 값은 (*E*)–St 및 (*Z*)–St의 E_T (각각 E_T = 201 및 238 kJ mol^{-1})보다 상당히 높다. 따라서 이 이성질화 반응은 삼중항 에너지 이동에 의해 진행한다(식 (5.1a,b)). 즉 (1) 벤조페논(Sens)이 빛을 흡수한 후, 계간 교차에 의해 100% 삼중항 상태(^{3}Sens*)로 넘어간다. (2) ^{3}Sens*은 (*E*)–St 또는 (*Z*)–St에 에너지 이동을 하여 그들의 삼중항 상태(^{3}(*E*)–St* 및 ^{3}(*Z*)–St*)를 생성시킨다. 이어서 (4) ^{3}(*E*)–St* 및 ^{3}(*Z*)–St*는 >C=C<가 비틀어진 삼중항 상태 극소점에 도달하고, 그로부터 바닥 상태 에너지 평면에 이행하여 이성질화가 진행된다(그림 5.4 참조). 벤조페논의 E_T는 (*E*)–St 및 (*Z*)–St의 E_T보다 상당히 높기 때문에 (*E*)–St 및 (*Z*)–St에로의 에너지 이동 속도는 거의 같다($^3k_Q{}^E \approx {}^3k_Q{}^Z$). 따라서 광정지 상태(PSS)에서의 (*Z*)/(*E*) 이성질체 비율은 ~60:40이 되며 1:1에 가깝다. 한편 벤질(Benzil, PhCOCOPh)을 감광제로 사용하면 PSS에서의 (*Z*)/(*E*) 비율은 ~90:10로 된다. 벤질의 E_T는 226 kJ mol^{-1}이며, 이는 (*Z*)–St의 E_T보다 낮고 (*E*)–St의 E_T보다 높기 때문에 (*E*)–St로의 에너지 이동이 (*Z*)–St로의 에너지 이동에 비하여 빠르게 진행한다 ($^3k_Q{}^E \gg {}^3k_Q{}^Z$). 그 결과 (*E*) → (*Z*) 이성질화(식 (5.1a))가 (*Z*) → (*E*) 이성질화(식 (5.1b))보다 우선적으로 진행한다.

$$\text{Sens} + h\nu + (E)\text{–St} \longrightarrow\!\!\!\!\rightarrow {}^3\text{Sens}^* + (E)\text{–St} \rightarrow \text{Sens} + {}^3(E)\text{–St}^* \xrightarrow{{}^3k_Q{}^E} \alpha(E)\text{–St} + (1-\alpha)(Z)\text{–St} \tag{5.1a}$$

$$\text{Sens} + h\nu + (Z)\text{–St} \longrightarrow\!\!\!\!\rightarrow {}^3\text{Sens}^* + (Z)\text{–St} \rightarrow \text{Sens} + {}^3(Z)\text{–St}^* \xrightarrow{{}^3k_Q{}^Z} \alpha(E)\text{–St} + (1-\alpha)(Z)\text{–St} \tag{5.1b}$$

$$(\text{Sens} = \text{Ph}_2\text{CO}, {}^3k_Q{}^E \approx {}^3k_Q{}^Z; \text{Sens} = \text{PhCOCOPh}, {}^3k_Q{}^E \gg {}^3k_Q{}^Z)$$

앞서 설명한 바와 같이 삼중항 감광 이성질화 반응에 있어서는 감광제(Sens)의 삼중항 에너지(E_T)에 따라 PSS에서의 (*Z*)/(*E*)–비율이 변화한다. 그림 5.5는 이 현상을 체계적으로 연구한 결과를 보여준 것이다. Sens의 E_T가 258 kJ mol^{-1} (62 kcal mol^{-1})보다 높은 영역에서는 St의 (*Z*)/(*E*) 비율은 일정하지만(~1.5), E_T < 258 kJ mol^{-1}에서는 (*Z*)/(*E*) 비율이 증가하고, 200 kJ mol^{-1} (48 kcal mol^{-1})에서 14에 달한다. 감광제의 E_T가 (*E*)–St 및 (*Z*)–St의 E_T보다 높으면, 두 이성질체에 대한 에너지 이동 효율이 같기 때문에 (즉 $^3k_Q{}^E \approx {}^3k_Q{}^Z$), (*Z*)/(*E*)–비율은 일정하다. 그러나 감광제의 E_T가 196 kJ mol^{-1}와 237 kJ mol^{-1} 사이에 있으면, (*E*)–St로의 에너지 이동은 상당한 속도로 진행하지만, (*Z*)–St로의 에너지 이동은 느리고 또한 그 속도는 감광제의 E_T가 감소함에 따라 감소한다 (즉 $^3k_Q{}^E >> {}^3k_Q{}^Z$). 그렇기 때문에 (*E*)–St가 선택적으로 소비되어 (*Z*)/(*E*)–비율은 커진다. 감광제의 E_T가 196 kJ mol^{-1}보다 낮으면 (*E*)–St 및 (*Z*)–St로의 에너지 이동은 모두 같이 느려지게 되고 또 다시 그 비율은 낮아진다. 이렇게 감광제의 E_T에 대하여 PSS에서의 (*Z*)/(*E*) 비율을 플롯한 것을 **Saltiel 플롯**(Saltiel Plot)이라 한다. 이 Saltiel Plot을 이용하면 E_T가 알려지지 않은 올레핀의 E_T를 추정할 수 있다. 예를 들어 1,3–펜타다이엔(1,3-Pentadiene)의 경우, 그 Saltiel Plot로부터 (*E*)–이성질체의 E_T는 약 222 kJ mol^{-1}, (*Z*)–이성질체의 E_T는 251 kJ mol^{-1}로 추정되었다 (그림 5.5).

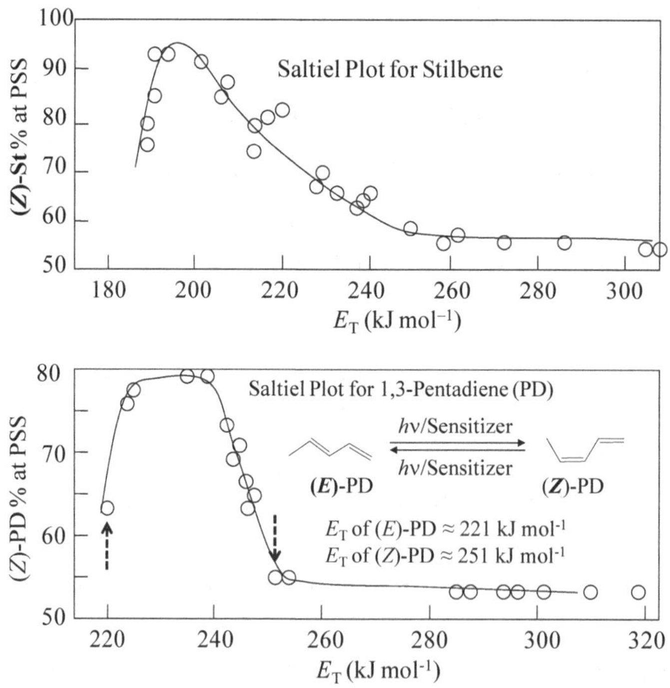

그림 5.5 (위) 스틸벤 및 (아래) 1,3–펜타다이엔(1,3–Pentadiene)의 삼중항 감광 이성질화 반응에 대한 Sltiel Plot. 가로축은 감광제의 E_T 값.

스틸벤 용액을 광조사하고 있으면 이성질화와 함께 용액이 노란색을 띠게 되고, 광조사를 중단하여 방치하면 그 색이 사라진다. 그러나 용액 중에 산소를 도입하면서 또는 아이오딘을 공존시켜 광조사하면 페난트렌(Phenanthrene)이 주로 생성한다. 이 반응에서는 우선 (*Z*)–St의 광화학적 **전자고리화 반응**(Electrocyclic Reaction)이 진행되어 노란색의 다이하이드로페난트렌(Dihydrophenanthrene)이 생성된다. 이 반응계에 산소 또는 아이오딘이 존재하면 생성물이 산화되어 페난트렌이 생성한다(식 (5.2)). 산화제가 없으면 불안정한 노란색 중간 생성물은 열에 의하여 고리를 열고 (*Z*)–St로 되돌아간다. 광화학 반응에 의하여 가역적 발색 상태가 생기는 현상을 **광변색현상**(Photochromism)이라 한다.

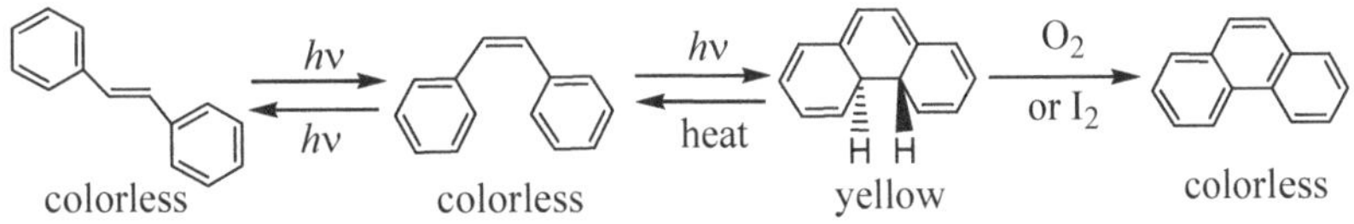

(5.2)

탄소–탄소 이중 결합의 광화학적 이성질화와 관련된 대표적인 생체 현상은 시각 작용(Vision)이다(아래 그림 참조). 눈 안의 시각 작용을 수행하는 세포에는 로돕신(Rhodopsin)이란 단백질이 존재한다. 로돕신은 옵신(Opsin)이란 단백질 중의 라이신(Lysine) 기와 11-*cis*-레티날(11-*cis*-Retinal)이 결합된 물질이다. 눈에 들어온 빛을 로돕신이 흡수하면 C(11)=C(12) 결합의 *cis*–입체 형태가 *trans*-구조로 효율적으로 이성질화한다. 이렇게 하여 생성된 all-*trans*-로돕신의 단백질 형태는 불안정하기 때문에 단백질로부터 all-*trans*-레티날이 이탈한다. 이 과정에서 생체막의 표면 전위가 변화되어, 그것이 전기 자극으로 되고 뇌에 전달된다. 그 후 all-*trans*-레티날은 빛의 관여 없이 11-*cis*-레티날로 이성질화하면서 옵신과 결합하여 로돕신이 재생된다. 빛을 흡수한 11-*cis*-로돕신은 피코초(pico second) 영역의 짧은 시간 내에 all-*tras*-로돕신으로 이성질화한다. 단백질 안에 구속되고 있는 11-*cis*-레티날 부분이 스틸벤의 이성질화와 같이 90° 비틀어진 구조로 그렇게 빨리 회전한다는 것은 있을 수 없는 일이다. 로돕신의 광이성질화에는 회전 메커니즘과 다른 메커니즘이 작용하고 있는 것으로 이해되고 있다.

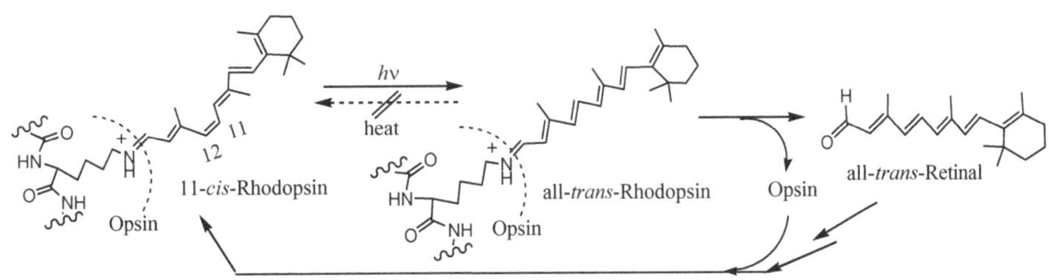

로돕신과 유사한 박테리오로돕신(Bacteriorhodopsin)이란 단백질을 세포막에 가지고 있는 미생물이 알려져 있다. 그 단백질은 옵신과 all-*trans*-레티날이 결합된 단백질이며 자색을 띠고 있기에 그를 포함하는 세포막을 자색막(Purple Membrane)이라 부른다. 자색막이 가시 광선을 흡수하면 레티날 부분이 13-*cis*-형태로 이성질화한다. 이 광화학 과정을 통해 세포막의 구조 변화가 일어나, 그에 인하여 세포막 전위가 변화한다. 그 결과 양성자가 세포막을 통과함으로써 ATP가 세포막 내에서 합성된다. 이 미생물은 이렇게 하여 합성된 ATP를 생명의 에너지 원천으로 하고 있으며, 광합성 생물과 다른 방법으로 에너지를 획득하고 있는 특이한 자립적 생물이다.

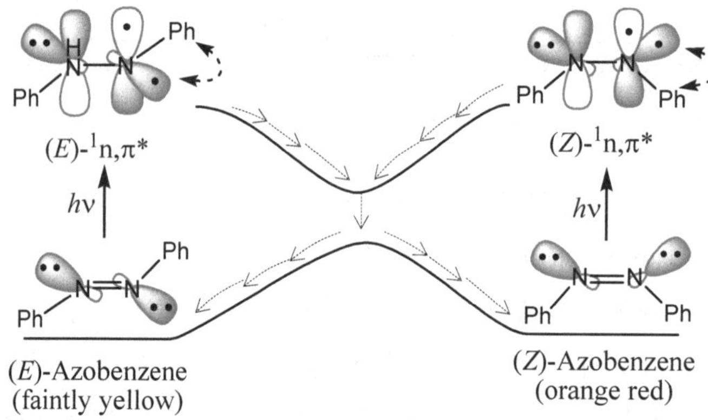

다음으로 아조벤젠(Azobenzene)의 광화학적 이성질화에 대하여 설명하겠다(위 그림 참조). 이 화합물은 스틸벤과 마찬가지로 N=N 결합에 관해서 (*E*)– 및 (*Z*)–입체 배열을 가진다. (*E*)–아조벤젠은 420 nm에 n,π* 전이(ε = 760)를 보여주며 노란색을 띠고 있다. 이 화합물의 용액에 450 nm 이하에서 광조사하면 (*Z*)–아조벤젠의 생성에 의하여 용액은 주황색을 띠게 된다(광변색 현상). (*Z*)–아조벤젠은 불안정하기에 용액을 어둠 속에서 방치하여도 (*E*)–이성질체로 서서히 변화하여 주황색은 사라져간다(표백 현상). 그러나 가시 광선을 조사하면 표백은 빨리 일어난다(광표백). 아조벤젠의 광이성질화의 과정은 스틸벤의 것과 근본적으로 다르다. 우선 이성질화가 진행되는 들뜬 상태는 ^{1}n,π* 상태이다(스틸벤의 경우 ^{1}π,π*와 ^{3}π,π*). 또한 (*E*)–(*Z*) 이성질화가 N=N 결합의 회전에 의한 것이 아니며, 질소 원자의 결합 형태의 변화를 통하여 n–궤도함수와 N–(C_6H_5) σ–결합의 젖혀짐에 의해 진행된다. 따라서 이 메커니즘을 젖혀짐 메커니즘(Inversion Mechanism)이라 한다. 아조벤젠의 이성질화는 스틸벤의 경우와 달리 반응 과정에서 구조의 큰 변화 없이 진행되기 때문에 고분자 고체 중에서도 비교적 순조롭게 일어난다.

5.2.2 광화학 반응에 관여하는 반응 활성종

화학 반응은 **협동 반응**(Concerted Reaction)과 같이 단일 단계로 진행되는 형식과 중간 과정에 **반응성 활성종**(Reactive Species)이 관여하여 단계적으로 진행되는 형식으로 크게 나눌 수 있다. 여기서는 광화학 반응에 관여하는 전형적인 반응 활성종에 대하여 설명하겠다.

a. 자유 라디칼

라디칼은 결합에 관여하지 않은 고립된 홀전자를 갖고 있는 활성종이며, 그러한 전자를 **자유 스핀**(Free Spin)이라 한다. 광화학 반응은 라디칼 발생의 일반적 방법의 하나이며, 그 주된 반응 형식은 결합이 균일하게 끊어지는 **균일분해**(Homolysis)이다. 그 대부분은 발색단에 직결되고 있는 결합 또는 그 근처의 약한 결합이 절단되는 반응이다. 균일분해 직후에 생성된 두 개 라디칼은 용매 바구니 속에서 일정한 시간 머물고 있으며, 이를 **중첩 라디칼 쌍**(Geminate Radical Pair)이라 한다. 이 라디칼 쌍은 재결합하여 바닥 상태의 출발 분자에 되돌아갈 수 있다. 이 과정을 **제짝 재결합**(Geminate Recombination)이라 한다. 이와 경쟁하여 쌍을 이루고 있는 라디칼 각각이 용매 바구니로부터 이탈하여 헤어지면, 이들을 **자유 라디칼**(Free Radical)이라 한다. 라디칼 쌍의 재결합과 자유 라디칼로의 해리는 광화학 반응의 효율을 결정하는 중요한 요소의 하나이다(식 (5.3)).

$$X\text{–}Y + h\nu \rightarrow [X\bullet/\bullet Y]_{cage}\ \text{(Geminate Radical Pair)} \longrightarrow X\bullet + \bullet Y \qquad (5.3)$$

(Free Radicals)

(Geminate Recombination)

라디칼을 발생시키는 광화학 반응으로서 잘 알려진 것은 케톤의 Norrisch Type Ⅰ 반응이며($X = RCO$, $Y = R^1R^2R^3C$), 중합 반응의 광개시제로서 각종 케톤들이 상업화되고 있다(7.1.1 참조). 광화학적 라디칼 발생을 교묘하게 이용한 **Barton 반응**(Barton Reaction)을 소개하겠다. 유기 아질산 에스터(Organic Nitrite, R–ONO)의 O–N 결합은 비교적 약하기 때문에, 빛을 흡수하면 빠르게 끊어져 알콕시 라디칼(RO•)과 일산화 질소(NO)가 생성된다. 이렇게 생성된 RO•은 C–H로부터 수소를 빼내는 능력이 높기 때문에 분자내에서 입체적으로 반응하기 쉬운 C–H가 존재하면, 그로부터 선택적으로 수소를 빼내고 특정 위치의 탄소 라디칼을 생성시킨다. 이 일련의 반응이 용매 바구니 속에서 진행되면, NO은 이 탄소 라디칼 근방에 존재하고 있기 때문에 NO은 탄소 라디칼과 결합하여 나이트로소(Nitroso) 화합물을 생성한다. 나이트로소 화합물은 옥심(Oxime)으로 쉽게 전환되며, 그 가수분해에 의하여 카보닐 작용기로 전환시킬 수 있다. 특정 위치의 C–H을 >C=O 작용기로 전환할 수 있는 합성적으로 가치가 있는 반응이다. 스테로이드에 적용된 반응을 식 (5.4)에서 보여준다.

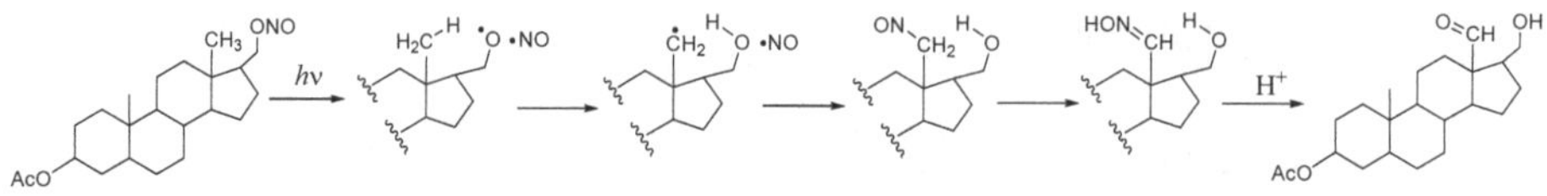

(5.4)

b. 쌍라디칼

고립된 두 개의 라디칼 중심이 한 개의 분자내에 존재하는 활성종을 쌍라디칼(Biradical)이라 한다. 이하 쌍라디칼을 **BR**이라 표시하겠다. 라디칼 중심 사이에서 자기적 상호작용이 있으면 단일항과 삼중항의 두 개 스핀 상태가 존재한다. 광화학 반응에서는 BR을 가정하고 있는 반응이 많다. 전형적인 반응은 두 개 π–전자계 사이의 고리 형성 반응, 고리 구조 케톤의 Norrisch Type I 반응, 그리고 케톤의 Norrisch Type Ⅱ 반응들이다 (그림 5.6). 이러한 반응들의 입체화학이나 반응속도가 BR의 스핀 상태와 어떤 관계를 갖는지를 밝히는 것은 반응 메커니즘에서 중요한 과제이다.

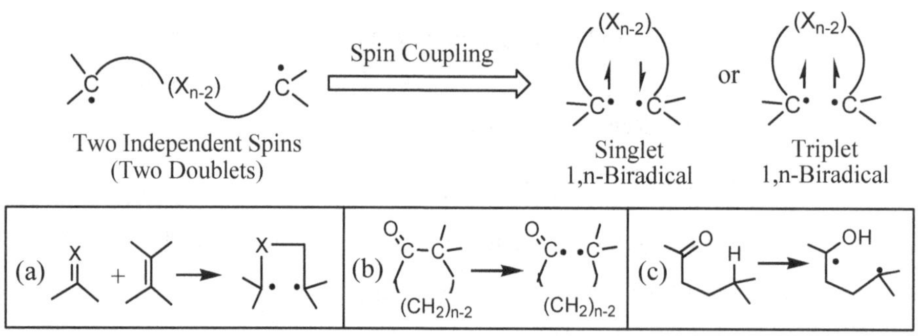

그림 5.6 (위) (n–2)개 원자로 분리된 두 개의 탄소 라디칼의 스핀 상태에 대한 개념도. 라디칼 사이에서 자기적 상호작용이 없으면 두 개 이중항(Two Doublets)이며, 그들이 공간적으로나 또는 결합을 통해 자기적으로 결합하면 단일항 상태와 삼중항 상태가 존재한다. (아래) 쌍라디칼이 관여하는 대표적 반응 형식. (a) 고리 형성 반응 (X = O, 〉C, S). (b) 고리 구조 케톤의 Norrisch Type Ⅰ 반응. (c) 케톤의 분자내 수소 빼내기 반응 (Norrisch Type Ⅱ 반응).

많이 연구된 반응의 하나는 케톤의 Norrisch Type Ⅱ 반응이다(그림 5.7). 이 반응은 n,π* 카보닐 산소가 γ-위치의 C–H로부터 수소를 빼내고, 1,4-BR 중간체를 경유하여 진행된다. 지금 ^{1}n,π* 상태로부터 반응이 일어나면 스핀 보존 법칙에 따라 단일항 쌍라디칼(^{1}BR)이, 한편 ^{3}n,π* 상태로부터는 삼중항 쌍라디칼(^{3}BR)이 생성된다. 이어서 1,4-BR의 β-절단이 일어나면 탄소수가 적은 케톤과 올레핀이 생성된다. 이때 ^{1}BR→생성물 (S_0)의 과정은 스핀 허용이므로 빠르게 진행한다. 반면에 ^{3}BR→생성물 (S_0)의 과정은 스핀 금지이므로 ^{3}BR → ^{1}BR 의 스핀 젖혀짐이 일어나지 않으면 생성물로 갈 수가 없다. 그러나 스핀 젖혀짐 과정은 늦다. 사실 ^{1}BR의 수명은 짧고(τ_{BR} << 10 ns), 반면에 ^{3}BR의 수명은 비교적 길다(τ_{BR} = 10–200 ns). 또한 Norrisch Type Ⅱ 반응에서는 카보닐 산소로 이동한 수소(C–O–H)가 γ-C•에 되돌아가서 바닥 상태의 출발 케톤이 재생하는 과정도 관여한다. 이 과정에서도 마찬가지로 ^{1}BR → 출발 케톤 (S_0)은 스핀 허용이며, 반면에 ^{3}BR → 출발 케톤 (S_0)의 과정은 스핀 금지이다. 따라서 S_1에서 진행되는 반응의 효율은 T_1에서 진행되는 반응의 효율과 비교하면 낮은 경우가 흔하다.

그림 5.7은 광학 활성 케톤의 Norrisch Type Ⅱ 반응이다. R = CH_3의 경우 삼중항 소광제를 존재시키면서 광조사하면, 생성되는 올레핀은 출발 케톤의 입체화학을 대부분 보존하고 있다. 또한 반응하지 않고 회수된 케톤의 광학 활성도 대부분 유지되고 있다. 한편 R = C_6H_5의 경우 생성되는 올레핀은 두 개 이성질체의 혼합물이며, 반응하지 않고 회수된 케톤은 현저히 라세미화되고 있다. R = C_6H_5의 방향족 케톤은 빠른 계간 교차를 하기 때문에 T_1을 경유하여 ^{3}BR이 생성된다. 그러나 ^{3}BR → ^{1}BR의 스핀 젖혀짐이 느리기 때문에 그 사이에 C–C 결합 회전이 일어난다. 따라서 출발 케톤의 입체화학이 상실되는 반응이 진행된다. 반면에 S_1 → T_1 계간

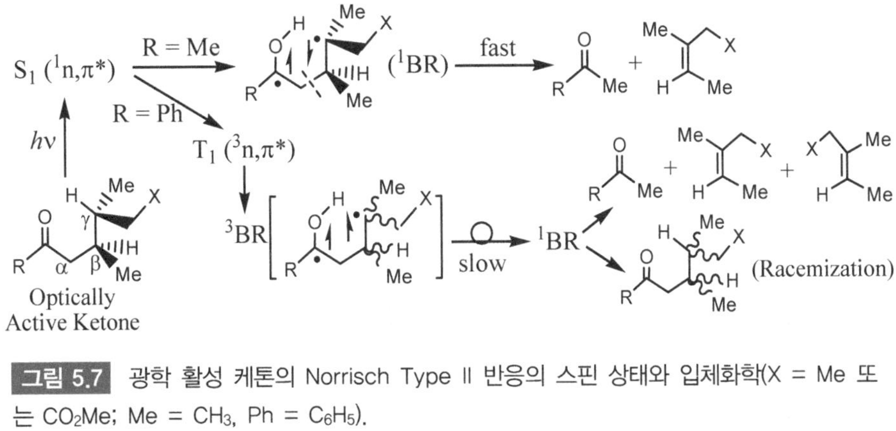

그림 5.7 광학 활성 케톤의 Norrisch Type Ⅱ 반응의 스핀 상태와 입체화학(X = Me 또는 CO_2Me; Me = CH_3, Ph = C_6H_5).

교차가 비교적 느린 R = Me의 케톤은 S_1 및 T_1 양쪽에서 반응이 진행되지만 삼중항 소광제가 공존하고 있으면 T_1이 소광되기 때문에 S_1에서만 반응이 진행된다. 그 결과 반응은 ^{1}BR을 경유하여 진행되기 때문에 C–C 결합의 회전보다 빠르게 β–절단이 일어나고, 출발 케톤의 입체화학이 대부분 유지된다.

광반응에서 BR가 중요시되는 또 하나의 반응은 불포화 결합 간의 **고리화첨가**(Cycloaddition) 반응이다. 들뜬 단일항 상태를 경유하는 고리화첨가 반응은 일반적으로 **입체특이적**(Stereospecific) 또는 출발 분자의 입체화학이 많이 유지되는 특징을 가진다. 반면에 삼중항 상태에서의 반응은 일반적으로 출발 분자의 입체화학이 유지되지 않는 경향을 보여준다. 그림 5.8은 T_1 또는 S_1에서 진행되는 아세톤과 올레핀과의 고리화첨가 반응이며, 최종 생성물은 옥세테인(Oxetane)이다. 2–뷰텐(2-Butene)은 아세톤의 S_1($\tau_S \approx 2$ ns)과 상호작용할 수 없지만, 수명이 긴 ($\tau_T \approx 940$ ns) T_1 하고는 반응할 수 있어 옥세테인이 높은 화학 수득률로 생성된다. 생성물은 (*E*)– 및 (*Z*)–이성질체의 혼합물이며, 그 (*E*):(*Z*) 비율은 출발 올레핀의 입체 구조에 관계 없이 ~63:37이다. 즉 비입체특이적 반응이다. 이 반응은 아세톤 ^{3}n,π*의 카보닐 산소가 올레핀에 첨가하여 ^{3}BR을 생성하고, 그를 경유하여 진행한다. 만약에 ^{3}BR가 직접 생성물로 넘어간다면 스핀 보존 규칙에 따라 ^{3}Oxetane*이 생성되어야 한다. 그 과정은 매우 큰 에너지 증가 과정이므로 일어날 수 없다. 따라서 ^{3}BR → ^{1}BR의 스핀 젖혀짐이 일어나지 않으면 생성물이 생성할 수 없다. 느린 스핀 젖혀짐 사이에 결합의 자유 회전이 일어나기 때문에 결국 출발 분자의 입체화학이 상실된다.

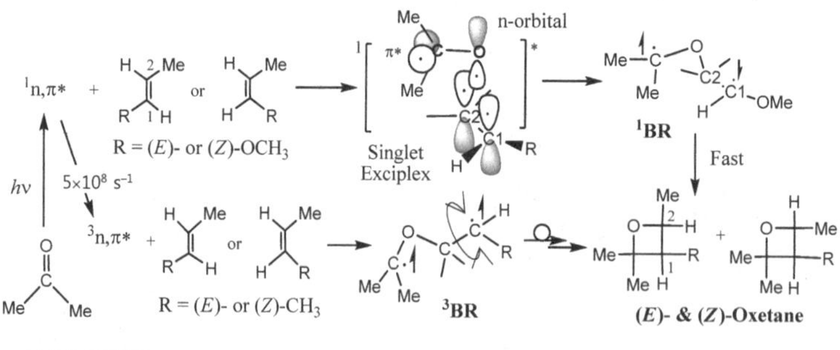

R	Oxetane (*E*):(*Z*)
(*E*)- & (*Z*)-CH$_3$	63:27
(*E*)-OCH$_3$	82:18
(*Z*)-OCH$_3$	27:73

그림 5.8 아세톤과 올레핀과의 고리화첨가 반응에 있어서의 입체화학과 스핀 상태와의 관계(Me = CH_3).

한편 (*Z*)– 및 (*E*)–1–메톡시프로펜(1-Methoxypropene, MP)은 전자를 주는 성격이 크기 때문에, 그 농도가 1 *M* 이상이면 S_1 아세톤과의 들뜬 복합체가 빠르게 생성되어 그를 경유한 고리화첨가 반응, 즉 옥세테인 생성 반응이 진행된다(그림

5.8). 지금 (*Z*)–MP가 반응물의 경우 생성되는 옥세테인의 (*E*):(*Z*) 비율은 27:73이다. 한편 (*E*)–MP의 경우 (*E*):(*Z*) = 82:18이 된다. 즉 이 반응에서는 MP의 입체화학이 대부분 보존된다. 이 반응에서는 우선 ^{1}n,π* 상태의 아세톤 산소가 MP에 첨가하여 ^{1}BR가 생긴다. ^{1}BR → Oxetane (S_0)의 과정은 스핀 허용이므로 C–C 결합의 회전과 경쟁하면서도 그러나 보다 빨리 진행된다. 이 반응에서 또 하나의 특징을 지적한다면 카보닐 산소가 MP의 C2-위치에서 선택적으로 결합하고 있다는 것, 즉 **위치 특이적**(Regiospecific)이라는 것이다. 이것은 들뜬 복합체가 ^{1}BR에 앞서 형성되고 그 위치배열이 카보닐 산소가 C2와 결합하기에 바람직하기 때문이다.

c. 라디칼 이온

이미 3.4.4에서 설명한 것처럼 들뜬 상태에서는 분자간에서 한 개의 전자가 이동하는 에너지 조건이 만족되는 경우가 일반적으로 존재한다. 따라서 전자 이동은 광화학에서 일반적 화학 과정의 하나이다. 중성 분자 A와 D 사이에서 전자 한 개가 이동하면, 전자 받개 A는 음전하와 자유 스핀을 동시에 가진 라디칼 음이온 $A^{\bullet-}$ (음이온 라디칼이라고도 한다)가, 한편 D는 전자를 한 개 빼겨 양전하와 자유 스핀을 동시에 가진 라디칼 양이온 $D^{\bullet+}$(양이온 라디칼이라고도 한다)이 생성된다. 이 양쪽을 총칭해서 라디칼 이온(또는 이온 라디칼)이라 한다. 들뜬 상태의 전자 이동은 $A^{\bullet-}$와 $D^{\bullet+}$ 양쪽을 동시에 발생시킬 수 있다는 특징을 가지고 있어, 어느 한 쪽만을 발생시키는 전기화학 반응이나 바닥 상태에서의 산화 · 환원 시약에 의한 반응과는 다르다(식 (5.5)).

$$A + D + h\nu \longrightarrow A^* + D \text{ or } A + D^* \longrightarrow A^{\bullet-} + D^{\bullet+} \tag{5.5}$$

$$\left[\; A + e^- (\text{전극 또는 시약}) \longrightarrow A^{\bullet-};\ \text{또는}\ D(\text{전극, 시약}) \longrightarrow D^{\bullet+} + e^- \;\right]$$

광화학적 전자 이동(이후 PET라고 함)은 광화학에서 일반적 일차 과정의 하나이므로 반응 예는 많다. 여기서는 두 예에 관해서만 설명한다. 그림 5.9는 PET을 이용한 나프탈렌(Naphthalene, D)으로의 친핵체(Nu: = R_1R_2NH, CN^-, BH_4^-)의 첨가 반응이다. 본래 친핵체는 중성의 나프탈렌 분자에 첨가될 수 없지만 양전하를 가진 라디칼 양이온과는 빠르게 반응한다. 이렇게 친핵체 또는 친전자체 시약에 대하여 반응성이 없는 반응물의 성질을 바꾸고 반응할 수 있게 하는 것을 극성반전(Umpolung)이라 한다. 친핵체가 $D^{\bullet+}$에 첨가하면 중성 라디칼 Nu-D•가 생성된다. 이 반응계에서는 동시에 전자 받개의 라디칼 음이온 $A^{\bullet-}$가 생성되고 있으며, 이는 강한 1 전자 환원제이이므로 $A^{\bullet-}$은 Nu-D•에 전자를 준다. 이렇게 하여 A가 재생됨과 동시에 음이온 (Nu-D⁻)이 생성되고, 이어서 양성자화에 의하여 최종 생성물이 생긴다. 친핵체로 NaCN을 사용했을 때에는 사이안화가, 암모니아 또는 지방족 일차 및 이차 아민을 사용하면 아미노화가, $NaBH_4$을 사용하면 온화한 조건 아래서의 Birch 환원 등이 진행된다. 이 PET을 이용한 친핵체의 첨가 반응은 각종 치환기를 가진 나프탈렌 유도체, 페난트렌 및 안트라센 등에 적용된다.

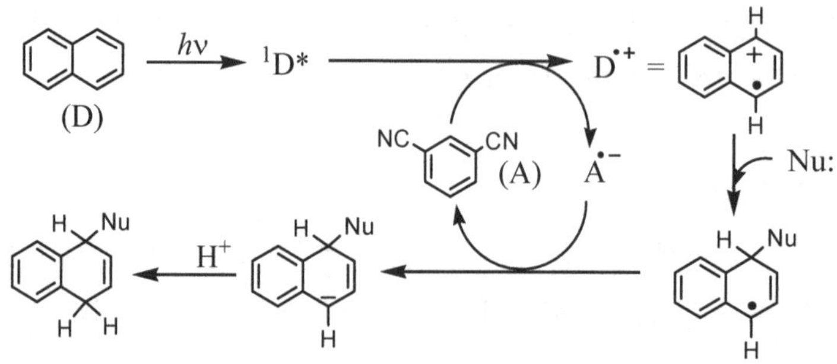

그림 5.9 *m*–다이사이아노벤젠(*m*–Dicyanobenzene)과 나프탈렌과의 PET을 이용한 친핵체 (Nu:)의 첨가 반응. Nu: = CN^-, R_1R_2NH (암모니아, 지방족 아민), H^- (BH_4^-)), 용매 = 9:1 CH_3CN/H_2O.

다음으로 PET을 이용한 알킬실레인(Alkylsilane, R–$Si(CH_3)_3$)에 의한 알킬화 반응(Alkylation Reaction)을 소개하자. *p*–다이사이아노벤젠(A)와 알릴트라이메틸실레인(D, R– = CH_2=$CHCH_2$–)의 아세토나이트릴 용액에 자외선을 조사하면 A의 사이아노기 한 개가 알릴기로 치환된 *p*–알릴벤조나이트릴(*p*-Allylbenzonitrile)이 정량적으로 얻어진다(그림 5.10 (왼쪽)). 이 반응은 A와 D 사이의 PET에 의하여 시작되며 생성된 $D^{•+}$은 R–Si 결합 절단을 하여 효율 좋게 라디칼 R•을 생성한다. 이 R•가 $A^{•-}$의 *p*–위치에서 라디칼 짝지음 반응을 한 후 CN^-가 이탈하여 최종 생성물이 생성된다. 9,10–다이사이아노안트라센의 경우 R–$Si(CH_3)_3$ (R– = CH_3OCH_2–, $C_6H_5CH_2$–, CH_2=$CHCH_2$–)의 R–가 9-위치에 첨가된 9,10–다이하이드로–9,10–다이사이아노–9–알킬안트라센이 높은 수득률로 생성된다. 또한 분자내에 이미니움(Iminium, A) 부분과 실레인 부분(D)을 가진 화합물의 분자내 알킬화도 일어나며, 알칼로이드(Alkaloid) 합성으로 이용되고 있다(그림 5.10 (오른쪽)). 이 반응들에 있어서 R–$Si(CH_3)_3$가 PET에 의해 R•을 효율적으로 줄 수 있는 요인은 PET로 의해 생긴 R–$Si(CH_3)_3^{•+}$가 용매 분자의 친핵 공격을 받아 R–Si 결합이 쉽게 끊어진다는 데 있다(식 (5.6)).

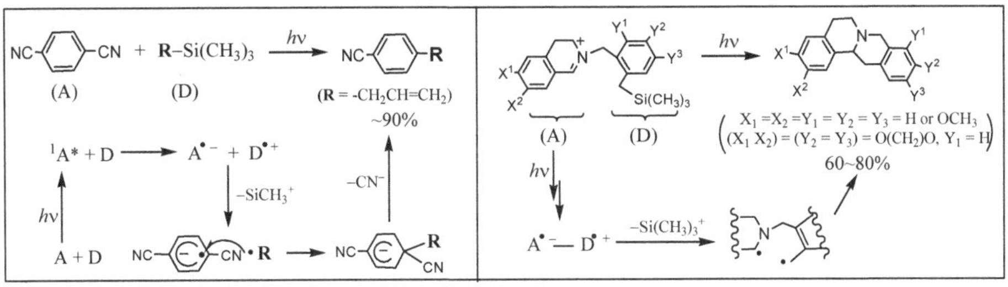

그림 5.10 (왼쪽) 실레인의 PET을 이용한 *p*-다이사이아노벤젠의 알릴화 반응. (오른쪽) 이미니움 염과 실레인 간의 분자내 PET을 이용한 알칼로이드 합성.

$$RCH_2Si(CH_3)_3^{+\bullet} + Nu: \xrightarrow{k_{Nu}} (RCH_2\text{---}Si\text{---}Nu)^{\bullet+} \rightarrow RCH_2\bullet + (CH_3)_3Si\text{-}Nu \qquad (5.6)$$

(R = $p-CH_3OC_6H_4$: $k_{Nu}/10^6\ M^{-1}s^{-1}$ (Nu:) = 15.3 (CH_3OH), 2.9 (THF), 0.55 (CH_3CN))

벤조페논(Benzophenone)은 삼중항 상태에서 각종 알코올로부터 수소를 빼내고 벤즈피나콜로 환원된다는 것을 설명하였다(그림 5.2 참조). 알코올 대신에 >N–C(sp^3)–H 결합을 가진 아민을 사용하여도 벤조페논의 환원 반응이 진행된다(식 (5.7a); Ph = C_6H_5). 이 반응의 개시 과정은 직접적 수소 빼내기가 아니고 벤조페논(A)와 아민(D) 사이의 PET이다. 그 후 생성된 $D^{\bullet+}$로부터 $A^{\bullet-}$로의 양성자 이동에 의해 결과적으로 케틸 라디칼이 생기고 그 이합체화에 의해 벤즈피나콜이 생성된다. 이 반응은 A가 방향족 케톤이면 D가 지방족 아민 또는 방향족 아민에 관계없이 일반적으로 일어난다. 그러나 예외도 있다(식 (5.7b)). 아민이 다이페닐아민(Diphenylamine; $R^1 = R^2 = C_6H_5$, R^3 = H) 또는 2,6-다이메틸아닐린(2,6-Dimethylaniline; R^1 = 2,6-$(CH_3)_2C_6H_3$, $R^2 = R^3$ = H)의 경우 벤조페논과의 1:1-첨가물이 선택적으로 생성된다.

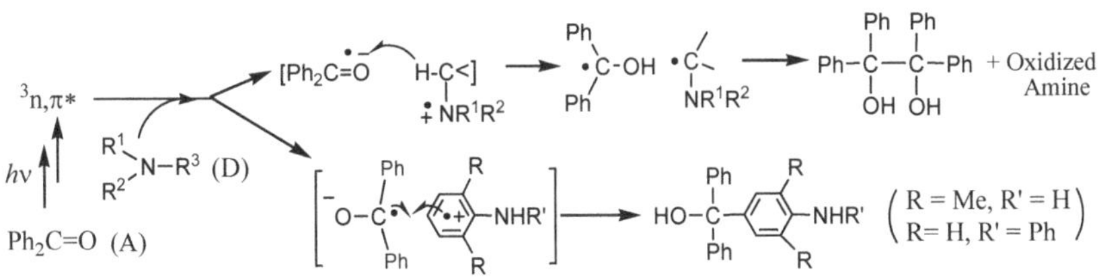

(5.7a)

(5.7b)

d. 이온

결합이 끊어져 이온이 생기는 반응(X–Y → X^- + Y^+)을 불균일분해(Heterolysis)라 한다. 광반응의 초기 과정에서 불균일분해가 일어나 이온이 생성되는 예는 많지 않다. 출발 분자가 다이아조늄(Diazonium)염과 같은 이온적 화합물의 광분해

($RN_2^+X^- + h\nu \rightarrow R^+ + N_2 + X^-$) 또는 불포화 결합으로의 양성자의 첨가 ($>C{=}C< + H^+ + h\nu \rightarrow >CH{-}C^+<$) 등이 이온이 생성하는 특징적인 예이다. 그 외에 식 (5.8)에 보여준 유기할로젠화물의 가용매화 반응이 알려져 있지만 일반성이 없기 때문에 이 이상 설명하지 않겠다.

$$\begin{array}{l} R{-}X + h\nu \longrightarrow [R\bullet/\bullet X]_{cage} \longrightarrow [R^+/X^-] \longrightarrow R{-}OCH_3 + HX \\ \qquad\qquad\qquad\quad \llcorner\!\longrightarrow R\bullet + \bullet X \longrightarrow R{-}H,\ R{-}R \text{ 등 라디칼 생성물} \end{array} \quad (5.8)$$

e. 카벤 및 나이트렌

다이아조(Diazo) 화합물 및 다이아지리딘(Diaziridine)은 광흡수 또는 삼중항 감광에 의하여 질소를 이탈시켜 카벤을 생성한다($R^1R^2CN_2 + h\nu$ or ^{3}Sensitizer* $\rightarrow R^1R^2C: + N_2$). 한편 유기 아자이드(Azide)의 광분해에 의하여 나이트렌이 생성된다($R^1R^2R^3\,CN_3 + h\nu$ or ^{3}Sensitizer* $\rightarrow R^1R^2R^3CN: + N_2$). 이 활성종들은 하나의 원자(C 및 N) 위에 두 개의 스핀이 존재하는 특이한 전자 구조를 갖고 있어 단일항과 삼중항의 두 상태가 존재할 수 있다. 스핀 보존 규칙에 따르면 광흡수에 의한 직접적 분해로부터는 단일항 상태의 카벤 또는 나이트렌이, 한편 삼중항 감광에 의한 반응에 의해서는 삼중항 상태가 생성된다. 실제로 식 (5.9)에 보여주듯이 다이아조메테인(Diazomethane)과 (*E*)– 또는 (*Z*)–2–뷰텐이 공존하는 용액에 광조사하면 올레핀의 입체화학이 보존된 (*E*)– 또는 (*Z*)–1,2–다이메틸사이클로프로페인(Dimethylcyclopropane)이 각각 생성된다. 이 사실은 직접 광분해에 의해 단일항 메틸렌이 생성되고, 그것이 올레핀에 첨가하는 과정은 스핀 허용이므로 입체특이적으로 진행되었다는 것을 보여준다. 반면에 벤조페논을 이용한 삼중항 감광에 의한 반응에서는 두 개 첨가물이 생성된다. 즉 생성된 메틸렌은 삼중항이므로 2–뷰텐으로의 첨가는 삼중항 쌍라디칼을 경유하는 단계적 과정에 의해 진행되어 결과적으로 올레핀의 입체화학이 상실된다.

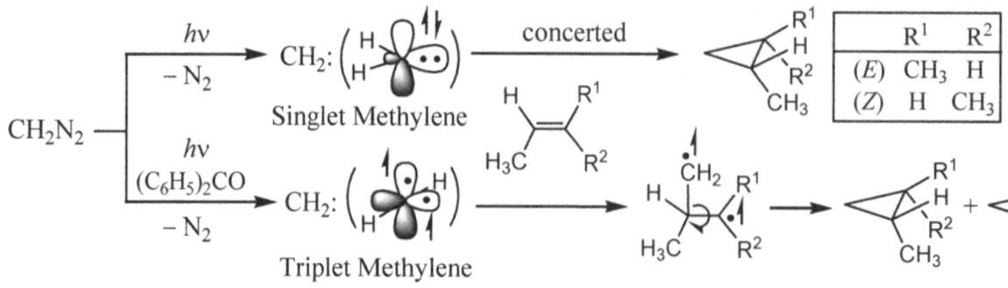

(5.9)

5.2.3 감광 반응

4.2.2에서 설명한 바와 같이 형광 및 인광 또는 광화학 반응의 효율이 공존하는 바닥 상태 분자에 의해 감소되는 현상(**소광**, Quenching)은 들뜬 분자와 바닥 상태 분자와의 상호작용이 일어났다는 것을 보여주며, 그 바닥 상태 분자를 **소광제**(Quencher)라 한다. 일반적으로 말하면 **들뜬 분자가 바닥 상태 분자와 상호작용하여 그의 들뜸 에너지를 잃거나 또는 그 들뜬 분자가 소모되는 현상을 총칭해서 소광이라 한다.** 한편 **들뜬 분자가 다른 바닥 상태 분자의 반응을 유발하는 현상을 감광**(Photosensitization), **감광을 일으키는 분자를 감광제**(Photosensitizer)라 한다. 앞으로 빛을 흡수하여 감광 작용을 하는 분자를 **Sens**, 감광 작용을 받아 반응하는 분자를 **M**, 생성물을 **P** 란 기호로 표시하겠다. 즉 Sens + $h\nu$ + M → ^{1}Sens* or ^{3}Sens* + M → Sens + P. 여기에서 Sens가 선택적으로 빛을 흡수하는 조건 (즉 λ_{max}(Sens) > λ_{max}(M))이 감광 반응에게 바람직한 조건이다. 감광 반응의 예의 일부는 이미 3.4.1와 식 (5.1)에서 소개했다. 감광이 일어났을 때에는 들뜬 분자 Sens*은 M에 의하여 소광되고 있다. 즉 **감광 반응(Photosensitized Reaction)이 일어난다는 것은 감광제의 들뜬 상태가 반응물에 의하여 소광되었다는 것이다. 바꾸어 말하면 감광과 소광은 표리일체의 관계에 있다.** 감광 반응에는 아래와 같은 몇 가지 기본 형식이 있다.

(i) 삼중항 에너지 이동: $^3\text{Sens}^* + \text{M} \rightarrow \text{Sens} + {}^3\text{M}^* \rightarrow\rightarrow \text{Sens} + \text{P}$

(ii) 들뜬 복합체의 형성: $^{1,3}\text{Sens}^* + \text{M} \rightarrow {}^{1,3}[\text{Sens}\bullet\text{M}]^* \rightarrow\rightarrow \text{Sens} + \text{P}$

(iii) PET: $^{1,3}\text{Sens}^* + \text{M} \rightarrow \text{Sens}^{\bullet+} + \text{M}^{\bullet-}$ 또는 $\text{Sens}^{\bullet-} + \text{M}^{\bullet+} \rightarrow\rightarrow \text{Sens} + \text{P}$

(i) 삼중항 에너지 이동 감광 반응(Triplet Photosensitized Reaction)

삼중항 감광 반응이 일어나기 의한 바람직한 조건은 다음과 같다. (1) Sens가 M보다 장파장에서 빛을 흡수한다 (E_S(Sens) < E_S(M)). (2) Sens의 계간 교차 (^{1}Sens* → ^{3}Sens*)가 효율적이다. (3) 삼중항 에너지의 관계에 있어서는 E_T(Sens) > E_T(M)의 조건이 만족되어야 한다. 표 5.1에 전형적인 Sens의 일부를 보여준다. 또한 광화학 반응이 T_1을 경유하고 있다는 증거를 얻기 위해서 E_T(Q)가 낮은 삼중항 소광제(Q)가 자주 이용되고 있기 때문에 전형적인 Q도 같이 포함시켰다.

우선 산소에 의한 감광 산소화 반응(Sensitized Oxygenation Reaction)을 소개하자. 산소는 그 바닥 상태가 삼중항 (T_0, $^3\Sigma_g^-$)이란 특이한 분자이다(p.29 각주 2] 참조). 따라서 여기에서는 바닥 상태 산소를 $^3O_2$라고 쓰겠다. 산소는 $T_0 \rightarrow T_n$ ($n \geq 1$) 전이에 의한 흡수를 200 nm 이하에 나타낸다. 에너지가 낮은 들뜬 상태는 S_1 ($^1\Delta_g$, $E_{ex} \approx 95$

표 5.1 삼중항 감광제(Sens)와 삼중항 소광제 (Q) 및 그에 관련된 매개변수

Sens	λ_{abs}/nm[a]	E_T(Sens) kJ mol^{-1} (kcal mol^{-1})	Φ_{ISC}	Q	λ_{abs}/nm[a]	E_T(Q) kJ mol^{-1} (kcal mol^{-1})
Benzene	<280	351 (84)	~0.7	Naphthalene	<320	256 (61)
Acetone	<315	335 (80)	~1.0	2-Methyl-1,3-butadiene	<250	252 (60.1)
Acetophenone	<330	308 (73.6)	1.0	(*E*)-1,3-Pentadiene	<250	246 (58.8)
Benzophenone	<370	287 (68.5)	1.0	(*Z*)-1,3-Pentadiene	<250	238 (56.9)
Triphenylene	<380	279 (66.6)	0.95	Cyclohexa-1,3-diene	<260	224 (53.5)
Benzil	<420	225 (53.7)	0.92	Azulene	<350[b]	126 (30.1)

a) 광흡수 파장. *b*) ~700 nm에 매우 약한 흡수 (ε < 10)가 있음.

kJ mol^{-1}) 및 S_2 ($^1\Sigma_g^+$, $E_{ex} \approx$ 157 kJ mol^{-1})이며, 이 상태의 산소를 **단일항 산소(Singlet Oxygen, $^1O_2$)**라 한다. 그러나 $^3\Sigma_g^- \rightarrow {}^1\Delta_g$ 또한 $^3\Sigma_g^- \rightarrow {}^1\Sigma_g^+$의 전이는 스핀 금지이므로 이에 해당되는 광흡수는 사실상 없다. 따라서 $^1O_2$을 발생시키기 위해서 삼중항 에너지 이동이 이용되고 있다. 즉 $^3Sens^*$ (T_1) + $^3O_2$ (T_0) → Sens (S_0) + $^1O_2$ (S_1 또는 S_2)의 과정은 스핀 허용 과정이다. 여기에서 사용되는 Sens은 95 kJ mol^{-1}이상의 삼중항 에너지를 갖고 있으며, 또한 높은 효율로 계간 교차하는 분자가 바람직하다.

바닥 상태에서 $^3O_2$가 다른 분자와 반응하는 과정은 스핀 금지이기 때문에 쉽게 일어나지 않지만, 단일항 상태에서는 스핀 허용이므로 비교적 효율적으로 반응이 진행된다. 실제로 $^1O_2$은 각종 불포화 유기 분자와 효율적으로 반응하여 산소 첨가물이 생성된다. 그 대표적인 예로서 그림 5.11에 G. Schenck가 보고한 유명한 고전적 반응을 소개하겠다. 시금치로부터 추출한 엽록소(Chlorophyll)를 α-테르피넨(α-Terpinene)의 에탄올 용액에 소량 첨가하여 공기(즉 산소)를 용액에 통과시키면서 건물 옥상에서 그 용액을 태양광에 며칠간 노출시킨다. 그러면 α-테르피넨과 산소의 Diels-Alder형의 첨가물인 아스카리돌(Ascaridol)이 높은 수득률로 얻어진다. 이 반응은 엽록소가 존재하지 않으면 전혀 일어나지 않는다. 즉 엽록소가 감광제이다. 또 하나의 주된 반응 형식으로서 $^1O_2$의 엔 반응(Ene Reaction)이 있으며, 향료인 로즈옥사이드(Roseoxide)의 합성에서 이 반응이 중심적 과정으로서 이용되었다(그림 5.11 (아래)). 감광제로 잘 이용되는 화합물은 로즈 벤갈(Rose Bengal) 또는 메틸렌 블루(Methylene Blue) 등의 염료들이다.

삼중항 감광 반응의 또 하나의 예로서 그림 5.12의 반응을 설명하겠다. 반응물인 올레핀은 짝지은 다이엔 부분에 의한 흡수를 < 260 nm에 나타내며, 그 T_1의 에너지는 비교적 낮다 ($E_T \approx$ 252 kJ mol^{-1}). 이 올레핀에 254 nm의 빛을 조사하면 두 종류의 분자내 고리 닫힘 화합물이 생성한다. 한편 아세토페논을 삼중항 감광제로 하여 그가 흡수하는 313 nm의 빛을 조사하면 다른 구조의 고리 닫힘 화합물이 유

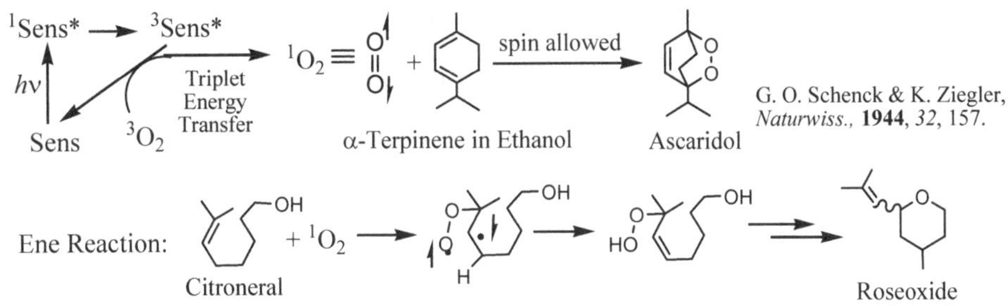

그림 5.11 삼중항 감광 반응에 의한 $^1O_2$의 발생과 그를 이용한 산소화 반응의 대표적 예.

일하게 생성된다. 즉 직접 광흡수에 의한 반응은 S_1부터 일어났으며, S_1–T_1 사이의 에너지 격차가 너무 커서 계간 교차가 일어나지 않는다. 한편 아세토페논의 T_1은 올레핀의 T_1보다 높은 에너지를 갖고 있기 때문에 삼중항 에너지 이동이 일어나고 올레핀의 T_1로부터 반응이 진행한다.

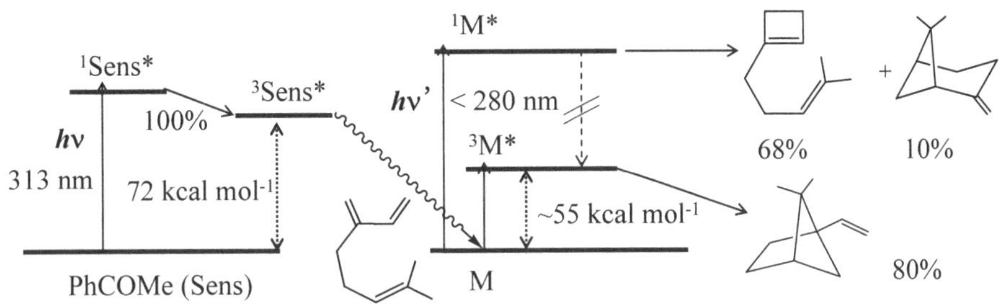

그림 5.12 1,1-다이메틸-5-엑소-메틸렌-1,6-다이엔(1,1-Dimethyl-5-exo-methylene-1,6-diene)의 삼중항 감광 반응과 직접 광흡수에 의한 반응. 짝지은 다이엔 부분이 S_1 및 T_1으로 된다. 물결 선은 에너지 이동을 표시($Me = CH_3$, $Ph = C_6H_5$).

(ii) 들뜬 복합체 감광 반응(Exciplex-Photosensitized Reaction)

들뜬 상태의 Sens가 M와 들뜬 복합체(이하 EX로 표시)를 형성하여 자신은 변화하지 않고 M의 화학 변화를 유도했을 때, 이를 EX 감광 반응이라 한다. 이 반응 형식에서 들뜸 에너지 관계는 $E(^1M^*) > E(^1Sens^*)$ 또는 $E(^3M^*) > E(^3Sens^*)$로 되고 있어 삼중항 에너지 이동과 달리, $^1M^*$ 또는 $^3M^*$가 직접 생성하지 않는다. 이 형식의 감광 반응이 진행하는 원동력은 EX의 전하 이동(CT)과 들뜸 공명(ER)에 있다. 즉 CT는 M을 화학적으로 활성화하고, 또한 ER은 M에게 들뜸 에너지를 갖게 해준다.

$$\text{Sens} + h\nu + \text{M} \longrightarrow\!\!\!\!\longrightarrow {}^{1\,\text{or}\,3}\text{Sens}^* + \text{M} \rightarrow {}^{1\,\text{or}\,3}[\text{Sens M}]^*\ (\text{EX}) \longrightarrow\!\!\!\!\longrightarrow \text{Sens} + \text{생성물 (P)}$$

$$[\text{Sens M}]^* \equiv \underbrace{\text{Sens}^-\text{M}^+ \leftrightarrow \text{Sens}^+\text{M}^-}_{\text{전하 이동 (CT)}} \leftrightarrow \underbrace{\text{Sens}^*\text{M} \leftrightarrow \text{Sens M}^*}_{\text{들뜸 공명 (ER)}}$$

식 (5.10) ~ (5.13)에 EX 감광 반응의 예를 실었다. 이 반응들에서의 Sens은 전자 받개 분자이며, 반응물(M)은 전자 주개 분자이다. 따라서 EX은 $[Sens^{\delta-}\ M^{\delta+}]^*$의 CT 성격을 가지며, 그것이 M을 활성화시켜 반응이 진행된다. 식 (5.10)의 반응계에서는 반응 양자 수득률은 Sens의 전자를 받는 성질의 세기에 의존한다. 즉 X = H의 경우 Φ_R = 0.05이지만, 한편 전자 받는 성질이 보다 강한 X = CN이면 열 배 증가한다(Φ_R = 0.51). 한편 식 (5.11)의 경우 Sens의 S_1에너지 $E(^1Sens^*)$가 반응 효율에 많이 영향을 준다. 즉 $E(^1Sens^*)$가 높은 1–사이아노나프탈렌(1-Cyanonaphthalene)의 경우 Φ_R = 0.71이고, 그보다 $E(^1Sens^*)$가 낮은 9–사이아노안트라센(9-Cyanoanthracene)의 경우 Φ_R = 0.31로 감소한다. 따라서 ER가 중요한 역할을 지니고 있다. 식 (5.12) 및 (5.13)은 각각 삼중항 EX및 단일항 EX을 경유하는 올레핀의 (*Z*)–(*E*) 이성질화 감광 반응이다. 식 (5.13)은 광정지 상태에서의 (*E*)/(*Z*)–이성질체 비율이 높기 때문에 큰 변형을 가진 (*E*)–이성질체를 비교적 높은 수득률로 얻을 수 있다. 또한 광학 활성인 (–)–멘틸(Menthyl) 또는 (–)–보닐(Bornyl)의 벤조산 에스터를 Sens로 하고 반응 조건을 최적화하면, 생성물 (*E*)–M의 거울상 초과량(Enantiomeric Excess)은 77%에 달한다.

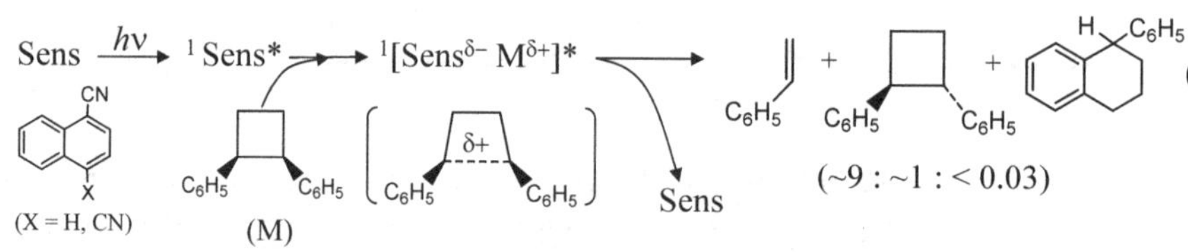

(5.10)

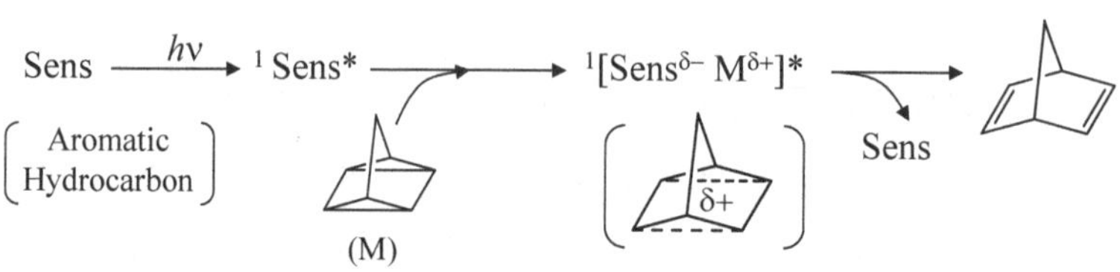

(5.11)

$$Sens + h\nu + M \rightarrow\rightarrow {}^3Sens^* + M \rightarrow {}^3[Sens\ M]^* \rightarrow Sens + M\text{의 } (Z)\text{–}(E)\text{ 이성질화} \quad (5.12)$$

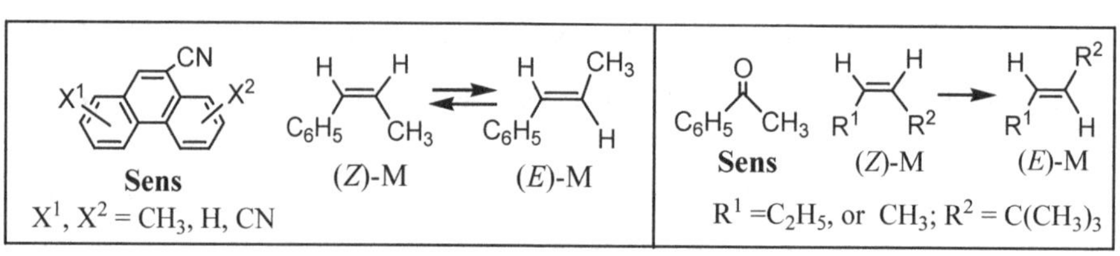

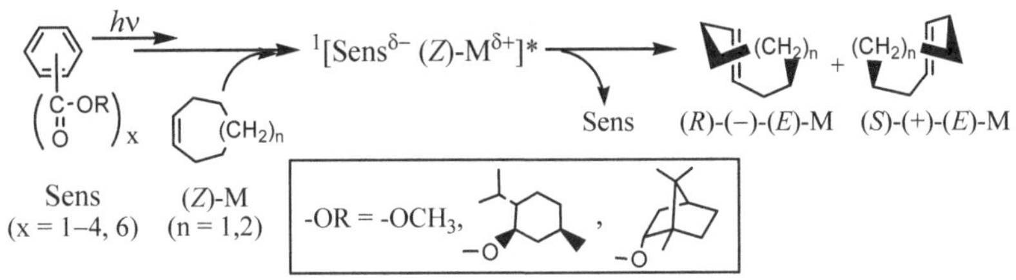

(5.13)

그러면 EX 감광 반응은 어떤 경로, 즉 어떤 에너지 평면을 거쳐 진행하는가? 그림 5.13은 그 개념을 그린 것이다(여기에서 Sens* = ^{1}Sens* 또는 ^{3}Sens*, M* = ^{1}M* 또는 ^{3}M*). 반응은 M*의 반응 에너지 표면에 따라 진행하지만 E(Sens*) < E(M*)이므로 Sens*으로부터 M으로의 직접적 에너지 이동은 일어나지 않는다. 지금 EX가 CT의 성질을 가지고 있으면, 그 정도(δ+)에 따라 반응물 M의 구조, 주로 반응 중심의 결합이 변형한다. 즉 반응 좌표에 따라 M*의 반응 에너지 표면에 가까워진다. 따라서 CT의 기여가 충분히 높으면 반응물의 구조 변형이 커지고 EX가 M*의 반응 에너지 표면에 넘어갈 수 있는 위치까지 가까워져, 결과적으로 반응 표면에 넘어가는 활성화 에너지가 낮아진다. 여기에 ER의 기여가 있으면 그 에너지를 이용하여 활성화 장벽을 넘어서 반응 표면에 들어갈 수 있다. 한편 E(Sens*)은 높지만 CT의 기여가 낮으면, EX은 반응 표면부터 멀리 떨어진 위치에 존재하기 때문에, 반응 표면으로 넘어가기가 어렵다. 마찬가지로 CT의 기여가 너무 커서 EX

Chapter 05

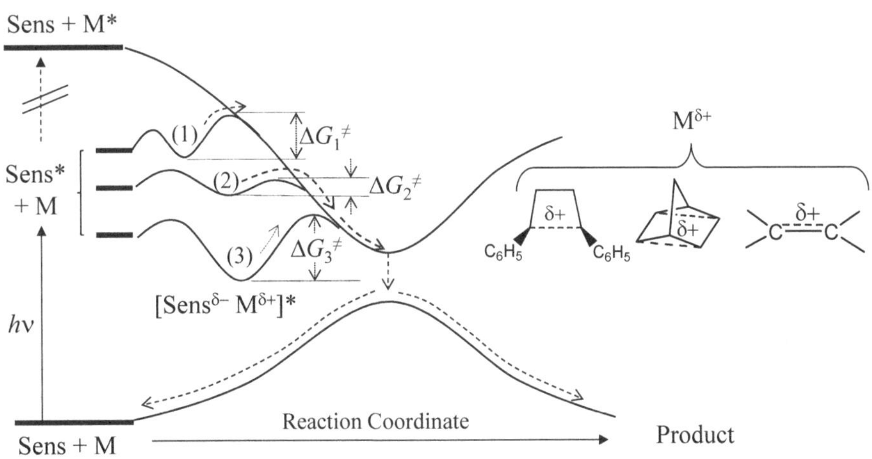

그림 5.13 EX 감광 반응의 모식적 반응 에너지 표면. (1) EX의 CT 성이 낮아 EX의 위치가 반응 표면으로부터 멀리 떨어져 있어 $\Delta G_1^{\neq}$가 큰 경우. (2) CT의 기여가 충분히 있어 $\Delta G_2^{\neq}$가 낮아져 그를 비교적 쉽게 넘어갈 수 있는 경우. (3) 과도의 CT 안정화에 의해 $\Delta G_3^{\neq}$가 커지기 때문에 반응 표면에 이행하기가 어려운 경우. 오른쪽 M$^{\delta+}$의 구조식은 CT에 의해 M가 변형된 모습을 모식적으로 표현함.

가 과도로 안정화되면 역시 반응 표면으로 넘어가는 활성화 에너지가 커진다. 즉 EX 감광 반응의 효율을 지배하는 요인은 적당한 CT와 ER의 기여이며 또한 그들의 균형에 있다.

(iii) 들뜬 상태 전자 이동 감광 반응(PET Photosensitized Reaction)

$$\text{Sens} + h\nu + \text{M} \rightarrow\rightarrow {}^{1\,\text{or}\,3}\text{Sens}^* + \text{M} \rightarrow [\text{Sens}^{\bullet-/+}\ \text{M}^{\bullet+/-}] \rightarrow\rightarrow \text{Sens} + \text{생성물 (P)}$$

광화학적 전자 이동(Photo-induced Electron Transfer, 이를 이후 **PET**라고 약기)은 광화학에서의 일반적 과정이라는 것을 누차 강조해 왔다. 따라서 수많은 PET 감광 반응이 개발되어 왔으며, 여기서는 그 대표적 반응 예를 소개한다. 일반적으로 전자 주개 분자 M은 친핵체에 대하여 반응성이 없으나 전자 받개의 Sens와 PET을 하면, 생성된 라디칼 양이온 $M^{\bullet+}$은 플러스 전하를 가지게 되어 친핵체와 반응할 수 있게 될 것이다. 또한 $M^{\bullet+}$은 라디칼의 성격도 가지고 있기 때문에 라디칼 반응을 할 가능성도 있다. 반응 후 Sens가 재생되면 감광 반응이 실현된다.

식 (5.14)는 1,1-다이페닐에틸렌(1,1-Diphenylethylene, M)으로의 알코올의 *anti*-Markovnikov 첨가 반응이며, Sens은 전자 받개 화합물이다. 용매는 극성이 높은 아세토나이트릴이 바람직하다. 초기 과정은 $^1\text{Sens}^*$와 M와의 PET이지만 알코올의 첨가가 일어나기 위해서는 라디칼 이온쌍 $[\text{Sens}^{\bullet-}\ \text{M}^{\bullet+}]$이 자유 라디칼 이온으로 해리되어야 하므로 이를 위해 사용되는 용매는 극성이 높아야 한다. 올레핀의 자유 라디칼 양이온 $M^{\bullet+}$에 대하여 알코올이 친핵적으로 첨가하면 라디칼 •M–OR가 생긴다. PET에 의하여 생성된 $\text{Sens}^{\bullet-}$은 전자를 주는 능력이 비교적 높기 때문에, •M–OR을 $^-$M–OR으로 1전자 환원시켜 자신은 Sens로 되돌아가게 되어 Sens가 재생된다. 이어서 $^-$M–OR가 양성자화되면 최종 생성물이 생성된다. 이 PET 감광 알코올 첨가 반응은 아릴기가 치환된 올레핀 또는 사이클로프로페인에 대하여 비교적 광범위하게 적용된다. 또한 알코올 대신에 $Bu_4N^+CN^-$을 쓰면 사이아노화가 일어난다.

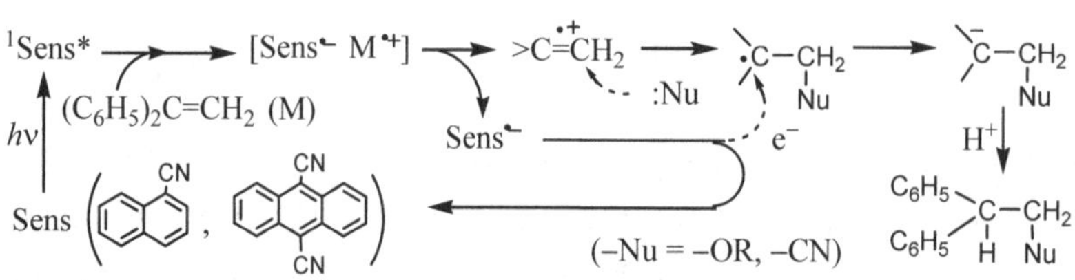

(5.14)

식 (5.14)의 반응계에서 Nu:가 존재하지 않으면 올레핀의 이합체가 생성된다(그림 5.14). 올레핀으로서 *N*–비닐카바졸(*N*-Vinylcarbazole)을 사용하면 그의 사이클로뷰테인(Cyclobutane) 이합체가, 한편 스타이렌(Styrene) 유도체의 경우 두 종류의 이합체가 생성한다. 전자 주개의 올레핀(M)은 친핵적 성질을 갖고 있는 반면에 $M^{•+}$은 친전자적 활성종이다. 따라서 $M^{•+}$가 M에 친전자적으로 첨가하여 이합체 라디칼 양이온(Dimer Radical Cation, $M–M^{•+}$)을 생성시킨다. 이것은 고리 열림 구조의 $•M–M^{+}$와 고리 닫힘 구조의 $M2^{•+}$ 사이의 평형 상태로 존재한다. 1,1–다이페닐에틸렌의 $M–M^{•+}$은 네 개의 페닐기에 의한 입체 장애로 인해 고리 닫힘 구조를 취할 수 없어 고리 열림 구조 ($Ph_2\overset{\bullet}{C}–(CH_2)_2–\overset{+}{C}Ph_2$)을 가지게 되며, 이 구조에서 Ph_2C^{+}가 $(C_6H_5)_2C$•부분 페닐기의 *ortho*–위치에 첨가하면 테트랄린(Tetralin) 생성물이 생긴다. 한편 *N*–비닐카바졸의 경우, 구조적으로 테트랄린 생성물을 줄 수 없어, 고리 닫힘 구조의 $M2^{•+}$부터의 반응만 진행된다. 그 양자 수득률은 1보다 훨씬 크다. 이것은 $M2^{•+}$가 M부터 전자를 받아 최종 생성물 M2가 생성되어 동시에 $M^{•+}$가 재생되는 연쇄 과정(Chain Process)이 관여하였기 때문이다($M2^{•+} + M \rightarrow M2 + M^{•+}$).

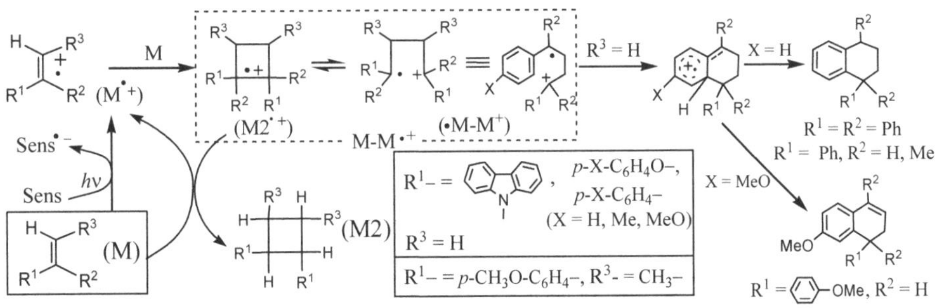

그림 5.14 PET 감광 반응에 의한 각종 올레핀의 이합체화 반응(Ph = C_6H_5, Me = CH_3).

이 메커니즘에 의거하여 구조가 다른 두 올레핀 사이의 교차 첨가 반응이 개발되었다(그림 5.15). 산화 전이가 보다 낮은(전자를 주는 성질이 보다 큰) 올레핀M과 산화 전이는 M보다 높은 반면에 친핵성이 보다 큰 M'을 공존시켰을 때, M가 ^{1}Sens*와 우선적으로 PET을 한다. 이어서 M'가 $M^{•+}$에 친핵적으로 첨가하여 $(M–M')^{•+}$을 거쳐 교차 첨가 반응이 진행된다. 또한 $M^{•+}$은 라디칼의 성질을 갖고 있기 때문에 산소 분자와 라디칼 첨가 반응을 할 수 있다($M^{•+} + O_2 \rightarrow {}^{+}M–OO•$). 이 성질을 이용하여 사이클로프로페인(Cyclopropane, X = CH_2), 에폭사이드(Epoxide, X = O), 사이클로뷰테인(Cyclobutane, X = CH_2CH_2)의 PET 감광 산소화 반응(Oxygenation Reaction)이 개발되었다.

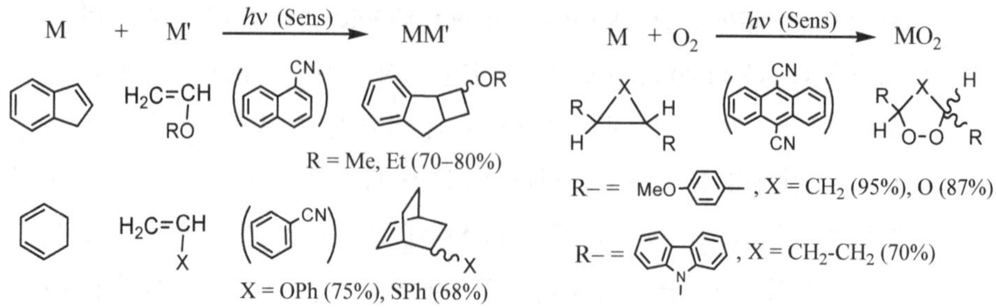

그림 5.15 (왼쪽) PET 감광에 의한 두 올레핀 M 및 M' 사이의 교차 첨가 반응. (오른쪽) 사이클로프로페인 (X = CH_2), 에폭사이드 (X = O), 사이클로뷰테인 (X = CH_2CH_2)으로의 산소 첨가 반응 (Ph = C_6H_5, Me = CH_3, Et = C_2H_5).

이제까지 소개한 감광 반응은 전자 받개를 Sens로 사용한 것이었고, PET 감광 반응의 대다수는 이러한 메커니즘에 의거하고 있다. 한편 전자 주개를 Sens로 한 감광 반응은 많이 알려져 있지 않다. 여기서는 한 예만 소개하도록 하겠다. 식 (5.15)는 Sens로 전자 주개를 사용한 토실아마이드(Tosylamide, $R^1R^2N–Ts$; Ts = p–Me–$C_6H_4SO_2$)의 가용매분해(Solvolysis)이다. 이 반응에서는 Ts기가 전자 받개로 작용하고 ^{1}Sens*로부터 전자를 받아 $R^1R^2N–Ts^{\bullet-}$로 된다. 이것은 불안정하기 때문에 아마이드 음이온($R^1R^2N^-$)과 토실 라디칼(Ts•)로 분해한다. 이어서 아마이드 음이온이 양성자화되어 아민이 얻어진다. 반응계에 $NaBH_4$를 공존시키는 이유는, 동시에 생성하는 $Sens^{\bullet+}$와 Ts•을 환원시켜 반응을 깨끗하게 진행시키기 위해서 이다. 펩타이드(Peptide) 합성에서 라이신(Lysine)이 포함되면 그 염기성 아미노기를 보호하여야 한다. 그 보호기로서 Ts기가 잘 이용되고 있다. 합성 후 펩타이드가 분해하지 않도록 온순한 조건하에서 보호기를 떼어내야 한다. 이 감광 반응은 그 가능한 방법의 하나를 제공한다.

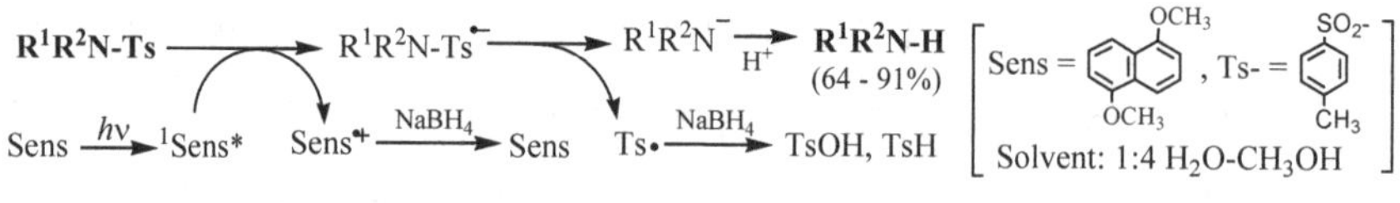

(5.15)

이상 몇 가지 예를 소개하였으나 압도적 다수의 PET 감광 반응은 라디칼 이온쌍이 해리한 후 자유 라디칼 이온을 경유하여 진행한다. 그 해리 과정은 라디칼 이온쌍이 제짝 재결합을 하여 바닥 상태로 되돌아가는 과정과 경쟁 관계에 있다(식 (5.16)). 따라서 감광 효율은 해리 속도 k_D와 재결합 속도 k_{CR}과의 관계에 의존한다. 즉 $k_D > k_{CR}$이면 효율이 높아질 가능성이 있는 반면에, $k_D < k_{CR}$이면 효율이 좋지 않다. 해리 과정은 확산 현상이므로 용매가 아세토나이트릴이면 상온에서 k_D

$= 10^8–10^9\ s^{-1}$이다. 한편 재결합 과정은 전자 이동이므로 k_{CR}은 Marcus 이론에 따라 재결합의 자유 에너지 변화 ΔG_{CR}에 의해 결정된다. ΔG_{CR}은 전자 주개 쪽의 산화 전위 E_{ox}와 전자 받개 쪽의 환원 전위 E_{red}에 의해 다음과 같이 주어진다; $\Delta G_{CR} = -(E_{ox} - E_{red}) + w_p$. 아세토나이트릴과 같은 극성이 높은 용매 중에서는 쿨롱 에너지 w_p은 무시할 수 있다. 지금 $\Delta G_{CR} \approx -\lambda \approx -(1.5 \sim 2.0)$ eV이면, $k_{CR} >> 10^{10}\ s^{-1}$로 되기 때문에 감광 반응의 효율은 굉장히 낮아질 것이다. 한편 $\Delta G_{CR} < -\lambda$ 의 반전 영역에서는 $k_{CR} \approx k_D$ 또는 $k_{CR} < k_D$로 되는 가능성이 있다. 따라서 일반적으로 그러한 조건을 만족하는 Sens을 선택하고 있다. 그러나 그렇게 설계한 반응계에서도 매우 빠른 재결합이 일어나고 감광 효율이 매우 낮은 경우가 적지 않다. 반응물 M은 전자 이동을 하여 화학 변화를 하는 분자이다. 즉 PET로 의해 M부터 $M^{\bullet +}$ (또는 $M^{\bullet -}$)로 변화했을 때 구조도 변화한다. 그러한 구조 변화가 동반되면 ΔG_{CR}을 옳게 평가할 수 없다. 따라서 예견할 수 없는 매우 빠른 재결합 과정이 일어나는 가능성이 있다.

$$\text{Sens}^* + \text{M} \longrightarrow \underset{\text{Radical Ion Pair}}{[\text{Sens}^{\bullet +/-}\ \text{M}^{\bullet -/+}]} \begin{cases} \text{Sens}^{\bullet +/-} + \text{M}^{\bullet -/+} & k_D = 10^8–10^9\ s^{-1} \\ \text{Sens} + \text{M} & k_{CR} = \kappa Z\exp\left\{-\dfrac{(\Delta G_{CR} + \lambda)^2/4\lambda}{RT}\right\} \end{cases} \qquad (5.16)$$

(iv) Redox 감광 반응(Redox Photosensitized Reaction)

앞서 지적한 PET 감광 반응의 결함을 극복하기 의해서 Redox 매개체를 이용하는 전자 이동 감광 반응, 즉 Redox 감광 반응이 개발되었다. 세 가지 기본 방식이 있으며 그 기본 개념을 그림 5.16에 보여준다. 이 방식들에서는 반응물은 직접 PET에 참여하지 않고, PET에 의해 생성된 Redox 매개체의 라디칼 이온과 전자 이동을 통해 라디칼 양이온 또는 라디칼 음이온으로 전환되기 때문에 예측할 수 없는 빠른 전하 재결합 과정은 기본적으로 참여하지 않는다.

방식 (I): Sens은 들뜬 상태에서 반응물 M와 상호작용하지 않고 A와 선택적으로 전자 이동을 하며, 생성된 라디칼 이온쌍 $[\text{Sens}^{\bullet +}\text{A}^{\bullet -}]$은 높은 효율로 자유 라디칼 이온으로 해리할 수 있도록 Sens와 A를 선택한다. 또한 Sens의 산화 전위는 PET에 의해 생성된 $\text{Sens}^{\bullet +}$가 Redox 매개체로 되어 M을 $M^{\bullet +}$로 1전자 산화할 수 있도록 설계되고 있어야 한다. 결과적으로 자유 라디칼 이온 $A^{\bullet -}$와 $M^{\bullet +}$을 예견대로 비교적 높은 확률로 생성시킬 수 있다. 대표적으로는 Sens = 페난트렌(Phenanthrene), A = *m*− 또는 *p*−다이사이아노벤젠의 반응계이다. 이를 이용하면 식 (5.14)의 올레핀으로의 친핵체의 *anti*-Markovnikov 첨가 반응, 그림 5.14의 올레핀의 이합체화 반응, 그림 5.15의 산소화 반응, 또한 그 외에도 수많은 전자 이동 반응들을 보다 효율 좋게 실현할 수 있고 적용되는 반응의 종류도 넓다.

방식 (II): 이 방식의 Sens은 전자 받개이며, M 및 D은 전자 주개이다는 점에서 방식 (I)과 다르다. PET은 D와 Sens* 사이에서 일어나 매개체인 $D^{\bullet+}$가 생성되어 전자 주개 반응물 M을 $M^{\bullet+}$으로 1전자 산화한다. 이 방식에서는 D와 M 양쪽 모두 전자 주개이므로 Sens*은 D 및 M 어느 쪽이라도 PET을 할 수 있다. 따라서 D와의 선택적인 PET을 일으키기 위해서는 보다 높은 농도의 D를 사용할 필요가 있다. 대표적인 반응계는 Sens = 9,10–다이사이아노안트라센(9,10-Dicyanoanthracene), D = 바이페닐(Biphenyl)이며, 방식 (I)과 비슷한 응용이 가능하다.

방식 (III): Sens은 전자 받개이며 D과의 PET에 의해 라디칼 음이온으로 전환된다. 이어서 반응물에 전자를 주고 반응물을 라디칼 음이온으로 전환시킨다.

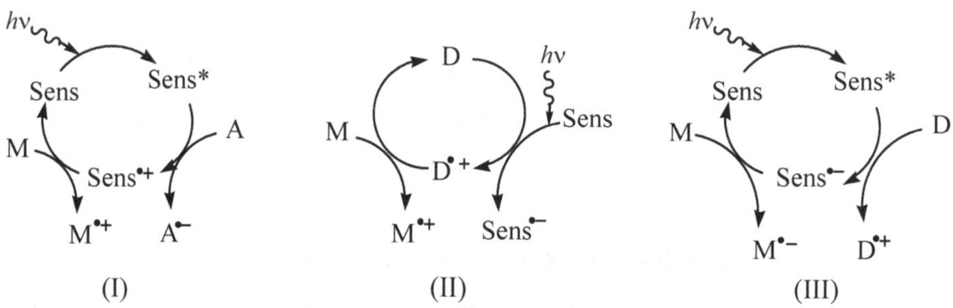

그림 5.16 매개체를 이용한 Redox 감광 반응의 기본 과정.

방식 (I)을 응용한 반응을 소개하자. 메탄올 존재하에서 Sens = 페난트렌, A = *p*–다이사이아노벤젠, M = 퓨란의 아세토나이트릴 용액을 광조사하면 식 (5.17a)의 반응이 효율 좋게 진행된다. Sens 없이 광조사하면 복잡한 혼합물을 생성시킬 뿐이다. 또한 Sens = 트라이페닐렌(Triphenylene), A = *p*–다이사이아노벤젠, M = 알릴트라이메틸실레인의 아세토나이트릴 용액의 경우 식 (5.17b)의 반응이 정량적으로 진행되며, Sens가 없는 반응보다 1/7의 짧은 시간 내에 반응이 완료된다.

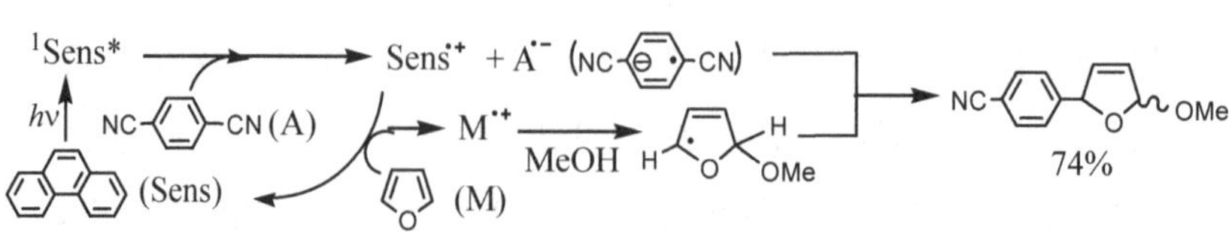

(5.17a)

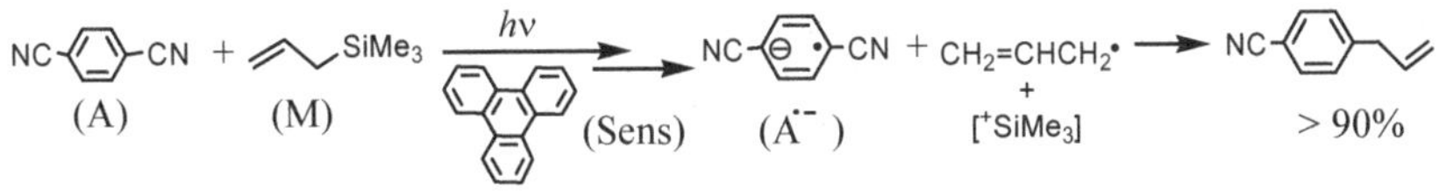 (5.17b)

마지막으로 방식 (III)에 따른 반응 예를 소개하겠다. 루테니움(II) 트리스(2,2'-바이피리딘)(Ruthenium(II) Tris(bipyridine)) ($[Ru(bpy)_3]^{2+}$, bpy = 2,2'-바이피리딘)은 다음과 같은 특징을 갖고 있다. (1) 금속의 d 궤도함수로부터 bpy의 π* 궤도함수에로의 전자 전이(Metal-to-Ligand Charge Transfer, MLCT)가 가시광선 영역에서 일어난다($\lambda_{max} \approx 450$ nm). (2) $S_1 \rightarrow T_1$ 계간 교차가 ~10^{12} s^{-1} ($\Phi_{ISC} \approx 1$)이다. (3) T_1 (^{3}MLCT 상태, $\tau_T \approx 1$ μs)은 강한 인광을 상온에서 방출한다. (4) ^{3}MLCT의 환원 전이가 비교적 높다 ($E_{red} \approx 0.76$ V *vs.* SCE)[1]. (5) 1전자 산화환원 상태($[Ru(bpy)_3]^{3+}$ 및 $[Ru(bpy)_3]^{+}$)가 매우 안정하다. 이런 이유로 가시광선 감광제로서 자주 이용되고 있다(7.4.1 인공 광합성 참조). 그림 5.17은 **Sens** = $[Ru(bpy)_3]^{2+}$, **M** = 1-벤질-1,4-다이하이드로니코틴아마이드(1-Benzyl-1,4-dihydronicotinamide, BNAH), **A** = 카보닐 화합물 또는 올레핀으로 구성된 반응계의 Redox 감광 반응이며 가시 광선에 의해 진행된다. BNAH은 NAD(P)H보조효소(NAD(P)H Coenzyme)의 대표적 모델 화합물이다. NAD(P)H은 생체 내에서 탈수소효소 존재하에서 케톤을 알코올로 또한 α,β-불포화 지방산 에스터를 포화 화합물로 환원한다. 그 중심 활성 부분은 1,4-다이하이드로니코틴아마이드이다. 이 감광 반응에서 주목해야 할 것은, BNAH에 의한

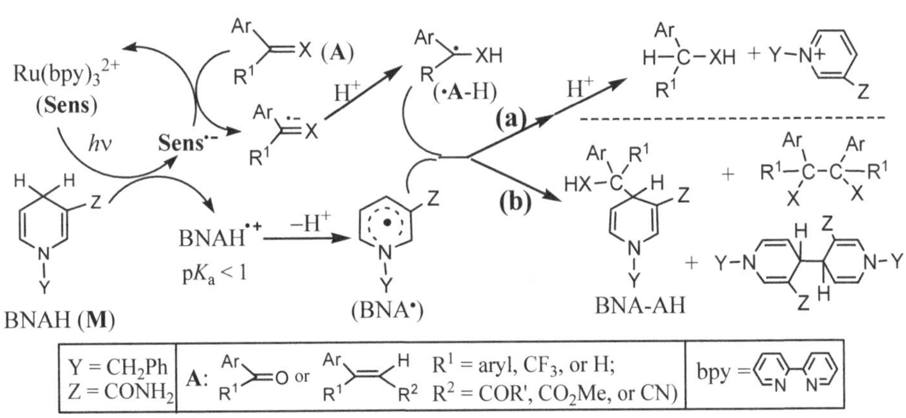

그림 5.17 $Ru(bpy)_3^{2+}$을 감광제로 하는 1-벤질-1,4-다이하이드로니코틴아마이드(BNAH)와 방향족 케톤(X = O) 또는 방향족 올레핀(X = CHR^2)과의 Redox 감광 반응. 용매 = 아세토나이트릴.

1] SCE = Standard Calomel Electrode. 전기 화학적 산화환원 전이를 측정할 때의 기준 전극의 하나이다. 그 외에 노말 수소 전극, 은 전극, 페로신 전극들이 있다.

A의 2전자 환원 과정 (a)가 진행했다는 점이다. 일반적으로 PET에서는 흡수된 광자 한 개에 대하여 전자는 최고 한 개가 이동한다. 따라서 PET에 의한 반응은 주로 1전자 산화/환원 생성물을 준다. 그러한 점에서 BNAH의 거동은 특이하다. 그 화학적 특징을 설명하자.

들뜬 상태의 $[Ru(bpy)_3]^{2+}$ (^{3}MLCT)은 BNAH와 ~3×10^8 $M^{-1}s^{-1}$의 속도로 전자 이동을 한다. 전자를 받아 생성된 $[Ru(bpy)_3]^+$가 –2.2 V보다 플러스 쪽 환원 전위(E_{red})를 가진 **A**에 전자를 주고, 이어서 $\mathbf{A}^{\bullet -}$는 양성자화되어 •**A**–H로 변한다. 한편 PET에 의해 생성된 $BNAH^{\bullet +}$은 산도가 높기 때문에 쉽게 양성자를 방출하고 BNA•로 된다. BNAH의 산화 전위(E_{ox})는 0.76 V이지만, BNA•의 E_{ox}는 –1.45 V이다. 즉 $BNAH^{\bullet +}$이 양성자를 이탈하는 과정을 통해서 산화 전이가 마이너스 쪽으로 대폭 이동한다. 다시 말하면 양성자 이탈과 함께 강한 전자 주개로 변했다는 것이다. 이것이 BNAH가 두 개 전자를 줄 수 있는 화학적 본질이다. 그 결과 BNA•은 E_{red} > –1.5 V의 •**A**–H을 1전자 환원하고 2전자 환원 과정 (a)가 진행된다: (예) $(2\text{-Pyridyl})_2$C=O (Ar = R^1 = 2-Pyridyl, X = O, E_{red} = –1.46 V) → $(2\text{-Pyridyl})_2$CH-OH (~100%). **E**–CH=CH–CO_2CH_3 (**E** = *p*–NC–C_6H_4, CO_2CH_3) → **E**–CH_2–CH_2–CO_2CH_3 (> 80%). 이 반응들은 형식적으로는 BNAH로부터 **A**로의 e^-–H^+–e^-이동 과정이라고 볼 수 있다. 이러한 과정을 **ECE 과정**이라 한다.

반면에 E_{red} < –1.5 V의 경우 BNA•은 •**A**–H에 전자를 줄 수 없어, 과정 (b)가 진행한다. (예) C_6H_5CH=O (Ar = C_6H_5, R^1 = H, X = O, E_{red} = –1.86 V) → 1:1–첨가물 (BNA–AH, 85%). 또한 C_6H_4–CH=CH–CO_2CH_3 및 C_6H_4–CH=CH–COC_6H_5의 경우에도 과정 (a)는 일어나지 않고 40% 정도의 1:1–첨가물과 복잡한 혼합물이 생성된다. 한편 트라이플루오로아세토페논(Ar = C_6H_5, R^1 = CF_3, X = O, E_{red} ≈ –1.5 V)의 경우 10%의 과정 (a)와 86%의 과정 (b)가 동시에 진행한다. 이 반응계들에서 BNAH 대신에 산화 전위가 보다 낮은 다른 전자 주개, 예를 들면 *p*–CH_3–C_6H_4–$N(CH_3)_2$을 사용하면 들뜬 상태의 $[Ru(bpy)_3]^{2+}$ (^{3}MLCT)은 이 아민과 확산 지배적인 전자 이동을 하지만, 그림 5.17와 같은 반응은 일어나지 않고 복잡한 혼합물이 생성된다.

5.2.4. 광화학 반응의 입체화학

입체화학은 화학 반응에 있어서 매우 중요한 명제의 하나이다. 출발 분자의 입체화학이 반응을 통해서 유지되면, 이를 **입체유지**(Stereoretention) 또는 **입체특이적**(Stereospecific) 반응이라 한다. 이러한 반응은 일반적으로 **협동 메커니즘**(Concerted

Mechanism)으로 진행한다고 생각하는 경우가 많다. 입체특이적 광화학 반응은 고리형협동 반응(Pericyclic Reation)에 대한 궤도함수 대칭성 보존 규칙(소위 Woodward-Hoffmann 규칙)의 실험적 기초로 되고 있다. 그러나 반응 분자의 입체화학이 유지되지 않는 반응도 수많이 알려져 있으며, 이것들은 반응 도중에 수명이 비교적 긴 중간 상태를 경유한 것으로 생각되고 있다. 그러면 광화학 반응에서 입체화학은 어떤 요인으로 지배되고 있는가? 그에 대해서 이미 산발적으로 몇 가지 예를 제시해 왔다. 여기서는 더욱 체계적으로, 특히 초기 과정과 반응 활성종의 거동에 주목하여 광화학 반응의 입체화학을 설명하겠다.

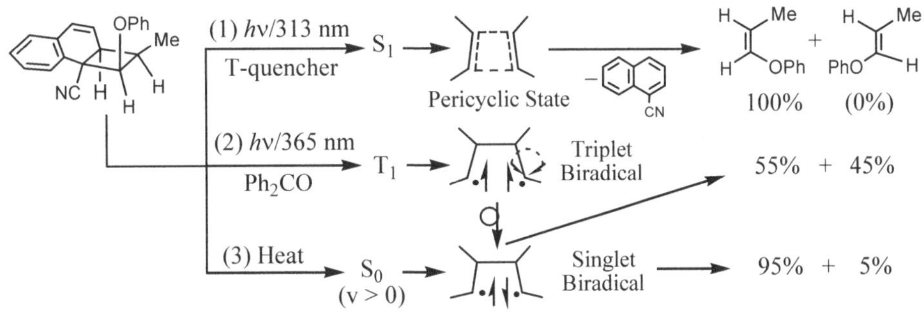

그림 5.18 사이클로뷰테인 화합물의 고리 열림 반응 및 반응 방법에 따른 입체화학(Ph = C_6H_5, Me = CH_3).

그림 5.18에 나타낸 메틸기와 페녹시기가 (Z)-배열하고 있는 사이클로뷰테인의 고리열림 반응(Cycloreversion)에 대해서 설명한다.

(1) **S_1에서 진행하는 반응**. 1,3-펜타다이엔(삼중항 소광제)을 용매로 하여 사이클로뷰테인이 직접 광흡수하는 조건하에서 반응시키면, 입체화학이 100% 유지된 (Z)-1-페녹시프로펜이 생성한다. 용매가 T_1을 완전히 소광하였기 때문에 T_1은 반응에 관여하지 않는다. 따라서 이 반응은 S_1으로부터 고리형협동 상태(Pericyclic State)를 거쳐 진행되는 $[_{\sigma}2_s + {_{\sigma}2_s}]$ 협동 반응이라고 생각할 수 있다.

(2) **T_1에서 진행하는 반응**. 전형적 삼중항 감광제인 벤조페논이 빛을 흡수하는 조건하에서는 입체화학의 상실이 발생한다. 벤조페논이 광흡수하여 T_1에 계간교차한 후, 에너지 이동에 의해 사이클로뷰테인의 T_1이 생기고, 반응은 그 상태로부터 진행된다. 스핀 보존 규칙에 따르면 협동 반응이 일어나면 생성물의 삼중항 상태가 생겨야 한다. 그러한 반응은 일어날 수 없기 때문에 사이클로뷰테인 고리의 한 개 C–C 결합이 우선 끊어져 삼중항 1,4-쌍라디칼(Triplet

Biradical)이 생성한다. 이어서 단일항 쌍라디칼로 스핀 젖혀짐을 한 후 최종 생성물이 생성된다. 이 스핀 젖혀짐 과정에 비하여 C–C 결합 주위를 회전하는 운동은 훨씬 빠르기 때문에 최종 생성물에 도달하기 전에 입체화학이 상실된다.

(3) **S_0에서 일어나는 반응**. 광조사하지 않고 가열하여 반응시키면 입체화학은 대부분 유지되지만 일부 상실된다. 온도가 높아지면 결합의 진동 운동이 격심해지고 사이클로뷰테인 고리의 제일 약한 결합이 먼저 끊어져 단일항 1,4–쌍라디칼(Singlet Biradical)이 생성한다. 이를 경유하여 최종 생성물에 이르는 과정은 스핀 허용이다. 따라서 결합의 빠른 회전과 경쟁하면서도 반응이 우선해서 진행되기 때문에 입체화학이 대부분 유지된 것이다.

다음으로 그림 5.18의 역반응으로 되는 광화학적 고리형성첨가 반응(Cycloaddition Reaction)의 입체화학에 대해 설명하겠다. 식 (5.18)은 $S_1(^1\pi\pi^*)$의 1–사이아노나프탈렌과 (*E*)– 또는 (*Z*)–1–페녹시프로펜과의 $[_\pi 2_s + _\pi 2_s]$ 첨가 반응이며, 올레핀의 입체화학이 보존되고 있는 **입체특이적 반응**이다. 또한 M_1와 M_2의 첨가하는 위치와 방향이 일정하다는 **위치특이성**(Regiospecificity)과 함께 M_2의 페녹시 고리가 M_1의 나프탈렌 고리면에 평행하고 있는 **내향 선택성**(Endo Selectivity)이란 입체화학적 특징을 가진다. 이 특징은 반응 중간체인 들뜬 복합체의 구조, 즉 $^1\pi\pi^*$의 나프탈렌 분자 평면과 올레핀의 페녹시 평면이 샌드위치형으로 마주 대하고 $\pi\pi$–상호작용함으로써 안정화된 입체 배치를 갖는다. 사실 이 반응계에서는 들뜬 복합체의 발광이 관찰된다.

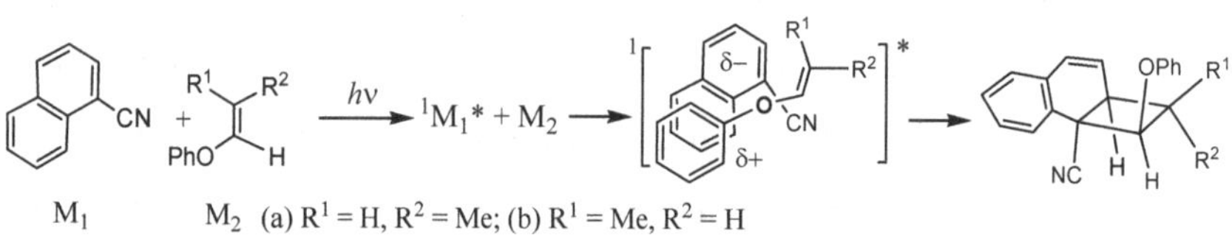

(5.18)

그림 5.18(1)의 반응과 식 (5.18)의 반응은 반응 방향이 반대이지만 양쪽 같이 입체특이적이다. 실은 두 반응 사이에는 들뜬 상태의 에너지 표면을 통하여 긴밀한 관계가 있다. 그림 5.19는 그 반응 에너지 표면을 2차원적인 에너지 곡선으로 보여 준 것이다. 그림 5.18(1)의 경우 사이클로뷰테인이 빛을 흡수하여 S_1 상태로 되면, 반결합성이 부가되어 C–C 결합이 길어져 가면서 에너지 극소점에 도달한다. 이 극소점을 **고리형협동 극소점**(Pericyclic Minimum)라 한다. 이 상태로부터 바닥 상태 에너지 평면에 넘어가, 고리 열림 방향(최종 생성물에 이르는 과정)과 출발 분

자로 되돌아가는 과정이 일정한 비율로 진행된다. 한편 식 (5.18)의 경우 우선 S_1의 1-사이아노나프탈렌과 바닥 상태의 올레핀이 들뜬 복합체를 형성하여 안정화한다. 이 상태는 들뜬 상태 에너지 평면에서 하나의 에너지 극소점을 형성한다. 이 상태로부터 전이 상태를 넘어가고 공통의 고리형협동 극소점에 이른다. 이 극소점으로부터 진행되는 과정은 앞에서 이미 설명한 바와 같다. 들뜬 상태로부터 고리형협동 극소점에 이르는 에너지 평면에 따른 이러한 과정은 **단열 과정**(Adiabatic Process)이다. 한편 고리형협동 극소점으로부터 다른 에너지 상태인 바닥 상태 에너지 평면에 전이하는 과정은 **비단열 과정**(Non-adiabatic Process)이다.

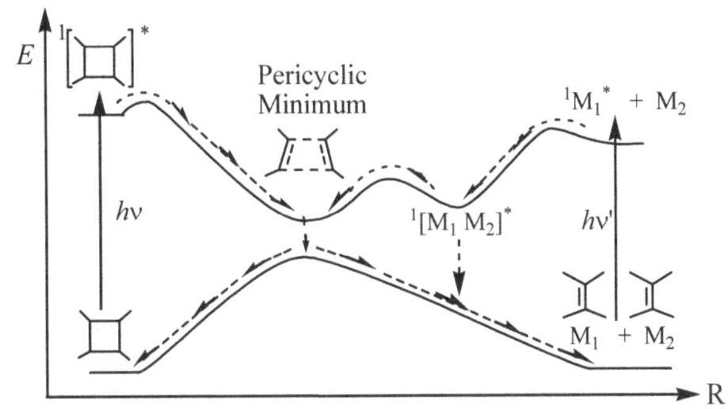

그림 5.19 사이클로뷰테인의 [σ2s + σ2s] 고리열림 반응(왼쪽)과 두 π-결합 사이의 [π2s + π2s] 고리형성 반응(오른쪽)의 위치 에너지 곡선.

그런데 식 (5.18)의 입체특이적 반응에서 들뜬복합체는 어떤 역할을 가지고 있을까? 일반적으로 입체특이적 반응의 전이 상태는 고도로 질서가 있는 상태이다. 그러한 과정의 엔트로피 변화(Entropy Change)는 매우 크기 때문에 질서 없이 분산되고 있는 두 분자가 들뜬 상태의 수명 안에 고도로 질서가 있는 전이 상태를 거쳐 고리형협동 상태에 직접 변해 간다는 것은 거의 있을 수 없다. 그러나 중간에 질서가 일정하게 있는 들뜬 복합체가 형성되면, 엔트로피 조건이 대폭 완화되고 또한 들뜬 복합체가 수명을 갖고 있으므로 활성화 장벽을 넘어가는 시간적 여유가 생긴다. 이렇게 하여 입체특이적 반응이 순조롭게 진행할 수 있게 된다.

한편, **삼중항 상태에서 진행하는 반응은 일반적으로 입체특이성이 없다**. 그것은 이미 그림 5.18(2)의 사이클로뷰테인의 삼중항 감광 고리 열림 반응 및 그림 5.8의 삼중항 상태 아세톤과 2-뷰텐과의 고리형성 반응에서 설명하였다. 그것은 스핀 보존 규칙에 따라 협동 메커니즘이 작용할 수 없어, 중간에 삼중항 쌍라디칼과 같은 수명이 비교적 긴 중간체가 관여하기 때문이다. 또한 위치특이성 및 내향 선택성도 특히 없으며, 반응의 입체화학을 지배하는 요인은 주로 치환기에 의한 입체 효과(Steric Effect)이다. 그 예의 하나가 식 (5.19)이다. 벤조페논 또는 벤즈알데하이드는 삼중항 상태에서 2-메틸-2-뷰텐과 고리형성 반응을 하고, 옥세테인(Oxetane) 이성질체의 혼합물을 생성한다. 벤조페논의 경우 카보닐 산소가 >C(2)=C(3)<로 첨가하는 위치는 메틸기가 하나만 치환된(즉 입체 장애가 보다 적은) C(3)쪽이 아홉 배나 우선적이다. 반면에 벤즈알데하이드가 첨가하는 위치는 특별히 큰 차이가 없다. 이 반응들에서는 친전자적인 $^3n,\pi^*$ 카보닐 산소가 먼저 >C=C< 결합에 첨가한다. 이때 부피가 큰 페닐기를 두 개 가진 벤조페논의 경우에는 카보닐 산소가 C(3)에 접근하는 것이 입체 장애가 보다 작다. 한편 벤즈알데하이드는 수소 원자(R = H)를 올레핀 쪽에 향하면서 접근할 수 있기 때문에 입체 장애의 영향이 적다. 또한 벤즈알데하이드의 생성물 (A) 및 (B)는 각각 두 개 이성질체의 혼합물이다. 즉 첨가의 내향 또는 외향 선택성은 나타나지 않는다.

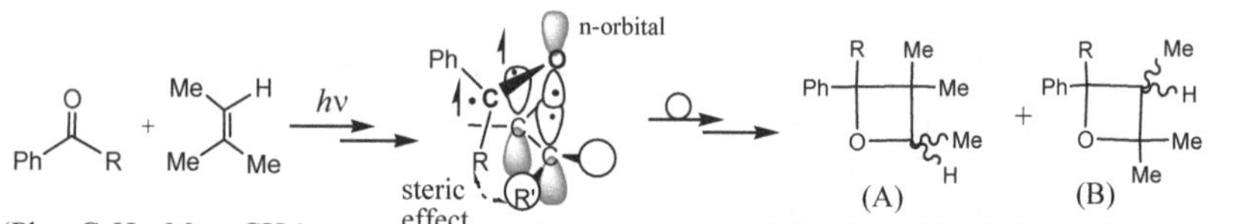

(5.19)

(Ph = C_6H_5; Me = CH_3) (R' = H or Me) A:B = 9 : 1 (R = Ph), 1.6:1 (R = H)

그림 5.7에서 S_1 아세톤(Acetone)과 1-메톡시프로펜과의 옥세테인 생성 반응은 올레핀의 입체화학을 많이 보존하지만 일부 상실된다는 것을 보여주었다. 즉 비입체특이적 반응이다. 이 올레핀은 전자 밀도가 높기 때문에 우선 친전자적인 카보닐 산소의 n-궤도함수가 >C=C<에 접근하여 결합을 형성한다. 즉 >C=O 평면과 >C=C< 평면이 서로 직교 관계를 가지고 접근한다. 따라서 두 분자 평면이 맞서면서 동시적으로 결합을 맺는 협동 메커니즘은 관여할 수가 없다. 반면에 n,π^* 카보닐 탄소는 친핵적이기 때문에 전자 부족 올레핀인 1,2-다이사이아노에틸렌(1,2-dicyanoethylene)에는 우선 카보닐 탄소의 π^*-궤도함수가 >C=C<에 접근한다(식 (5.20)). 이 경우 >C=O 평면과 >C=C< 평면이 맞서 접근하기 때문에 협동 메커니즘이 가능하다. 사실 입체특이적 고리형성 반응이 진행한다. 여기에서 다음과 같은 일반적 결론을 확인할 수 있다. **불포화 화합물 사이의 고리형성 반응의 입체화학은 들뜬 상태의 스핀 다중도에 결정적으로 지배되며, 또한 전자 배치(π,π^* 또는 n,π^*)에도 의존하고, 접근하는 입체적 방식에 좌우된다.**

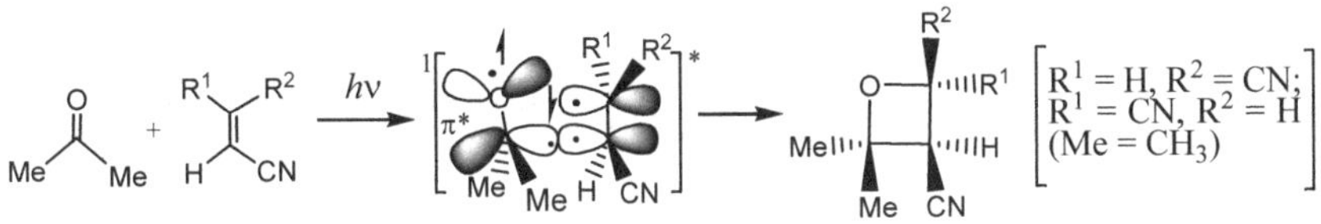

(5.20)

5.2.5 불안정 중간 생성물을 경유하는 반응

불안정 중간 생성물을 경유하는 전형적인 예는 그림 5.3의 2-메틸벤조페논(2-Methylbenzophenone)의 광화학 반응이다. 이 화합물의 용액을 장시간 광조사해도 실질적 화학 변화를 관찰할 수 없다. 그것은 중간에 불안정한 엔올(Enol)이 생성되어 이것이 케토-엔올(Keto-Enol) 변환에 의해 출발 분자로 되돌아가기 때문이다. 이 반응계에 다이메틸 아세틸렌다이카복실레이트(Dimethyl Acetylenedicarboxylate)을 공존시켜 광조사하면, 엔올과의 Diels-Alder 첨가물이 높은 수득률로 생성된다(식 (5.21)). 이 반응을 참고로 하여 자외선을 효과적으로 흡수하면서도 화학 변화가 일어나지 않도록 하는 화합물이 개발되어, 고분자를 자외선으로부터 보호하는 자외선 안정제로서 이용되고 있다.

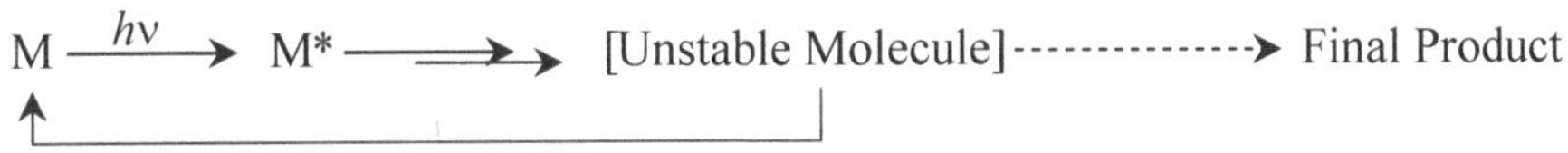

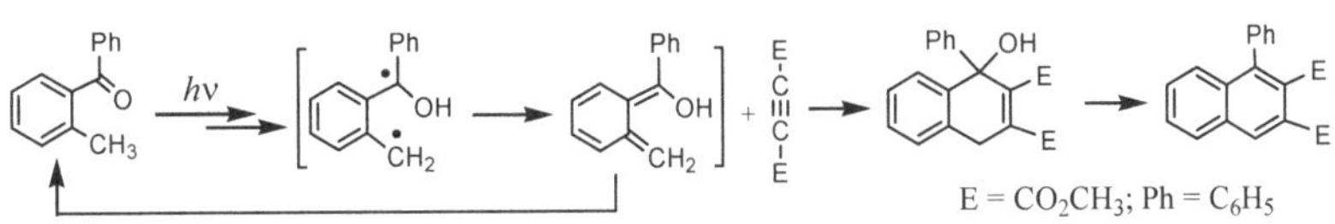

(5.21)

또 하나의 예는 식 (5.22)의 반응이다. 1-페닐사이클로헥센(1-Phenylcyclohexene)의 메탄올 용액을 광조사하면 그 이합체와 함께 메탄올의 Markovnikov 첨가물(Markovnikov Adduct)이 생성된다. 빛을 쪼이지 않으면 반응은 일어나지 않는다. 또한 올레핀의 농도가 낮으면 이합체의 생성은 크게 떨어진다. 아세토페논을 감광제로 사용하고 산을 존재시키면 이합체의 생성은 크게 떨어져 메탄올 첨가물의 수득률은 98%에 달한다. 이 올레핀의 메탄올 용액에 대한 과도기 분광 분석에 의하면, 6.5 μs의 수명과 380 nm의 최대 흡수를 가진 중간종이 검출되고 그 수명은 온도에 의존하여 –70°C에서는 500 μs까지 길어진다. 이 중간종은 산소로 소광되지 않지만 산이 존재하면 수명이 짧아지기 때문에 이 중간종은 라디칼 또는 라디칼 이온이 아니고 불안정한 (*E*)-이성질체로 추정되었다. 이러한 (*E*)-배열 구조는 입체적 변형이 매우 크기 때문에 출발 분자로 빠르게 되돌아간다. 그 활성화 에너지는 ~30 kJ mol^{-1}에 지나지 않는다. 메탄올이 존재하면 그의 첨가가 (*E*) → (*Z*) 이성질화와 경쟁하면서 진행된다. 한편 올레핀의 이합체는 S_1에서 들뜬 이합체 ^{1}[M M]*를 거쳐 생성한다.

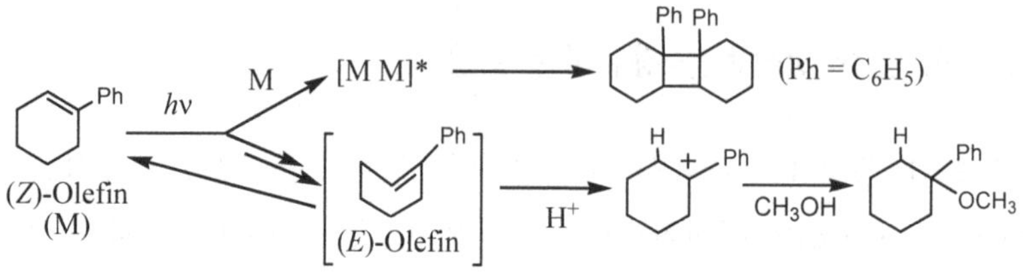

(5.22)

5.2.6 들뜬 상태 단열 반응

출발 분자 M가 빛을 흡수하였으나 생성물 P의 형광 또는 인광이 관찰되는 사실이 알려져 있다. 이것은 광흡수하여 생성된 M*가 들뜬 상태를 유지하면서 화학 변화를 하여, 들뜬 상태의 생성물 분자(P*)를 직접 생성하였다는 증거이다. 이러한 반응을 **단열적 광화학 반응**(Adiavatic Photoreaction)이라 한다. 전형적인 예는 들뜬 상태에서의 양성자 해리 평형과 수소 결합 반응계이다(그림 5.20). 2-나프톨(2-Naphthol, ArOH로 표시)은 산성이 강한 수용액 중에서는 ^{1}ArOH* ($^1\pi,\pi^*$)로부터의 형광을 360 nm에서 방출한다. 바닥 상태에서 양성자 해리가 일어나지 않는 산도 범위 내에서 용액의 *p*H을 증가시키면, 양성자가 해리된 $^1ArO^{-*}$로부터의 형광을 420 nm에서 관찰할 수 있게 된다. 이 현상은 2-나프톨의 pK_a가 바닥 상태보다 S_1 ($^1\pi,\pi^*$)에서 상당하게 낮다는 것을 보여주는 증거이다. 표 5.2에 몇 가지 분자들의 산도 (pK_a)를 표시하지만, S_0 및 T_1에 비하여 S_1의 산도가 크게 다르다는 것을 알 수 있을 것이다.

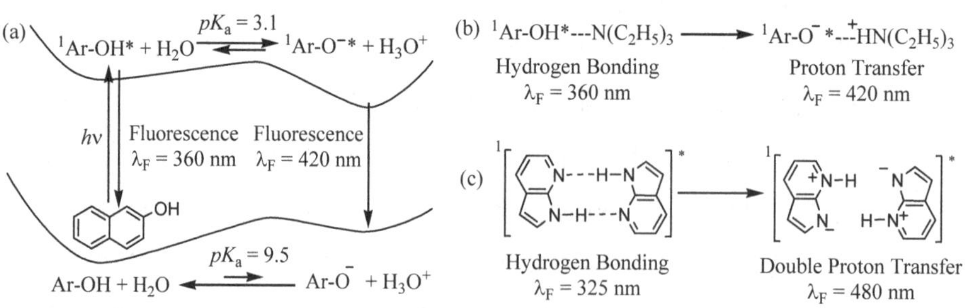

그림 5.20 (a) 수용액 중에서의 2-나프톨의 산 해리 평형. (b) 2-나프톨-트라이에틸아민 수소 결합체의 광유발 양성자 이동. (c) 7-아자인돌(7-Azaindole) 수소 결합 이합체의 광유발 이중 양성자 이동.

표 5.2 들뜬 상태에서의 산-염기 평형 상수 (pK_a)

산-염기 평형	바닥 상태 (S_0)	들뜬 단일항 상태 (S_1)	삼중항 상태 (T_1)
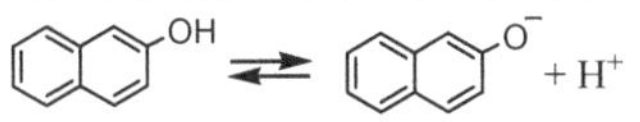	9.5	3.1	7.7 – 8.1
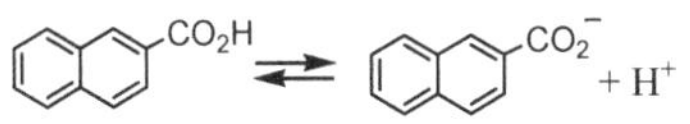	4.2	10 – 12	4.0 – 4.2
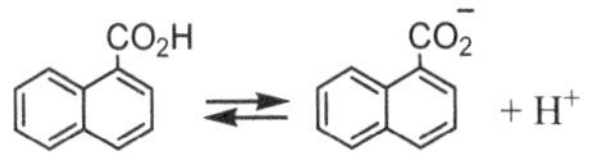	3.7	10 – 12	3.8 – 4.6
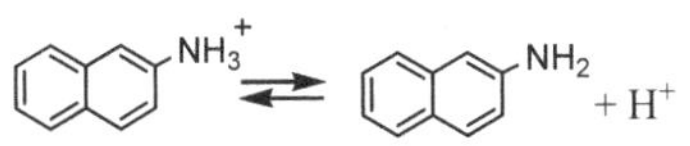	4.1	–2	3.31 – 3.3
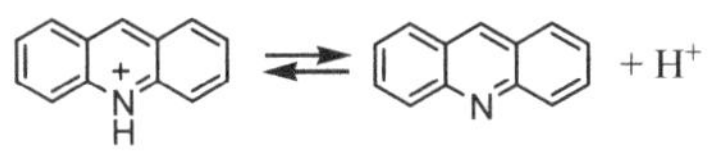	5.5	10.6	5.6

2-나프톨은 벤젠과 같은 비극성 용액 중에서 트라이에틸아민(Triethylamine)과 수소 결합($ArOH \cdots NR_3$)을 하고 있으며 그 들뜬 단일항 상태($^1ArOH^* \cdots NR_3$)는 360 nm에 형광을 나타내지만, 그 형광 과정과 경쟁하여 2-나프톨로부터 트라이에틸아민에 양성자가 이동하여 들뜬 상태의 이온쌍 $^1[ArO^- \cdots {}^+HNR_3]^*$이 생성된다. 이 이온쌍은 420 nm에 형광을 방출한다. 7-아자인돌(7-Azaindole)은 탄화수소 용액 중에서 수소 결합 이합체를 형성하고 최대 흡수가 약 10 nm 정도 장파장 쪽으로 이동한다. 그러나 이 반응계의 형광은 150 nm나 장파장 쪽으로 크게 이동한다. 이것은 S_1에서 두 개의 양성자가 동시에 이동하였기 때문이라고 생각되고 있다.

나프토발렌(Naphthovalene) 및 듀와 나프탈렌(Dewar Naphthalene)은 높은 분자 변형을 가진 화합물이다. 이 분자들의 용액에 빛을 조사하면 나프탈렌의 형광이 나타난다. 즉 식 (5.23)와 같은 단열적 과정이 진행하여 나프탈렌의 들뜬 단일항 상태가 생성되었다는 것을 보여준다. 그러나 이 단열 과정과 경쟁적으로 바닥 상태 나프탈렌이 생성하는 비단열 과정이 우선적으로 일어나기 때문에 S_1 생성물(들뜬 단일항 나프탈렌)의 생성 양자 수득률은 높지 않다.

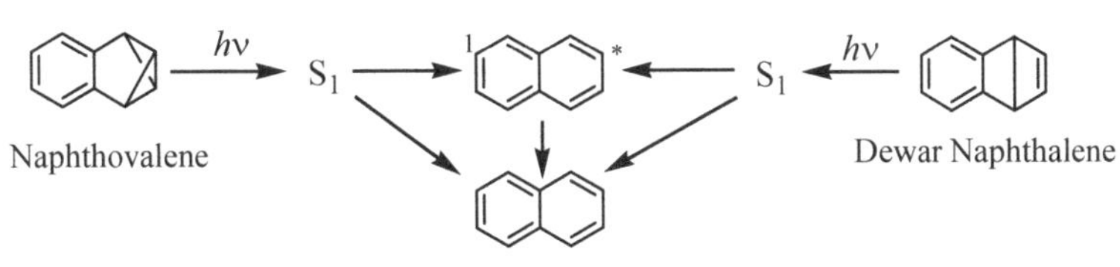

(5.23)

들뜬 상태 분자로부터 들뜬 복합체가 형성되는 과정은 그 자체가 단열 과정이지만, 그림 5.21은 출발 들뜬 복합체로부터 들뜬 상태를 유지하면서 생성물의 들뜬 복합체에 이르는 단열 반응이다. 방향족 나이트릴 (ArCN)을 감광제로 사용하면 헥사메틸듀와벤젠(Hexamethyldewarbenzene, HMD)이 효율 좋게 헥사메틸벤젠(HMB)으로 이성질화한다 ($\Phi_R \approx 1.0$). 이 감광 반응에서는 ArCN의 형광이 HMD에 의해 확산 지배적으로 소광되면서 장파장 쪽에 새로운 발광이 나타난다. 이 발광은 ArCN와 생성물인 HMB과의 들뜬 복합체 ($^1[ArCN^{\delta-}\ HMB^{\delta+}]^*$ = EX2)의 발광과 동일하다. 즉 이 광화학 반응에서는 S_1의 ArCN가 HMD와 들뜬 복합체 ($^1[ArCN^{\delta-}\ HMD^{\delta+}]^*$ = EX1)을 형성한 다음 들뜬 상태를 유지하면서 HMD가 HMB에 이성질화하여 새로운 EX2가 생성한다. 즉 단열 과정 (a)가 진행했다는 것을 알 수 있다. 과정 (a)와 경쟁하여 EX1이 바닥 상태 에너지 표면에 떨어져 생성물 HMB가 직접 생성하는 비단열 과정 (b)도 일어난다. 그 결과 단열 과정 (a)가 일어나는 양자 수득률은 감광제에 따라 변화하여 최고 ~0.5에 이른다.

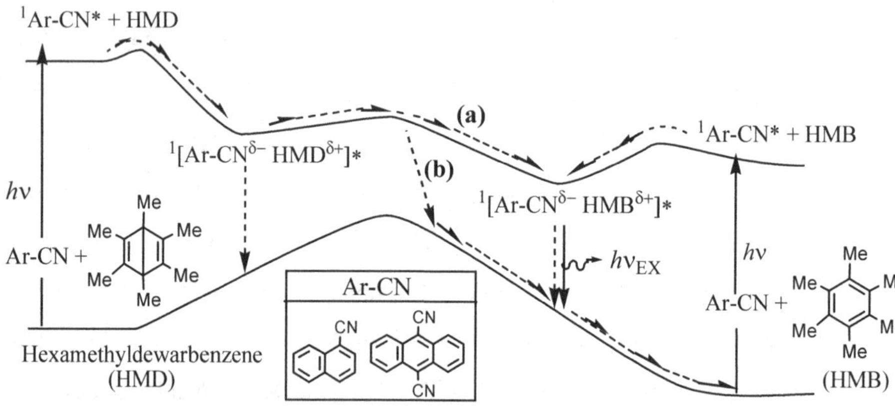

그림 5.21 방향족 나이트릴(Ar−CN)에 의한 헥사메틸듀와벤젠(HMD)의 핵사메틸벤젠(HMB)으로의 EX 감광 이성질화 반응. (a): EX 단열 과정. (b): 비단열 과정 (Me = CH_3).

5.2.7 고리생성 광이합체화 반응(Photocyclodimerization Reaction)

불포화 화합물이 고리를 형성하면서 이합체화하는 광화학 반응은 광화학에서의 일반적인 반응 형식의 하나이다. 이미 그림 3.13 및 그림 3.23에서 들뜬 이합체를 경유하는 안트라센의 광이합체화, 그리고 그림 3.24 및 그림 5.14에서 들뜬 상태 전자 이동에 의한 고리형성 이합체화 반응에 대하여 설명하였다. 여기서는 직접 광흡수 또는 삼중항 감광에 의한 이합체화 반응, 그리고 고체 상태에서의 광화학 반응을 설명하겠다. 제일 많은 반응 형식은 사이클로뷰테인 고리 생성 반응이다.

$$M + M \xrightarrow{h\nu \text{ or } h\nu/\text{Sens}} {}^1M^* \text{ or } {}^3M^* + M \longrightarrow \text{Cyclodimer}$$

(i) 직접 광흡수에 의한 반응

표 5.3에 C=C 결합을 가진 대표적 화합물의 광흡수 파장과 들뜸 에너지를 실었다. 에틸렌과 뷰타다이엔 및 그 단순한 유도체들은 250 nm 이하의 단파장 쪽에서만 광흡수를 보여주고, 형광도 거의 관찰할 수 없으며 또한 $S_1 \rightarrow T_1$ 계간 교차도 일어나지 않는다. 따라서 이러한 화합물들의 광화학 반응을 직접 광흡수로 실행하기가 사실상 어렵기 때문에 반응 예는 매우 적다. 식 (5.24a)은 (*Z*)-2-뷰텐을 액체 상태에서 카드뮴 램프를 사용하여 225.8 nm의 빛을 조사한 반응이다. 올레핀의 입체화학을 유지한 입체특이적 반응이 S_1에서 진행했다는 것을 보여주고 있다.

표 5.3 탄소-탄소 이중 결합을 가진 화합물의 광흡수 파장과 들뜸 에너지

화합물	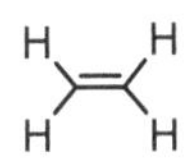	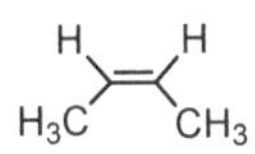	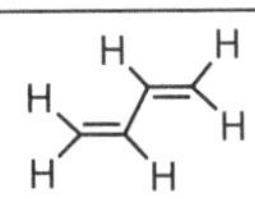		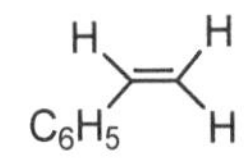	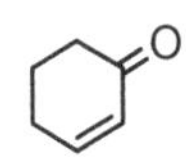
λ_{abs}[a]/nm	~180	~200	217	250	290	~310[d]
E_S[b]/kJ mol^{-1}	740	579	~500	407	410	~330
(kcal mol^{-1})	(176)	(138)	(~120)	(97)	(98)	(~79)
E_T[c]/kJ mol^{-1}	~344	328	~250	218	259	~270[e]
(kcal mol^{-1})	(~82)	(78)	(~60)	(52)	(62)	(~65)

[a] 광흡수 파장. [b] 들뜬 단일항 상태 에너지. [c] 삼중항 상태 에너지. [d] n,π* 전이. [e] ^{3}π,π* 상태.

반면에 250 nm 이상의 빛을 흡수할 수 있는 화합물의 경우 각종 광원을 이용할 수 있기 때문에 많은 연구가 이루어졌다. 여기서는 대표적 예만 소개하도록 한다. 식 (5.24b~f)은 방향족 올레핀 및 유라실(Uracil) 유도체의 이합체화 반응이다. 일반적으로 생성물은 두 개 이상 생성된다. 고리 구조를 가진 불포화 화합물이 이합체화 반응을 했을 때에는 그 두 고리의 방향이 같은 **신 구조**(*Syn* Structure)와 고리 방향이 반대인 **안티 구조**(*Anti* Structure)의 생성물이 가능하다. 또한 반응물이 C=C 결합에 관하여 비대칭 구조를 가진 반응물의 경우 이합체화 고리형성 방향은 머리-머리(Head-to-Head, 이하 *H*-*H*라 함) 및 머리-꼬리(Head-to-Tail, 이하 *H*-*T*라 함)의 두 개가 가능하다. 분자가 직접 빛을 흡수하면 S_1 상태로 올라가기 때문에 그로부터 반응이 진행하는 경로를 우선 생각해야 하지만, 계간 교차를 한 후 T_1을 경유하여 생성물에 이르는 경로도 가능하다. 이합체화 반응의 입체화학적 특징을

반응 메커니즘과 관련시키면서 식 (5.24b~f)을 예로 들어 설명하겠다.

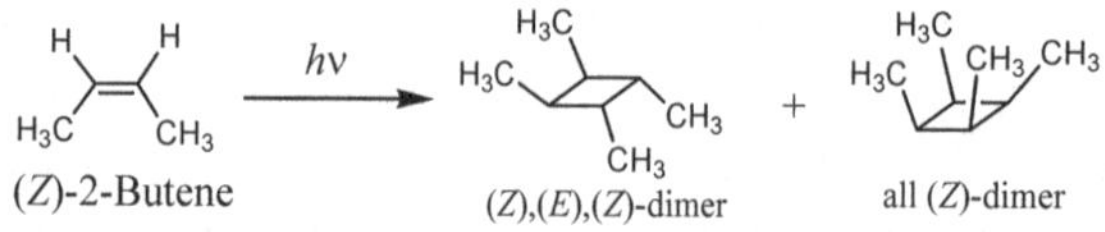

(5.24a)

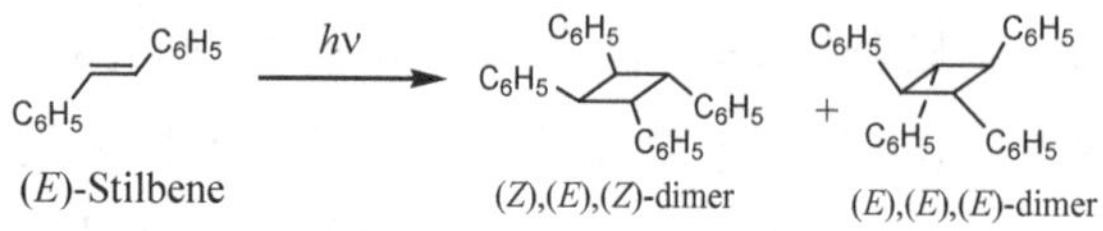

(5.24b)

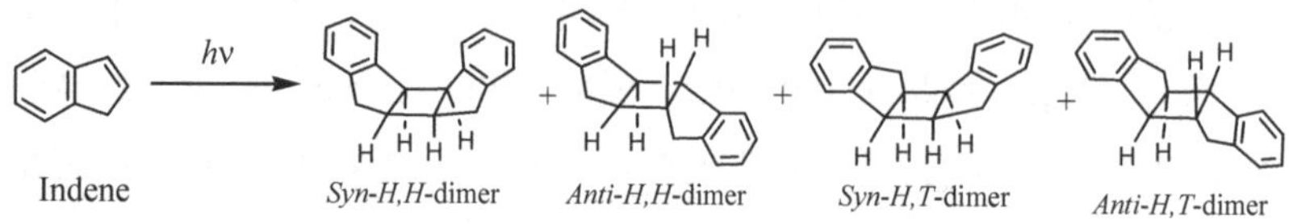

(5.24c)

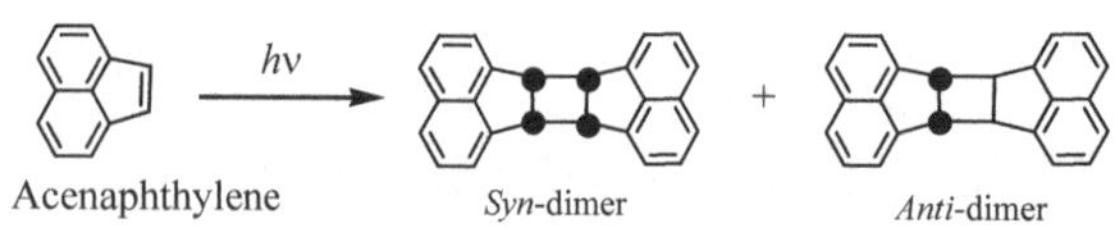

(5.24d)

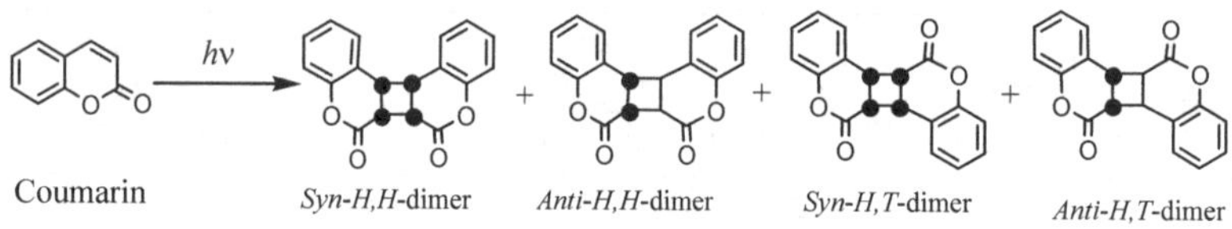

(5.24e)

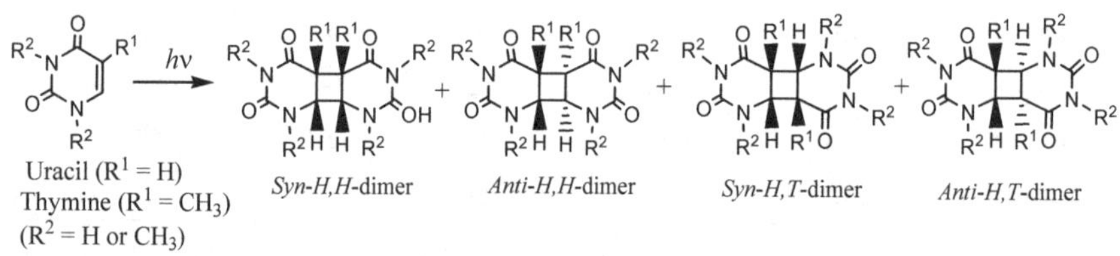

(5.24f)

1. 신 머리 · 머리 이합체

이 이합체는 일반적으로 들뜬 이합체를 경유하여 생성하는 경우가 많다($^1M^*$ + M → $^1[M•M]^*$ → *Syn–H,H*–Dimer). 신 구조는 안티 구조보다 입체 장애가 보다 크기 때문에 신 이합체의 생성은 입체화학적으로는 불리하다. 그러나 분자간 π,π–상호작용에 의해 안정화된 들뜬 이합체가 관여하면 반응의 엔트로피적 조건이 크게 완화됨으로써 오히려 우선적으로 진행되게 된다. *Syn–H,H* 이합체의 비율은 반응물의 농도가 높아짐에 따라 증가한다. 또한 농도가 매우 높은 조건하에서는 바닥 상태에서 분자간 집합이 생기는 가능성이 있으며, 이러한 상황에서 분자가 들뜬 상태로 되면 즉시 들뜬 이합체로 넘어갈 수 있다. 스틸벤(Stilbene)은 S_1에서 매우 빠르게 이성질화한다(5.2.1(ii) 참조). 그러나 식 (5.24b)의 반응은 그 빠른 이성질화와 경쟁하여 진행한다. 따라서 분자간 집합이 관여한 가능성이 큰 것으로 이해되고 있다. 식 (5.24d)의 반응에 있어서 분자간 집합이 관여한 가능성이 지적되고 있다. 또한 식 (5.24f)의 경우 얼린 수용액에서 반응시키면 *Syn–H,H* 이합체가 선택적으로 얻어진다. 한편 균일 용액 중에서는 네 개 이성질체가 모두 생성한다. 유라실($R^1 = R^2 = H$)과 타이민(Thymine; $R^1 = CH_3$, $R^2 = H$) 그리고 그들의 유도체 ($R^2 = CH_3$)들의 경우 얼음 속에서 쌓임 상태의 집합체가 존재하는 가능성이 높다. 이 반응은 DNA 자외선 손상의 모델 반응이다. DNA가 자외선을 맞으면 손상되고 그 기능을 잃어버린다. 그 주된 원인의 하나는 DNA 분자 중에서 쌓임 상태에 있는 인접 피리미딘 염기가 자외선에 의해 이합체화를 하는 반응이라고 생각되고 있다.

2. 안티 머리 · 머리 이합체

이 이합체는 삼중항 상태를 경유했을 때 우선적으로 생성하는 경우가 많다 ($^3Sens^* + M + M \rightarrow Sens + {}^3M^* + M \rightarrow$ Triplet 1,4–Biradical ↑•M–M•↑ → *Anti–H–H* Dimer). 삼중항 상태에서의 이합체화 반응에 있어서는 삼중항 1,4–쌍라디칼의 역할이 중요하다(5.2.2 참조). 두 분자가 접근할 때 신 방향보다 입체 장애가 적은 안티 방향이 훨씬 유리하다. 또한 쌍라디칼의 홀전자가 이에 인접하고 있는 π–전자계와 짝지음하고 있는 구조, 즉 *H,H*–구조가 가장 안정하다(아래 그림 참조). 식 (5.24c ~ e)에서 벤조페논을 감광제로 하여 반응시키면 *Anti–H,H* 이합체가 주로 생성한다. 식 (5.24c)의 경우 *Anti–H,H* 이합체가 수득률 84% 및 $\Phi_R = 0.9$로 생성한다. 또한 식 (5.24d)의 경우 1–브로모프로페인 중에서 반응시키면, *Anti* 이합체가 주로 생성하게 된다. 이것은 용매의 Br 원자로 인한 외부 중원자 효과에 의해 $S_1 \rightarrow T_1$ 계간 교차가 촉진된 결과라고 이해된다. 이러한 사실은 T_1에서의 이합체화에서는 들뜬 이합체의 관여가 없거나 또는 π,π–상호작용에 의한 안정화가 중요하지 않다는 것을 보여주고 있다.

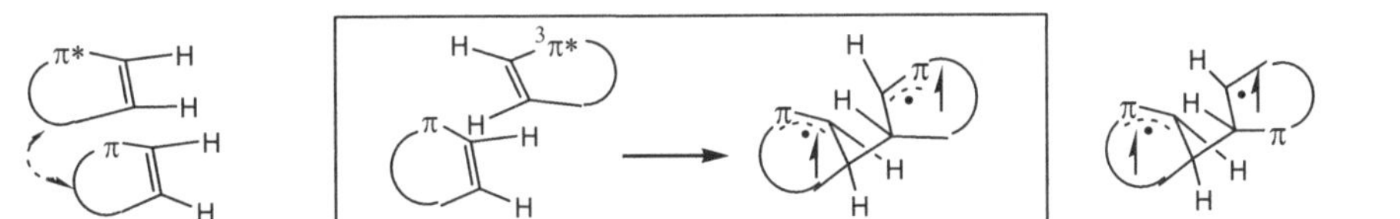

Syn Approach Sterically More Hidered | *Anti* Approach Sterically Less Hidered | π-Conjugation-Stabilized *H-H* 1,4-Biradical | *H-T* 1,4-Biradicals with Less π-Conjugation

3. 머리 · 꼬리 이합체

주된 과정이 아니다. 들뜬 단일항 상태에서 신 *H,T* 배열을 가진 들뜬 이합체가 형성된다고 가정하면 신 *H,T*–이합체의 생성을 설명할 수 있다. 그러나 이 비대칭

배열을 가진 들뜬 이합체는 신 *H,H*-들뜬 이합체보다 안정화 될 수 없다. 또한 삼중항 상태에서 안티 *H,T*-1,4-쌍라디칼이 생성할 가능성이 있으나, 그것은 안티 *H,H*-쌍라디칼보다 불안정한 것은 명백하다.

(ii) 삼중항 상태에서의 이합체화 반응

표 5.3에서 보여주듯이 단순 올레핀의 T_1 에너지는 벤젠($E_T \approx 340$ kJ mol^{-1}; ~81 kcal mol^{-1}) 또는 아세톤($E_T \approx 330$ kJ mol^{-1}; ~79 kcal mol^{-1})와 비슷하다. 1,3-다이엔 및 방향족 올레핀의 E_T는 전형적인 삼중항 감광제인 아세토페논($E_T \approx 310$ kJ mol^{-1}; ~74 kcal mol^{-1}) 또는 벤조페논($E_T \approx 290$ kJ mol^{-1}; ~69 kcal mol^{-1})보다 낮다. 따라서 이러한 감광제를 사용하면 올레핀들의 삼중항 감광 반응을 수행하는 것이 가능하다. 그러나 식 (5.25a)에 보여주듯이 아세톤을 감광제로 한 사이클로뷰텐(n = 1) 및 사이클로펜텐(n = 2)의 반응은 이합체를 일부 줄 뿐이며 복잡한 부산물이 생긴다. 단순 올레핀의 경우 삼중항 에너지가 높기 때문에 여러가지 반응들이 경쟁적으로 일어날 수 있다. 또한 카보닐 화합물을 감광제로 했을 때 올레핀으로부터 수소를 빼내는 반응이 진행되고 복잡한 생성물이 생긴다. 한편 빼낼 수 있는 수소가 없는 비닐렌 카보네이트(Vinylene Carbonate) 및 굳은 구조를 가진 노보넨(Norbornene)은 아세토페논 삼중항 감광 반응에 의해, 이합체를 비교적 효율 좋게 생성한다(식 (5.25b, c)).

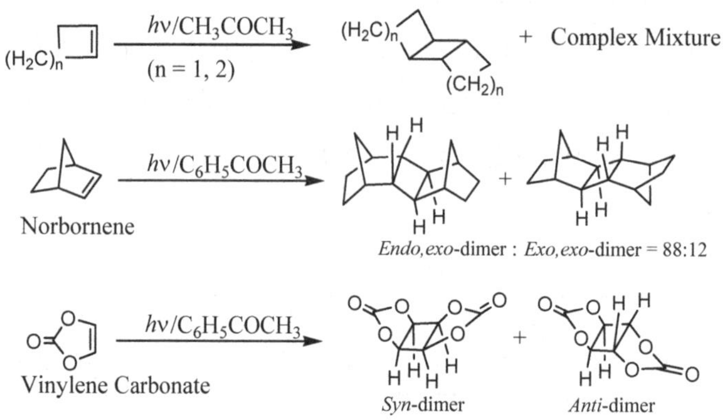

(5.25a)

(5.25b)

(5.25c)

1,3-다이엔의 경우 그 고리화 이합체 반응은 [$_\pi2+_\pi2$], [$_\pi2+_\pi4$], [$_\pi4+_\pi4$]의 세 형식이 가능하지만 일반적으로 [$_\pi2+_\pi2$] 첨가 반응이 우선적으로 진행한다. 1,3-사이클로헥사다이엔(1,3-Cyclohexadiene)은 아세토페논을 삼중항 감광제로 사용한 반응에 의하여 두 개 [$_\pi2+_\pi2$] 이합체((*E*)(*E*)(*Z*)- 및 (*Z*)(*E*(*Z*)-이성질체)와 한 개의 [$_\pi2+_\pi4$] 이합체가 12:3:5의 비율로 생성되며, 그 전체 수득률은 92%이다(식

(5.26a)). 식 (5.26b)은 1,3-뷰타다이엔(1,3-Butadiene)의 삼중항 감광 이합체화 반응(Triplet-Sensitized Dimerization)이며, 생성물의 비율은 감광제의 삼중항 에너지(E_T)에 의존한다. $E_T > 250$ kJ mol^{-1} (60 kcal mol^{-1})의 감광제를 사용하면 1,2-다이비닐사이클로뷰테인(1,2-Divinylcyclobutane)이 전체 이합체의 90%를 차지한다. 그러나 E_T가 그보다 낮아져 가면 이 생성물의 비율이 감소해 가며 $E_T \approx 210$ kJ mol^{-1} (50 kcal mol^{-1})에서는 40%까지 떨어진다. 이 현상은 뷰타다이엔의 중심 단일 결합에 관한 회전 형태, 즉 *s-trans* 형태와 *s-cis* 형태에 기인한 것으로 다음과 같이 설명되고 있다. (1) 바닥 상태에서는 *s-trans*와 *s-cis* 사이에 평형이 존재하고, 그 평형은 *s-trans*쪽에 편재하고 있다. (2) 삼중항 상태에서 평형은 존재하지 않는다. 즉 ^{3}*s-trans**와 ^{3}*s-cis**은 독립적으로 존재한다. (3) ^{3}*s-trans**부터는 사이클로뷰테인 구조의 이합체가, 한편 ^{3}*s-cis**부터는 사이클로헥센 구조의 이합체가 생성한다. (4) E_T(*s-trans*) = ~250 kJ mol^{-1} & E_T(*s-cis*) = ~210 kJ mol^{-1}이므로 삼중항 감광제의 E_T가 250 kJ mol^{-1}이상이면 *s-trans* 및 *s-cis*으로의 에너지 이동이 같은 속도 상수로 진행한다. 그러나 바닥 상태에서는 *s-trans* 농도가 훨씬 높기 때문에 ^{3}*s-trans**가 압도적으로 생기고, 결과적으로 사이클로뷰테인 이합체가 주생성물이 된다. 한편 E_T가 210 ~ 250 kJ mol^{-1} 사이에서는 *s-trans*으로의 에너지 이동 속도가 E_T의 감소에 따라 낮아지고, ^{3}*s-cis**가 생성되는 비율이 증가한다.

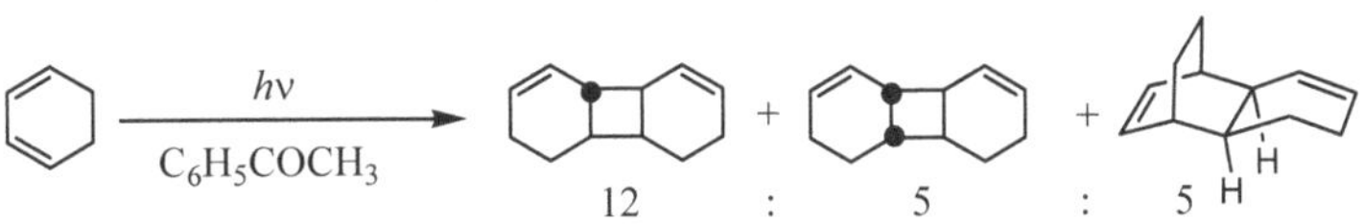

(5.26a)

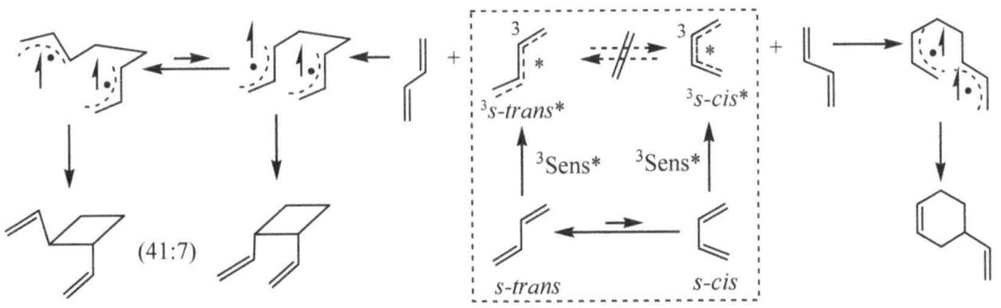

(5.26b)

탄소-탄소 이중 결합이 카보닐기와 짝지음하고 있는 엔온(Enone) 및 퀴논(Quinone)도 이합체화 반응을 한다. 엔온은 장파장에 ^{1}n,π*-전이에 의한 흡수를 보여주며, 제일 낮은 삼중항 상태는 ^{3}π,π*이고 그보다 에너지적으로 높은 ^{3}n,π*가 존재한다. 아이소포론(Isophorone)의 용액을 광조사하면 삼중항 상태로부터 *Anti-H-T* (*H-T*) 및 *Anti-H-H* (*H-H*) 이합체가 생성한다. 그 생성 비율(*H-T*:*H-H*)과 반응 효율은 용매에 따라 크게 변화한다(식 (5.27a)). 이 용매 의존성에 대하여 다음과 같은 설명이 제기되고 있다. 바닥 상태에서 엔온의 분자 쌍극자($^{\delta+}C{=}C{-}C{=}O^{\delta-}$)에 기인한 분자간 집합이 있어, 그것이 용매의 극성에 의존하여 생성물 분포와 효율에 영향을 주고 있다. 또한 용매의 극성에 따라 서로 접근하여 존재하는 $^3n,\pi^*$와 $^3\pi,\pi^*$의 관여 정도가 변화하여 다른 반응 거동을 보여주게 된다.

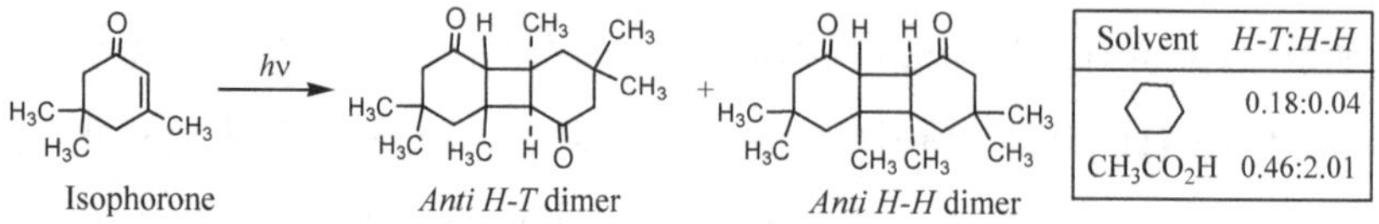

(5.27a)

퀴논은 400 ~ 450 nm에서 가시광선을 흡수할 수 있어 20세기 초부터 태양광을 맞으면 화학 변화를 하는 전형적인 물질로 알려져 왔다. 그 반응의 일부는 이합체화이며, 삼중항 상태로부터 진행된다고 이해되고 있다. 식 (5.27b)은 그 전형적인 예들이다.

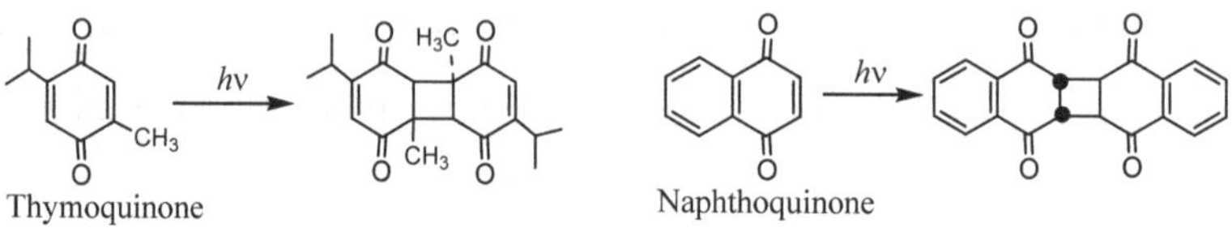

(5.27b)

(iii) 고체 상태에서의 광이합체화 반응

신남 산(Cinnamic Acid)은 용매와 온도 등 재결정 조건에 따라 α−, β−, γ−형태의 결정이 생성된다. 하나의 물질이 형성하는 복수의 결정 형태를 **다형**(Polymorph)이라 한다. α− 또는 β−결정의 분말에 자외선을 쪼이면, 각각 트룩실산(Truxylic Acid) 또는 트룩신산(Truxinic Acid)이라고 명명된 이합체가 효율 좋게 또한 선택적으로 생성된다(식 (5.28)). 한편 γ−결정은 이합체화 반응을 하지 않는다. 즉 결정 구조에 따른 반응성을 보여준다. α− 및 β−결정에서는 분자들은 각각 *H–T* 및 *H–H*의 배열 상대로 존재하고 있으며, 또한 C=C 결합 중심 간의 거리가 각각 3.6 ~ 4.1 Å 및 3.9 ~ 4.1 Å이다. 반면에 γ−결정의 경우 분자간 거리가 4.7 ~ 5.1 Å에 달한다. 유기 고체의 광화학적 이합체화 반응에 대한 체계적인 연구에 의하여, C=C 결합 중심의 분자간 거리가 4 Å 이내이면 사이클로뷰테인 고리가 형성할 수 있는 반면에, 그보다 먼 거리이면 분자간에서 결합을 형성할 수 없다는 것이 밝혀졌다. 이렇게 결정 상태, 즉 분자의 배치 상태에 따른 화학을 **위상화학**(Topochemistry)이라 한다. 결정 상태에서는 분자는 일정한 배열 구조를 가지고 있으며 또한 분자 운동은 고도로 제한되고 있기 때문에, 분자간 거리 또는 분자간 상호 배치 관계의 미묘한 차이가 반응성에 결정적 영향을 미친다.

마찬가지로 치환기(R)가 2-퓨릴(2-Furyl), 2-싸이에닐(2-Thienyl), 또는 3-피리딜(3-Pyridyl)인 (*E*)-3-R-아크릴산((*E*)-3-R-Acrylic acid)도 결정 상태에서 광조사하면 트룩신산 형의 이합체를 생성한다. R = 2-싸이에닐의 경우 그 결정 구조가 β-결정형이라는 것이 알려져 있다. 또한 식 (5.29)에 볼 수 있듯이 뮤콘산(Muconic Acid)의 (*E*),(*E*)- 또는 (Z),(Z)-이성질체를 각각 결정 상태에서 광화학 반응시키면, 그 입체구조를 유지한 *H*-*H*-이합체가 선택적으로 생성된다. 한편 용액 상태에서 (*E*),(*E*)-뮤콘산을 광화학 반응시키면 *H*-*H*-이합체와 *H*-*T*-이합체의 혼합물을 생성한다. 이 외에도 많은 반응들이 알려져 있으며 일반적으로 결정 구조를 반영하는 선택적 반응이 진행된다.

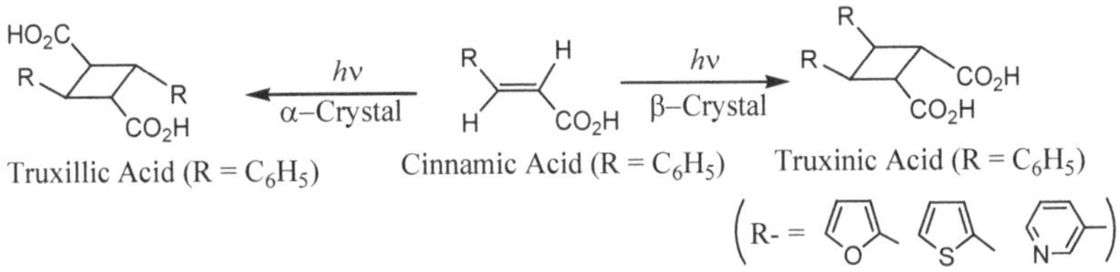

(5.28)

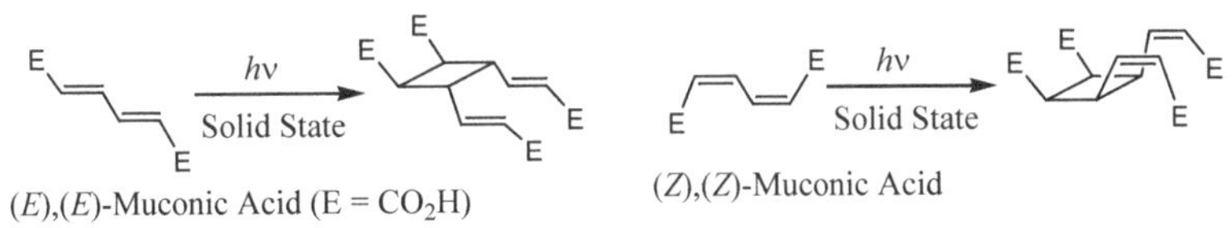

(5.29)

Chapter_06

각종 발색단에 따른 광화학 반응

지금까지 들뜬 상태 분자의 성질에 기초하여 광화학의 기본 원리와 광화학 반응의 기본 형식에 관해서 설명하였다. 여기에서는 이제까지 언급 않았던 광화학 반응 중에서 주요 발색단의 특징적 광화학 반응, 주로 일분자적 반응의 기본 형식에 대하여 설명한다.

6.1 | 올레핀 및 폴리올레핀

6.1.1 에틸렌의 알킬 유도체

올레핀(Olefin)의 기초 분자인 에틸렌의 π,π^* 전이에 관하여 2.1절에서 설명하였다. 기체 상태의 에틸렌에 관한 분광학적 연구에 의하면 π,π^*–전이는 162 nm에서 $\varepsilon \approx 10^4$로 나타나지만, 그보다 장파장 쪽 174 nm에서 $\varepsilon \approx 10^3$의 π,R(3s)–전이(π,R(3s)-Transition)가 있다는 것이 밝혀졌다. π–궤도함수의 전자가 3s–궤도함수에로 전이하는 것을 π,R(3s)–전이라 하며, 이러한 상태를 **리드베리 상태**(Rydberg State)라 한다. 3s 궤도함수는 분자 사이즈보다 크기 때문에 (r = 2.1 Å), π,R(3s) 상태에서는 양전하를 가진 분자 주위를 들뜬 전자가 원 운동하고 있는 것으로 나타낼 수 있다(표 6.1 오른쪽 그림 참조). 표 6.1에 대표적 단순 올레핀의 전자 상태와 들뜸 에너지를 정리하였다. C=C 결합에 치환된 메틸기의 수가 증가됨에 따라 π,π^*–

전이와 π,R(3s)–전이는 동시에 장파장으로 이동하지만, 후자의 이동 정도가 보다 크다. 이 올레핀들에 있어서 S_1은 π,R(3s) 상태이며, 그로부터 매우 약한 형광이 나타난다($\Phi_F \leq 10^{-5}$). 한편 T_1은 $^3\pi,\pi^*$이다.

표 6.1 단순 올레핀의 들뜬 상태와 그 에너지 (E_{ex}) 및 흡수 파장 (λ_{abs})

올레핀	S_2 ($^1\pi,\pi^*$)		S_1 (π,R(3s))		T_1 ($^3\pi,\pi^*$)
	E_{ex}/kJ mol^{-1}	λ_{abs}/nm	E_{ex}/kJ mol^{-1}	λ_{abs}/nm	E_{ex}/kJ mol^{-1}
$H_2C{=}CH_2$	735	162	688	174	418
$CH_3CH{=}CH_2$	693	173	638	184	414
$CH_3CH{=}CHCH_3$	688	175	592	204	408
$(CH_3)_2C{=}C(CH_3)_2$	638	188	537	230	397

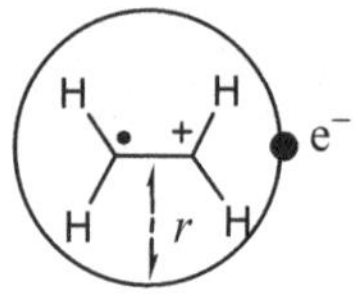

π,R(3s)

(i) 직접 광조사에 의한 반응

기체 상태의 에틸렌에 진공 자외선을 쪼이면 매우 복잡한 분해 반응이 진행된다. 프로펜과 뷰텐도 복잡한 광화학적 거동을 보여준다. 사이클로옥텐(Cyclooctene)은 펜테인 용액에서 저압 수은등의 184.9 nm의 빛을 쪼이면 (*E*)–(*Z*) 이성질화 반응이 진행된다. 광정지 상태에서의 (*E*):(*Z*) 비율은 ~1:1이며, (*E*)–이성질체의 수득률은 20 ~ 30% 정도이다. 그러나 부산물이 생성되기 때문에 긴 시간 광조사해도 수득률은 늘어나지 않는다. 사이클로헵텐(Cycloheptene)도 이성질화 반응을 하지만, (*E*)–이성질체는 –10 ℃에서 23분의 반감기를 가진 불안정한 분자이기 때문에 분리할 수가 없다. 이 이성질화 반응은 $^1\pi,\pi^*$ 상태로부터 진행되었다고 추정할 수 있으나 메커니즘은 밝혀져 있지 않는다.

2,3–다이메틸–2–뷰텐(2,3-Dimethyl-2-butene)은 펜테인 용액에서 253.7 nm의 빛을 조사하면, 식 (6.1)과 같은 메틸기의 재배열 반응이 주로 일어난다. 표 6.1에서 알 수 있듯이 이 올레핀이 253.7 nm의 빛을 흡수하면 π,R(3s) 상태가 이루어지고, 분자는 탄소 양이온의 성질을 갖게 된다. 탄소 양이온의 화학에서 알킬기가 1,2-이동한다는 것은 잘 알려져 있다. 즉 π,R(3S) 상태에서 메틸기가 1,2-이동하고, 그와 동시에 전자 재배열이 일어난 결과 카벤(Carbene)이 생긴다. 그 후 (a) 수소의 1,2-이동에 의해 매틸기가 재배열된 올레핀이, 또한 (b) 카벤의 C–H 삽입 반응에 의해 사이클로프로페인 생성물이 생성된다. 한편 말단 올레핀 생성 과정 (c)는 메틸기(CH_3)로부터 양성자가 이탈한 후 양성자가 이중 결합 탄소에 첨가하여 진행된다. 식 (6.1)에 보여준 π,R(3S)의 반응은 알킬기로 치환된 올레핀에 있어서 일반적으로

일어난다(식 (6.2) 참조). 한편 메탄올에서 알킬기로 치환된 올레핀에 광조사하면 식 (6.3)과 같은 메탄올의 친핵성 첨가 반응이 주로 진행되고, 식 (6.1)와 같은 카벤을 경유한 반응은 일어나지 않는다. 이 반응은 π,R(3S) 상태가 양이온의 성질을 갖는다는 전자적 성질로부터 합리적으로 이해할 수 있다.

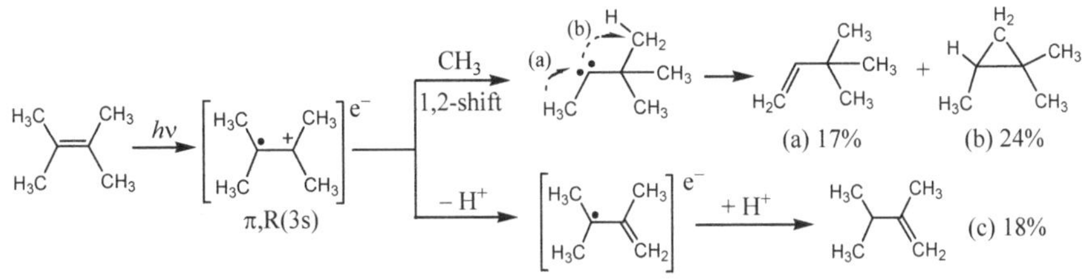

(6.1)

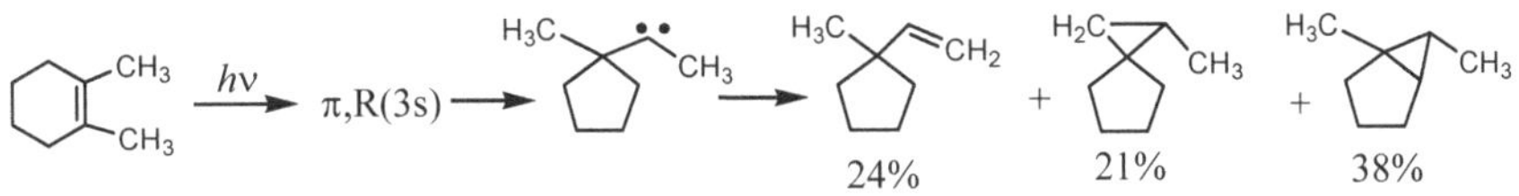

(6.2)

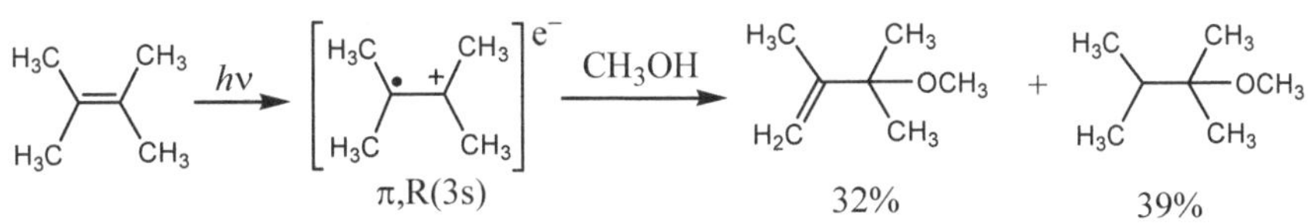

(6.3)

(ii) 감광 반응

표 6.1에서 알 수 있는 바와 같이 단순 올레핀의 T_1 에너지(E_T)는 395 kJ mol^{-1} (94 kcal mol^{-1}) 이상이다. 사실상 이보다 삼중항 에너지가 높은 감광제는 거의 없지만, E_T가 높은 벤젠(353 kJ mol^{-1}) 또는 아세톤(336 kJ mol^{-1})은 2–펜텐의 (*E*)-(*Z*) 이성질화를 감광한다(식 (6.4)). 아세톤을 감광제로 사용했을 때 고리생성 첨가 반응(옥세테인 생성)이 동시에 일어난다. 반응 메커니즘에 관한 상세한 해석에 의하면 이러한 감광 반응은 삼중항은 들뜬 복합체를 경유한다는 것이 밝혀져 있다 (5.2.4 (ii) 참조). 즉 들뜬 복합체가 형성되면 들뜸 공명에 의하여 삼중항 에너지가 단열적으로 올레핀 쪽에 이동하여, 올레핀이 삼중항 상태의 화학 과정에 들어갈 수 있게 된다. 기체 상태의 삼중항 상태 벤젠은 에틸렌과 그의 메틸 치환 유도체에 의하여 소광되고, 그 소광 속도는 메틸기의 수가 늘어날수록 빨라진다. 즉 소광 속도는 올레핀의 전자 주는 능력에 따라 증가한다. 이 현상은 삼중항 벤젠과 올레핀간에서 전하 이동에 의하여 안정화된 들뜬 복합체가 형성된 것으로 이해할 수 있다. 벤젠 외에 *p*–자일렌(*p*–Xylene, E_T = 336 kJ mol^{-1})도 삼중항 감광제로서 작용한다.

$$\mathrm{Sens + M \xrightarrow{h\nu} {}^3Sens^* + M \longrightarrow {}^3[Sens{\bullet}M]^* \longrightarrow Sens + \alpha M' + (1-\alpha)M}$$

$$\mathrm{{}^3[Sens{\bullet}M]^* \equiv {}^3Sens^*{\bullet}M \leftrightarrow Sens{\bullet}{}^3M^* \leftrightarrow Sens^{\delta-}{\bullet}M^{\delta+} \leftrightarrow Sens^{\delta+}{\bullet}M^{\delta-}}$$

들뜸 공명　　　　전하 이동

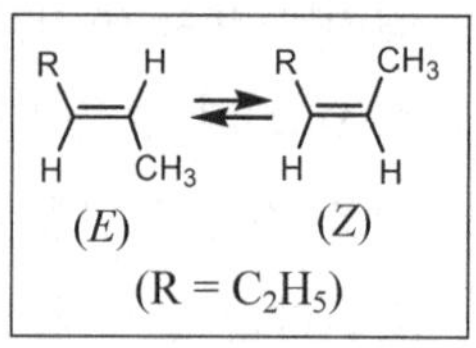

(6.4)

(Sens = Acetone or Benzene; M & M' = (*E*)– or (*Z*)-2-Pentene)

(*Z*)–사이클로옥텐((*Z*)–Cyclooctene)의 경우 감광 이성질화에 의하여 입체적으로 변형이 큰 (*E*)–이성질체가 생성된다. 광정지 상태에서의 (*E*)/(*Z*) 비율은 0.04 ± 0.01 이며, 이 값은 직접 광조사에 의한 들뜬 단일항 상태에서의 (*E*)/(*Z*) 비율(~ 1.0)에 비하여 현저히 낮다. (*E*)–사이클로옥텐은 상온에서 안정하지만 산이 존재하면 (*Z*)–이성질체에 변화한다. 이때 메탄올이 존재하면 메탄올 첨가물이 일부 생성된다. 사이클로헵텐(Cycloheptene) 및 사이클로헥센(Cyclohexene)의 경우, (*E*)–이성질체는 너무 불안정하기에 생성되어도 즉시 (*Z*)–이성질체로 되돌아간다. 그러나 메탄올에서 소량의 황산 존재하에 감광 반응시키면, 메탄올 첨가물이 주로 생성된다(식 (6.5)). 이 첨가 반응은 변형이 매우 큰 (*E*)–이성질체가 우선 생성되고 이어서 양성자가 첨가됨으로써 진행되며, 고리 탄소수가 여섯 개 및 일곱 개의 알킬사이클로알켄 유도체에 있어서 흔히 일어난다. 메탄올 대신에 초산을 사용하면 마찬가지로 아세틸옥시기($CH_3C(O)O$)가 도입된 생성물을 얻을 수 있다.

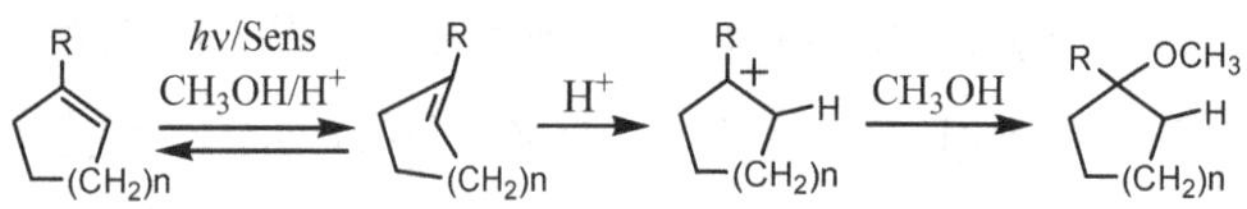

(Sens = *p*-Xylene)

R = CH_3		H	
n		n	
2	3	2	3
93%	51%	69%	59%

(6.5)

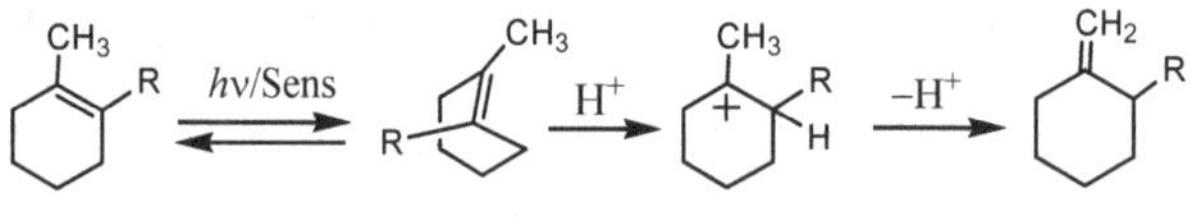

(Sens = *p*-Xylene)　　R = H (70%), CH_3 (95%)

(6.6)

1–메틸사이클로헥센(1–Methylcyclohexene)을 2–프로판올, t–뷰탄올, 에터 중에서 반응시키면, 이중 결합의 이동이 일어나고 *exo*–메틸렌사이클로헥세인(*exo*–Methylene-cyclohexane)이 높은 효율로 생성된다(식 (6.6)). 식 (6.5)의 반응과 마찬가지로 감광 반응에 의하여 (*E*)–이성질체가 생성된 후 양성자의 첨가가 일어난다. 그러나 용매로 사용한 2–프로판올 및 t–뷰탄올들은 친핵적 첨가를 효율적으로 하지 않기

때문에 알코올 분자의 첨가물은 생성되지 않는다. 그 대신 생성된 탄소 양이온에 인접한 메틸기로부터 양성자가 이탈되어 엑소메틸렌(Exo-methylene) 생성물이 생성된다. 이 반응은 고리 밖 이중 결합(Exocyclic Double Bond)을 가진 사이클로헥세인 화합물의 합성법으로 이용될 수 있다.

6.1.2 다이엔 및 트라이엔

1,3–뷰타다이엔은 ~210 nm에 π,π* 최대 흡수를 보여주며(ε ≈ 10^4), 매우 약하지만 254 nm에서도 흡수를 한다. 식 (6.7)은 1,3–뷰타다이엔 용액에 저압 수은등으로 광조사한 반응을 보여준 것이다. 주생성물은 사이클로뷰텐이며(수득률 50%) 부산물로 두 고리 화합물인 바이사이클로[1.1.0]뷰테인(Bicyclo[1.1.0]butane)이 생성한다. 이러한 분자내 고리 닫힘 반응은 1,3–다이엔에 있어서 일반적인 광화학 반응 형식이다.

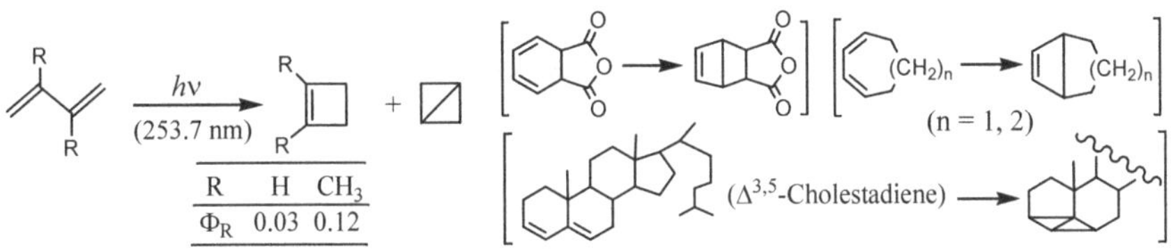

(6.7)

한편 1,3–사이클로헥사다이엔(1,3–Cyclohexadiene, λ_{max} = 250 nm)은 다른 광화학 거동을 보여준다. 즉 C(5)–C(6) 결합이 끊어져 1,3,5–헥사트라이엔이 주로 생성된다. 궤도함수 대칭성 보존 규칙에 따르면 들뜬 상태에서의 [$_{\sigma}2$ + $_{\pi}4$] 고리 열림 반응은 동일방향회전(Conrotatory)에 따라 진행되어야 한다. 식 (6.8)의 α–펠란드렌(α–Phellandrene)의 경우 트라이엔 이성질체가 두 개 생성되며, 반응 온도가 낮아짐에 따라 (*Z*),(*E*)–이성질체의 생성 비율이 늘어난다. 이 결과는 2–프로필기의 수직방향(Axial) 및 수평방향(Equatorial) 형태 사이의 온도에 따른 평형 이동에 의해 일어난 것으로, 또한 온도가 낮아짐에 따라 입체 장애가 적은 수평방향 형태로 평형이 이동한 것으로 이해할 수 있다. 생성된 트라이엔은 광화학적 고리 닫힘을 하여 α–펠란드렌에 되돌아간다.

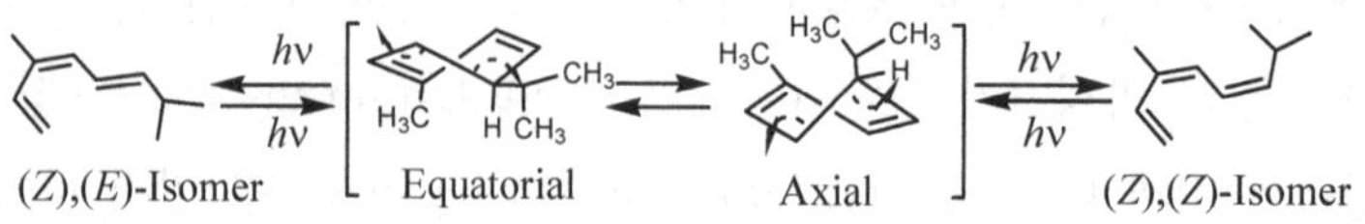

Temp (°C)	(Z,E)/(Z,Z)
−196	29
−110	5.2
30	3.0

(6.8)

이러한 고리 열림 반응은 짝지은 사이클로헥사다이엔 고리를 가진 화합물에서 일반적으로 일어난다. 식 (6.9)의 (*E*)–9,10–다이메틸–$\Delta^{1,3}$–헥살린((*E*)–9,10–Dimethyl–$\Delta^{1,3}$–hexalin, $R^1 = R^2 = CH_3$) 및 그와 동일한 (*E*)–바이사이클로[4.4.0]데카–2,4–다이엔 구조를 가진 화합물은 광흡수에 의하여 (*E*),(*Z*),(*E*)–구조를 가진 트라이엔으로 변화한다. 이어서 트라이엔은 빛의 관여 없이 반대방향회전(Disrotatory) 고리 닫힘 반응을 하여 (*Z*)–바이사이클로[4.4.0]데카–2,4–다이엔을 생성한다. 일련의 화합물에서 R^1 = H 또는 CH_3 및 R^2 = H의 경우 트라이엔의 고리 닫힘 반응은 상온에서 진행되지만, $R^1 = R^2 = CH_3$의 경우에는 130 ℃에 가열할 필요가 있다. 한편 식 (6.10)에 보여주듯이, (*Z*)–9,10–다이메틸–$\Delta^{1,3}$–헥살린의 광화학적 고리 열림 반응은 (*Z*),(*Z*),(*E*)–트라이엔을 생성한다. 이 트라이엔은 그 후의 광화학 반응에 의하여 (*E*)–다이메틸헥살린과 함께 세고리 화합물(Tricyclic Compound)에 이성질화한다. 식 (6.9) 및 식 (6.10)은 사이클로헥사다이엔의 광화학적 고리 열림 반응과 트라이엔의 고리 닫힘 반응이 궤도함수 대칭성 보존 규칙에 따라 입체특이적으로 진행한다는 것을 보여주고 있다.

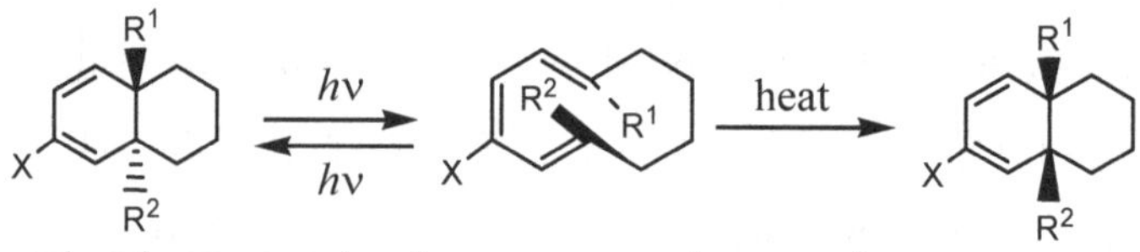

(6.9)

($R^1 = R^2 = X = H$; $R^1 = R^2 = CH_3$, X = H; $R^1 = CH_3$, R^2 = H, X = CH_3O)

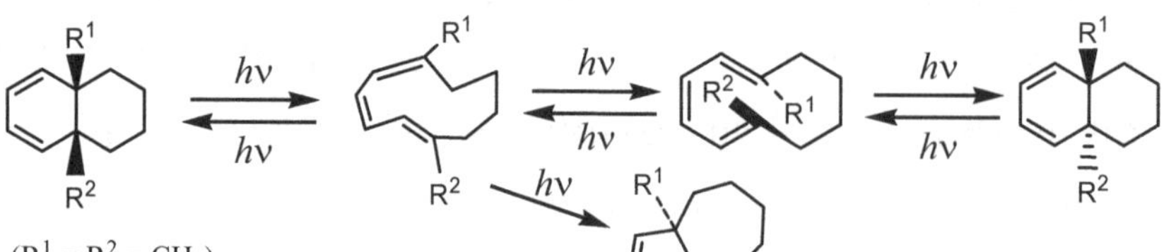

(6.10)

($R^1 = R^2 = CH_3$)

위에서 설명한 광화학적 사이클로헥사다이엔↔트라이엔 변환 반응은 비타민 D(Vitamin D) 화학의 기본이다(식 (6.11)). 사이클로헥사다이엔 구조의 프로비타민 D(Provitamin D)는 자외선에 의해 동일방향 고리 열림 반응을 하여 (Z),(*Z*),(*E*)–트라이엔 구조의 파이로카시페롤(Pyrocarciferol = Previtamin D)을 생성한다. 이 트라이엔에서는 상온에서 빠른 반대면 시그마결합(Antarafacial Sigmatropic) 수소 이동이 진행되어 비타민 D가 생성된다. 이 반응계에서 너무 장시간 빛을 조사하면 비타민 생성물들의 광화학 반응이 진행하여 여러가지 2차 생성물들이 생긴다. 이 생성물들 중에는 알레르기 증상을 일으키는 톡시스테롤(Toxisterol)이란 독성 물질이 존재한다.

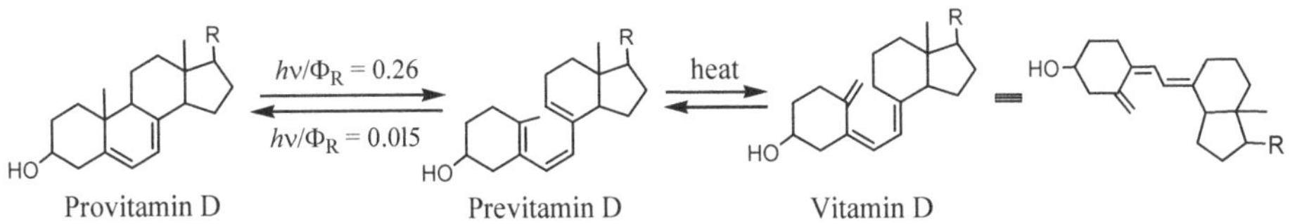

(6.11)

6.1.3 다이-π-메테인 재배열

다이-π-메테인 재배열(Di-π-Methane Rearrangement)이란(이하 DPM 재배열이라고 함), sp^3 탄소로 갈려진 두 C=C π-전자계가 사이클로프로페인 고리를 가진 생성물에 재배열되는 광화학 반응이다(식 (6.12)). 실제로 연구된 π-전자계는 250 nm 이상의 빛을 흡수할 수 있는 페닐기가 치환되고 있거나 벤젠 고리를 포함하고 있다.

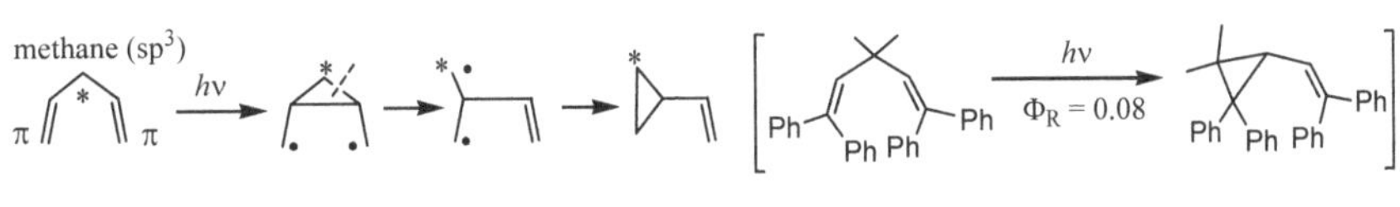

(6.12)

식 (6.12)의 페닐기가 네 개 치환된 유도체는 S_1에서 $k_R = 1.4 \times 10^{11}\ s^{-1}$의 매우 빠른 속도로 재배열 반응을 한다. 이 속도는 출발 분자의 입체화학이 보존된다는 것을 의미한다. 식 (6.13)은 그 실제 예이다. 식 (6.14)는 두 π-전자계의 치환기가 서로 다른 화합물의 반응이며, 두 종류의 재배열 방향 (a) 및 (b)가 가능하다. 그 선택성은 중간에 생성되는 라디칼의 안정성 차이, 즉 π-짝지음이 보다 큰 라디칼이 보다 안정하기 때문에 방향 (a)가 우선적으로 진행한다.

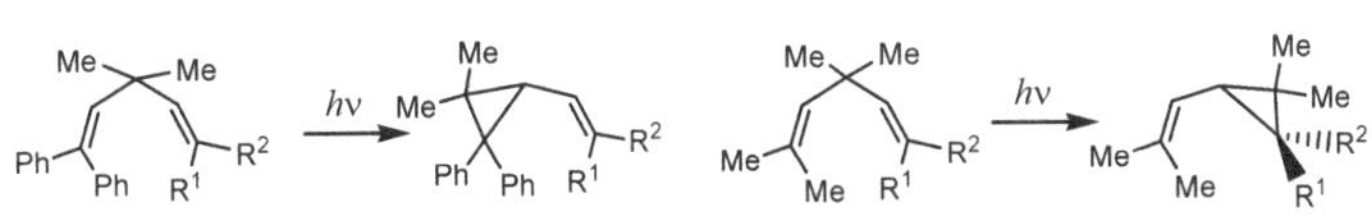

R^1	R^2
H	Ph
Ph	H

(6.13)

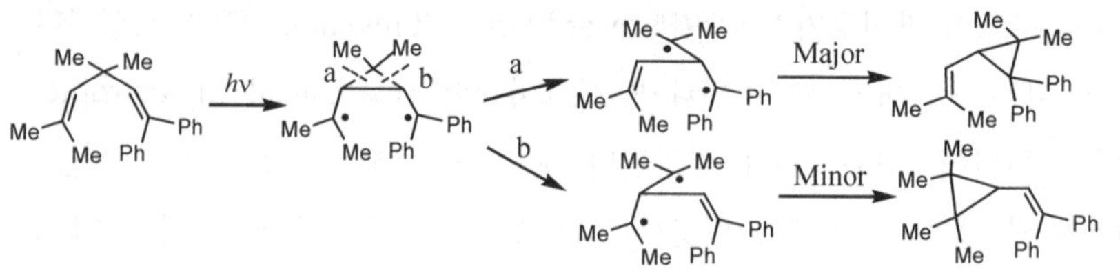

(6.14)

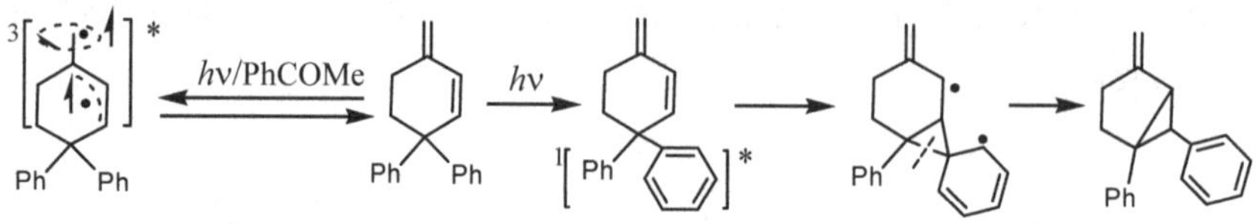

(6.15)

식 (6.12)~(14)의 반응들은 삼중항 감광으로는 일어나지 않는다. 식 (6.13)의 올레핀의 경우 삼중항 감광에서는 >C=C(R^1)(R^2)의 (*Z*),(*E*)–이성질화만 일어난다. 즉 삼중항 상태에서는 >C=C< 결합의 회전이 빠르게 일어나기 때문에 DPM 재배열이 일어나지 않는다. 그 특징적인 예가 식 (6.15)의 반응이다. 이 올레핀의 광흡수는 주로 페닐기에 의해 일어나기 때문에 페닐기가 S_1로 들뜨고 그에 가까운 C=C 이중 결합 사이에서 DPM 재배열을 한다. 한편 T_1은 에너지적으로 낮은 짝지은 다이엔 부분에 편재화되고 있기 때문에 고리 밖 이중 결합(Exocyclic Double Bond)의 자유 회전이 일어난다. 결과적으로 들뜸 에너지가 소모되어 바닥 상태로 붕괴되기 때문에 재배열 반응은 일어나지 않는다. 그러나 식 (6.16)에 보여주듯이 >C=C< 결합이 비틀어지기가 어려운 고리 형태의 올레핀은 S_1 및 T_1 어느 상태에서도 재배열 반응을 한다. 식 (6.17)의 분자는 고리 밖 이중 결합을 갖고 있으나 S_1 및 T_1 어느 상태에서나 반응이 일어난다. 이 분자의 S_1 및 T_1은 벤젠 고리와 고리 안 이중 결합에 편재하고 있어, 고리 밖 이중 결합은 들뜬 상태에 기여하지 않는 것으로 이해할 수 있다.

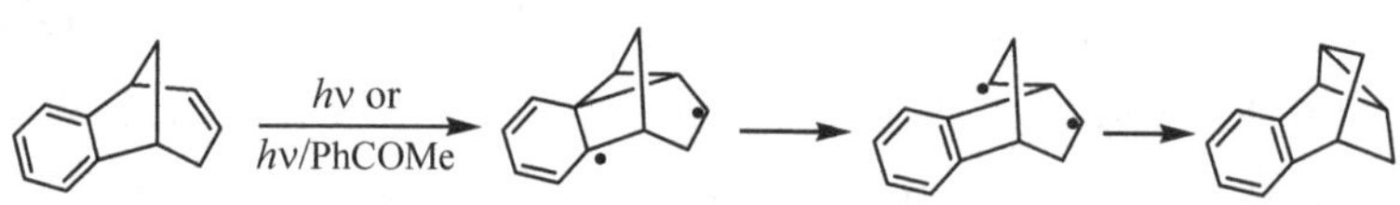

(6.16)

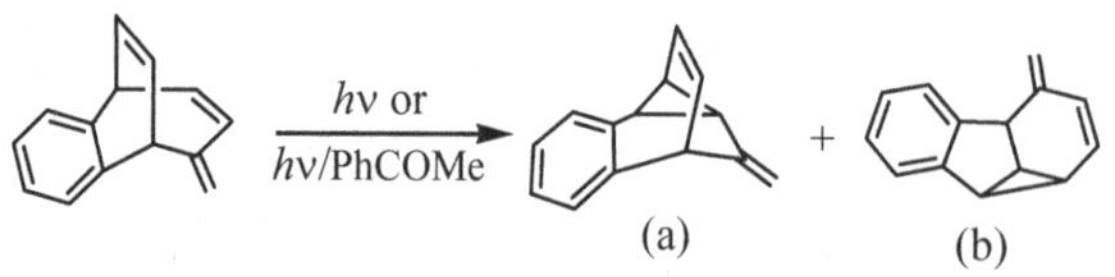

	Φ(a)	Φ(b)
*h*ν	0.05	0.008
*h*ν/PhCOMe	0.28	0.013

(6.17)

마지막으로, 벤조발렐렌(Benzobarrelene)의 광화학 반응을 설명하자. 식 (6.18)의 화학식에서 다리 목 위치(Bridge-Head Position)에 붙인 검은 공은 C–^{1}H 표식을 보여주며, 그 외의 수소는 중수소(^{2}H)이다. 직접 광흡수했을 때에는 벤조사이클로옥타테트라엔(Benzocyclooctatetraene)이 생성된다. 이 반응은 생성물의 구조와 C–H 표식의 분포로부터 벤젠 고리 π–결합이 관여한 협동적 [$_{\pi}2$ + $_{\pi}2$] 고리화첨가 반응에 이어서 결합의 재편성이 일어난 것으로 설명할 수 있다. 즉 DPM 재배열로 진행된 것이 아니다. 한편 아세토페논에 의한 삼중항 감광 반응에서는 DPM 재배열 생성물이 선택적으로 생성한다.

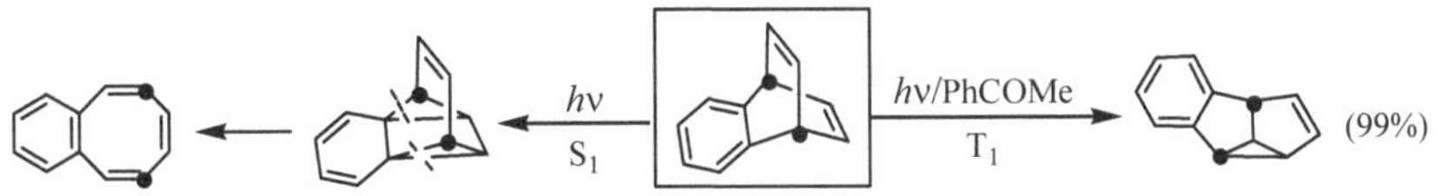

(6.18)

6.2 | 벤젠 및 그 유도체의 재배열 반응

6.2.1 벤젠 고리의 재배열 반응

벤젠(Benzene)은 안정한 화합물로 잘 알려져 있으며 용매로서 자주 사용되고 있다. 그러나 액체 벤젠 또는 그의 알킬 유도체의 용액에 253.7 nm의 빛을 조사하면 노란색을 띠게 된다. 이 착색은 주로 벤젠의 재배열 반응 생성물인 풀벤(Fulvene)에 의한 것이다. 벤젠의 분자 궤도함수 계산에 의하면 S_1($^1B_{2u}$ 상태)에서 C(1)–C(3) 사이에 결합성이 나타나고, 또한 S_2 ($^1B_{1u}$)에서는 C(1)–C(4) 사이에 결합성이 나타난다는 것이 예측되고 있다. 한편 T_1 ($^3B_{2u}$)은 1,4–쌍라디칼 또는 C(1)–C(4) 사이에서 결합이 생긴 1,2–쌍라디칼 상태라고 예측되었다. 벤젠 용액에 253.7 nm의 빛을 쪼이면 예견대로 C(1)–C(3) 결합에 의한 반응이 진행되어 벤즈발렌(Benzvalene = Tricyclo[3.1.0.0^{2,6}]hex–3–ene)이 주로 생성된다는 것이 밝혀졌다. 이 반응은 온도가 높으면 보다 효율 좋게 진행된다(Φ_R = 0.035 @ 9 ℃ → 0.08 @ 50 ℃). 즉 이 반응에서는 활성화 장벽이 존재한다는 것, 다시 말하자면 높은 진동 준위(v > 0)로부터 반응이 진행했다는 것을 의미한다. 벤즈발렌은 불안정 분자이며 (상온에서의 반감기 ≈ 10일), 산이 존재하면 빠르게 벤젠으로 되돌아간다. 이 화학적 성질이 벤젠의 광화학 반응을 해명하는 데 어려움을 주었다. 벤즈발렌은 산 존재하에서 알코올과 같은 친핵체와 효율적인 첨가 반응을 한다. 한편 보다 단파장(< 220 nm)에서 광조사하면 벤즈발렌 이외에 듀와벤젠(Dewar Benzene)이 생긴다. 즉 듀와벤젠은 S_2로부터 생성된다. 그림 6.1에 벤젠의 광화학 과정을 정리하였다.

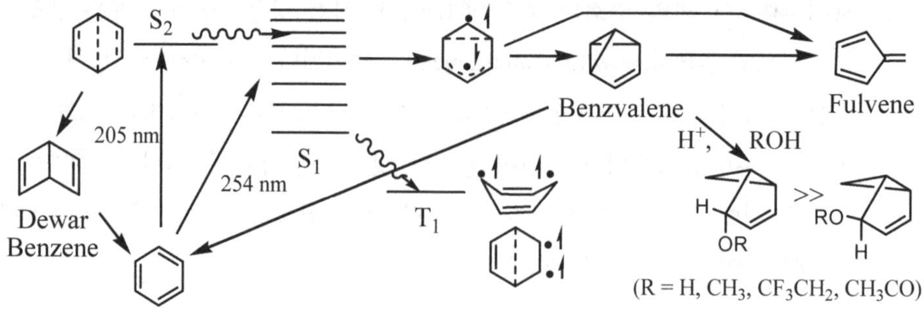

그림 6.1 벤젠의 광화학 과정.

플루오린 또는 삼차 뷰틸기로 치환된 벤젠 유도체의 경우, 재배열 생성물들이 안정화됨으로써 분리할 수 있게 되어, 자세한 연구가 진행되었다. 예를 들면 퍼플루오로벤젠(Perfluorobenzene) 유도체로부터 듀와벤젠이, 또한 헥사키스(트라이플루오로메틸)벤젠(Hexakis(trifluoromethyl)benzene)의 경우 해당되는 듀와벤젠과 벤즈발렌 외에 프리스메인(Prismane)이 안정한 생성물로 분리되었다(식 (6.19)). 프리스메인은 듀와벤젠부터 2차적으로 생성된다. 식 (6.20)은 1,3,5–트라이(*t*–뷰틸)벤젠(1,3,5–Tri(*t*–butyl)benzene, R = *t*–butyl, **I**)에 대해서 자세히 연구된 광화학 반응의 결과이다. 벤즈발렌 **II**는 반응 초기에 생성되지만, **II**는 이 반응 조건하에서 벤즈발렌 이성질체 **III**과 1,2,4–트라이(*t*–뷰틸)벤젠(1,2,4–Tri(*t*–butyl)benzene, **IV**)으로 매우 효율적으로 재배열한다. 계속 광조사하면 듀와벤젠 **V**와 프리스메인 **VI**이 생성되고, 유사 정지 상태에서 **I** ~ **VI**의 분포는 괄호 안 숫자의 비율로 된다. 최종적으로 **VI**이 주생성물로 된다.

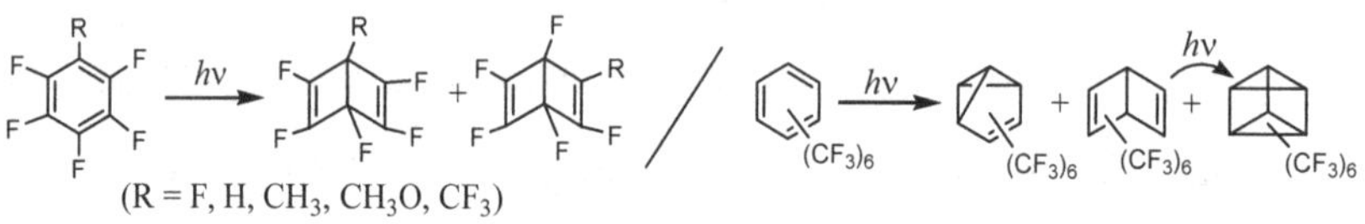

(6.19)

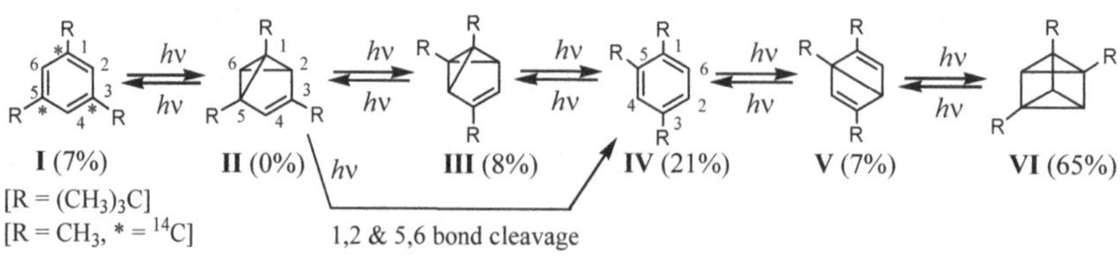

(6.20)

식 (6.20)에서 **I**부터 **IV**에 이루는 반응을 중간에 벤즈발렌 **II**와 **III**이 관여하는 경로(이를 경로 (a)라 하자)로 보여주었지만, 그 외에 프리스메인 **VI**을 경유하는 경로 (b) 또는 벤젠 고리의 위치 변환 없이 삼차 뷰틸기가 직접 이동하는 경로 (c)도 가능하다. 그러나 ^{14}C로 표지 된 메시틸렌(Mesitylene, 식 (6.20)의 **I**에서 R = CH_3, 벤젠 고리의 1,3,5-위치의 탄소(*)가 ^{14}C)의 광화학적 재배열 반응에서 벤젠 고리 탄소와 메틸기가 동시에 이동하여 1,2,4-트라이메틸벤젠에 재배열한다는 것이 밝혀져 경로 (c)는 부인되었다. 즉 경로 (a) 또는 (b)가 가능하지만, *o*-자일렌의 재배열 반응에서 *m*-자일렌이 주로 생성되고 *p*-이성질체는 거의 생성하지 않는다는 사실은 경로 (a)가 보다 합리적이라는 것으로 받아드릴 수 있다. 한편 *o*-다이(*t*-뷰틸)벤젠(*o*-Di(*t*-butyl)benzene)은 광화학적 정지 상태에서 1:4의 비율로 *m*- 및 *p*-이성질체로 이성질화한다. 후자는 *t*-뷰틸기의 1,3-이동에 의하여 생성하기 때문에 과정 (b)가 보다 적합하다. 퍼플루오로-1,3,5-트라이메틸벤젠(Perfluoro-1,3,5-trimethylbenzene)의 경우 과정 (b)에 따라 반응이 진행한다는 것이 밝혀져 있다 (식 (6.21)).

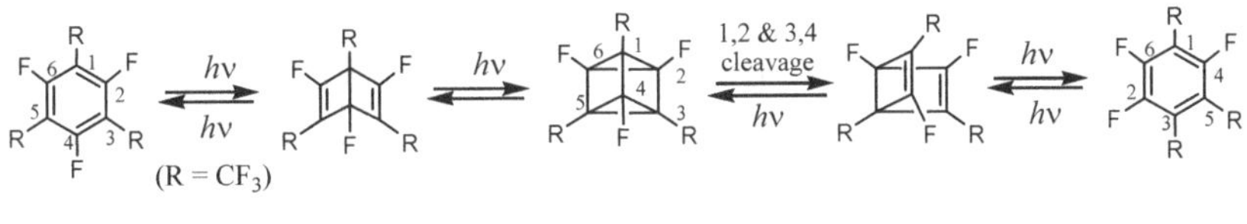

(6.21)

6.2.2 치환기의 재배열 반응

카본산 페닐 에스터(RC(O)OC_6H_5)를 $AlCl_3$ 등의 루이스(Lewis) 산으로 비교적 높은 온도에서 반응시키면 재배열 생성물 *o*- & *p*-HO-C_6H_4-C(O)R이 생성된다. 이 반응을 Fries 재배열 반응이라 하며, 그 외의 아릴 에스터에서 일반적으로 일어난다. 이 반응은 광화학적으로 상온에서 진행시킬 수 있으며 이를 **Photo-Fries 재배열 반응(Photo-Fries Rearrangement)**이라 한다. 식 (6.22)는 페닐 에스터의 광화학 반응이다. 생성물은 아실기가 *o*- 및 *p*-위치에 재배열된 하이드록시케톤이며 부산물로 페놀이 생성된다. 반응 과정은 다음과 같다. 아릴 에스터가 빛을 흡수함으로써 PhO-CO 결합이 끊어져 PhO•와 •COR가 쌍으로 생긴 후, 용매 바구니 안에서 •COR가 PhO•의 *o*- 및 *p*-위치와 결합하여 재배열 생성물을 형성한다. 페놀은 바구니 용매 밖으로 벗어난 PhO•로부터 생성된다. 또한 Ar = *p*-*t*-Butylphenyl, R = *p*-Chlorophenyl의 경우 *o*-위치에 재배열된 케톤이 74%의 수득률로 생성되는 등 수많은 에스터의 광화학 반응에 대해서 연구되었다.

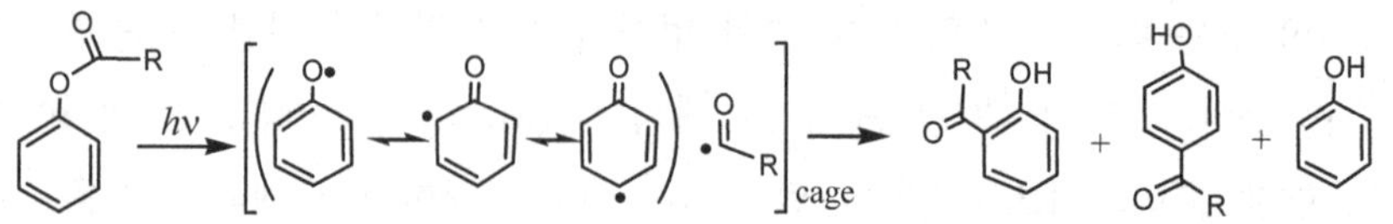

(6.22)

R =			
CH_3	19%	15%	28%
C_6H_5	20%	28%	14%
p-Cl-C_6H_4	42%	14%	

페닐 알릴 에터(Phenyl Allyl Ether, C_6H_5–O–CH_2CH=CH_2)도 같은 형식의 광화학 반응을 하여 *o*– 및 *p*–알릴페놀을 생성한다. 이 반응은 소위 Claisen 재배열과 형식적으로 유사하며 빛을 이용하지 않아도 루이스 산을 사용한 열반응에 의하여 진행된다. 마찬가지로 *N*–벤질아닐린(*N*–Benzylaniline, C_6H_5–NH–$CH_2C_6H_5$)도 광화학적 재배열에 의해 *o*– 및 *p*–벤질아닐린을 생성한다. 한편 페닐 알킬 카보네이트(Phenyl Alkyl Carbonate, C_6H_5–OC(O)O–R')의 경우 루이스 산을 사용한 열반응에 의해서는 재배열 반응은 일어나지 않고 페놀만 생성된다. 반면에 그 광화학 반응에서는 *o*– 및 *p*–하이드록시 벤조산(*o*– & *p*–Hydroxybenzoic Acid)의 에스터가 각각 ~30%의 수득률로 생성된다(식 (6.23)). 이 외에 각종 치환기를 가진 페닐 카보네이트도 같은 재배열 반응을 한다.

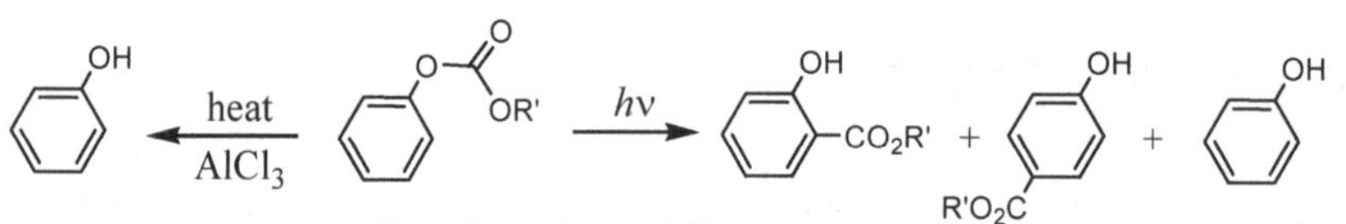

(6.23)

(R = CH_3, C_2H_5, $CH_2C_6H_5$)

6.3 | 방향족 헤테로고리 화합물

6.3.1 피리딘 및 그 유사체

피리딘(Pyridine)은 벤젠과 유사한 분자 구조를 가진 헤테로고리 기본 분자이다. 이는 벤젠과 비슷하게 220 ~ 270 nm 영역에 흡수를 보여주지만 장파장 쪽에 n,π*–전이가 존재한다. 또한 벤젠에 비하여 그 흡수 스펙트럼은 진동 구조가 약하며 또한 흡수 계수는 ~10배나 크다. 이것은 질소 원자가 고리 안에 관여함으로써 분자의 대칭성이 낮아진 결과로 전자 전이의 금지 정도가 완화되었기 때문이다. 산이 존재하면 질소가 양성자화되어 분자 구조의 변형이 보다 커지고, 흡수 계수는 두 배나 늘어난다. 치환기가 없는 피리딘 자체는 광화학적으로 비교적 안정하다. 피리딘의 수용액에 253.7 nm의 빛을 조사하면 5–아미노–2,4–펜타다이에날(5–Amino–2,4–pentadienal)이 소량 생성된다. 이 용액에 $NaBH_4$을 공존시키고 광조사하면 2–아자바이사이클로[2.2.0]–5–핵센(2–Azabicyclo[2.2.0]hex–5–ene)이 생성된다. 즉 이 반응들은 우선 듀와피리딘이 광화학적으로 생성되고, 그를 경유하여 진행된 것으로 설명할 수 있다(식 (6.24)). 한편 피라진(Pyrazine)은 질소의 1,2-이동에 의한 재배열 반응을 하여 피리미딘(Pyrimidine)이 생성된다. 이 반응은 벤즈발렌형 중간 분자를 거쳐서 진행한 것으로 설명할 수 있다(식 (6.25)).

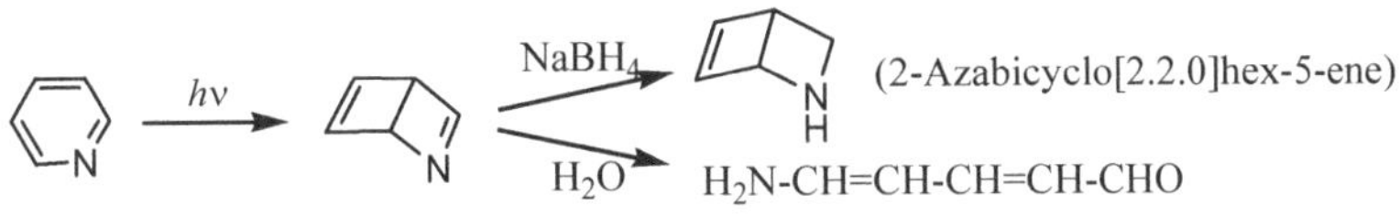

(6.24)

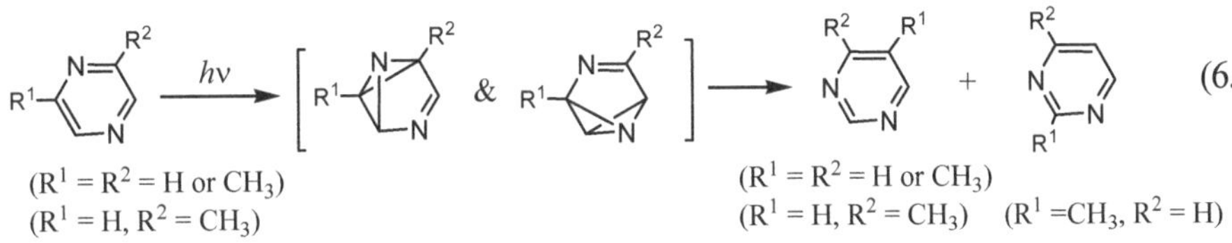

(6.25)

피리딘은 n,π*–상태를 가지고 있지만 케톤과 달리 광화학적 수소 빼내기 반응을 잘 하지 않는다. 그런데 산이 존재하면 메탄올 중에서 메틸화 반응이 일어난다. 도입된 메틸기는 당연하게 메탄올로부터 온 것이다. 그러나 이 반응 조건하에서는 피리딘은 양성자화되어, 피리디늄 양이온 상태로 존재하기 때문에 n,π*–전이는 있을 수 없다. 즉, π,π*–들뜬 상태의 피리디늄 양이온이 메탄올로부터 수소를 빼낸 후, 라디칼 짝지음에 이어서 물 분자가 떨어지는 메커니즘으로써 설명할 수 있다(식 (6.26)). 전자 끄는기인 CO_2CH_3기가 두 개 치환된 피리딘 유도체는 산이 없어도 알코올로부터 효율 좋게 수소를 빼내고, 알킬화된 다이하이드로피리딘이 생성된다 (식 (6.27)). 이 피리딘 유도체는 형광을 내지만 그 형광은 알코올에 의해 소광된다. 따라서 $^1\pi,\pi^*$ 상태가 반응에 관여하고 있고 치환기의 전자 끄는 효과로 인해 $^1\pi,\pi^*$ 상태가 높은 친핵성을 갖게 되었다고 볼 수 있다.

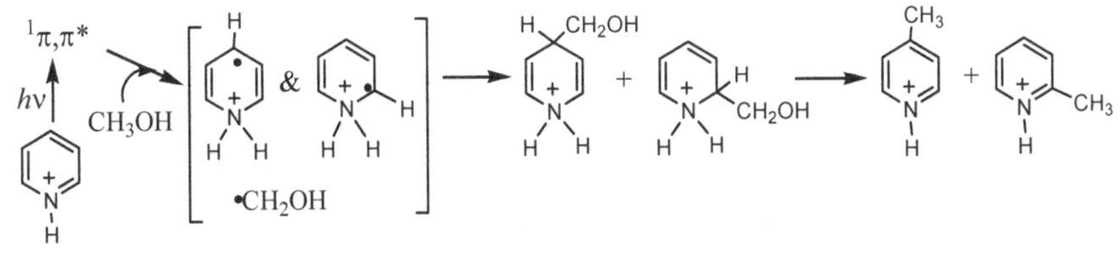

(6.26)

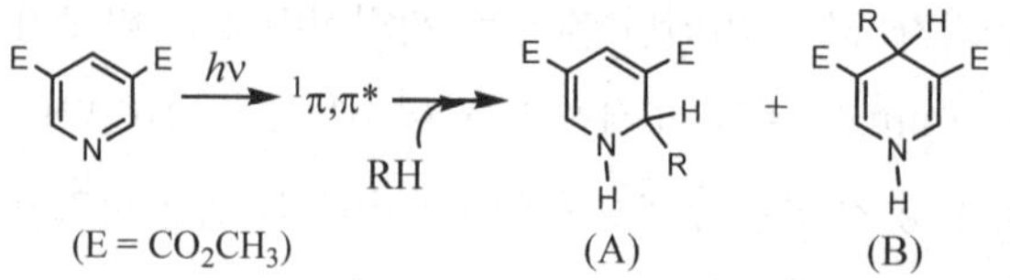

R	(A)/%	(B)/%
CH_2OH	76	17
$CH(CH_3)OH$	54	
C_6H_{11}	45	

(6.27)

퀴놀린(Quinoline)은 산성 에탄올 용액에서 광조사하면, 에틸화 반응이 1-위치와 4-위치에서 각각 9% 및 10%의 수득률로 일어나고 또한 아이소퀴놀린(Isoquinoline)의 경우 1-위치가 에틸화된 생성물이 22%로 생성된다. 이 반응들도 식 (6.26)과 같은 반응 과정에 따라 진행된다. 식 (6.28)에 보여주듯이 비슷한 알킬화 반응이 카본산에 의해 일어나지만 반응 과정은 다르다. 아크리딘(Acridine)의 pK_a은 바닥 상태에서 5.4이지만, S_1 ($^1\pi,\pi^*$)에서는 10.6에 달한다(표 5.2 참조). 즉 S_1은 보다 강한 염기이며 이는 퀴놀린에게도 적용된다고 생각할 수 있다. 따라서 5.2.6에서 설명한 것처럼 카본 산으로부터 S_1 상태의 퀴놀린으로 단열적 양성자 이동이 일어나 S_1 상태의 퀴놀리늄 양이온과 카복실레이트 음이온의 이온쌍이 형성될 것이다. 그 이온쌍 사이에서 전자 이동이 일어나면 다이하이드로퀴놀리닐(Dihydroquinolinyl) 라디칼과 아실옥시 라디칼 (R–C(O)O•)이 생성된다. 후자는 불안정하며 매우 빠르게 분해되어 메틸 라디칼을 발생한다는 것이 알려져 있다. 최종 생성물은 라디칼 쌍의 짝지음에 의해 생성된다. 아클리딘(Acridine)의 경우 알코올 용액에 자외선을 조사하면 주로 환원 반응이 일어난다(식 (6.29)).

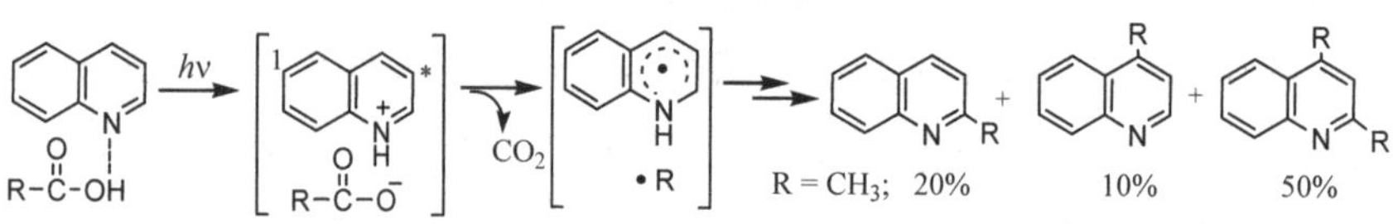

(6.28)

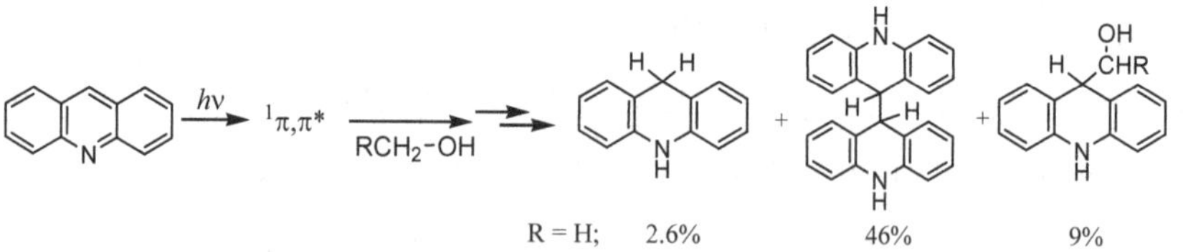

(6.29)

6.3.2 방향족 5각환 헤테로고리 화합물(Aromatic Five-Membered Heterocycles)

퓨란(Furan), 피롤(Pyrrole), 싸이오펜(Thiophene)들은 "방향족성 π–전자계"를 가진 화합물로 분류되어 있으며, 퓨란과 피롤은 ~210 nm에 또한 싸이오펜은 235 nm에 최대 흡수를 보여준다(log ε ≈ 3.8–4.5). 질소 원자가 하나 더 들어간 옥사졸

(Oxazole), 아이소옥사졸(Isooxazole), 피라졸(Pyrazole), 이미다졸(Imidazole)들 또한 황 원자를 가진 싸이아졸(Thiazole)도 비슷한 흡수 스펙트럼을 가진다. 이 화합물들은 광화학적 재배열 반응을 하지만 그 메커니즘에는 기본적으로 두 과정이 있다. 그 하나는 X–Y 결합의 절단에 이어서 생성된 분자내 쌍라디칼의 재결합에 의해 진행되는 1,2-이동 과정과, 다른 하나는 Dewar형 두고리 중간체를 경유하는 1,3-이동 과정이다. 그러나 화합물에 따라 다른 과정도 관여한다.

	Furan	Pyrrole	Thiophene	Isooxazole	Oxazole	Pyrazole	Imidazole	Thiazole
Z	CH	CH	CH	CH	N	CH	N	N
Y	CH	CH	CH	N	CH	N	CH	CH
X	O	NH	S	O	O	NH	NH	S

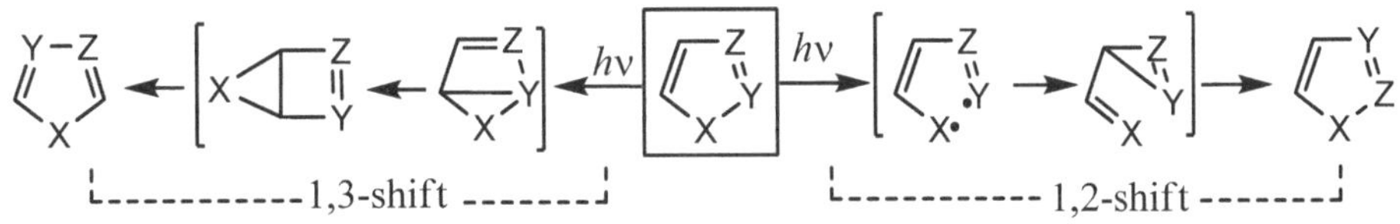

알킬기로 치환된 **퓨란**의 경우 사이클로프로페닐 케톤(Cyclopropenyl Ketone)이 일차 생성물로 생성되고 그의 이차적인 광화학 반응에 의해 알킬기가 1,2-이동한 이성질체가 생성된다(식 (6.30)). 부피가 큰 *t*–뷰틸기가 2(또는 5)-위치에 치환되고 있으면(R^1 &/or R^2 = *t*–Butyl), 해당한 사이클로프로펜 생성물을 분리할 수 있다. 또한 아민(R^3NH_2)을 공존시키면 사이클로프로페닐 케톤과의 반응에 의해 피롤 화합물이 생성된다.

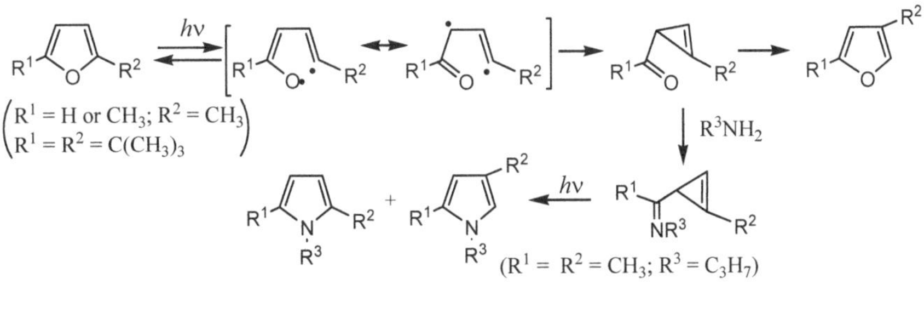

(6.30)

식 (6.31)은 **피롤** 유도체의 반응이며 퓨란과 달리 1,3-이동이 일어난다. 이 재배열 반응은 아자바이사이클로펜텐(Azabicyclopentene)을 중간체로 하여 진행된다. 이 중간체는 공존시킨 메탄올 또는 퓨란과 반응하여 그들과의 첨가물을 생성시킨다.

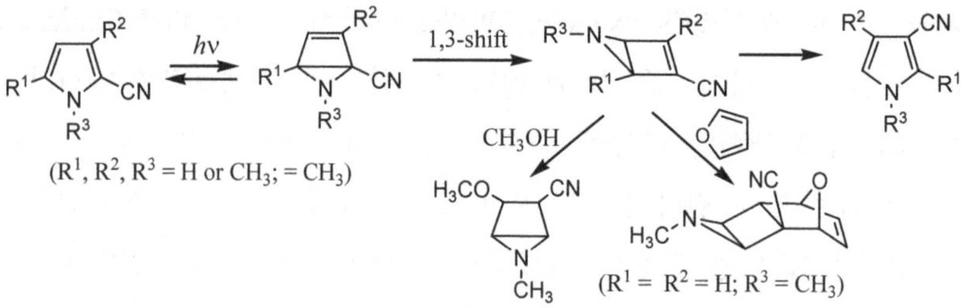

(6.31)

싸이오펜은 주로 1,2-이동 재배열 반응을 한다. 식 (6.32a)에 볼 수 있듯이 2-위치 고리 탄소를 ^{14}C로 표지한 2-페닐싸이오펜의 페닐기는 ^{14}C-표지와 함께 3-위치로 이동한다. 이 반응은 퓨란의 경우와 마찬가지로 C-S 결합 절단에 이어서 사이클로프로페닐 싸이오알데하이드(Cyclopropenyl Thioaldehyde)가 형성되는 과정으로 설명할 수 있다. 이 중간체의 존재는 아민에 의한 포착 실험에 의해 증명되었다. 1,2-이동 외에 1,3-이동에 의한 생성물도 생성되고, 이것은 Dewar 형 중간체가 관여한 것을 시사한다. 실제로 테트라(트라이플루오로메틸)싸이오펜(Tetra(trifluoromethyl)thiophene)의 경우 Dewar 형 두고리 화합물이 생성된다(식 (6.32b)).

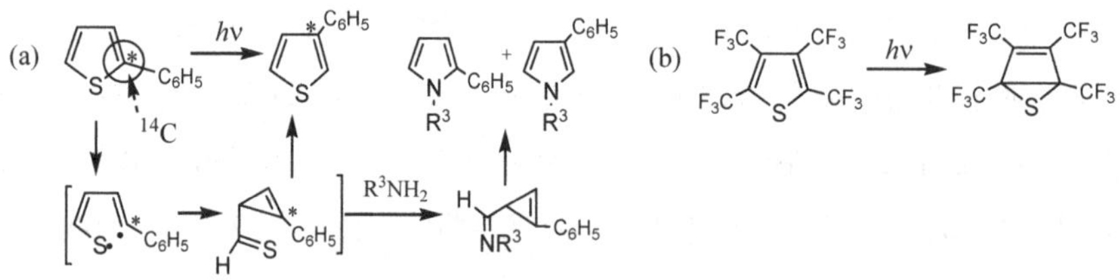

(6.32)

아이소옥사졸의 3,5-다이페닐 유도체는 우선 3-벤조일-2-페닐아지린(3-Bezoyl-2-phenylazirine)으로 재배열한다. 이 생성물에서는 벤조일기에 의한 n,π* 흡수가 334 nm에서 나타나며, 이 파장에서 광조사하면 출발 분자로 되돌아간다. 한편 아질린(Azirine) 부분이 흡수하는 313 nm에서 광화학 반응시키면 2,5-다이페닐옥사졸(2,5- Diphenyloxazole)이 생성된다(식 (6.33)). 한편 2.5-**다이페닐옥사졸**은 벤젠 용액에서는 1,2-이동 반응을 하여 3,4-다이페닐아이소옥사졸로 재배열하지만, 에탄올 용액의 경우 1,3-이동에 의한 생성물 4,5-다이페닐옥사졸이 생성된다(식 (6.34)).

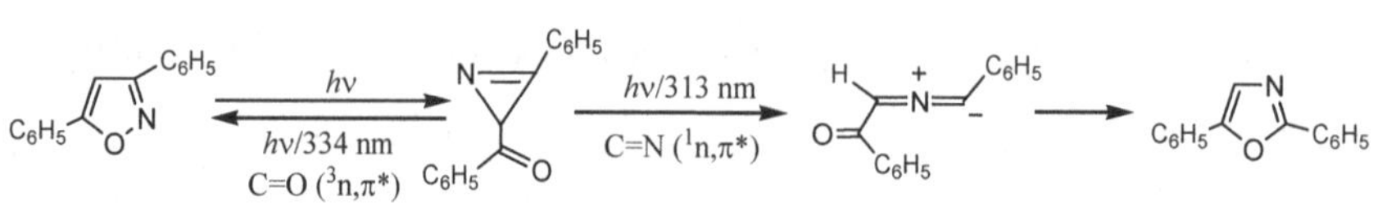

(6.33)

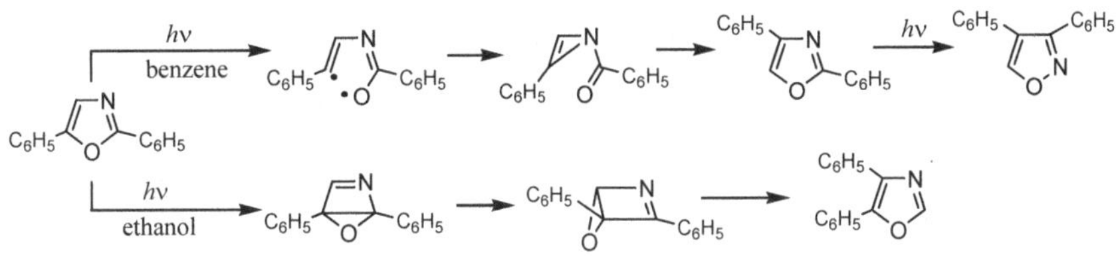

(6.34)

피라졸 및 **이미다졸**의 메틸 유도체는 주로 1,3-이동 반응을 한다(식 (6.35) 및 (6.36)). 한편 **아이소싸이아졸** 및 **싸이아졸**의 유도체는 주로 두 종류의 재배열 생성물을 생성한다(식 (6.37)). 이 반응에 대한 자세한 설명은 하지 않지만 그 생성물들은 기본적으로 Dewar형 중간체를 가정하면 합리적으로 설명할 수 있다.

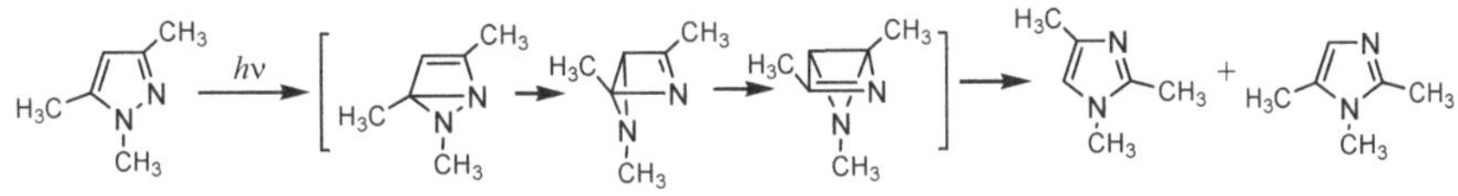

(6.35)

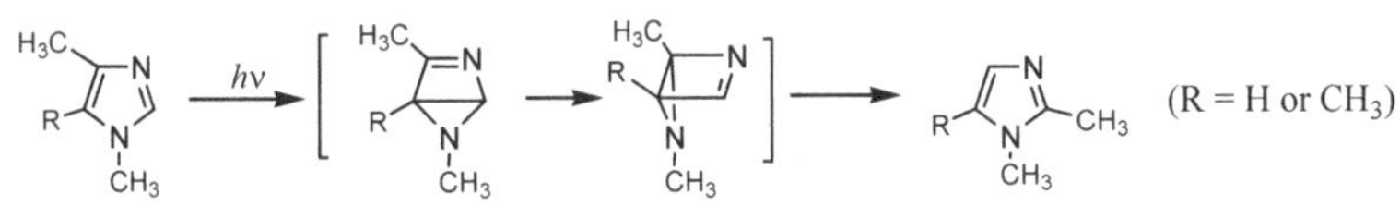

(6.36)

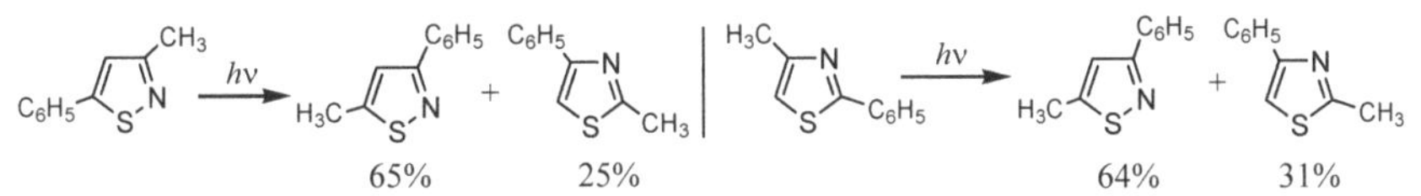

(6.37)

6.4 | 케톤

6.4.1 Norrisch Type I 반응

지방족 케톤(R^1–CO–R^2)은 광화학적으로 α–결합 균일분해를 하여 기체 상태에서는 일산화 탄소가 생성된다(식 (6.38)). 일반적으로 $^3n,\pi^*$ 상태를 경유하여 진행되며 α–결합의 σ–궤도함수와 n–궤도함수 간의 겹침을 통해서 들뜸 에너지를 이용할 수 있게 되는 것이 반응의 원동력이다. 비대칭 케톤의 경우($R^1 \neq R^2$) 처음에 끊어지는 결합의 선택성은 생성하는 라디칼(R^1• 또는 R^2•)의 상대적 안정성에 의존한다. 기체 상태의 메틸 에틸 케톤(Methyl Ethyl Ketone)을 100℃에서 313 nm 빛에 의해 반응시켰을 때 C_2H_5–CO 결합이 CH_3–CO 결합보다 40배나 빠르게 해리한다. 이것은 CH_3•보다 C_2H_5•이 보다 안정하기 때문이다. 액체 상태에서 대칭 구조

케톤($R^1 = R^2 = R$)이 R–CO 결합의 α–해리를 하는 속도 k_α은 다음과 같이 R에 따라 크게 변화한다: $\sim 10^3\ s^{-1}$ ($R = CH_3$) $<< \sim 10^7\ s^{-1}$ ($R = C_2H_5$) $<< \sim 10^{10}\ s^{-1}$ ($R = C_6H_5CH_2$). 일산화 탄소의 생성도 반응 조건에 크게 의존한다. 아세톤의 경우 313 nm에서의 CO 생성 양자 수득률 Φ_R은 다음과 같다. (기체 상태) $\Phi_R = 0.1$ @ 25 ℃ & 1.0 @ 120 ℃ *vs.* (액체 상태) $\Phi_R < 10^{-3}$ @ 25 ℃. 즉 최초의 α–해리와 생성된 아세틸 라디칼의 분해($\bullet COCH_3 \rightarrow CO + \bullet CH_3$)는 활성화 에너지가 필요하다. 이상과 같이 액체 상태에서는 아세톤을 제외하고 α–해리는 상당한 속도로 진행하지만, 일산화 탄소는 거의 생성되지 않는다 (즉 $k_{CO} << (k_{rec} + k_R)$).

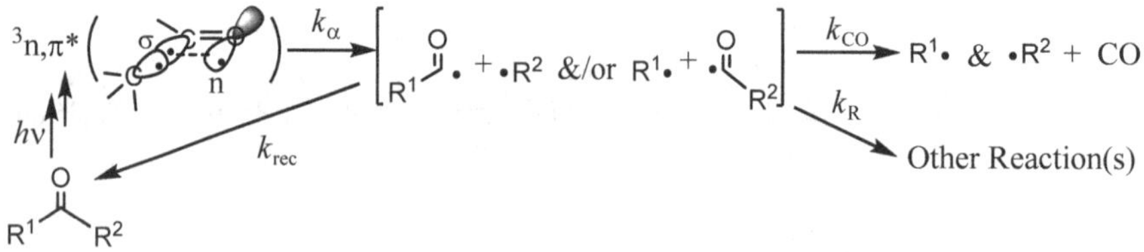

(6.38)

이러한 사실에 기초하여 지방족 고리 구조 케톤의 Type I 반응을 설명하겠다 (식 (6.39)). 이 케톤들의 α–해리는 빠르게 일어날 수 있으며($k_\alpha \geq 10^9\ s^{-1}$), 그 결과 분자내에 아실 라디칼 중심과 알킬 라디칼 중심을 가진 쌍라디칼을 생성한다. 이 쌍라디칼은 주로, (a) 아실 라디칼이 β–CH로부터 수소를 빼내고 엔알(Enal)을 생성하는 반응, (b) 알킬 라디칼 쪽이 ω–CH로부터 수소를 빼내고 케텐(Ketene)을 생성하는 반응(메탄올이 존재하면 카본산 메틸 에스터)을 수반한다.

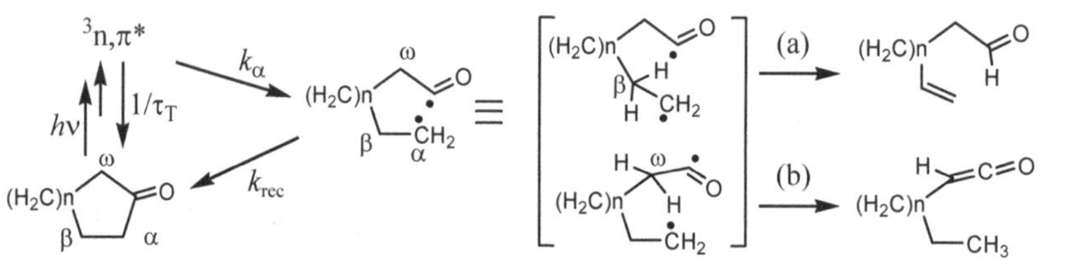

(6.39)

식 (6.39)의 반응은 알코올 용매 중에서 잘 진행된다. 사이클로펜탄온(Cyclopentanone, n = 1)의 경우 과정 (a)의 반응은 메탄올 중에서 $\Phi_R = 0.77$로 일어나지만, 이에 비하여 벤젠 용액 속에서는 그 효율이 $\Phi_R = 0.28$에 낮아진다. 이러한 용매 효과는 주로 메탄올과 카보닐 산소와의 수소 결합에 의해 k_{rec}이 최소화되었다는 것과, 벤젠이 $^3n,\pi^*$ 케톤과 들뜬 복합체를 형성하여 들뜬 상태 에너지가 감소함으로써 α–해리 속도가 낮아진 것으로 설명할 수 있다.

식 (6.39)의 생성물 분포는 고리 탄소수와 치환기의 유무에 의거한다. 사이클로펜탄온 (n = 1)의 경우 과정 (a)의 반응만 진행하지만, 사이클로헥산온(Cyclohexanone) (n = 2)의 경우 과정 (a)와 (b)가 1.6:1의 비율로 일어난다. 이것은 쌍라디칼의 입체적 조건의 차이를 반영한 것이다. n = 2의 쌍라디칼은 α–CH_2•에 의한 ω–CH로부터의 수소 빼내기에 바람직한 입체 배열을 취할 수 있지만, n = 1의 경우 그러한 입체적 조건이 만족되기가 어렵다. 한편 3,3–다이메틸사이클로펜탄온(n = 1)의 경우 오히려 과정 (b)가 보다 잘 일어난다(식 (6.40)). β–위치의 메틸기에 의한 입체 장애로 인하여 아실 라디칼이 C(4)–H에 접근하기가 곤란하기 때문이라고 생각된다. 마찬가지 이유로, 2–메틸사이클로헥산온의 C(3) 위치에 메틸기가 치환되면 과정 (b)가 상당히 늘어나고, 한편 C(5) 위치에 부피가 큰 치환기가 존재하면 과정 (a)의 비율이 증가된다(식 (6.41)). 유기 합성적 응용이 가능한 Type I 반응으로서 사이클로프로필기 또는 옥시라닐기가 C(2) 위치에 치환된 사이클로헥산온의 반응을 식 (6.42)에 보여준다. 큰 고리 케톤 합성에 이용할 수 있다.

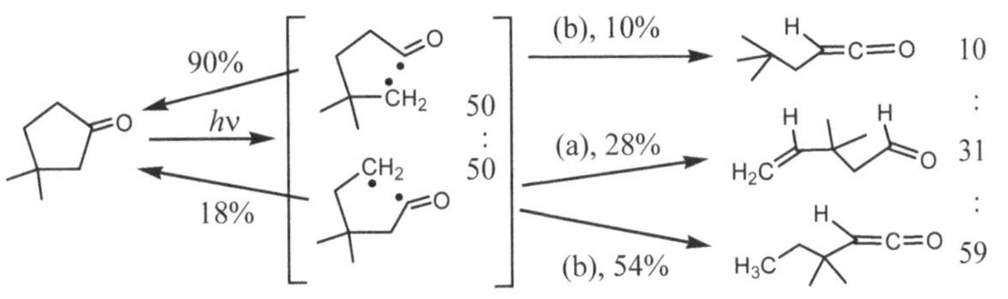

(6.40)

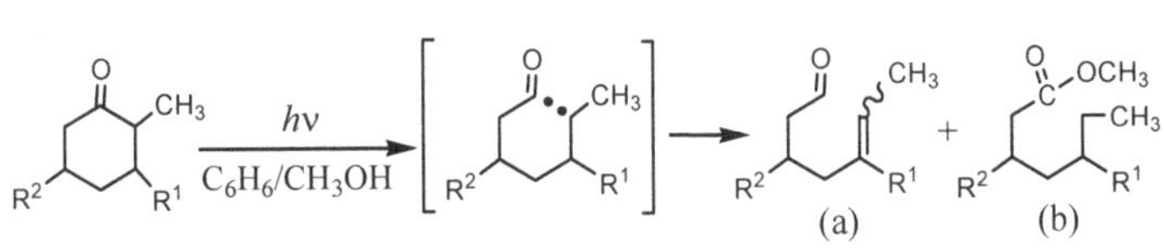

R^1	R^2	(a):(b)
H	H	74:26
CH_3	H	43:57
H	*t*-Bu	90:10

(6.41)

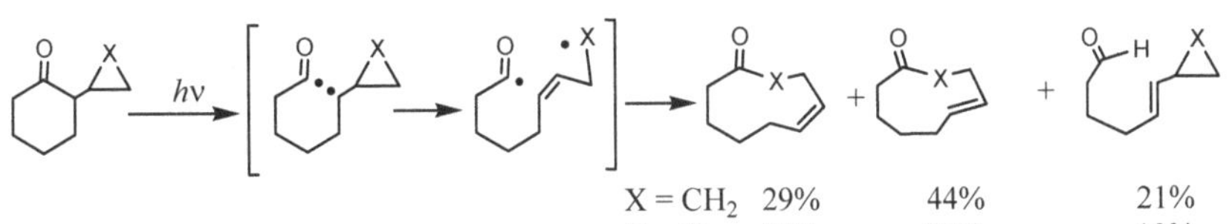

X = CH_2	29%	44%	21%
X = O	42%	26%	19%

(6.42)

마지막으로 고리 탄소수가 네 개인 사이클로뷰탄온(Cyclobutanol)의 반응을 보자. 식 (6.43)에 보여주듯이 치환기가 없으면 쌍라디칼의 분해 반응 (a)가 주로 진행된다. 그러나 C(2) 및 C(4) 위치에 메틸기가 치환되면, 메틸기의 수가 증가됨에 따라 카벤 생성 과정 (b)가 보다 잘 진행된다. 이것은 쌍라디칼이 안정화되어 분해 반응이 억제되었기 때문이라고 생각할 수 있다. 식 (6.44)의 케톤은 그 입체화학을 유지한 반응을 한다. 따라서 적어도 이 반응에 한해서는 들뜬 단일항 상태로부터 진행된 가능성이 있다.

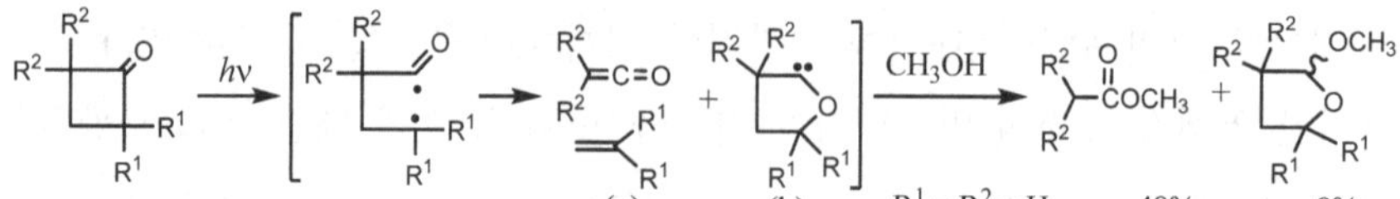

$R^1 = R^2 = H$;	48%	8%
$R^1 = CH_3$, $R^2 = H$;	32%	41%
$R^1 = R^2 = CH_3$;	13%	68%

(6.43)

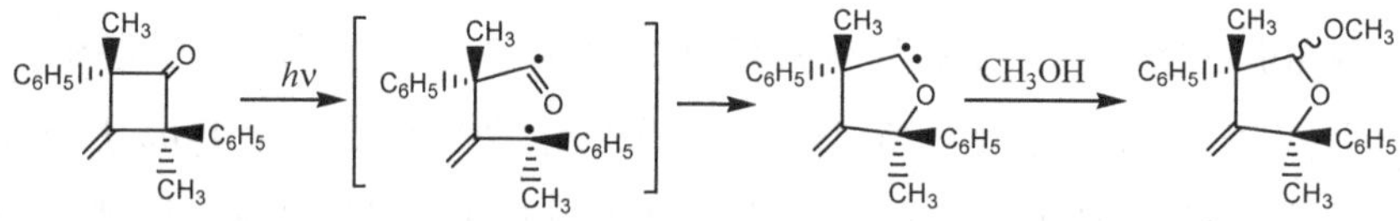

(6.44)

6.4.2 Norrisch Type II 반응

카보닐기에 대하여 γ–위치에 C–H 결합을 가진 알킬 케톤이 탄소수가 적은 케톤과 올레핀 및/또는 사이클로뷰탄올을 생성하는 광화학 반응을 Norrisch Type II 반응이라 한다. 이 반응은 들뜬 상태 케톤의 카보닐기가 분자내에서 γ–위치의 C–H로부터 수소를 빼내고, 그로 의해 생긴 1,4–쌍라디칼(이후 BR이라고 씀)을 중간체로 하여 진행되는 반응이다(식 (6.45)). 이미 5.2.1 (i)에서 설명한 바와 같이 n,π*–상태 카보닐 산소는 C–H 결합으로부터 수소 원자를 빼내는 능력을 갖고 있어, 분자내에서 C–H가 빼내기 반응에 바람직한 입체적 조건을 만족하면 일어나는 반응이다. 일반적으로는 γ–C–H가 그러한 조건에 적합한 위치에 존재하고 있다. 식 (6.45)에 보이듯이 BR부터 진행되는 과정은 (a) β–해리(탄소수가 작은 케톤과 올레핀의 생성), (b) 라디칼 사이의 결합(사이클로뷰탄올 생성), (c) 빼낸 수소가 γ–위치로 되돌아가는 과정(출발물의 재생)이다.

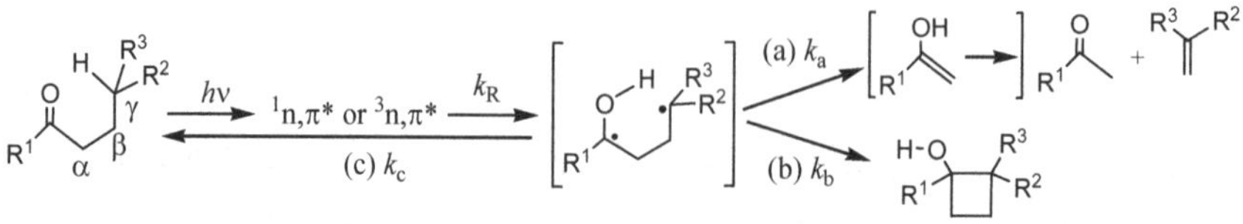

(6.45)

수소 빼내기가 일어나는 들뜬 상태는 방향족 케톤의 경우 $^3n,\pi^*$이며, 한편 지방족 케톤은 $^1n,\pi^*$ 및 $^3n,\pi^*$ 양쪽에서 반응이 진행한다. 수소 빼내기 속도 k_R은 대체로 10^7–10^9 s^{-1}이지만, γ–위치의 치환 상태(즉 생성되는 라디칼의 안정성)과 γ–위치 수소의 입체 형태에 의존한다. 식 (6.45)에 있어서, $R^1 = C_6H_5$의 케톤의 경우 $R^2 = R^3 = H$일 때에는 $k_R = 8 \times 10^6\ s^{-1}$이며, 이에 대하여 $R^2 = R^3 = CH_3$일 때에는 $k_R = 5 \times 10^8\ s^{-1}$로 크게 증가된다. 아래 그림에서 보여주듯이 수많은 사슬 구조 케톤의 형태 이성질체가 존재하며, 반응에 바람직한 입체 형태는 한정되어 있다. 그에 비하여 바람직한 입체 배열로 고정된 두 고리 구조를 가진 오른쪽 케톤의 경우 $k_R > 10^9\ s^{-1}$에 달한다.

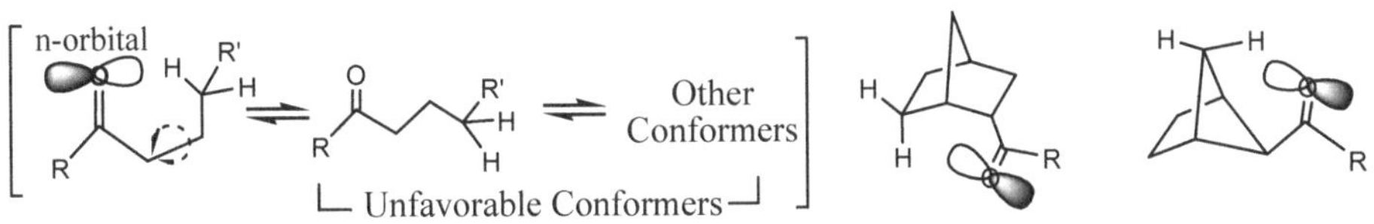

$R = C_6H_5$; $k_R = 1.2 \times 10^8\ s^{-1}$ ($R' = CH_3$) $k_R = 7 \times 10^9\ s^{-1}$ $k_R > 10^9\ s^{-1}$

반응의 효율($\Phi_R = k_R/(k_R + k_c)$)을 결정하는 주된 요인의 하나는 이미 앞에서 의논한 수소 빼내기 속도 k_R이며, 또 하나는 빼낸 수소가 γ–위치의 탄소 라디칼에 되돌아가는 과정 (c)의 속도 k_c이다. 2–헥산온(식 (6.45)에서 $R^1 = R^2 = CH_3$, $R^3 = H$)은 주로 $^3n,\pi^*$로부터 과정 (a)의 분해 반응을 한다. 그 반응 양자 수득률 Φ_R은 벤젠을 용매로 했을 때에는 0.37이지만, *t*–BuOH을 용매로 하면 0.80에 대폭 증가한다. 즉 *t*–BuOH 중에서는 용매 분자가 BR의 O–H와 수소 결합을 하여 수소가 γ–C•에 되돌아가는 것을 막아낸다. 즉 벤젠 중에서는 $k_c \approx k_a$이지만 *t*–BuOH 중에서는 $k_c < k_a$로 된다.

다음으로 과정 (a)와 (b)에 대하여 고려해보도록 하겠다. 일반적으로 S_1에서는 과정 (a)가 주로 진행한다. 한편 T_1에서는 과정 (a)와 (b)가 경쟁적으로 진행하지만, 그 선택성은 BR의 입체 형태와 관련된 궤도함수의 겹침에 의존한다. 즉 γ–C•의 2p 궤도함수와 C(β)–C(γ) σ–궤도함수가 평행으로 되어 서로 겹칠 수 있는 입체 형태가 안정하면 과정 (a)가 우선적으로 진행된다. 한편 그러한 입체 형태가 안정하지 않으면 과정 (b)가 진행될 수 있다. 특히 두 라디칼 중심의 2p 궤도함수가 겹칠 수 있는 입체 형태가 안정하면 과정 (b)가 주로 진행된다. α,α–다이메틸발레로페논(α,α–Dimethylvalerophenone)의 반응에서는 과정 (a)와 (b)가 30:70의 비율로 진행한다(식 (6.46)). 이 반응에서 수소를 빼낸 직후의 BR의 입체 형태는 과정 (a)에 바람직하지만 벤젠 고리의 *o*–수소와 α–위치의 메틸기 사이의 입체 반발이 있어, 그를 피한 입체 형태로 빠르게 변한다. 이 형태는 과정 (b)에 바람직함으로 사이클로뷰탄올이 주로 생성된다.

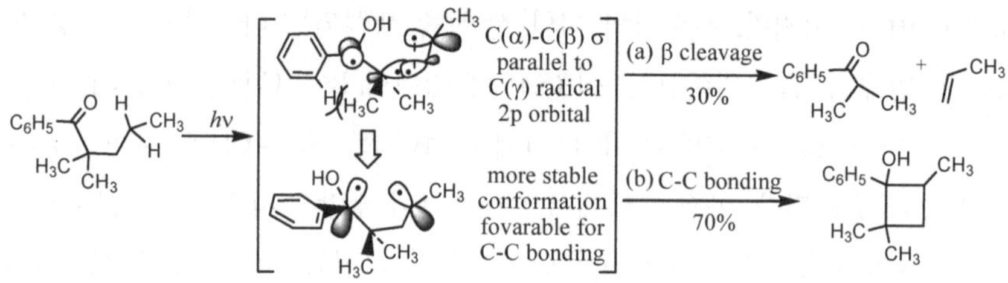

(6.46)

일반적으로 과정 (b)가 보다 효율적으로 진행되는 케톤은 사이클로알케인온, 사이클로알킬 케톤, α–다이케톤들이다. 이 케톤들은 앞에서 지적한 BR의 입체 형태와 궤도함수 간의 상호 위치 관계가 과정 (b)에 바람직한 것으로 설명할 수 있다. 몇 가지 예를 아래에 소개해 둔다.

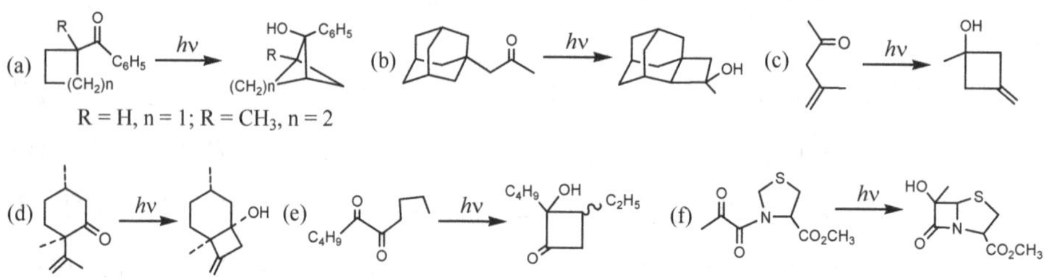

6.5 | 엔온 및 다이엔온

6.5.1 β,γ–엔온

카보닐기(>C=O)와 >C=C< 결합을 가진 케톤 분자를 엔온(Enone)이라 부르며, 두 그룹 사이에 sp^3–C가 존재하는 케톤(>C_γ=C_β–$C_\alpha(sp^3)$–C=O)을 β,γ–엔온이라 한다. 따라서 그들 사이에 직접적 π–짝지음은 없으나 알킬기로 치환된 유도체의 n,π*–흡수는 290 ~ 295 nm에 나타나며 지방족 케톤의 흡수(260 ~ 280 nm)보다 약간 장파장이다. 실제로는 >C=O기와 C_β=C_γ 간에는 C_α–C(=O) σ–결합을 통한 전자적 상호작용이 있다. 들뜬 상태의 에너지 순서는 일반적으로 $^1n,\pi^*$ (S_1) > $^3n,\pi^*$ (T_2) > $^3\pi,\pi^*$ (T_1)이다. 이 케톤들의 특징적 광화학 반응은 두 종류의 재배열 반응, 하나는 옥사–다이–π–메테인 재배열(Oxa–Di–π–Methane Rearrangement, 이하 ODPM 재배열이라 함)이며, 또 하나는 아실기(R^1C=O)의 1,3-이동이다(식 (6.47)).

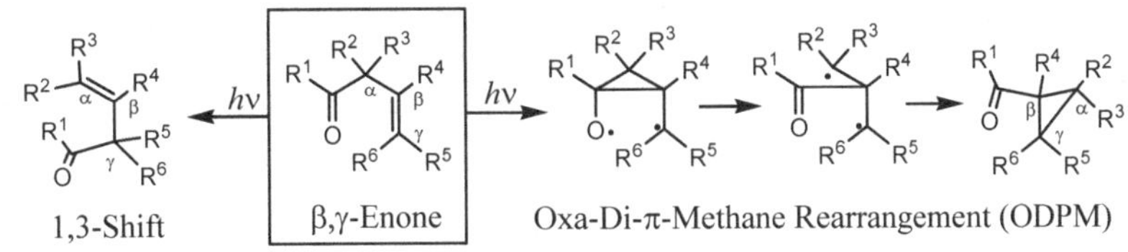 (6.47)

(i) 옥사-다이-π-메테인(ODPM) 재배열

β,γ-엔온은 6.1.3에서 설명한 다이-π-메테인(Di-π-Methane, DPM)의 한 개 C=C가 C=O로 바뀐 구조를 갖고 있어, 일정한 구조적 조건이 충족되면 DPM 재배열과 비슷한 반응을 한다. 따라서 이를 ODPM라 명명한 것이다. 이 재배열 반응은 삼중항 감광제(Sens)를 사용하면 효율적으로 일어나며, $^3\pi,\pi^*$ (T_1)을 경유하여 진행한다. 반응에 요구되는 구조적 조건은, 사슬 구조의 경우 α-위치에 알킬기 R^2 및 R^3이 치환되고 있거나 또는 고리 구조를 갖고 있어야 한다는 것이다. 그러나 이 조건을 만족해도 재배열 반응이 일어나지 않는 경우도 있다. 예를 들면 식 (6.47)에서 $R^1 = R^2 = R^3 =$ 알킬기의 경우, ODPM 재배열을 하는 화합물은 $R^4 = R^6 = H$, $R^5 = C_6H_5$의 케톤이며, 그 반면에 $R^4 = C_6H_5$, $R^5 = R^6 = H$ 또는 $R^4 = H$, $R^5 = R^6 = C_6H_5$의 케톤은 재배열 반응을 하지 않는다. 후자의 경우 $^3\pi,\pi^*$ (T_1)부터 다른 반응, 특히 C=C 결합의 (*E*)-(*Z*) 이성질화나 Type I 또는 Type II 반응들이 보다 빠르게 진행하기 때문에 ODPM가 일어나지 않는다.

식 (6.48)(a)의 반응은 삼중항 에너지 (E_T)가 256 kJ mol^{-1} (61 kcal mol^{-1})보다 높은 Sens을 사용하면 효율적으로 진행되며, 아세틸기가 *Syn*- 및 *Anti*- 구조의 생성물이 ~3:1의 비율로 생성한다. 한편 $E_T \le 248$ kJ mol^{-1} (59 kcal mol^{-1})의 Sens을 사용하면, 그 E_T가 낮아짐에 따라 반응 효율은 급격히 떨어진다. 이 결과로부터 이 엔온의 E_T가 ~248 kJ mol^{-1}이라는 것을 추정할 수 있다. 식 (6.48)(b)의 반응은 감광제로서 아세톤을 사용했을 때 잘 진행된다.

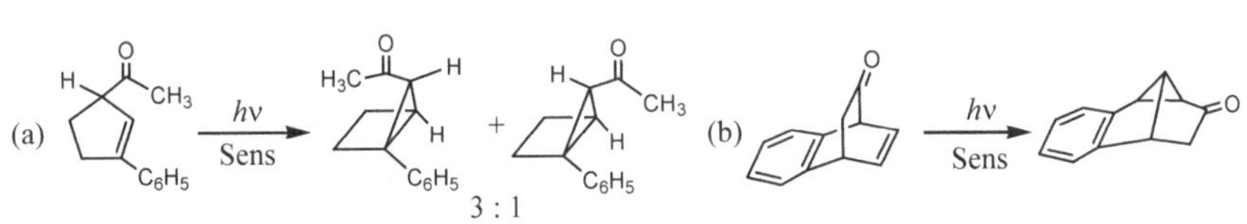 (6.48)

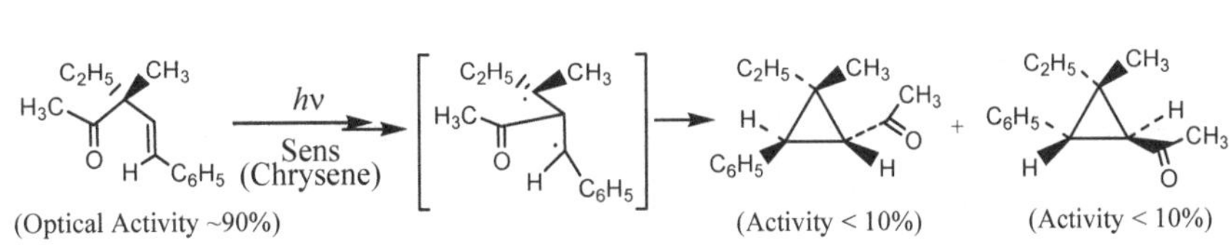 (6.49)

식 (6.49)의 광학 활성을 가진 케톤(광학 순도 ~90%)은 크리센(Chrysene, E_T = 248 kJ mol^{-1})에 의해 감광되어 두 종류의 재배열 생성물이 생성되지만, 그들의 광학 활성은 < 10%이다. 즉 광학 활성은 거의 잃어버리게 된다. 따라서 ODPM 재배열 반응의 메커니즘은 식 (4.47)에 보여준 1,3–쌍라디칼을 포함하는 단계적 과정에 부합되며 $[_{\sigma}2+_{\pi}2]$ 협주 과정의 가능성은 거의 없다.

(ii) 아실기의 1,3–이동

(a) 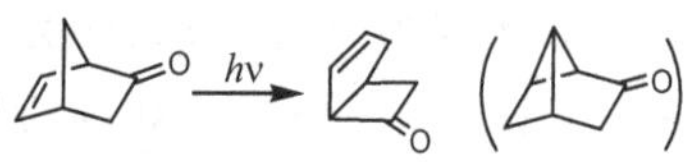

(b) 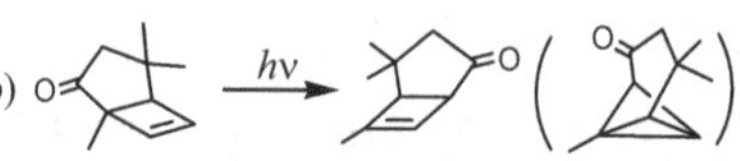

(c) 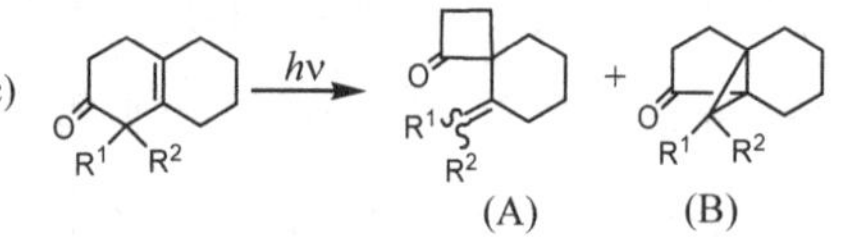

R^1	R^2	Direct $\Phi_R(A)$	Direct $\Phi_R(B)$	Sensitized $\Phi_R(A)$	Sensitized $\Phi_R(B)$
H	H	0.00	0.05	0.00	0.05
CH_3	H	0.15	0.12	0.00	0.06
CH_3	CH_3	0.24	0.00	0.00	0.03

(6.50)

(d) 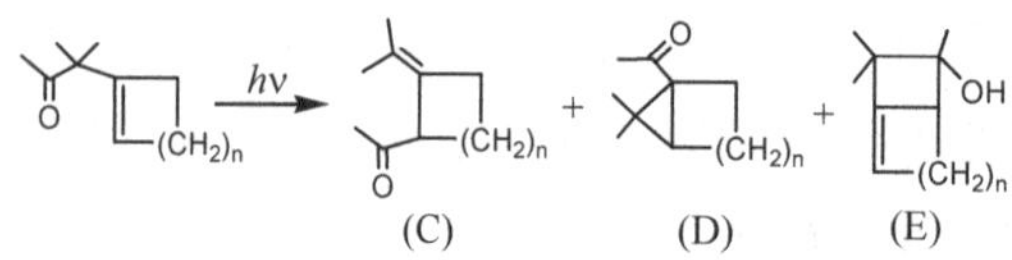

n	Direct $\Phi_R(C)$	Direct $\Phi_R(E)$	Sensitized $\Phi_R(C)$	Sensitized $\Phi_R(D)$
1	0.28		0.22	0.09
2	0.04	0.02	0.15	0.03

β,γ–엔온이 직접 빛을 흡수했을 때 구조적 조건에 따라 아실기의 1,3-이동이 일어나며, 적지 않는 경우 ODPM 재배열을 동반한다(식 (6.50)). 그러나 후자의 반응은 삼중항 소광제로 소광되고, 1,3-이동은 소광제의 영향을 받지 않는다. 즉 1,3-이동은 T_1을 경유하지 않고 수명이 짧은 S_1 또는 T_2를 거쳐 진행된다고 생각할 수 있다. 식 (6.50)에서 (a) 및 (b)의 굳은 구조를 가진 두 고리 케톤은 직접 광흡수(Direct로 표시)에 의해서는 1,3-이동만 하는 한편, Sens로서 아세톤을 사용한 삼중항 감광 반응에 의해서는 ODPM 재배열 생성물만 준다(괄호 안의 화합물). 그러나 (c)의 유연한 구조를 가진 옥탈온의 직접 광흡수에 의한 반응에서는 1–위치에 치환기가 없으면 ODPM만 일어나고(R^1 = R^2 = H, 생성물 (B)), 메틸기가 한 개 치환되어 있으면 ODPM와 1,3-이동이 같이 진행되고, 메틸기가 두 개 치환되면 1,3-이동 생성물 (A)만이 생성된다. 한편 삼중항 감광(Sensitized로 표시)의 경우 ODPM 생성물 (B)만이 생성된다. 반응 예 (d)의 Direct로 표시된 직접 광흡수에 의한 반응은 고리 탄소수에 따른 거동을 보여준다. 사이클로뷰텐(n = 1)의 경우 1,3-이동 (C) 외에 라디칼 짝지음 생성물인 바이아세틸(Biacetyl, $CH_3COCOCH_3$)과 C_{14}–탄화수소의 혼합물이 생기며, 사이클로펜텐 화합물(n = 2)의 경우 생성물 (C)와 Type II 생성물 (D)가 생성된다. 한편 사이클로헥센 유도체(n = 3)는 1,3-이동 반응

을 하지 않고 생성물 (D)와 (E)가 생성된다.

이러한 실험적 사실에 의거하면, 광화학적 1,3-이동은 식 (6.51)에 의거하여 합리적으로 설명할 수 있다. 즉 $^1n,\pi^*$ (S_1) 또는 $^3n,\pi^*$ (T_2)에서 우선 Type I α–해리가 일어난 후 아실 라디칼과 C_γ–라디칼이 결합을 형성하는 단계적 반응 과정에 따라 반응이 진행한다. 이 메커니즘에 따르면 아실 라디칼 R^1–C(=O)•가 C_α•와 결합하여 출발 분자가 재생되는 과정도 일어난다. 만약에 라디칼쌍의 짝지음이 빠르면 C_α의 입체 배열이 유지되고, 한편 그렇지 않으면 입체화학이 상실된다. 또 하나의 가능한 메커니즘은 식 (6.51)의 괄호 안에 보여준 협동적 반대면 1,3–시그마 결합 이동(Antarafacial 1,3–Sigmatropic Shift)이다. 그러나 식 (6.52)의 결과에 의거하면 이 메커니즘이 관여하는 가능성은 낮다.

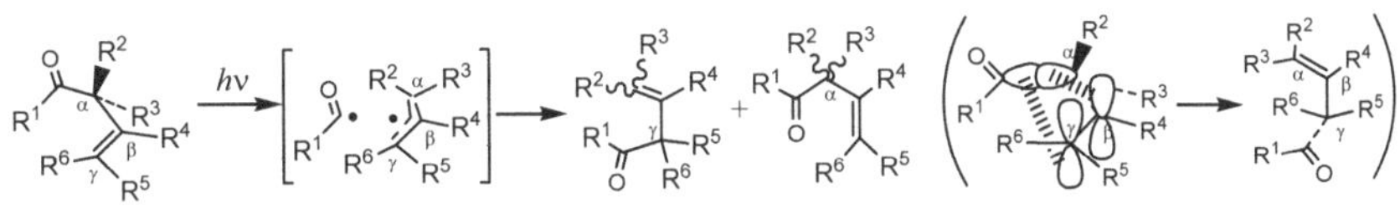

(6.51)

식 (6.52)(a)는 광학 활성 3–아실사이클로펜텐(3–Acylcyclopentene) 유도체 (R = CH_3 또는 C_6H_5)의 광화학 반응이며, 1,3-이동이 일어남과 동시에 출발 분자의 라세미화가 진행되고, 또한 라디칼 이합체화에 의한 다이사이클로펜테닐(Dicyclopentenyl)의 혼합물이 생성한다. 이 결과는 식 (6.51)의 단계적 반응 과정을 지지한다. R = CH_3의 반응은 주로 라디칼 쌍의 짝지음에 의해 진행되고, R = C_6H_5의 경우 반응의 40%는 라디칼 쌍 짝지음에 의해 진행하고 나머지 60%는 자유 라디칼로 해리한 후 일어난다. 반응 예 (6.52)(b)에서는 거울상 중심의 입체화학 뒤섞임 없이 1,3-이동이 일어나지만, 분자내 라디칼 반응에 의한 알데하이드가 부산물로 생성된다. 즉 쌍라디칼의 짝지음과 아실 라디칼에 의한 메틸기로부터의 수소 빼내기가 경쟁적으로 또한 빠르게 일어났다는 것을 보여준다. 사슬 구조 엔온의 반응 (6.52)(c)는 자유 라디칼 포착제(Trapping Reagent)가 존재하면 1,3-이동 생성물의 수득률은 절반 정도까지 낮아진다. 즉 반응의 절반은 자유 라디칼 간의 짝지음에 의해 진행된다.

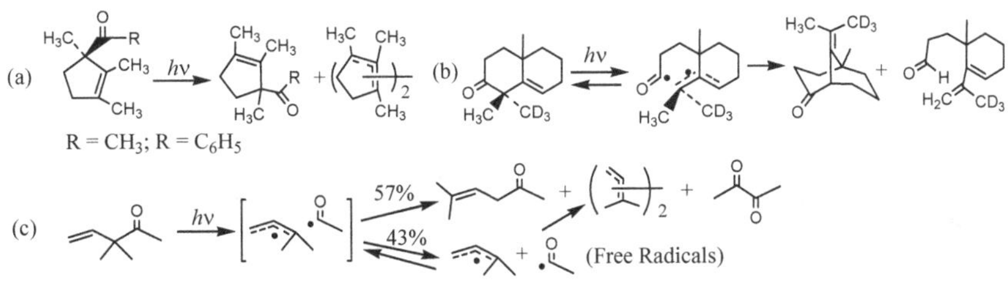

(6.52)

6.5.2 α,β-엔온

카보닐기(>C=O)와 >C=C<가 직접 결합하여 π-짝지음하고 있는 α,β-엔온은 280 ~ 300 nm에 흡수를 보여주며, S_1은 315 ~ 336 kJ mol^{-1} (75 ~ 80 kcal mol^{-1})의 에너지를 가진 $^1n,\pi^*$이며, ~315 kJ mol^{-1}에 T_2 ($^3n,\pi^*$)가 또한 280 ~ 310 kJ mol^{-1}에 T_1 ($^3\pi,\pi^*$)이 존재한다.

(i) 사이클로헥센온(Cyclohexenone) 유도체의 재배열 반응

4-위치에 두 개의 치환기를 가진 사이클로헥센온 유도체는 극성 용매, 특히 *t*-BuOH 중에서 식 (6.53)의 광화학적 재배열 반응을 한다. 본래 콜레스테론(Cholestenone) 및 테스토스테론(Testosterone)과 같은 스테로이드 화합물에서 알려진 광화학 반응이며, 재배열 생성물을 루미케톤(Lumiketone)이라 부른다. 일반적으로 양자 수득률은 매우 낮지만 화학 수득률이 높은 경우가 적지 않다.

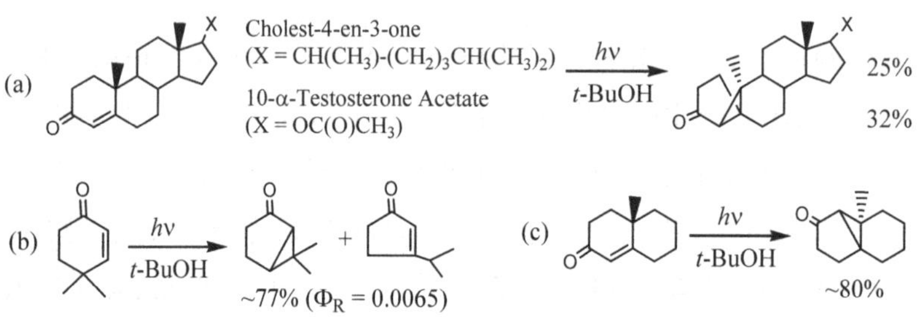

(6.53)

이 재배열 반응은 입체특이적으로 진행한다. 식 (6.54)에 보여주듯이 스테로이드 화합물의 반응 (a)에서는 C(1)-위치의 입체 배열이 변함 없는 반면, C(10)의 입체 배열은 반전되고 있다. 또한 (b) 및 (c)의 경우 재배열 생성물은 광학 활성을 완전히 유지하고 있으며, C(10)- 또는 C(4)- 위치의 입체 배열은 반전되고 있다. 반응 (c)에서는 괄호 안에 보여준 거울상 이성질체는 생성하지 않는다. 또한 회수된 출발 분자의 광학 활성은 유지되고 있으며 라세미화는 일어나지 않고 있다.

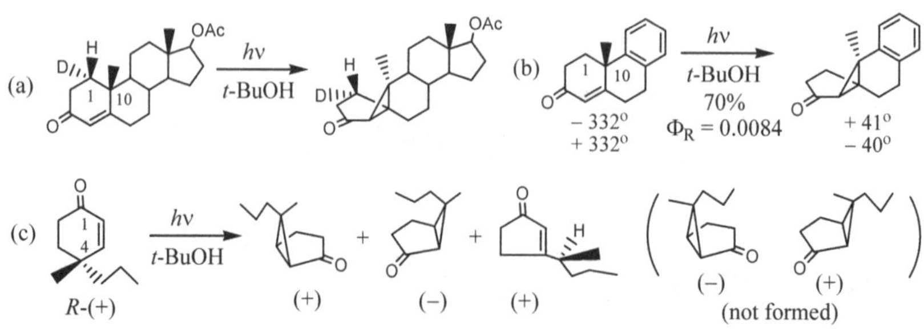

(6.54)

식 (6.54)의 결과는 이 일련의 재배열 반응들이 협동적 [$_{\sigma}2_a$ + $_{\pi}2_a$] 시그마 결합 이동(Sigmatropic Shift)이라는 것을 보여주고 있다. 이 반응들은 삼중항 소광제로 소광되기 때문에 삼중항 상태를 경유하고 있다. 그러나 삼중항 상태로부터 직접 진행하는 반응은 입체특이적으로 일어날 수 없다는 것은 거듭 강조해 왔다. 결론적으로 말하면 그림 6.2에 보여준 과정에 따라 반응이 진행된다. 즉 (1) 광흡수에 이어서 빠른 계간 교차가 일어난 후, (2) T_1에서 C=C 결합이 비틀어지면서 에너지 극소점으로 도달하고, (3) 그로부터 빠른 계간 교차로 인해 높은 진동 준위의 바닥 상태(S_0, v >> 0)가 생긴다. 이 상태는 C=C 결합이 비틀어지고 π-전자계가 특이하게 열 활성화되고 있는 상태이며, 따라서 (4) [$_{\sigma}2_a$ + $_{\pi}2_a$] 협동 반응의 활성화 장벽을 넘어갈 수 있는 열에너지를 가지고 있다. 재배열 과정은 빠른 진동 완화 과정 (5)와 경쟁하면서 진행되기 때문에 그 양자 수득률은 낮다. 식 (6.54)(c)의 반응에서 부분입체이성질체(Diastereomer)가 생성된 사실은 비틀어진 이형태체(Twisted Conformer)가 두 개 가능한 것을 반영하고 있다. 한편 식 (6.54)(a),(b)의 스테로이드 화합물 경우에는 그 접합 고리 구조가 한 개의 이형태체만 허용하기 때문에 한 개의 거울상체(Enantiomer)가 입체특이적으로 생성되었다.

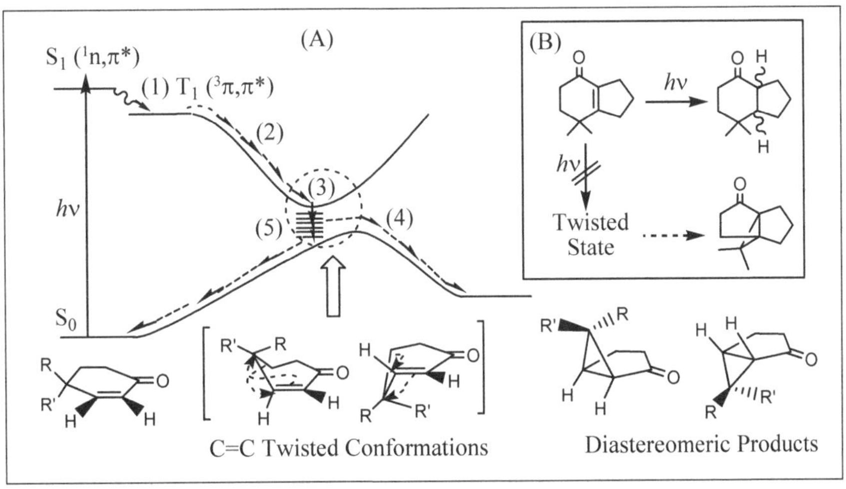

그림 6.2 (A) 사이클로헥센온 재배열 반응의 추정 경로(설명은 본문 참조). (B) 굳은 두 고리 구조를 가진 사이클로헥센온은 C=C 결합이 비틀어질 수 없어, 재배열 반응이 일어나지 않는다. 그 대신 환원 반응이 일어난다.

C(4)-위치에 페닐기가 두 개 치환된 엔온의 경우 한 개의 페닐기가 동반하여 이동하는 반응이 일어난다(식 (6.55), 생성물 수득률 = 73%). 이 반응은 6.1.3에서 설명한 올레핀의 다이-π-메테인(DPM) 재배열과 형식적으로 비슷하지만, 삼중항 상

태로부터 진행함에도 불구하고 높은 입체특이성을 보여준다. 이에 대하여 다리놓인 중간체(Bridged Intermediate)가 가정되었다. C(4)–위치에 페닐기와 메틸기가 치환된 광학 활성 케톤은 [$_{\sigma}2_a$ + $_{\pi}2_a$]와 DPM 양쪽 재배열 반응을 하지만 양쪽 반응 모두 입체특이적이다. 용매의 극성이 낮으면 후자의 반응이 우선적인 반면에 극성이 높은 용매 중에서는 전자의 비율이 높아진다. 또한 삼중항 소광제에 의한 소광 효율은 서로 다르고, 앞의 것이 후자에 비하여 다섯 배나 더 효율적으로 소광된다. 즉 [$_{\sigma}2_a$ + $_{\pi}2_a$] 반응은 T_1 ($^3\pi,\pi^*$)을, 한편 DPM 재배열은 T_2 ($^3n,\pi^*$)을 경유한다고 생각할 수 있다. DPM 재배열도 T_2로부터 생성물을 형성하는 단계에서 빠른 계간 교차가 일어나야 한다.

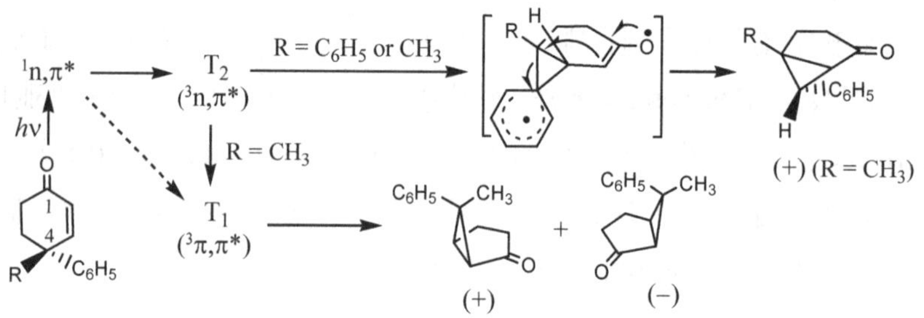

(6.55)

(ii) 고리화첨가 반응

3–사이클로펜텐온과 3–사이클로헥센온은 광화학적 이합체화 반응을 하여, *Anti* 머리–머리 및 머리–꼬리 구조의 이합체가 생성된다(식 (6.56)). 이 반응은 T_1 ($^3\pi,\pi^*$)에서 형성된 두 종류의 중간 상태(들뜬 이합체 ^{3}[M M]*로 추정)의 구조를 반영한 것으로 설명되고 있다. 각종 치환기를 가진 유도체들에 있어서도 일반적으로 일어나는 이합체화 반응이다.

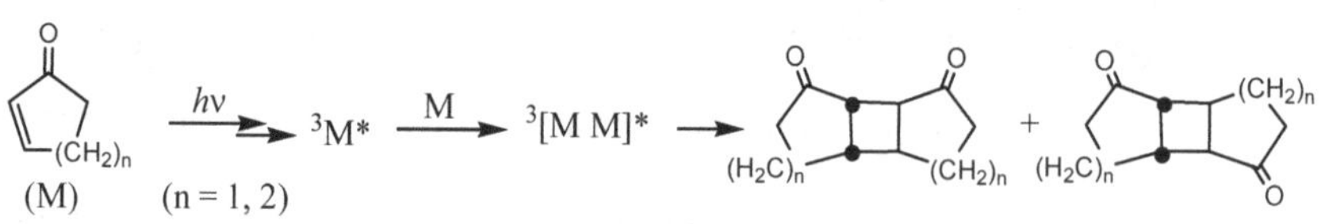

(6.56)

식 (6.57)에서 보여주듯이 사이클로헥센온은 올레핀과 [$_{\pi}2$ + $_{\pi}2$] 고리화첨가 반응을 한다. 이 반응들은 입체선택성이 낮으며 삼중항 상태로부터 1,4–쌍라디칼 중간체를 경유하여 진행된 것으로 추정되고 있다. 한편 1,1–다이메톡시에틸렌과의 첨가 반응은 위치특이적으로 진행된다. 이 경우 삼중항 상태의 π–복합체(들뜬 복합체와 뜻이 같음)이 관여함으로써 위치특이성이 나타났다고 설명되었다.

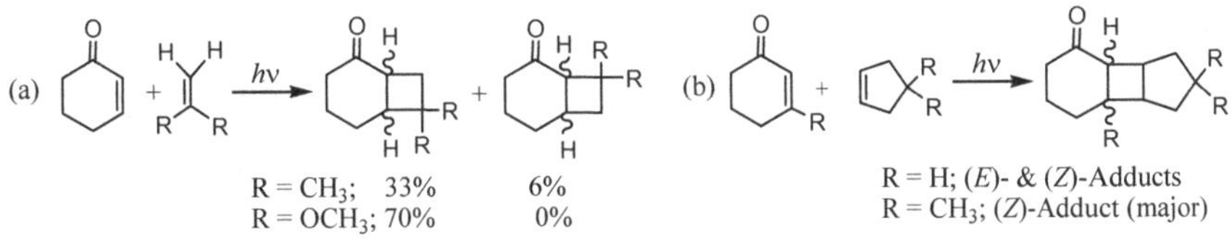

(6.57)

6.5.3 다이엔온

(i) 2,5-사이클로다이엔온(2,5-Cyclodienone)

고리 구조에서 카보닐기 양쪽에 탄소-탄소 이중 결합이 π-짝지음하고 있는 **연결 콘쥬게이션**(Cross Conjugation)을 가진 터페노이드(Terpenoid)와 스테로이드(Steroid) 등이 적지 않게 존재한다. 그 대표적 화합물의 하나인 α-산토닌(α-Santonin)이 조건에 따라 다양한 광화학 반응을 한다는 것은 19세기 말부터 알려져 있었으며, 20세기 중엽에 그 전모가 밝혀졌다(식 (6.58)). 이 반응은 45% 아세트산 수용액 중에서는 아이소포토산토닉 락톤(Isophotosantonic Lactone)을 ~45%의 수득률로, 한편 중성 조건하에서는 루미산토닌(Lumisantonin)을 초기 생성물로 준다. 루미산토닌 생성 양자 수득률은 1.0이다. 그러나 이 반응 조건하에서는 루미산토닌의 2차적 광화학 반응에 의해 케텐 화합물이 생겨, 이것이 마즈다산토닌(Mazdasantonin)으로 고리 닫힘을 하거나 혹은 에탄올 또는 물이 존재하면 포토산토닌 또는 포토산톤 산이 생성된다.

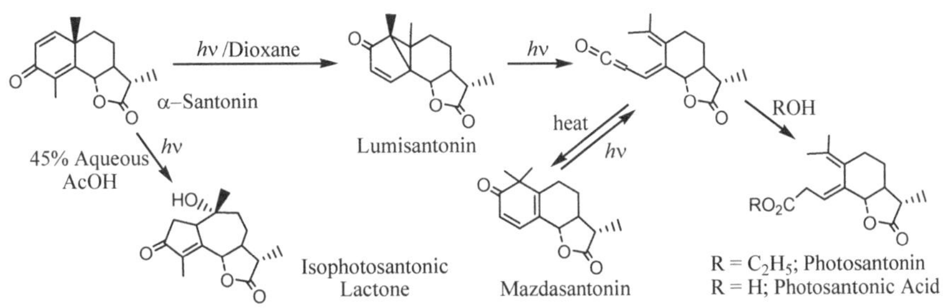

(6.58)

식 (6.58)의 반응 및 관련되는 반응들은 삼중항 소광제로 소광됨으로 삼중항 상태를 경유하는 반응이다. 그러나 아이소포토산토닉 락톤의 생성은 이 반응이 이온적 성격을 띠고 있다는 것을 시사한다. 일련의 2,5-사이클로헥사다이엔온 화합물은 330 ~ 350 nm에 n,π* 흡수를 보여주며, 또한 인광 상태(즉 T_1)은 C=C 결합에 알킬기가 치환되고 있으면(α-산토닌 및 스테로이드 등의 경우) $^3\pi,\pi^*$이지만, 치환기가 없으면 $^3n,\pi^*$이다. 즉 $^3\pi,\pi^*$ 및 $^3n,\pi^*$가 서로 접근하여 존재하며, 따라서 삼중항 상태는 두 전자적 성격이 섞여있다고 생각할 수 있다. 이것은 삼중항 상태에서 들뜬 전자가 n–궤도함수와 π–궤도함수 사이를 오갈 수 있다는 것을 의미한다. 이에 입각하여 사실을 설명할 수 있는 메커니즘으로서 식 (6.59)가 제기되었다.

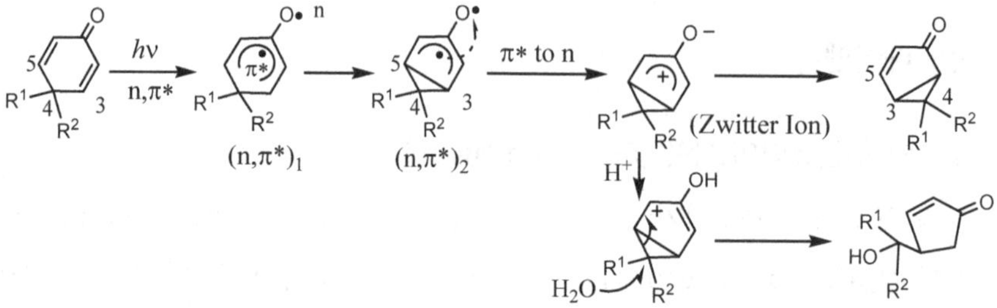

(6.59)

즉 $(n,\pi^*)_1$ 상태에서 C(3) 및 C(5) 사이에서 결합이 생기고 다른 n,π* 상태 $(n,\pi^*)_2$가 이루어진 후, π 전자가 n–궤도함수에 이동함으로써 쯔비터 이온(Zwitter Ion)이 생긴다. 이 이온 중간체로부터 R^1R^2C가 C(2) 위치에 이동하면 바이사이클로[3.1.0]헥센온(Bicyclo[3.1.0]hexenone) 구조가 생성된다. 탄소 양이온의 화학에서 알킬기의 1,2-이동 반응은 잘 알려져 있는 반응이다. 산성 수용액 조건하에서는 우선 >C–O^-에 양성자가 첨가한 후, C(4)에 물 분자가 친핵적으로 공격함과 동시에 C(4) – C(5) 또는 C(3) – C(4) 결합의 절단이 일어난다고 하면 사실을 합리적으로 설명할 수 있다.

이 반응 과정을 식 (6.60)에서 더 구체적으로 설명하겠다(화학식 위치 번호는 스테로이드에 따름). 용매가 다이옥세인의 경우 R^1과 R^2가 H 또는 CH_3 어느 쪽이라도 바이사이클로[3.2.0]헥세논 (A)가 60 ~ 70%의 수득률로 생성한다. 한편 아세트산 수용액 중에서는 R^1 및 R^2에 따라 생성물이 달라진다. R^1 = H, R^2 = CH_3의 경우 생성물 (C)가 주로 생성된다(수득률 ≈ 80%). 이것은 양이온 중심이 4-위치에 있는 (II)가 안정 형태이므로 일어난 결과이다. 마찬가지로 R^1 = CO_2H, R^2 = H의 경우에도 (C)가 높은 수득률로 생성된다. 한편 R^1 = CH_3, R^2 = H의 경우 양이온 (I)이 안정 형태로 되기 때문에 스피로(Spiro) 구조를 가진 케톤 (B)가 ~50%의 수득률로 생성된다. R^1 = R^2 = H이면 (B)와 (C) 양쪽이 생성된다.

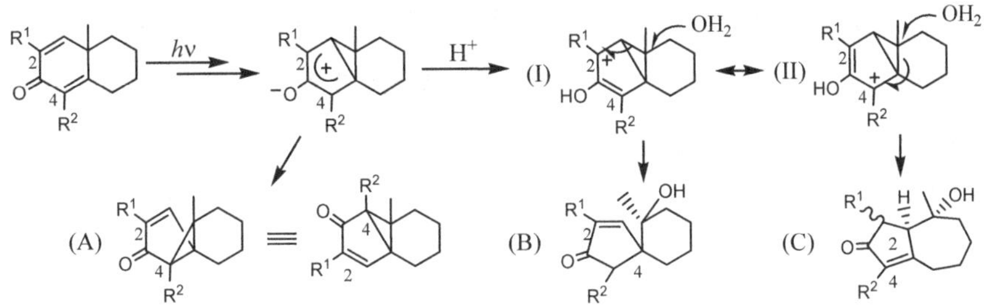

(6.60)

(ii) 기타 연결 콘쥬게이션 다이엔온

유기 화학자들이 "꿈꾸던" 사이클로뷰타다이엔(Cyclobutadiene) 및 테트라헤드레인(Tetrahedrane) 유도체의 합성과 관련시켜 **사이클로펜타다이엔온**의 광화학 반응을 소개하겠다(식 (6.61)). 사이클로뷰타다이엔은 Hückel 분자 궤도함수법에서 반방향족성(*Anti* Aromaticity)이 예견된 불안정 화합물이며, 테트라헤드레인은 분자의 비뚤어짐이 극도로 큰 분자로서 유기 합성에서 "야심적 도전"의 표적으로 되고 있었다. 온도 10 K에서 2,3,4-트라이-*t*-뷰틸사이클로펜타다이엔온에 > 300 nm의 빛을 조사하면 바이사이클로[2.1.0]펜텐온 (A)을 거쳐 사이클로뷰타다이엔/CO 복합체 (B)가 생긴다. 이 온도를 유지하면서 254 nm의 빛을 조사하면, (A)와 그 이성질체인 (C)가 생성된다. 광조사를 계속하면 출발 분자의 재생과 동시에 재배열 생성물인 2,3,5-트라이-*t*-뷰틸펜타다이엔온이 생성한다. 한편 (B)의 단계에서 빛을 조사하지 않고 온도를 35 K로 올리면 CO가 이탈하여 트라이-*t*-뷰틸사이클로뷰타다이엔 (D)가 생성된다.

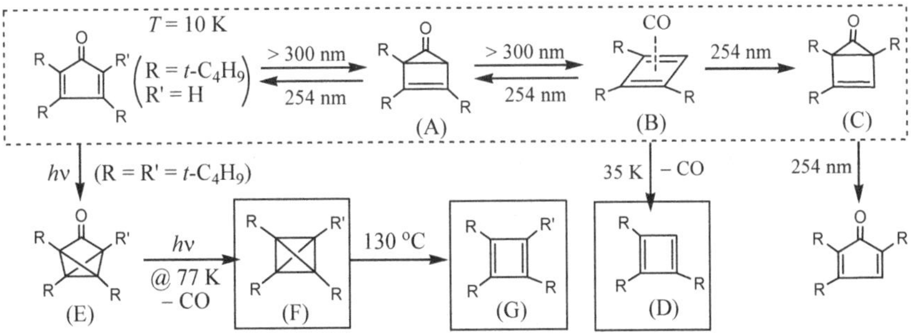

(6.61)

t-뷰틸기를 네 개 가진 사이클로펜타다이엔온은 다른 광화학 거동을 보여준다. 그 초기 생성물은 트라이사이클로펜탄온(Tricyclopentanone, (E))이며 계속 빛을 조사하면 다이-*t*-뷰틸아세틸렌으로 분해한다. 77 K에서 광화학 반응시키면 (E)로부터 테트라헤드레인 유도체 (F)가 생성된다. 이 화합물은 상온에서 안정하게 격리할

수 있다. (F)를 130 ℃에 가열하면 사이크로뷰타다이엔 (G)가 얻어진다.

고리 탄소수가 보다 많은 **2,6-사이클로헵타다이엔온**(2,6-Cycloheptadienone) 및 **2,7-사이클로옥타다이엔온**(2,7-Cyclooctadienone)의 경우 (*E*)-(*Z*)-이성질화가 주된 광화학적 초기 반응이다(식 (6.62)). 그러나 생성물인 (*E,Z*)-다이엔온은 불안정하기 때문에 격리할 수 없다. 용매로 메탄올 또는 아세트산을 사용했을 때에는 비뚤어진 (*E*)-배열 이중 결합에 용매 분자가 첨가하는 반응과 용매 분자를 거두어들이면서 고리 닫힘 하는 반응이 진행한다.

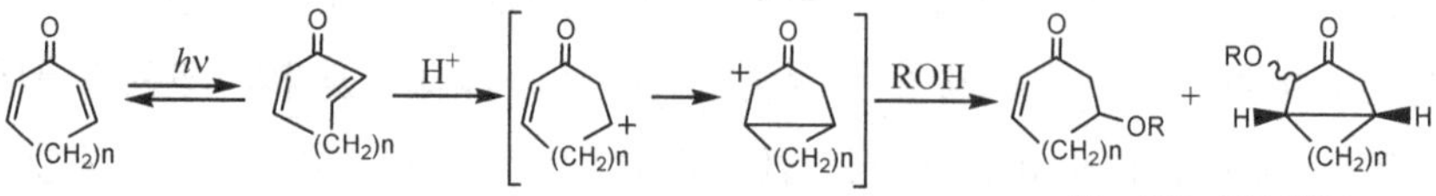

(R = CH_3, CH_3CO_2) (6.62)

(iii) 2,4-사이클로헥사다이엔온

이 구조를 가진 화합물은 카보닐 2중 결합과 두 개 C=C 결합이 직렬적으로 연결된 전자계를 갖고 있어, *ortho*-치환 페놀의 알킬화 또는 아세톡실화 반응에 의하여 쉽게 얻을 수 있다. 식 (6.63)에 보여주듯이 C-2 또는 C-4 위치에 치환기가 없으면(즉 R^3 또는 R^4 = H), $^1n,\pi^*$-상태에서 C(1) – C(6) 결합 절단이 일어나 초기 생성물로 케텐(Ketene)이 생긴다. 용매는 에터 또는 다이옥세인이며, 물 또는 아민과 같은 친핵체 (HX)가 존재하면 그들이 첨가한 카본산 또는 아마이드가 비교적 높은 수득률로 얻어진다. 친핵체가 존재하지 않으면 케텐은 출발 분자로 되돌아간다. 이러한 반응 과정들은 저온에서의 분광학적 연구에 의하여 확인되었다.

한편 C(2) 및 C(4) 위치에 메틸기가 치환되고 있고(즉 $R^1 = R^3 = R^4 = CH_3$, $R^2 = CH_3CO_2$), 또한 용매가 CF_3CH_2OH이면 식 (6.64)의 반응이 일어나 바이사이클로[3.1.0]헥세논(Bicyclo[3.1.0]hexenone) 화합물이 생성된다. 마찬가지로 모든 탄소가 메틸기로 치환된 화합물도 C_2H_5OH/H_2O 중에서 두고리 생성물을 높은 수득률로 얻을 수 있다. 식 (6.63)의 반응에 비하여 식 (6.64)에서는 출발 분자는 보다 많은 메틸기로 치환되고 있으며 또한 용매의 극성이 높다. 이 반응들은 $^1\pi,\pi^*$-상태 (S_1)로부터 진행되고 그 초기 생성물은 쯔비터 이온적 성격을 띤 화합물이라고 추정되고 있다.

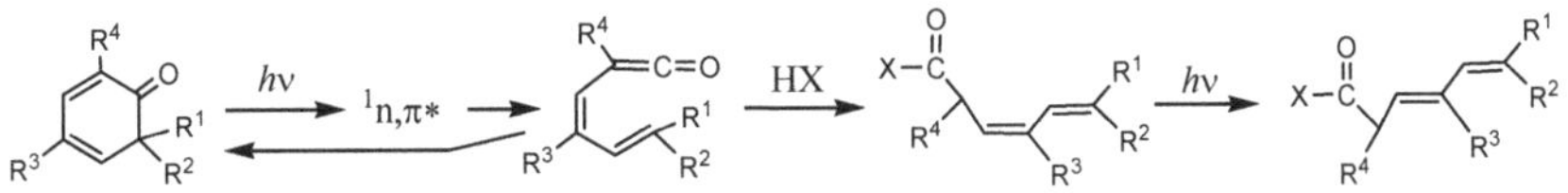

(6.63)

($R^1 = CH_3$; $R^2 = CH_3$ or CH_3CO_2; R^3, R^4 = H or CH_3; X = OH or C_6H_5NH) 50 – 94%

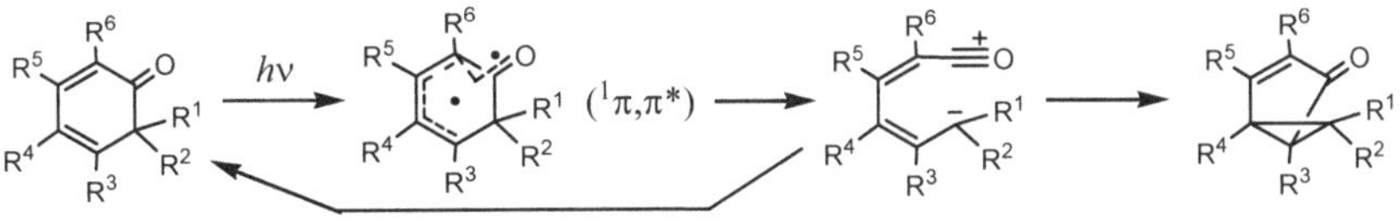

(6.64)

($R^1 = R^4 = R^6 = CH_3$; $R^2 = CH_3CO_2$; $R^3 = R^5 = H$; solvent = CF_3CO_2H)
($R^1 = R^2 = R^3 = R^4 = R^5 = R^6 = CH_3$; solvent = C_2H_5OH/H_2O)

Chapter 06

Chapter_07

광화학의 응용

본래 응용이란 한정된 개별적 목적을 가지고 있으며, 또한 개발된 기술이나 제품들은 시대적 요구에 대응하고 있다. 따라서 그것들을 과학적으로 체계화하기에는 어려움이 있다. 그것을 전제로 하면서 이 장에서는 이 책의 체계에 맞는 일부 응용들을 골라서 그 기본 원리를 설명하고자 한다. 또한 응용이 가능한 새로운 광화학적 현상들도 소개할 것이다. 이 장에서의 서술 내용을 그림 7.1에 정리하였다. 들뜬 상태를 생성시키는 방법은 물론 광흡수가 기본이지만, 전기 에너지 또는 화학 에너지를 이용하는 방법도 가능하다. 또한 대상으로 되는 재료들은 용액에만 한정되는 것이 아니라 액정 상태나 고체 또는 불균일 재료 등 응용의 목적에 맞게 다양하다.

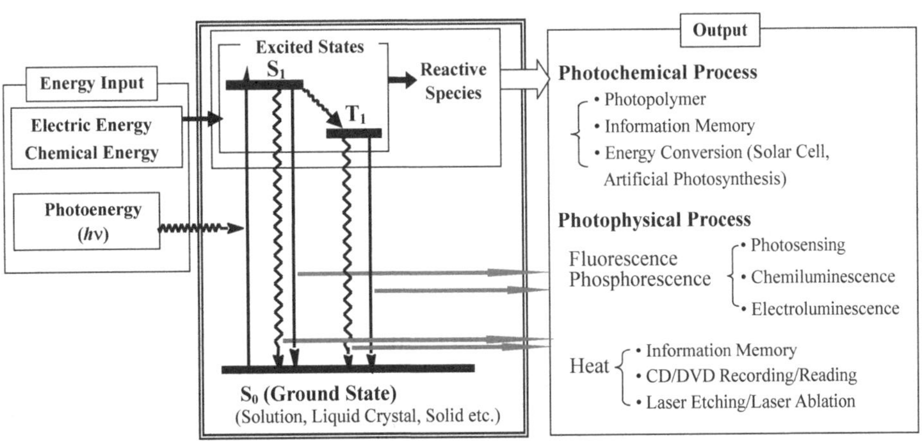

그림 7.1 광화학의 응용에 관한 개념도.

광화학 응용의 기본은 들뜬 상태로부터 일어나는 광화학 과정과 광물리 과정의 이용에 있다. **광고분자**(Photopolymer)는 광화학 과정의 응용이 활발히 전개된 분야이다. 대표적으로는 중합 반응을 개시할 수 있는 각종 광개시제(Photoinitiator) 및 고분자를 자외선으로부터 보호하는 자외선 안정제들이며 그 몇 가지 예를 소개할 것이다. 또한 전자 공업 발전에 크게 기여한 감광저항체(Photoresist)에 관해서도 언급하겠다. 빛은 고품질의 정보 전달 매질이다. 광화학은 정보 전달을 화학적으로 실현할 수 있어, 인쇄나 전자 사진/복사 및 디스플레이 등 화상/정보 기록에 있어서 중심적 역할을 지니고 있다. 한편 인류의 미래를 좌우하는 에너지 및 환경에 관련되는 미래 기술로서 **태양 전지**(Solar Cell)와 **인공 광합성**(Artificial Photosynthesis)이 절박한 연구 과제로 제기되고 있다. 태양 전지는 태양광 에너지를 전기 에너지로 전환하는 디바이스이며, 이 장에서는 유기 물질을 이용한 태양 전지에 대해서 설명한다. 식물을 비롯한 광합성 생물들은 태양광을 이용하여 이산화탄소로부터 탄수화물을 합성하고 있다. 즉 태양광 에너지를 화학 물질의 형태로 전환하여 에너지를 화학적으로 저장하고 있다. 인공 광합성은 광합성을 모방한다는 뜻이며, 태양광에 의하여 물을 분해함으로써 “녹색” 에너지인 수소를 재조하는 것 또는 이산화 탄소를 환원하여 탄소 원천으로 재활용하는 것들을 목적으로 하고 있다. 그들의 화학적 기본 개념을 소개한다.

광물리 과정도 다양한 응용이 전개되고 있다. 특히 발광 현상은 화학 발광(Chemical Light)와 전기발광(Electroluminescence)에 응용되고 있으며, 후자는 새로운 디스플레이 디바이스 및 조명 광원으로서 큰 기대를 받고 있다. 이 책에서는 언급 안 하지만 형광은 생물학 분야에서 형광 표지제(Fluorescence Labeling Probe)로서 다양하게 응용되고 있고, 생물 분야에서 중요한 역할을 지니고 있다. 들뜬 상태로부터 비복사 과정에서 방출되는 열은 CD/DVD 정보 기록과 레이저 절삭에 이용되고 있다. 이제부터 구체적 예를 소개하자.

7.1 | 고분자로의 응용

7.1.1 광중합 개시제(Photopolymerization Initiator, PI)

고분자는 그 기본 단위인 단량체(Monomer)를 중합시켜 재조한다. 자외선으로 중합시키는 기술을 **자외선 경화**(UV Curing)라 한다. 이 기술이 개발되기 전에는 예를 들어 고분자 막을 제조할 때 또한 고분자로 도장할 때 고분자의 용액을 사용하고 그로부터 용매를 증발시키는 방법으로 수행하고 있었다. 그러나 이 방법에 있어서는 유기 용매 증기가 대량적으로 방출되어 작업자의 건강을 해치고 또한 환경을 심하게 오염하는 등 심각한 문제가 있었다. 자외선 경화는 용매가 없어도 중합 반응을 개시할 수 있어, 환경에 큰 부담을 주지 않는 기술로서 크게 발전되었다. 또한 자외선 경화는 빛을 조사한 부분에서만 중합이 진행된다. 따라서 화상을 기록할 수 있어, 이 특성이 인쇄판 및 컬러 필터 등의 제조에 많이 응용되었다.

고분자 화합물의 제조는 단량체를 중합시켜야 하기 때문에 중합 개시제가 필요하다. **광개시제**(Photo-Initiator, 이하 PI란 약어를 쓰겠다)는 광화학 반응에 의하여 중합을 개시할 수 있는 활성종을 발생시킨다. 광중합 개시 반응의 특징은 다음과 같다. (1) 광흡수가 반응의 지배 단계이다. 즉 광조사하기 전까지는 중합이 일어나지 않고, 그 속도도 광량으로써 조절할 수 있다. (2) 중합 개시 활성종을 상온에서 생성시킬 수 있어 가열할 필요가 특히 없다. (3) 광중합 개시 반응은 비평형적으로 진행한다. 따라서 광중합 반응은 열중합과 다른 특이한 고분자 형태를 형성시킬 수 있다.

다음으로 PI(광개시제)에 요구되는 성질을 정리하면 다음과 같다. (1) 자외선의 흡수 파장과 흡수 계수. 많은 경우 광원으로서 고압 수은등을 사용한다(5.1.1(a) 참조). 이 경우에는 그의 발광 파장 313 nm와 365 nm에서 광흡수가 있어야 하며 또한 흡수 계수는 10^2 이상이 요구된다. (2) 높은 광화학적 활성. 현실적으로는 중합 개시 활성종의 생성 양자 수득률은 0.1 이상이 되어야 한다. (3) 단량체 또는 중합 반응계에 대한 적당한 용해도. (4) 생체에 대한 저독성 또는 무독성. (5) 장기 저장을 보장하는 안정성.

그림 7.2에 광중합(Photopolymerization)의 기본 형식, 즉 단량체의 기본 구조와 중합 개시 활성종을 정리한다. 아크릴레이트(Acrylate)와 메타아크릴레이트(Methacrylate)는 라디칼 중합을 하는 전형적인 단량체이며 이에 대해서는 라디칼 (X•)을 발생하는 PI가, 한편 비닐 에터(Vinyl Ether) 또는 에폭사이드(Epoxide)나 옥세테인(Oxetane) 화합물의 경우 산 (H^+)을 발생하는 PI가 사용되며, 염기(RNH_2)를 발생하는 PI은 에폭사이드의 중합에 사용되고 있다. 중합 반응에 사용되는 단량체의 구조(R^1, R^2 등의 치환기)는 목적에 따라 각양각색이며, 현실적으로는 그들의 다양한 혼합물이 사용되는 경우가 많다. 또한 아크릴레이트 부분과 에폭사이드 부분이 결합된 단량체도 있다. 그럼 구체적으로 설명하자.

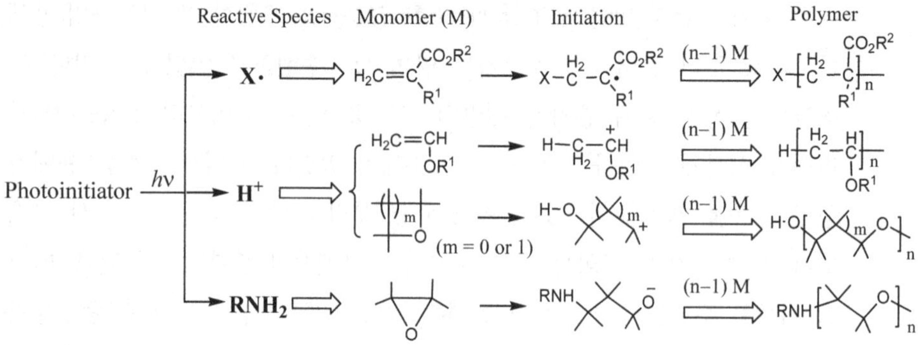

그림 7.2 광중합 개시 반응의 기본 형식. 단량체는 기본 구조를 표시.

(i) 라디칼 중합 개시제

(a) **케톤 개시제** – 라디칼은 주로 들뜬 상태에서의 균일적 결합 절단 또는 전자 이동에 의해 생긴 산화환원 활성종의 분해에 의하여 생성시킬 수 있다. 그 중 중합 개시에 많이 이용되고 있는 반응은 방향족 케톤의 Norrisch Type I 반응이다(6.4.1 참조). Type I 반응에 대하여 더 좀 설명하자. 그림 7.3에 보여주듯이 n–궤도함수와 (O=)C–C α–결합의 σ–궤도함수는 동일 평면 위에 존재할 수 있기 때문에 두 궤도함수 사이의 중첩이 가능하다. 이 궤도함수의 겹침을 통하여 n,π*–상태 들뜸 에너지가 σ–결합에 전달되어 결합 절단의 반응 경로가 열리게 된다. 방향족 케톤의 경우 빠른 계간 교차에 의해 Type I 반응은 ^{3}n,π*–상태부터 진행한다. 그 결과 결합 절단 직후에는 **삼중항 라디칼 쌍**(Triplet Radical Pair, ^{3}RP)이 생성된다. 중합 반응을 개시하는 것은 ^{3}RP가 확산적으로 헤어져 생기는 **자유 라디칼**(Free Radical, FR)이다. 이미 언급한 바와 같이 ^{3}RP가 제짝 재결합을 하는 과정은 스핀 금지이므로 FR로의 해리가 잘 일어날 가능성이 높다. 방향족 케톤이 라디칼 개시제로서 유리한 이유의 하나는 여기에 있다. 지방족 케톤도 Type I 반응을 하지만 그 최대 흡수가 300 nm 이하이며 또한 흡수 계수도 매우 낮기 때문에, 사실상 개시제로서 쓸 수가 없다. 한편 방향족 케톤은 300 nm 이상에 최대 흡수와 수백 정도의 흡수 계수를 가진다. 즉 고압 수은등의 발광 자외선에 맞는 광학적 성질을 가지고 있어 PI에 요구되는 조건을 만족한다. 또한 방향족 케톤은 독성이 낮고, 화학적 안정성이 높고, 단량체로의 용해도가 충분히 높다는 등 취급이 용이하다는 장점이 있다.

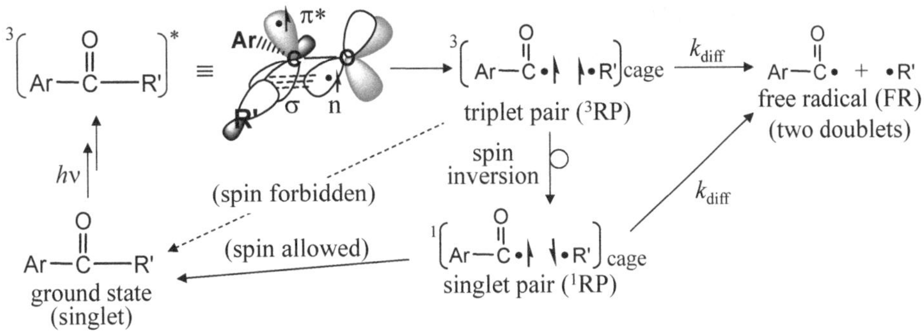

그림 7.3 삼중항 상태로부터 진행되는 케톤의 Norrisch Type I 반응의 과정. Ar = 페닐기 또는 그의 치환체. R' = 부피가 큰 알킬기.

그러나 단순한 방향족 케톤들, 예를 들어 $C_6H_5C(=O)–R$ (R = CH_3, C_2H_5, $CH_2C_6H_5$ 등)은 FR을 생성하지 않거나 또는 그 생성 효율이 매우 낮다. 그것은 그림 7.4에서 볼 수 있듯이 들뜬 상태에서의 결합 절단 활성화 에너지 $\Delta G^{\neq}$가 커서 그를 넘어갈 수 없기 때문이다(그림 3.4(b) 참조). 그 제한을 극복하기 위하여 개발된 것이 부피가 큰 치환기 R'을 가진 방향족 케톤 ArCOR'이다. 그 일부를 그림 7.4(아래)에 실었다. 즉 ArC=O와 R' 사이의 입체 반발이 크기 때문에 그 결합이 약해짐으로써 삼중항 상태에서 결합 절단이 일어날 수 있게 된다. 결합 절단 직후에 생기는 라디칼 쌍($[Ar–C(=O)\bullet\ \bullet R']_{cage}$)은 중합 개시

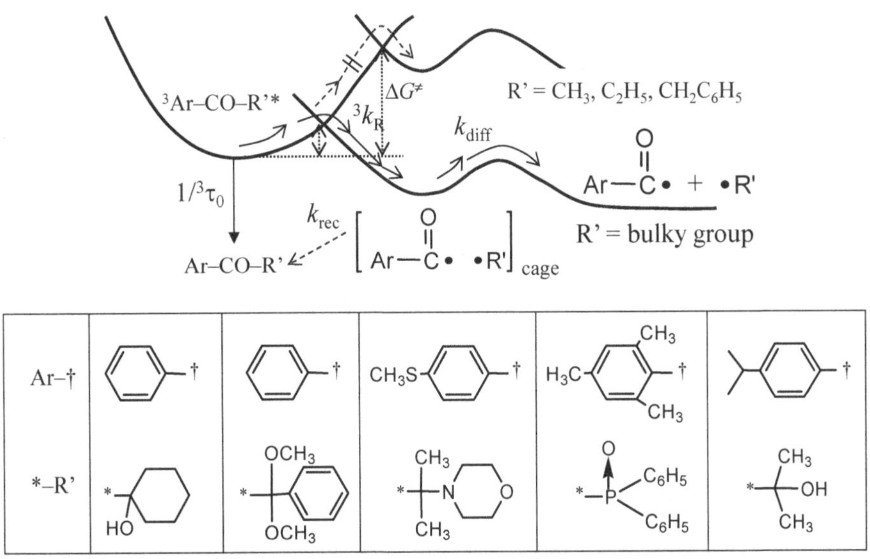

그림 7.4 (위) 삼중항 상태 방향족 케톤의 Norrisch Type I 반응 경로의 개념도. 치환기 R'의 부피가 큰 경우 활성화 에너지가 낮아져 결합 절단이 일어난다. (아래) 상업화된 개시제의 몇 가지 예.

능력이 없으며 중합 개시 활성종은 자유 라디칼 Ar–C(=O)•이다. 그 생성 효율은 라디칼 쌍의 확산 해리 속도 k_{diff}와 제짝 재결합 속도 k_{rec}에 의존하며, 그 중 분자 구조에 크게 영향을 받는 것은 k_{rec}이다. 부피가 큰 R'•은 입체 장애로 인해 Ar–C(=O)•와 제짝 재결합을 하기가 곤란하다. 상업화된 PI들에 있어서는 자유 라디칼의 생성 양자 수득률이 낮아도 ~0.3, 많은 경우 ~1.0에 가깝다.

현실적인 중합 개시 효율은 FR의 생성 효율과 함께 광원(많은 경우 고압 수은등)으로부터 나오는 자외선을 흡수하는 효율에 달려 있다. 그림 7.4에 보여준 케톤들은 ~320 nm에 n,π*–전이에 따른 흡수를 보여주며, 그 흡수 계수는 수백 정도이다. 따라서 고압 수은등의 제일 강한 자외선인 365 nm에서의 흡수가 약하다. 그 단점을 극복하기 위해서 최대 흡수 (λ_{max})가 보다 장파장이며 흡수 계수(ε)가 보다 큰 케톤들이 개발되었다(표 7.1). 그 기본의 하나는 벤젠 고리 *p*–위치에 전자 주는기를 치환시켜, 그것과 카보닐기(전자 끄는기) 사이에서 분자내 전하 이동 전이를 일으킬 수 있게 하는 것이다. 치환기가 없는 케톤 (A)에 비하여 CH_3S기가 치환된 케톤 (B)는 수만에 달하는 흡수 계수를 가지고 있어, 365 nm에서의 흡수 효율은 현저히 개선된다. 전자 주는 능력이 보다 큰 *N*–모르폴리노(*N*-Morpholino)기가 치환된 화합물 (C)의 경우 최대 흡수는 10 nm 더 장파장에 나타나고, 또한 그 흡수 계수는 수만에 달하기 때문에 400 nm 부근까지 흡수를 보여준다. 결과적으로 중합 개시 능력은 365 nm에서의 흡수 강도에 따르며 화합물 (C)가 제일 높다. 실제로는 FR 생성 양자 수득률 Φ_{FR}은 반대의 경향을 보여주고 있다. 즉 실용적 중합 개시 능력은 고압 수은등의 자외선을 흡수하는 능력(최대 흡수 파장과 흡수 계수)와 일정한 FR 생성 양자 수득률을 필요로 하며 그들 사이에는 최적 조건이 있다.

표 7.1 케톤 중합 개시제에 대한 치환기 효과.

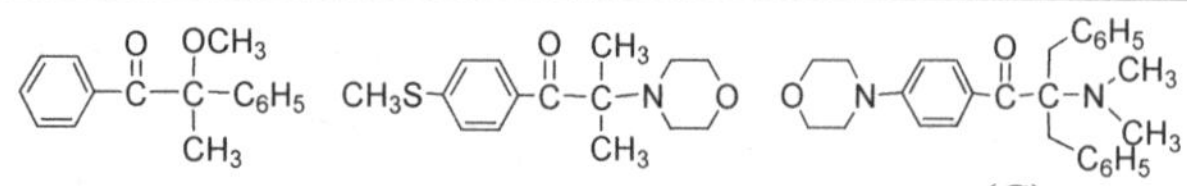

	(A)	(B)	(C)
λ_{max}/nm	~320	~320	~330
ε	10^2	10^4	10^4
Φ_{FR}	1.0	0.88	0.22
Sensitivity*	low	medium	high

* 고압 수은등에 의한 상대적 중합 개시 효율.

광흡수가 장파장에서 나타날수 있게 하는 또 하나의 방법은 α–다이케톤(예를 들어 바이아세틸나 벤질)에서 찾을 수 있다. 이 케톤들은 "노란색 케톤"이란 별명을 갖고 있다. 즉 가시광선 영역까지 흡수가 펴져 있다는 것이다. 이 케톤들에서는 인접한 두 카보닐기의 π–π 짝지음에 의한 π*–궤도함수의 분열이 일어남과 동시에 CO–CO σ–결합과 두 n–궤도함수 사이의 상호작용에 의한 n–궤도함수의 분열이 일어남으로써 HOMO–LUMO 간격이 좁아진다(그림 7.5). 이러한 σ–결합을 통한 두 궤도함수 간의 결합을 "결합통과 결합(Through-Bond Coupling)"이라 한다. 마찬가지 이유로 아실포스핀 옥사이드(Acylphosphine Oxide)도 장파장에서 흡수를 보여주며 노란색을 띠고 있다. α–다이케톤은 광분해를 잘 하지 않지만, 입체 장애가 큰 아실포스핀 옥사이드(그림 7.5(C) (a)~(c)의 화합물들)은 광분해를 하고 라디칼을 비교적 좋은 수득률로 생성한다(식 (7.1)). 생성되는 두 종류의 라디칼 (ArC(=O)• 및 $R_2P(O)$•)은 중합을 개시하는 능력을 가지고 있어, 그림 7.4와 표 7.1에서 보여준 일반 케톤 PI의 경우 ArC(=O)•만 중합을 개시하는 것과 다른 특색을 보여준다.

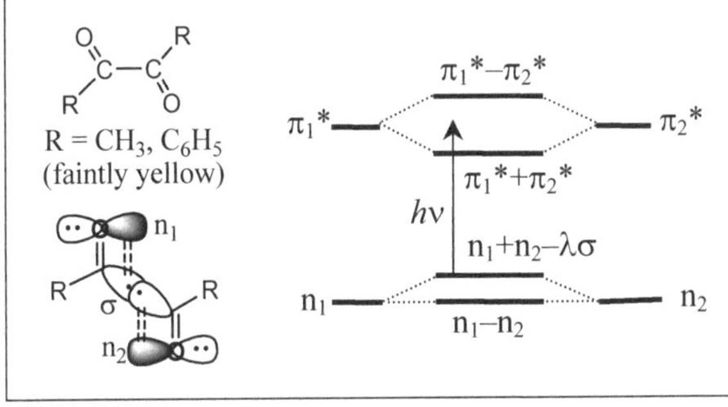

R	R^1	R^2
(a) C_6H_5	CH_3	CH_3
(b) OC_2H_5	CH_3	CH_3
(c) $CH_3CH(C_6H_5)CH_2$	CH_3O	H

그림 7.5 (A) α–다이케톤의 궤도함수 상호작용의 모식도. (B) 두 > C=O 사이의 궤도함수 상호작용에 의한 궤도함수 도식 (λ < 1). (C) PI에 이용된 아실포스핀 옥사이드.

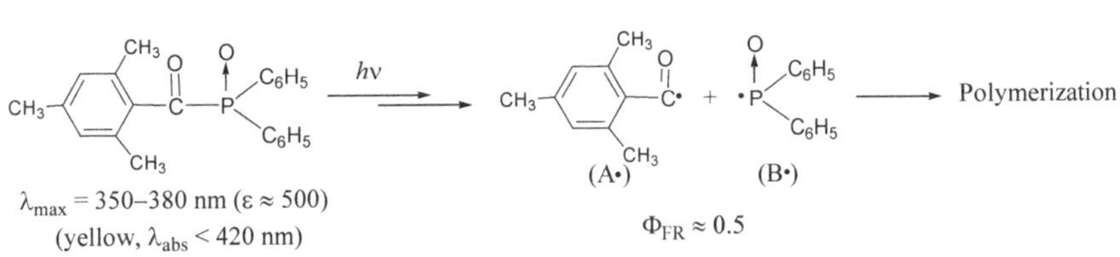

(7.1)

아실포스핀 옥사이드의 또 하나의 특징은 광분해를 하면 그 노란색이 사라진다는데 있다. 이러한 현상을 **광표백**(Photobleaching)이라 한다. 이 특성은 투명 고분자 필름과 투명 도막을 제조할 때 바람직한 성질이다. 그러나 식 (7.1)

의 PI은 아민의 친핵적 공격에 의하여 분해된다는 단점을 갖고 있다. 단량체를 공기 산화 또는 자연 경화로부터 보호하기 위하여 아민 화합물이 안정제로서 필수적으로 첨가된다. 따라서 이 개시제를 포함하는 단량체 용액은 저장에서 문제가 생긴다. 이를 개선하기 위하여 그림 7.5(C)의 화합물 (b) 및 (c)가 개발되었다. 화합물 (b)는 R = OC_2H_5을 가지고 있으므로 $\overset{O}{\overset{\|}{C}}—P$ 부분의 친전자성이 낮다. 한편 화합물 (c)의 경우 부피가 큰 R이 아민과의 반응을 입체적으로 방해한다.

(b) **옥심 에스터(Oxime Ester) 개시제** – 1장 그림 1.5에서 보여주듯이 C–C 결합 에너지는 ~65 kcal mol^{-1}보다 크기 때문에 케톤의 Type I 반응은 흡수 파장 말단(0–0 전이)가 ~450 nm을 넘으면 거의 일어나지 않는다. 즉 케톤 PI가 이용할 수 있는 빛은 450 nm 이하로 한정되며 또한 흡수 파장이 길면 자유 라디칼 생성 수득률이 감소한다(표 7.1 참조). 한편 N–O 결합은 보다 약하기 때문에 보다 장파장의 빛을 이용할 수 있다. 식 (7.2) 및 (7.3)에 PI로서 개발된 대표적 옥심 에스터를 나타내었다. 이 화합물들은 중합 개시 감도가 매우 높아 액정 디스플레이 패널에 사용되는 컬러 필터 제조에 적용되고 있다.

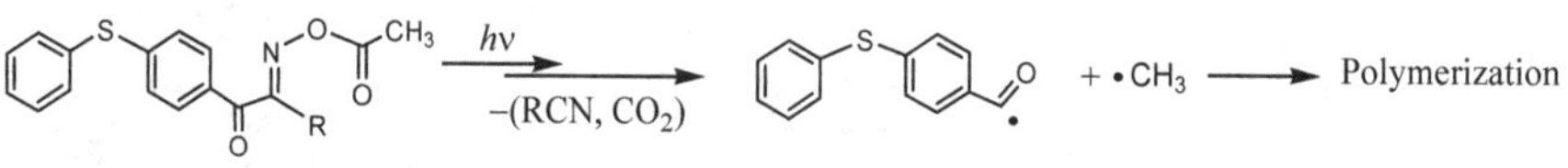

(7.2)

$\lambda_{max} \approx 320$ nm ($\varepsilon > 10^4$)

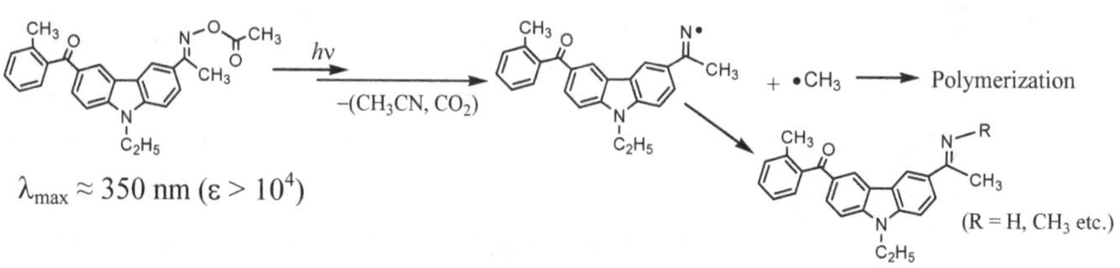

(7.3)

$\lambda_{max} \approx 350$ nm ($\varepsilon > 10^4$)

컬러 필터는 적색, 녹색, 청색 빛을 통과시키는 미세한 "창문"으로 구성되어 있으며, 각 "창문"은 "검은선" (Black Matrix)에 의해 분리되어 있다. 각 "창문"과 "검은선"은 해당되는 안료 또는 염료를 포함하는 단량체 도막에 마스크를 통해 빛을 쪼여 해당 부분만 광경화시켜 제조한다(7.2.1 참조). 이때 안료나 염료가 자외선을 심하게 흡수하기 때문에 PI에 대한 요구성은 매우 가혹하다. 특히 "검은선"에 쓰이는 탄소 검정은 자외선 영역에서의 흡수가 매우 높기 때문에 광경화에 있어서 큰 제약이 있다. 식 (7.2) 및 (7.3)의 화합물은 흡수 계수가 높고 FR 생성 양자 수득률이 100%에 가까우며 또한 생성된 메틸 라디칼

(CH_3•)의 사이즈가 작기 때문에 확산이 빠르다는 특징을 가지고 있어, 컬러 필터 제조에 요구되는 조건을 충족한다. 그러나 이 화합물들은 노란색을 띠고 있어 "창문"의 색채 순도에 안 좋은 영향을 줄 가능성이 있다. 식 (7.2)의 경우 광분해에 의하여 아실이민(Acylimine) 구조가 사라지기 때문에 노란색은 사라진다(광표백). 따라서 "창문" 제조에 쓸 수 있다. 또한 생성되는 두 라디칼은 중합 개시 능력이 있다. 한편 식 (7.3)에서 생성되는 이미닐 라디칼(Iminyl Radical, >C=N•)은 중합을 개시하지 못하며, 노란색을 띤 이민 화합물(>C=N–R)에로 변한다. 즉 광표백은 일어나지 않는다. 그러나 365 nm에서의 흡수 계수가 매우 크고, 따라서 광경화 감도가 높기 때문에 "검은선" 제조에 이용되고 있다.

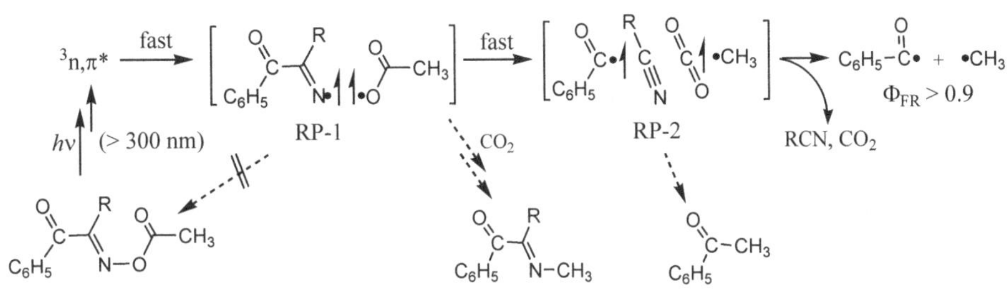

그림 7.6 옥시미노 케톤(Oximino Ketone)의 광화학적 라디칼 생성 과정.

그러면 옥심 에스터로부터 FR가 효율 높게 생성되는 이유에 관해 그림 7.6의 옥시미노 케톤의 광화학 과정을 두고 설명하자. 이 화합물은 삼중항 상태($^3n,\pi^*$)에서 매우 빠르게 N–O 결합 절단을 하여 라디칼 쌍 RP-1을 준다. 스핀 보존 규칙에 따라 RP-1은 삼중항 상태이므로 제짝 재결합에 의한 출발 분자로 되돌아가는 속도가 느리다. 또한 RP-1의 각 라디칼은 제짝 재결합보다 훨씬 빠르게 분해한다. 그것은 안정 분자인 R-CN 및 CO_2가 이탈하기 때문이다. 그 결과 두 라디칼 사이에 R-CN와 CO_2가 존재하는 새로운 라디칼 쌍 RP-2가 생기며, 두 라디칼은 수 Å보다 더 떨어진 거리에 있다. 이러한 라디칼 쌍은 재결합보다 훨씬 효율적으로 FR로 해리한다.

(c) **가시광선 라디칼 중합 개시제** – 최근 화학적인 미세 가공(미세한 화상 그리기 및 미세한 장소로의 정보 기록)에 대한 요구가 급격히 늘어나고 있다. 그 하나의 방법은 범용 레이저, 예를 들면 가시 광선부터 근적외선에서 센 빛을 방출하는 아르곤 이온 레이저, 반도체 레이저, YAG 레이저 등을 사용하고 미세한 광중합 가공을 하는 것이다. 따라서 그 요구에 맞게 가시 광선에 의해 기능하

는 PI가 필요하다. 이미 언급한 바와 같이 파장이 길어지면 길어질수록 결합 절단의 효율은 크게 떨어진다. 따라서 직접적 결합 절단 외의 다른 메커니즘이 필요하게 된다. 광전자 이동이 그 메커니즘의 하나이다. 식 (7.4)에 전형적인 예를 소개한다. 카보시아닌 염료(Carbocyanine Dye, Cb^+)의 흡수는 2중 결합의 수(n = 1 ~ 3)에 따라 500 ~ 700 nm에 나타난다. 이 염료는 아크릴레이트(Acrylate)와 같은 단량체 중에서는 상대 음이온(X^-)과 이온쌍 [Cb^+ X^-]의 상태로 존재한다(해리 평형 상수 $K \approx 10^{-7}$ M). 상대 음이온이 전자 주개로 기능하는 보레이트 음이온(Borate Anion, [$(C_6H_5)_3B$–C_4H_9]$^-$)을 사용하면 가시광선을 흡수하여 들뜬 상태로 된 Cb^{+*}은 보레이트 음이온으로부터 전자를 빼낸다. 전자 이동에 의하여 생성된 $(C_6H_5)_3B$–C_4H_9•은 매우 불안정하기에 거의 순간적으로 $(C_6H_5)_3B$와 C_4H_9•로 분해한다. 이 반응계에 과산화 카복실산 에스터(ArC(O)OOR)를 공존시키면 전자 이동에 의하여 생긴 카보시아닌 라디칼(Cb•)은 과산 에스터에 전자를 주고 자신은 Cb^+로 되돌아간다. 전자를 받은 과산화 카복실산 에스터는 효율적으로 분해되어 또 하나의 라디칼 Ar•을 발생시킨다. 즉 이 반응계에서는 광자 한 개에 의해 중합 반응을 개시할 수 있는 두 개 라디칼이 생성한다.

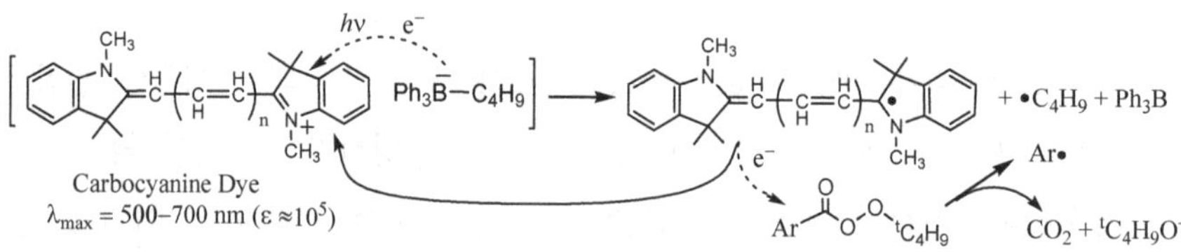

(7.4)

이 전자 이동 반응의 메커니즘은 n = 1의 염료에 대해서 자세히 분석되었다. 전자 이동은 Cb^+의 들뜬 단일항 상태에서 2×10^{11} s^{-1}의 빠른 속도로 진행되며, 생성된 라디칼 쌍 [Cb•/$(C_6H_5)_3B$–C_4H_9•]은 바닥 상태로의 붕괴나 FR로의 해리를 할 것 없이, $(C_6H_5)_3B$–C_4H_9•의 분해가 ~10^{11} s^{-1}의 속도로 일어나서 다른 라디칼 쌍 [Cb•/$(C_6H_5)_3B$/C_4H_9•]이 생긴다. 이는 제짝 재결합을 할 것 없이 100% FR로 해리한다.

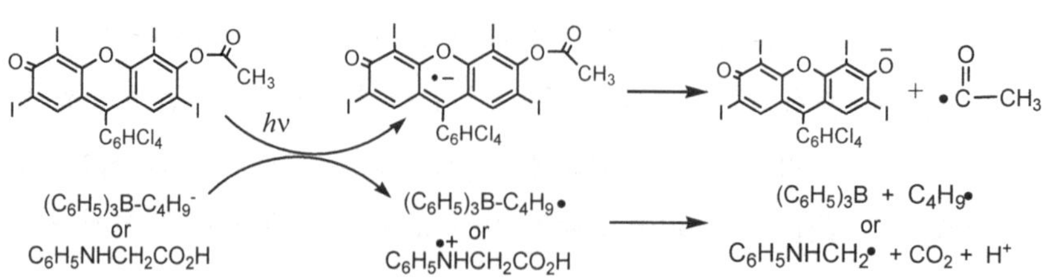

(7.5)

식 (7.4)에서 사용된 PI는 유기 염이다. 유기 염은 용해도에서 문제가 있기 때문에 목적에 따라 염이 아닌 가시광선 PI가 필요하다. 식 (7.5)의 반응계는 그 요구를 충족할 수 있는 하나의 예이다. 사용되는 염료는 네 개의 아이오딘과 테트라클로로페닐기와 같은 센 전자 끄는기를 갖고 있어 전자 받개로서 작용한다. 또한 전자를 받으면 $CH_3C(=O)–O$ 결합이 끊어져 아세틸 라디칼($CH_3C(=O)•$)이 발생하는 구조로 설계되고 있다. 이 염료와 함께 1전자 산화되면 라디칼을 발생시킬 수 있는 $[(C_6H_5)_3B–C_4H_9]^-$ 또는 *N*–페닐글리신(*N*-Phenylglycine)을 함께 사용하면 그들로부터도 라디칼이 생겨, 라디칼 중합 감도가 좋아진다.

(d) **2광자 흡수에 의한 중합 개시** – 자동차나 항공기 또는 건물과 같은 복잡한 구조물을 그 내부를 포함하여 그대로 축소된 입체 모형을 만드는 것은 그들을 옳게 설계함에 있어서 필수적인 요구이다. 보통은 기계적 방법으로 재료를 깎아내고 부분품을 조립하는 등 까다로운 작업에 의해 수행되고 있다. 이 방법은 시간이 걸리며 또한 정밀도에 있어서도 문제가 있다. 이를 대신할 수 있는 방법의 하나는 광중합 반응에 의한 3차원적 조형이다. 만약에 렌즈로 초점을 맞춘 장소에서만 광중합이 일어나고, 초점을 컴퓨터 설계대로 움직이게 하면 희망하는 고분자 입체 조형물을 얻을 수 있을 것이다. 그러나 지금까지 설명해 오던 PI들은 광자 한 개를 흡수하여 라디칼을 발생하기 때문에, 그 목적을 달성하기에 어려움이 있다. 그림 7.7(A)에 보여주듯이 렌즈로 집광한 빛의 강도는 초점에 도달하기까지 그 행로에 따라 연속적으로 변화하면서 초점에서 제일 높아진다. 즉 빛이 통과하는 모든 장소에서 그 광량에 따른 중합 반응이 진행되므로, 의도한 조형물을 제작하기가 곤란하다.

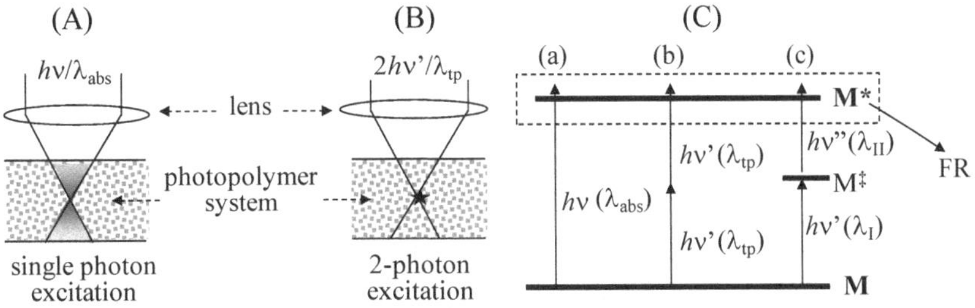

그림 7.7 단일 광자 흡수 과정과 2광자 흡수 과정의 비교. (A) 단일 광자 흡수로 진행되는 중합 반응은 빛이 통과하는 행로에서 연속적으로 일어난다. (B) 2광자 흡수로 진행되는 중합은 초점에서만 일어난다. (C) (a) 단일 광자 흡수 과정. (b) 비공명 2광자 흡수 과정. (c) 공명 2광자 흡수 과정 ($\lambda_I = \lambda_{II}$ 또는 $\lambda_I \neq \lambda_{II}$).

한편 **2광자 흡수**(Two-Photon Absorption)에 의한 중합 반응은 초점에서 선택적으로 진행시킬 수 있다(그림 7.7(B)). 이미 1장 2.3의 Stark-Einstein 원리에서 설명한 바와 같이 수은등과 같은 광원에 의해서는 2광자 흡수는 일어나지 않는다. 그러나 레이저를 광원으로 사용하면 그의 높은 광자 밀도에 의해 2광자 흡수가 수시로 일어나며, 특히 렌즈로 집광된 초점에서 선택적으로 일어날 수 있게 하는 것은 어렵지 않다. 그림 7.7(C)에 보여주듯이 2광자 흡수에는 두 형식이 있다. 같은 파장(λ_{tp})의 광자를 두 개 동시에 흡수하는 **비공명 2광자 흡수**((b) Non-Resonant Two-Photon Absorption)와 어떤 중간 상태 ($M^{\ddagger}$)를 포함하여 광자 두 개를 흡수하는 **공명 2광자 흡수**((c) Resonant Two-Photon Absorption)이 있다. 여기에서는 비공명 흡수가 주된 대상이다. 지금 레이저 발광 파장이 600 nm(190 kJ mol^{-1})이며, 이 파장에서 단일 광자 흡수가 일어나지 않은 광중합 반응계를 생각해보자. 그러면 단일 광자 흡수만 일어나는 광양이 낮은 조건하에서는 중합은 진행되지 않는다. 그러나 초점에서 광자 밀도가 충분한 정도로 증대되어 2광자 흡수가 일어날 수 있도록 하면, 그 에너지는 300 nm의 파장(380 kJ mol^{-1}, 91 kcal mol^{-1})에 해당되며, 이 에너지는 결합 절단을 일으킬 수 있는 값이다. 그러나 300 nm에서 단일 광자 흡수를 하는 화합물이 600 nm의 광자를 두 개 흡수한다는 보장은 없으므로 광자 두 개를 동시에 흡수할 수 있는 큰 단면적과 2광자 흡수 전이 쌍극자를 가진 화합물을 사용하여야 한다. 그러한 화합물은 π–짝지음과 전자 분극성이 큰 분자들이다. 아래에 효율적 2광자 흡수를 하는 일부 화합물의 구조를 보여준다. 이러한 화합물이 2광자 흡수로 얻은 에너지를 이용하여 PI로부터의 라디칼 생성을 감광한다.

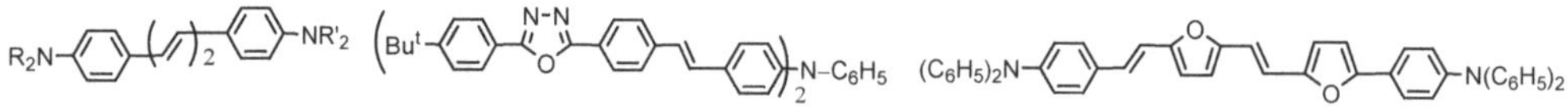

(ii) 산 또는 염기 발생제

에폭사이드나 옥세테인의 고분자는 폴리(아크릴레이트)와 다른 성질을 갖고 있어 그에 특유한 용도가 있다. 그림 7.2에 보여주듯이 그들의 중합은 주로 산 또는 목적에 따라 염기로 개시된다. 따라서 광화학 반응에 의하여 산 또는 염기를 발생시키는 PI가 요구된다. 산을 발생시키는 PI을 PAG(Photo-Acid Generator)라 하며 중합 개시 반응뿐만 아니라 특정 고분자를 분해시키는 목적(후에 설명하는 광전사법, Photolithography)에도 이용되는 범용도가 높은 화합물이다. 그 전형적인 반응의 기본 형식은 그림 7.8와 같다. 양전하를 가진 아이오도늄(Iodonium) 또는 설포늄(Sulfonium) 등의 염을 광분해시키면 중성 분자인 아이오도벤젠 또는 다이페닐설파이드가 빠져나가고 결과적으로 양성자가 생긴다. 상대 이온 X^-가 $CF_3SO_3^-$ 또는 $C_6H_5SO_3^-$이면 트라이플루오로메탄설폰산(Trifluoromethanesulfonic Acid) 또는 벤젠설폰산(Benzenesulfonic Acid)과 같은 강한 산이 발생한다.

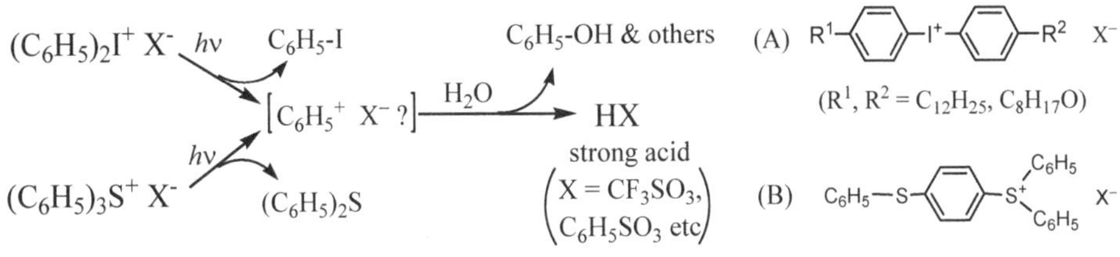

그림 7.8 (왼쪽) 광화학적 산 발생의 기본 반응 형식. (오른쪽) (A) 산 발생제의 용해도를 개선하기 의한 구조. (B) 광흡수가 장파장에서 일어날 수 있게 하는 분자 설계의 예.

그러나 그림 7.8의 화합물들에는 몇 가지 단점이 있다. 첫째는 염 구조 때문에 단량체로의 용해도가 낮다는 것이다. 그를 개선하기 위하여 긴 알킬기나 알콕시기를 도입한 화합물이 개발되고 있다. 둘째로는 광흡수 파장이 300 nm 이하라는 점이며, 이에 대하여 π–짝지음이 보다 큰 화합물이 제안되고 있다. 그러나 이러한 제안은 PAG의 가격을 인상시키는 바람직하지 않는 결함을 내포한다. 또 하나의 문제는 이 화합물들이 인체의 피부에 대하여 자극성을 가진다는 성질이다.

이러한 문제를 극복할 수 있는 PAG로서 식 (7.6)의 옥심 설포네이트(Oxime Sulfonate)가 제안되었다. 이 화합물들은 고압 수은등의 발광 파장에 맞는 광흡수를 보여주며, 용해도에서도 염 화합물에 비하면 크게 개선할 수 있고 또한 피부에 대한 자극성도 적다. 그 반응 과정은 밝혀져 있지 않지만, 옥심 에스터의 라디칼 발생 과정과 마찬가지로 초기 과정에서 광화학적 N–O 결합 절단이 일어난다고 생각하는 것이 합리적이다. 그렇게 해서 생긴 설포녹실 라디칼(Sulfonoxyl Radical, R–SO$_3$•)이 반응계에 존재하는 다른 분자(주로는 단량체)로부터 수소를 빼내고 강한 산인 설폰산이 생성된다.

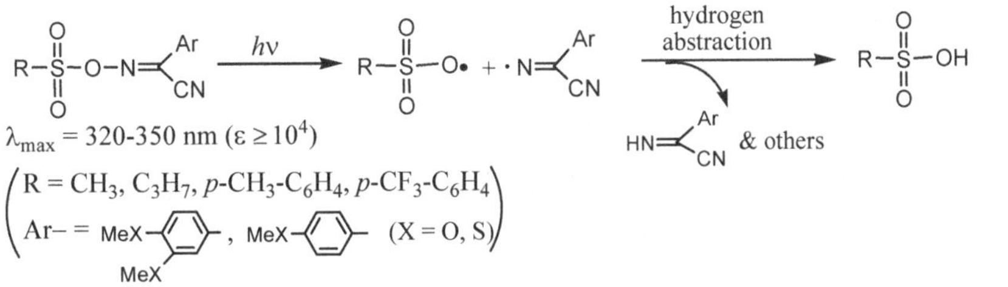

(7.6)

마지막으로 광화학적 염기 발생에 관하여 간단히 소개하겠다. 식 (7.7)은 특정 구조를 가진 옥심 에스터의 광분해를 이용한 염기 발생 반응이다. 이미 7.1.1(b)에서 설명한 바와 같이, 이 옥심 에스터도 O–N 결합의 절단이 우선 광화학적으로 일어나고 라디칼 쌍 [$(C_6H_5)_2CH_2COO\bullet$ $\bullet N{=}C(R)CH_3$]이 생기지만, 그것이 해리하기 전에 $(C_6H_5)_2CH_2COO\bullet$로부터 CO_2가 빨리 빠져나가고 안정한 라디칼 $(C_6H_5)_2CH_2\bullet$이 생겨 다른 라디칼 쌍 [$(C_6H_5)_2CH_2\bullet$ $\bullet N{=}C(R)CH_3$]으로 변한다. 이어서 그의 제짝 재결합에 의해 이민(Imine)이 생성되고, 이것이 가수분해됨으로써 아민, 즉 염기가 생긴다. 식 (7.8)의 경우 나이트로기가 광화학적으로 *o*–알킬 치환기를 산화한다는 이미 알려져 있는 반응을 이용한 것이다. 생성된 헤미아세탈은 쉽게 가수분해되어 지방족 아민이 생성된다.

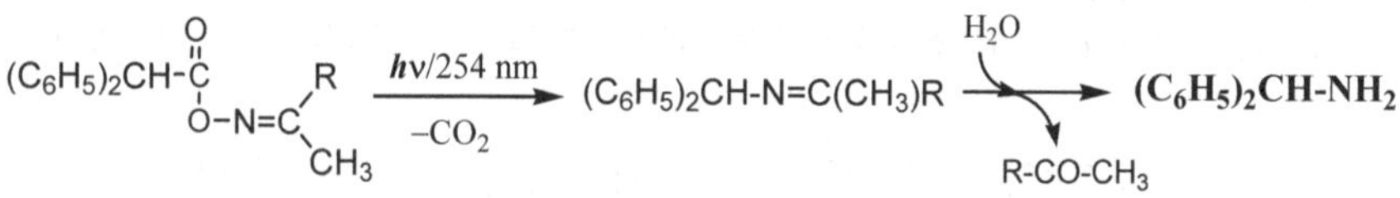

(7.7)

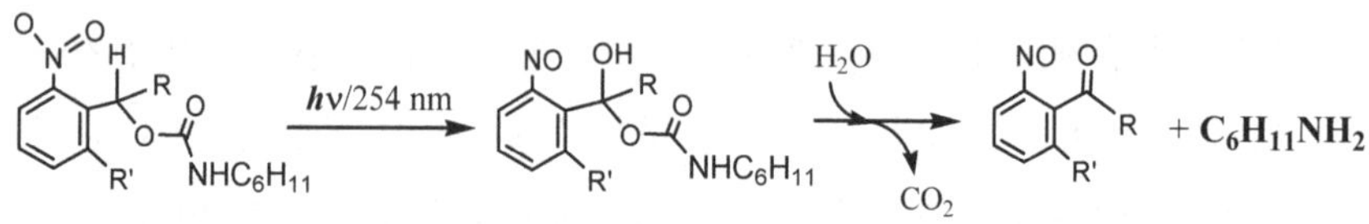

(7.8)

7.1.2 자외선 흡수 안정제

고분자가 태양광에 오래 노출되면 노란색이나 갈색을 띠게 되고 열화가 일어난다. 이 현상은 상품의 신뢰성을 떨어뜨리는 사태를 초래하기 때문에 그를 방지하는 것은 중요한 과제였다. 열화의 원인은 주로 자외선과 산소의 협동 작용에 의한 고분자 결합 사슬의 절단과 산화에 있다. 산화 방지에는 아민 및 페놀 계통의 산화 방지제가 사용되고 있다. 자외선을 막아내는 목적에 대해서는, 자외선을 효율적으로 흡수하면서도 아무런 화학 반응을 일으키지 않고 계속 자외선을 흡수해 가는 메커니즘이 요구된다. 그 기본으로 되는 본보기는 *o*–하이드록시벤조페논(*o*–Hydroxybenzophenone)의 광화학이다. 그림 7.9(A)에 볼 수 있듯이 이 케톤은 400 nm 이하의 자외선을 흡수하고, $^3n,\pi^*$–상태에서 카보닐기가 *o*–위치의 O–H기로부터 수소를 빼낸다. 그 결과 쌍라디칼이 생기지만, 이는 엔올 구조와 등전자적이므로 결과적으로 케토–엔올 이성질화에 의해 출발 분자로 되돌아간다. 즉 자외선은 아무런 화학 변화를 동반할 것 없이 열로 전환되며, 이 반응 사이클은 용액 속에서는 반영구적으로 지속된다.

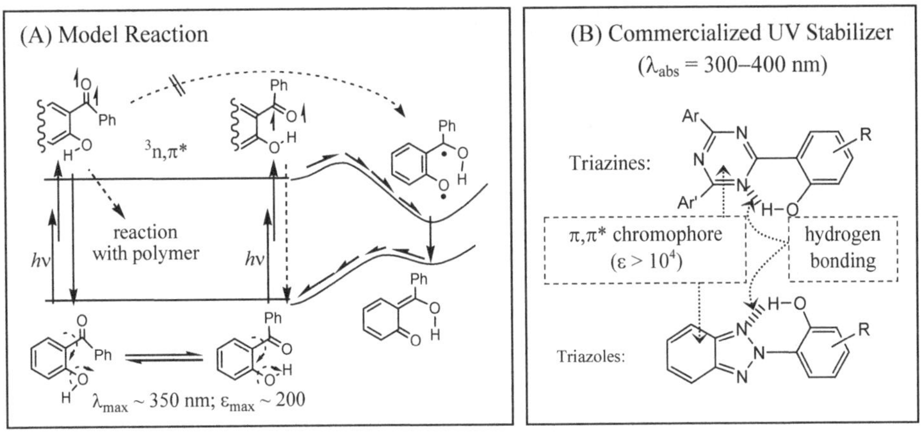

그림 7.9 (A) *o*–하이드록시벤조페논의 광화학 과정. (B) 실용화된 자외선 안정제(UV Stabilizer).

용액 중에서는 Ph–C(=O)기와 –OH기는 벤젠 고리와의 결합에 관해서 빠른 회전을 하고 있기 때문에 ^{3}n,π*–상태의 수명 안에서 수소 빼내기 반응에 바람직한 회전 배열이 나타나, 수소 빼내기 반응이 효율적으로 진행한다. 그러나 고분자 고체 중에서는 결합 주위의 회전이 동결되고 있기 때문에 가능한 모든 회전 배열 이성질체가 분포하고 있으며, 그 중에는 분자내 수소 빼내기 반응이 일어날 수 없는 회전 배열들이 있다. 그러한 회전 배열 이성질체의 경우 분자내 수소 빼내기 반응은 일어나지 않고 들뜬 상태 케톤이 고분자와 반응하는 등 좋지 않은 영향을 미치게 된다. 또한 이 케톤의 흡수 계수는 200 정도에 지나지 않기 때문에 < 400 nm 영역의 자외선을 충분히 흡수시키기 의해서는 농도가 비교적 높아야 한다. 따라서 이 케톤은 실용적으로 사용할 수가 없다. 실용화된 자외선 흡수 안정제는 그림 7.9(B)에 보이는 화합물들이다. 질소 원자와 수산기 사이에서 강한 수소 결합이 형성되는 구조를 갖고 있어, 회전 배열이 수소 빼내기에 바람직하게 고정되고 있다. 또한 π,π* 발색단을 가지고 있기 때문에 흡수 계수가 수만에 이르며, 자외선을 흡수하는 효율이 높아 사용하는 양이 비교적 낮아도 효과적으로 작동한다. 치환기의 Ar 및 R은 흡수 파장과 용해도를 고려하여 설계되고 있다.

7.2.1 오프셋 인쇄판 및 광레지스트

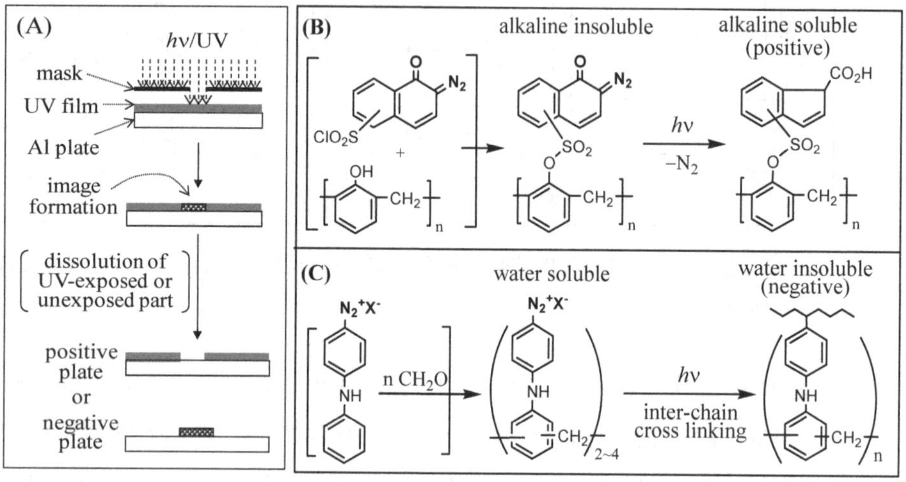

그림 7.10 (A) 오프셋 인쇄판 제조 공정의 개념. (B) 포지티브 인쇄판에 사용되는 자외선 감응 재료와 그 광화학 반응. (C) 네거티브 인쇄판에 사용되는 자외선 감응 재료와 그 광화학 반응.

인쇄물은 현대 사회에서 필수적 정보전달 매개체이다. 인쇄는 주로 평판 인쇄 또는 그라비아 인쇄로 수행되고 있지만 앞의 방법에서 사용되는 **오프셋 인쇄판**(Off-Set Printing Plate)이 광화학과 밀접한 관계가 있다. 이는 PS판(Pre-Sensitized Plate)이라고도 부르며, 그림 7.10은 그 화학적 기본 원리를 보여주는 것이다. 알루미늄 판 위에 얇은 자외선 감응 고분자막을 바른 것이 PS판이다(그림 7.10(A)). 그에 화상과 문자가 기록된 마스크나 사진 필름을 통하여 자외선을 조사하면, 빛이 통과되어 고분자 막에 도달된 부분에서 또한 그 광량에 따라 광화학 반응이 일어난다. 즉 광화학 반응에 의해 마스크나 필름의 이미지가 PS판에 형성된다. 빛이 조사된 부분을 용해 제거하면 포지티브 인쇄판(Positive Plate)을, 한편 빛이 조사되지 않은 부분을 제거하면 네거티브 인쇄판(Negative Plate)을 얻는다. 남은 고분자막 표면에는 잉크가 잘 부착하는 반면에 친수적으로 가공된 알루미늄 표면에는 잉크가 부착되지 않는다. 그 잉크를 종이에 옮기면 인쇄물을 얻게 된다.

자외선 감응막에 이미지를 기록하여 현상/정착하는 과정의 기본은 그림 7.10(B) 및 (C)와 같다. 즉 광화학 반응에 의한 용해도의 변환이다. 그림 7.10(B)의 경우 다이아조케톤(Diazoketone)이 물이 존재하면 광화학적으로 카복실산으로 효율적으로 변한다는 반응을 이용하고 있다. 다이아조케톤이 결합한 노볼락 수지는 알칼리 용액에 녹지 않지만 광화학 반응 후에는 카복실산으로 변화되어 녹을 수 있게 되기 때문에, 알칼리 용액으로 처리(현상 처리)하면 자외선이 조사된 부분만 용출되어 포지티브 이미지를 얻는다. 한편 그림 7.10(C)와 같이 물에 녹을 수 있는 다이아조니움(Diazonium)염 부분을 가진 올리고머를 광분해시키면 가교 반응이 일어나 불용성 가교 고분자로 변하기 때문에 네거티브 이미지를 얻게 된다. 실제 PS판에 적용되고 있는 고분자 재료는 다양하지만 기본 원리는 그림 7.10와 같다.

광레지스트(Photoresist)는 전자 산업에서 필수적 재료이다. 인쇄 회로(Printed Circuit)와 집적 회로(Integrated Circuit, IC)는 전자 기기에서 사용되는 기본 요소이지만, 그들은 광레지스트를 사용해서 제작되고 있다. 그 기본 공정은 그림 7.10(A)와 비슷하다. 인쇄 회로의 경우 구리 박막이 접착된 기판 위에 자외선 감응 광레지스트막을 바른 것을 사용한다. 집적 회로의 기판은 단결정 실리콘 웨퍼이다. 그림 7.10(A)에서 설명한 바와 같이 노광/현상 처리한 후, 레지스트가 제거된 부분(즉 노광 부분)을 에칭(Etting) 처리한다. 인쇄 회로의 경우에는 에칭을 통해 노광 부분의 구리 박막을 제거하면 레지스트로 보호된 부분이 남게 된다. 즉 마스크 이미지대로 연결된 "동선", 즉 전기 회로가 얻어진다. 집적 회로의 경우는 에칭 후에 복잡한 공정(도핑, 절연 층 제작, 전기 회로 작성 등등)을 통하여 디바이스가 제작되지만, 노광의 해상도(에팅되는 부분의 선 폭)가 전자 디바이스의 용량을 결정한다.

대용량 전자 디바이스 제작에 대응하자면 회로 해상도(Resolution)가 높아야 한다. 즉 선폭이 그만큼 좁아야 한다. 선폭의 한도는 사용하는 빛의 파장에 의하여 결정된다. 예를 들면 표 7.2에 보여주듯이 기억 디바이스 DRAM의 용량이 증대됨에 따라 그에 요구되는 선폭(Resolution)이 크게 줄어든다. 용량이 64 Mbite까지의 디바이스는 고압 수은등의 366 nm의 자외선을 회로 영상 필름을 통하여 렌즈로 축소하여 조사하는 간편한 공정(소위 평면 노광)으로 제작할 수 있다. 그러나 회로 선 폭이 300 nm 이하로 되면 그러한 공정에 맞는 강한 자외선을 방출하는 광원이 없다. 엑사이머 레이저(KrF Laser & ArF Laser)는 파장이 짧은 강한 자외선을 방출하지만 빛이 나오는 면적은 매우 작기 때문에 평면 노광은 불가능하다. 레이저 빛을 렌즈로 파장 한도까지 줄이고, 그 초점을 움직여 회로를 그리면 목적을 달성할 수 있다. 그러나 일반적인 광레지스트를 사용하고 광화학 반응을 일으키면서 회로를 그리자면, 시간이 너무 오래 걸려 생산성이 떨어져 현실성이 없다. 한편 감도가 극도로 높은 레지스트라면 그러한 방법도 불가능하지는 않지만, 그 경우 암

실에서 작업하여야 하기 때문에 역시 비현실적이다.

표 7.2 기억 디바이스 DRAM의 용량과 선폭 해상도 및 이용 광원과 파장

DRAM /bite	16 M	64 M	256 M	1 G	4 G	16 G
Resolution/nm	500	350	250	180/150	130	100
λ/nm	366	366	248	248/193	193	X-ray/EB*
Light Source	Mercury Arc §		KrF Laser		ArF Laser	

* EB: 전자선 (Electron Beam). § 고압 수은등.

그 딜레마를 타개하는 방법이 **화학 증폭**(Chemical Amplification)이란 기술이다. 그 기본 개념을 식 (7.9)에 보여준다. 즉 레지스트로서 삼차 뷰틸 에스터 작용기(–CO_2–*t*–C_4H_9)를 가진 고분자를 사용하여, 레이저 빛을 쪼여 혼입된 PAG으로부터 산을 발생시킨다. 그 후 온도를 올려(이 공정을 Baking라 한다), 발생된 산으로 에스터를 분해시키면 페놀 수지 또는 폴리아크릴산 수지가 생기고 그와 함께 삼차 뷰틸 양이온이 생긴다. 삼차 뷰틸 양이온이 2–메틸프로펜(2-Methylpropene)과 양성자로 효율적으로 분해한다는 것은 잘 알려져 있다. 이렇게 생긴 산이 다시 분해반응을 일으키고 또다시 산이 생긴다. 즉 열로 인해 산으로부터 산이 재생하는 반응 사이클이 무제한적으로 되풀이됨으로써 레지스트 분해 감도가 비약적으로 올라간다. 레이저는 최초에 "씨"의 역할을 수행하는 산을 광화학적으로 발생시키면 되기 때문에 비교적 빠른 속도로 회로를 그릴 수 있다. 분해 반응에 의해 생긴 페놀 수지 또는 폴리아크릴산 수지를 알칼리로 제거함으로써 레이저로 그린 미세한 "선"이 형성된다. 이 방법에 의해 고용량 전자 디바이스를 대량 생산할 수 있게 되었다.

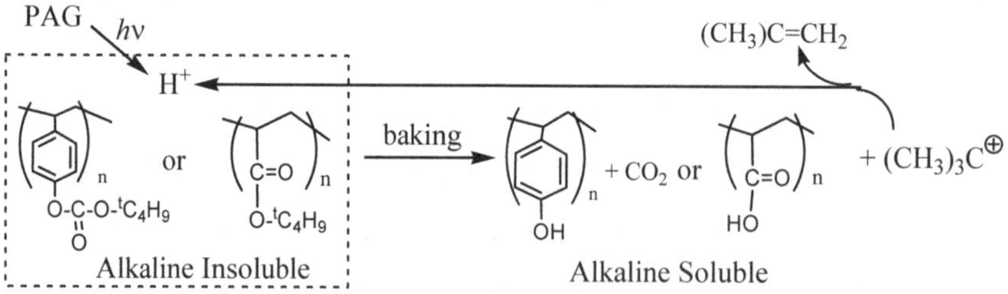

(7.9)

7.2.2 내부 전환을 이용한 열 방식 정보 기록

CD/DVD 디스크(CD/DVD Disk)의 정보 기록 방식은 위에서 설명한 광화학적 방법과 본질적으로 다르다. CD/DVD 디스크에 정보가 기록되는 부분은 염료가 포

함된 박막층이다. 그림 7.11은 한번만 기록할 수 있는 방식의 기본 개념도이다. 기록 이전의 CD/DVD 디스크에 레이저 빛을 조사하여 염료층의 변화(형태 변화와 염료 분해)를 일으키는 것을 기본으로 하고 있다. 레이저를 조사하지 않았던 부분(변화 없음)과 변화가 일어난 부분의 굴절률은 서로 다르기 때문에 빛의 반사율이 다르다. 디스크에 기록된 정보를 읽을 때, 읽기 레이저로써 빛을 쪼여 빛의 반사가 있음 또는 없음을 식별한다. 그것은 바로 Yes or No 또는 On or Off라는 디지털 정보가 얻어진 것이다.

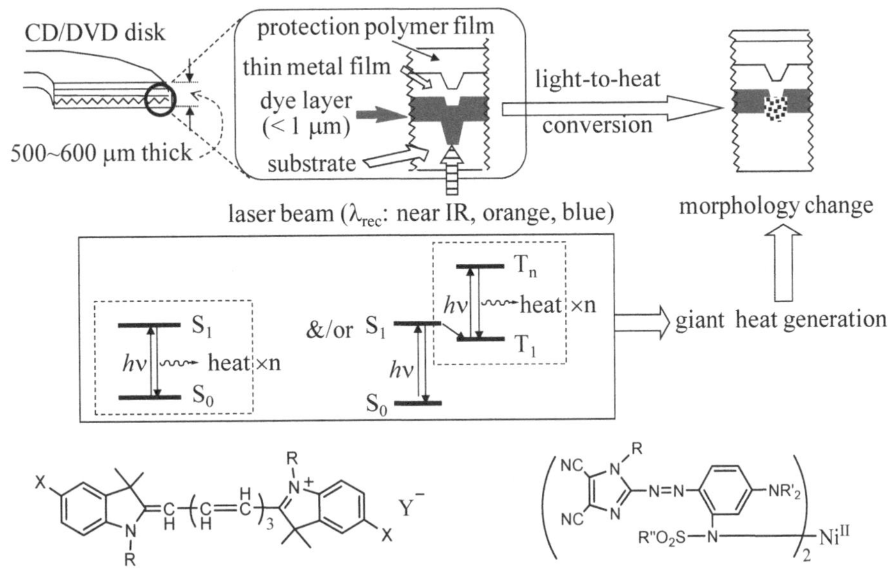

그림 7.11 (위) CD/DVD 디스크의 단면과 한번 기록 형의 정보 기록 개념도. (가운데) 레이저 빛에 의해 형태 변화를 일으킬 수 있는 열의 발생 메커니즘. (아래) 사용되고 있는 염료의 예.

염료가 빛을 흡수하여 그의 분해와 고분자 재료의 형태 변화를 일으키는 상세한 메커니즘은 알려져 있지 않다. 그러나 보통 광원으로써는 실현 못하는 형상이기 때문에 레이저에 특유한 다광자 흡수(Multi-Photon Absorption) 과정이 관여한 것으로 또한 내부 전환에 의한 극소에서의 막대한 열의 발생에 의한 것으로 추측되고 있다. 펄스 레이저로부터 짧은 시간에 방출되는 시간 당 광자 밀도는 극도로 높기 때문에, 펄스 시간 내에 들뜸과 내부 전환이 몇 번이나 되풀이 되어 막대한 열이 발생된다고 이해되고 있다. 이에 적용되는 염료에 대한 요구 조건은, (1) 기록 파장 (λ_{rec})에서의 흡수 계수가 크다(> 10^4), (2) 반사율이 > 20%, (3) 고분자 재료로의 용해도가 충분히 있다, (4) 기록된 정보의 장기 저장이 가능하다, (5) 되풀이 읽기에 대하여 장기 안정성이 있다, (6) 독성이 낮다 등이다. 그림 7.11에 실제 사용되고 있는 염료의 일부를 실었다. 광원은 강력한 빛을 방출하는 다이오드 레이저가 필요하였기 때문에, 지금까지는 주로 근적외선부터 주황색 빛을 방출하는 레이저가 사용되었다. 최근에는 청색 레이저가 DVD에 적용되어, 그 파장에 맞는 염료가 개발되고 있다.

위에서 설명한 정보 기록에서의 형태 변화는 빛의 반사를 변화시키는 정도였다. 한편 강력한 레이저를 사용하면 재료가 변형 또는 손상된다는 것이 알려져 있으며, 이를 레이저 절삭(Laser Ablation)이라 한다. 이 현상은 재료 가공 및 수술에 이용되고 있으며 또한 인쇄판 제조에 응용하자는 개발 연구가 진행되고 있다. 7.2.1에서 설명한 광화학적 방법에 의한 PS판 제조는 노광 부분을 알칼리로 제거하는 현상 공정이 필요하다. 따라서 그 공정에서 유기물을 포함한 알칼리 폐기 용액이 나오지만, 그 처리가 환경 문제와 관련되어 심각한 문제를 내포하고 있다. 그러한 문제를 피하기 위하여 다음과 같은 기술이 검토되고 있다. 즉 레이저 빛을 알루미늄/고분자 원판에 이미지대로 쪼여 그 부분에서 직접 화학적 변화 또는 변형을 일으켜, 인쇄판을 제작하자는 것이다. 문자나 화상을 컴퓨터로 제어하면서 그리기에 이를 CTP(Computer-to-Plate 또는 Computer-to-Printing)라 한다.

7.2.3 전자 사진(Xerography)

복사기 및 레이저 프린터는 그림 7.12와 같은 기능 부분으로 구성되고 있으며, 중심 부분은 **광전도체**(Photoconductor)이다. 여기에 화상 및 문자 정보를 빛으로 "전자적으로" 기록하기 때문에 이를 전자 사진이라고 부르는 것이다. 광전도체는 알루미늄 관 위에 얇은 **전하 발생층**(Charge-Generation Layer, CGL)이 또한 그 위에 **전하 전달층**(Charge-Transport Layer, CTL)이 도포되어 있다. CGL은 광감응 물질인 안료의 미세 분말을 고분자로 제막한 층이며, CTL은 전하 전달 기능을 가진 분자를 포함한 고분자막이다. 이때 CGL의 고분자는 CTL 도포에 사용했던 용매에 용해하지 않는 것을 사용하여야 한다. 인쇄의 경우 잉크에 의해 이미지를 정착하였지만, 전자 사진에서는 토너(Toner)란 탄소 검정 또는 안료(또는 염료)가 내포된 미세한 고분자 입자를 사용하고, 그를 기록된 부분 또는 기록 안 되었던 부분에 정전기적으로 부착시킨다. 그리고 나서 부착된 토너를 종이에 옮긴 후 그 종이를 가열하여 토너를 종이에 용융 고정하여 이미지를 정착시킨다.

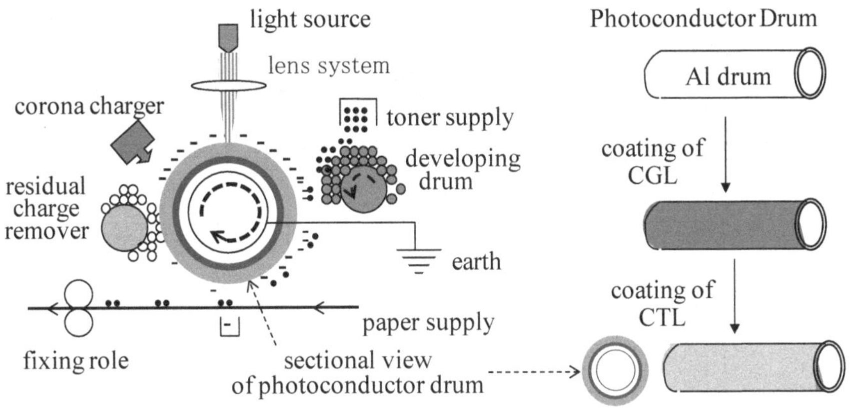

그림 7.12 (왼쪽) 전자 사진의 기능 부분과 인쇄 공정. 회전하고 있는 광전도체 드럼 위에 코로나 방전한 후 노광하여 이미지를 형성시킨다. 그 다음 토너를 부착시킨 후 그를 종이에 옮겨, 그 종이를 가열된 정착 롤(Fixing Role) 사이에 통과시켜 화상을 정착한다. 남은 정전기를 제거하여 다시 노광한다. (오른쪽) 광전도체의 제작 공정.

그럼 전자 사진에서 이미지가 기록되는 메커니즘에 대해서 그림 7.13에 의거하여 설명하자. 전자 사진의 전형적 CGL 재료의 하나는 타이타닐 프탈로사이아닌(Titanyl Phthalocyanine, OTiPc) 안료이며, 특정 결정 구조의 재료가 매우 높은 감도를 가진다. CGL은 폴리(비닐뷰티랄)(Poly(vinylbutyral))에 미세한 OTiPc 결정 분말을 분산시킨 막이며, 700 ~ 900 nm에서의 흡수가 매우 강하고, 광흡수에 의해 비교적 효율 좋게 전하를 발생한다. CTL은 폴리(카보네이트)(Poly(carbonate)) 수지에 고농도로 분산된 아민 화합물의 막이며, 이 아민 분자는 양전하를 빠르게 전달할 수 있는 기능을 가지고 있다. 먼저 광전도체 표면에 코로나 방전시켜 음전하를 부여한다. 그 후 레이저로 CGL만이 흡수할 수 있는 빨간색 또는 주황색 빛을 이미지에 따라 조사하면, 빛을 흡수한 부분에서만 전하(+와 –)가 발생한다. 양전하는 코로나 방전에 의해 생긴 전기장에 따라 CTL에 넘어간 후 아민 분자간을 뛰면서 표면에 도달하여 표면 음전하와 전하 결합을 한다. 따라서 빛을 쪼인 장소에서만 전하 결합이 일어나서 그 장소의 표면 음전하는 사라진다. 이렇게 하여 정보가 기록되는 것이다.

다음으로 왜 CGL에서 빛에 의해 전하가 발생하는가에 대하여 설명하도록 하겠다. 우선 예로 들었던 OTiPc의 구조를 보자. 이 분자는 고도로 π–짝지음을 하고 있는 평탄 구조를 가지고 있어, 고체 상태에서는 분자간 쌓임(Intermolecular Stacking)을 통해 π,π–상호작용을 한다. 그 결과 HOMO 및 LUMO는 작게 분열된 "띠 상태", 즉 HOMO 밴드(HOMO Band) 및 LUMO 밴드(LUMO Band)를 형성한

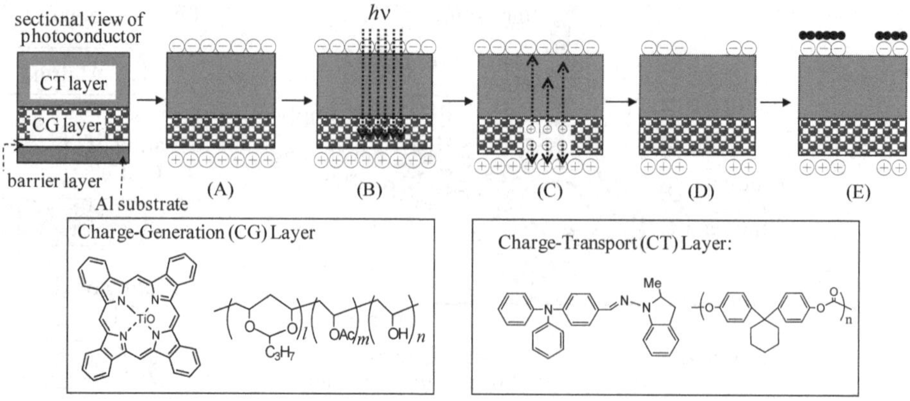

그림 7.13 (위) 감광체의 이미지 기록 개념도. (A) 코로나 방전에 의해 음전하가 표면을 덮어 있는 상태. (B) 이미지에 따라 광조사. (C) CGL에서 전하가 발생. 음전하는 알루미늄 전극에 주입되고, 한편 양전하는 CTL층의 표면으로 뛰어간다. (D) 표면에서 전하 결합이 일어나 전하가 사라진 상태. (E) 양전하를 띤 토너(검은 작은 공 (●)으로 표시)를 감광체 표면에 뿌리면, 남아 있는 음전하 위에는 부착하지만 전하가 사라진 장소에는 부착하지 않는다. (아래) 광전도체에 사용되고 있는 재료의 예. 왼쪽-타이타닐 프탈로사이아닌(OTiPc) 및 고분자의 구조식. 오른쪽 – 아민 화합물과 고분자의 구조식.

다. 이 상황을 폴리(아세틸렌)(Poly(acetylene))을 예로 들어 보자(그림 7.14). 지금 빛을 흡수하여 전자가 한 개 HOMO 밴드로부터 LUMO 밴드에 올라가면 LUMO 밴드에는 전자(음전하)가 한편 HOMO 밴드에는 전자가 빠져 생긴 정공(Hole, 양전하 h^+)가 존재한다. 이 상태를 **엑시톤**(Exciton)이라 한다. 음전하와 양전하가 분자간 π,π–상호작용을 통해 분자간을 뛰어가면서 서로 독립적으로 움직이게 되면 광전류(Photocurrent)가 발생하게 된다. 이것은 바로 반도체의 거동이다. 이러한 반도체 거동을 보여주는 유기 재료를 무기 반도체와 구별하는 의미에서 "**유기 반도체**(Organic Semiconductor)"라 부른다.

엑시톤은 크게 세 종류로 나눌 수 있다. 전하가 같은 분자내에서 편재하고 있는 것을 Frenkel 엑시톤(Frenkel Exciton), 인접 분자에 비편재화 되고 있는 것을 전하 이동 엑시톤(Charge-Transfer Exciton), 넓은 범위에서 비편재화된 것을 Wanier-Mott 엑시톤이라 한다. 유기 반도체에서는 Wanier-Mott 엑시톤은 거의 발생하지 않는다. Frenkel 엑시톤의 경우 전하간에 작용하는 쿨롱힘에 의해 e^-와 h^+은 서로 갈라질 수 없어, 결과적으로 재결합하여 사라져버린다. 즉 광전류가 발생하지 않는다. 한편 전하 이동 엑시톤은 전하 해리를 할 수 있으며, 유기 반도체의 광전류 발생에서 주요 역할을 지니고 있다. 전하가 갈라지는 효율은 분자의 종류와 고체의 형태(비결정 또는 결정 및 결정 형태)에 의존한다.

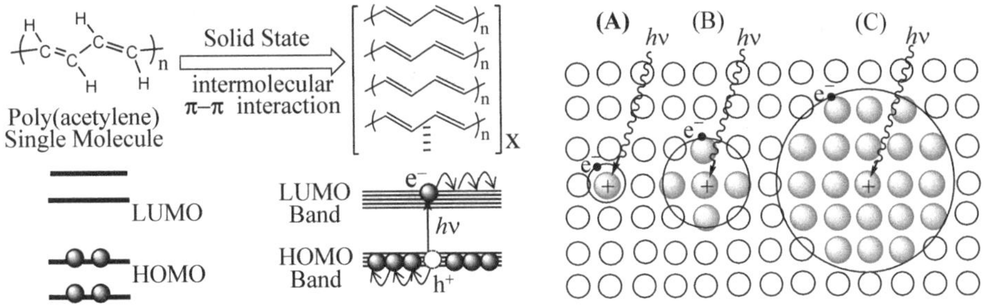

그림 7.14 (왼쪽) 폴리(아세틸렌)의 전자 상태 모식도. 고체 상태에서는 분자간 π,π–쌓임에 의해 HOMO 및 LUMO가 작게 분열된 HOMO 밴드 및 LUMO 밴드가 형성된다. HOMO 밴드에는 전자 (●)가 충전되고 있고 LUMO 밴드에는 전자가 없다. 띠 간격에 해당되는 빛을 흡수하면 전자가 HOMO 밴드로부터 LUMO 밴드에 올라가서 음전하 (e^-)와 양전하 (◌ = h^+)가 생겨, 그들이 분자간을 독립적으로 뛰어가면 광전류가 발생한다. (오른쪽) 분자 고체에서 발생하는 엑시톤의 모식도. (A) Frenkel 엑시톤. (B) 전하 이동 엑시톤. (C) Wanier–Mott 엑시톤. 공은 분자를, 또한 회색 부분은 들뜬 상태가 미치고 있는 영역을 보여 줌.

7.3 | 발광 현상의 응용 – 빛이 목적 생성물

7.3.1 화학발광(Chemiluminescence)

화학발광의 설명에 들어가기 전에 **생체발광**(Bioluminescence)을 간단히 설명하겠다. 인류는 단순한 불빛을 시작으로 각종 조명 장치를 개발해 왔으나, 그들은 모두 다 "열"을 동반한다. 그러나 반디나 불똥꼴뚜기 또는 특정의 해파리와 같은 발광 생물들은 열을 동반하지 않은 "찬 빛"을 낸다. 인류는 이에 대하여 특수한 감정을 품어 왔으며 또한 이상적인 조명으로 여겨 왔다. 오랜 기간의 연구에 의하여 생체발광의 화학적 메커니즘이 밝혀졌다. 그 개요가 식 (7.10) ~ (7.12)이다. 생체발광의 발광 전구체는 루시페린(Luciferin)이란 분자이며, 이것이 루시페라제(Luciferase)란 효소에 의하여 산화되어 고에너지 분자인 다이옥세탄온(Dioxetanone) 화합물이 생긴다. 이 분자가 분해되었을 때 그 자유 에너지 변화가 들뜸 에너지보다 크기 때문에 들뜬 상태 분자가 생성된다. 그 들뜬 상태로부터 방출되는 형광이 바로 생체발광이다. 반디에서는 화학 에너지가 들뜬 상태로 전환되는 효율은 거의 100%이다. 또한 발광색은 *p*H에 따라 변화하며, *p*H 7.6에서는 이중 음이온으로부터 노란색을 띤 녹색 빛이 나오고 한편 *p*H 5.6에서는 단 음이온으로부터 빨간색 빛이 나온다. 그러나 식 (7.12)의 발광 해파리의 발광 메커니즘은 조금 다르다. 들뜬 분자가 생기는 과정까지는 비슷한 메커니즘으로 진행하지만, 들뜬 분자로부터 녹색 형광 단백질(Green Fluorescent Protein, GFP)로 에너지 이동이 일어나, 최종적으로 GFP로부터 녹색 빛이 나온다.

반디의 루시페린과 루시페라제는 면역의 항체-항원 반응을 고감도로 분석할 수 있는 방법을 제공하고 있으며, 이를 Luminoassay라 한다. 그러나 반디로부터 얻을 수 있는 루시페린과 루시페라제의 양은 적고 또한 이 물질들은 불안정하다는 문제가 있다. 최근에는 유전자 조작 기술을 이용한 제조법이 개발되고 있다. 한편 GFP는 생물학과 의 · 약학 분야에서 광범위하게 이용되어, GFP 발견은 Novel상을 수상하는 영예를 안게 되었다.

$$\text{Luciferin} \xrightarrow[O_2]{\text{luciferase}} \underset{\text{(high-energy molecule)}}{\text{Dioxetanone}} \xrightarrow{-CO_2} \text{Excited Molecule} \longrightarrow \text{Fluorescence} \quad (7.10)$$

Fire Fly:

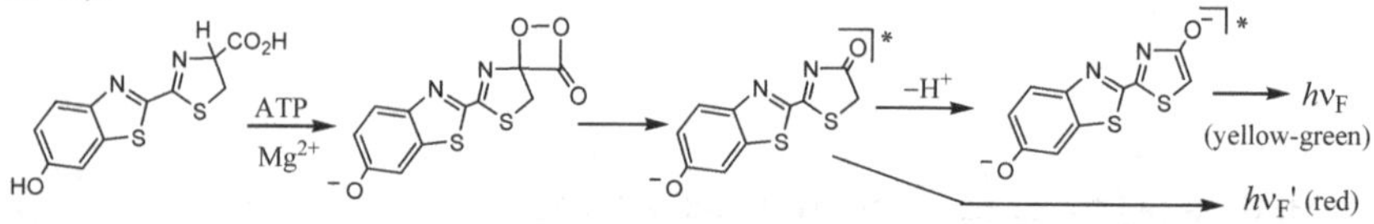

(7.11)

Jelly Fish (*Cypridina*):

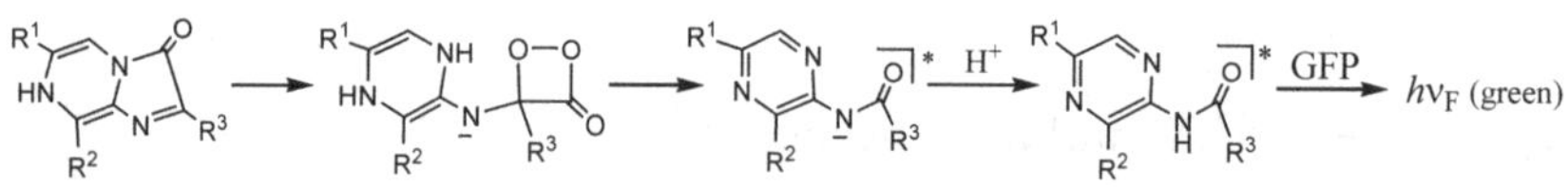

(7.12)

생체발광의 메커니즘은 "찬 빛"을 인공적으로 창출하는 데 있어서 힌트를 주었다. 문제 해결의 열쇠는 고에너지의 다이옥세탄 구조를 발생하는 방법에 있다. 실용화된 것은 "Cyalume"란 상품명으로 알려진 소위 "Chemical Light"이다. 이는 불과 열이 동반하지 않는 안정한 광원으로서 우주 스테이션에서 이용된 것을 시작으로 지금은 비상등을 비롯하여 캠프, 연극이나 음악회, 야간 집회 등에 있어서 간편하고 안정한 광원으로서 이용되고 있다. 식 (7.13)에 이 제품의 발광 과정을 보여준다. 과산화 수소를 주성분으로 한 용액 A와 옥살산 에스터와 형광체 FL을 포함한 용액 B가 구성물이다. 용액 A를 담은 캡슐을 쪼개서 두 용액을 혼합시키면, 옥살산 에스터의 산화 반응이 일어나 고에너지 분자인 다이옥세테인다이온(Dioxetanedione)이 생긴다. 이 분자로부터 에너지가 FL로 "화학적으로" 전달되어 형광체의 들뜬 상태가 생성한다. 즉 다이옥세테인다이온이 두 개의 이산화 탄소로 분해하는 깁스 자유 에너지(Gibbs Free Energy)가 $^1FL^*$의 들뜬 에너지보다 크기 때문에 그 에너지가 FL로 이동된 결과 $^1FL^*$가 생성되어 그로부터 형광이 나타나게 된다. 그 발광색은 FL의 종류에 따라 바꿀 수 있으며 또한 옥살산 에스터의 구조(즉 Ar 작용기)에 의하여 발광 시간을 조절할 수 있다.

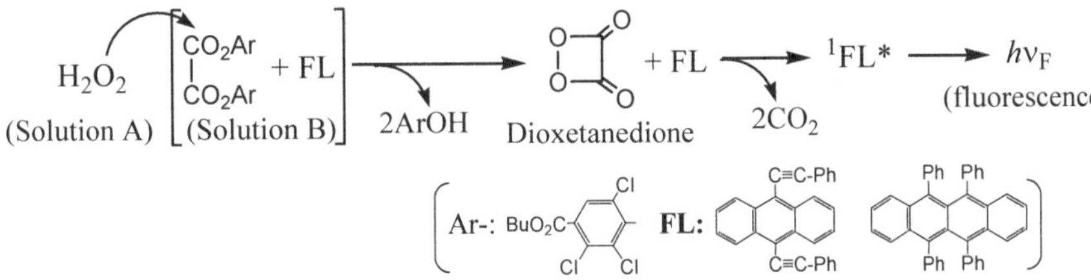

(7.13)

화학발광에서 작동하는 "화학적" 에너지 이동의 상세한 메커니즘은 확실히 밝혀지고 있는 것은 아니지만, 고에너지 분자인 다이옥세테인과 형광체 사이의 전자 이동 또는 전하 이동이 관여하고 있는 것은 확실하다. 식 (7.11) ~ (7.12)에서 산화 생성물의 구조를 보면 다이옥세타논 부분은 전자 받개이며 나머지 음이온 부분은 전자 주개로 된다는 것을 알 수 있을 것이고, 또한 식 (7.13)에서 다이옥세테인다이온은 전자 받개이며 형광체인 방향족 화합물은 전자 주개로 기능한다는 것은 자명하다. 가능한 메커니즘의 하나는 식 (7.14a)의 CIEEL 메커니즘(Chemically Induced Electron-Exchange Luminescence Mechanism)이다. 이 메커니즘에서는 (1) 우선 FL으로부터 다이옥세테인다이온(DO)으로의 전자 이동이 일어나고, (2) 그로 인해 매우 불안정한 $DO^{-\bullet}$가 생겨 그것이 $CO_2^{-\bullet}$와 CO_2로 빠르게 분해된다. (3) 이어서 $CO_2^{-\bullet}$로부터 $FL^{+\bullet}$로의 전자 되돌아가기가 진행된다. 이 마지막 단계에서 전자가 $FL^{+\bullet}$의 LUMO에 들어가면 들뜬 상태 $^1FL^*$가 생성되고, 한편 $FL^{+\bullet}$의 반점유 분자 궤도함수(Half-Filled MO)에 들어가면 바닥 상태 분자 FL에 떨어진다. 이 두 과정의 경쟁에 의해 발광 효율이 결정된다. 또 하나는 식 (7.14b)의 전하 이동 메커니즘이며, 여기에서는 DO와 FL가 전하 이동 착물 $[DO^{\delta-}\ FL^{\delta+}]$ ($\delta \le 1$)을 형성하는 것이 반응 개시 과정이다. 그 결과 DO는 화학적으로 활성화되어 두 개 CO_2 분자로 분해되지만, 그 분해 과정 ($[DO^{\delta-}\ FL^{\delta+}] \rightarrow 2CO_2 + {}^1FL^*$)이 큰 자유 에너지 감소 과정이므로 $^1FL^*$가 생성한다.

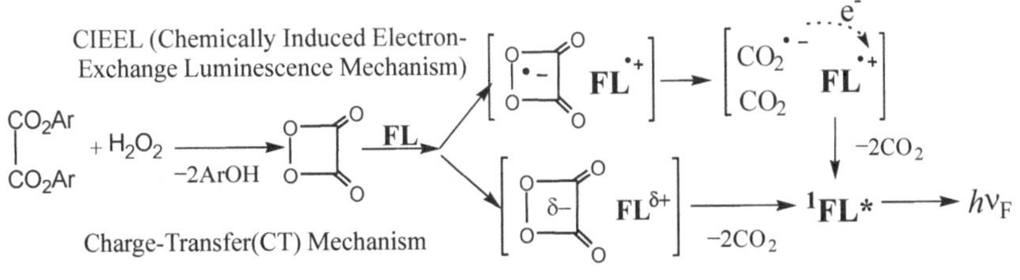

(7.14a)

(7.14b)

루미놀 발광은 잘 알려져 있는 고전적 화학 발광 현상이며, 생화학 분야의 분석에서 중요한 지위를 차지하고 있다. 이 현상은 다음과 같은 실험으로써 쉽게 확인할 수 있다. 루미놀(Luminol)의 알칼리 용액에 과산화 수소와 $Fe^{III}(CN)_6^{3-}$을 포함하는 용액을 혼합시키면 푸른색 빛이 나온다. 그 빛은 3-아미노프탈레이트 이중음이온(3-Aminophthalate Dianion)의 형광이다(식 (7.15)). 여기에서도 과산화물의 분해가 들뜬 분자를 생성시키는 중요한 과정이다. 과산화물의 생성과 그 분해 과정에서 Fe^{III} 화합물이 중요한 역할을 수행하고 있다. 혈액의 헤모글로빈(Hemoglobin)에는 Fe^{III}이 포함되어 있어, 혈액도 루미놀 발광을 촉진시킨다. 이것이 루미놀 반응이 살인 사건 수사에 이용되는 이유이다.

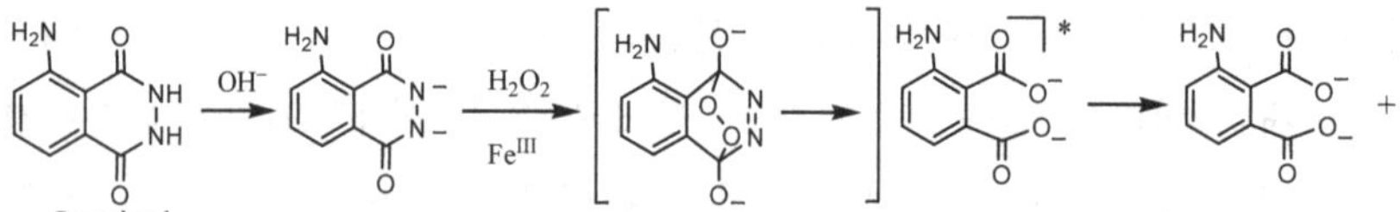

(7.15)

7.3.2 전기발광(Electroluminescence, EL)

화합물에 전기 에너지를 주입함으로써 빛이 나오는 현상을 전기발광이라 한다. 여기에서 설명하고자 하는 대상은 두 전극 사이에 둔 유기 고체 박막에 음극으로부터 음전하(전자)를, 또한 양극으로부터는 양전하(정공)를 주입하여 두 전하가 고체 박막 내에서 결합함으로써 들뜬 상태 분자가 생기는 유기 디바이스이다. 그림 7.15은 1987년에 Tang들이 발표한 유기 전기발광 다이오드(Organic Light-Emitting Diode, OLED)의 구조이며, OLED의 원형으로 되고 있는 것이다. 양극은 유리판 위에 제작된 투명 도전성 물질인 ITO(Indium-Tin Oxide)의 박막이며, 그 위에 아민 화합물(D) 및 알루미늄 착화합물(Alq3)의 박막을 이 순서로 진공 증착의 방법으로 증착한 후, 마지막으로 음전극인 Ag•Mg 합금을 증착하여 OLED가 제작되었다. 이 다이오드에 ~10 V 정도의 전압을 걸면 Alq3부터 밝은 녹색 형광이 방출된다. 즉 전기 에너지에 의해 Alq3의 들뜬 단일항 상태(^{1}Alq3*)가 생겼다는 것을 보여준다.

그러면 어떤 과정을 거쳐 들뜬 상태가 생성되었는지를 알기 쉽게 설명하기 위하여 단순한 모델을 들어 고찰해 보자. 양극인 ITO의 **일함수**(Work Function, Φ_m)는 그 질에 따라 4.5~4.8 eV의 범위에 있다. 금속 및 ITO와 같은 전도체의 일함수란 진공 준위를 기준으로 하여 전자를 수수할 수 있는 준위의 에너지이며, 그 준위를 **페르미 준위**(Fermi Level)라 한다. 음극의 Ag•Mg의 Φ_m은 그보다 낮아 ~3.7 eV이다. 유기 물질의 HOMO 밴드 및 LUMO 밴드는 Alq3의 경우 각각 ~5.7 eV 및 ~3 eV, 아민 화합물 D의 경우 각각 ~5.2 eV 및 ≥ 2.5 eV이다. 지금 음극에 마이너스의 전압을, 한편 양극에 플러스로 되는 전압을 걸어주면 음극으로부터 전자가 Alq3의 LUMO에, 한편 양극으로부터 정공이 D의 HOMO에 터널적으로 주입된다. 정공이 D에 주입되었다는 것은 전자를 빼앗겼다는 것이며 화학적으로 말하면 $D^{\bullet+}$가 생겼다는 것이다. 한편 전자가 주입되었다는 것은 $Alq3^{\bullet-}$가 생성했다는 것이다. 주입된 전하는 걸려 있는 외부 전기장을 원동력으로 하여 각 유기 박막 내부를 계면 방향으로 이동한다. 계면에서 $Alq3^{\bullet-}$의 HOMO에 있는 전자 한 개가 $D^{\bullet+}$의 반점유 궤도함수(D의 HOMO)에 이동하면, $Alq3^{\bullet-}$은 들뜬 상태 Alq3*의 전자 배치를 가지게 된다. 한편 $D^{\bullet+}$은 바닥 상태 분자 D로 변한다. 이렇게 하여 들뜬 분자 ^{1}Alq3*가 생겨 그로부터 빛이 나오게 된다.

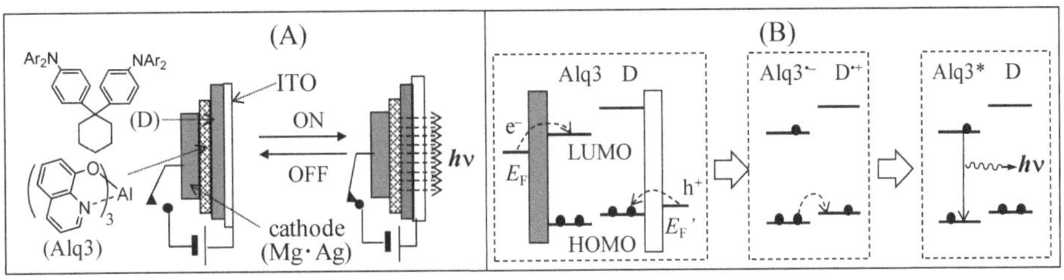

그림 7.15 (A) Tang들이 발표한 OLED의 구조 모식도(Ar = *p*–Tolyl). 유기층의 두께는 ~100 nm. (B) 발광에 이르는 단순화된 과정. E_F 및 E_F' 은 각각 Mg•Ag 및 ITO의 Fermi 준위. 음극으로부터 Alq3의 LUMO에 주입된 전자(e^-) 및 양극으로부터 D의 HOMO에 주입된 정공(h^+)은 각각 걸려 있는 전기장에 따라 해당되는 막 안에서 유기 계면 방향으로 뛰어간다. 계면에서 $Alq3^{\bullet-}$의 HOMO 전자가 $D^{\bullet+}$의 반점유 궤도함수로 이동하면 들뜬 분자 ^{1}Alq3*가 생겨, 그로부터 형광이 나온다. 각 전자 이동은 에너지 증가 과정이지만 외부 전기장의 "힘"에 의해 진행된다.

OLED의 발광 효율(Φ_{EL})을 결정하는 요인에는 다음과 같은 것들이 있다: (1) 전자와 정공의 수적 균형 (χ), (2) 빛을 낼 수 있는 들뜬 상태의 생성 효율 (η_e), (3) 그 상태로부터 빛이 방출되는 효율 (ϕ_{em}), (4) 방출된 빛을 외부에 꺼내는 효율 (η_r). 마지막 요인 η_r은 빛의 산란 및 간섭과 같은 디바이스의 광학적 요인에 의해 결정된다. 발광 효율을 극대화하기 위해서는 우선 χ 및 ϕ_{em}가 될수록 높은 적절한 재료를 선택하여야 한다. 이를 위해 음극 및 양극 쪽에 사용되는 유기 박막은 각각 전자 수송 능력 및 정공 수송 능력이 큰 것이어야 한다. 그 수송 능력을 **전하 이동도**

(Charge Mobility)라 한다. 두 박막 사이에 발광 효율이 높은 화합물의 막 또는 그를 도핑한 막을 두는 기능 분리 구조를 선택하고 있다. 발광 물질은 붉은색(R, Red, ~650 nm), 녹색(G, Green, ~520 nm), 푸른색(B, Blue, ~480 nm)의 빛을 효율 좋게 내는 세 종류가 필요하다.

그러나 유기 화합물을 사용하는 한 η_e은 ~100%에 못 미친다. 그 이유를 알기 쉽게 설명하기 위해서 그림 7.16에 단일 유기 재료 M으로 구성된 다이오드를 살펴보자. 음극으로부터 LUMO에 주입된 전자($M^{\bullet-}$의 홀전자)와 양극이 전자를 빼냄으로써 HOMO에 남은 전자($M^{\bullet+}$의 홀전자)는 서로 먼 거리에 있어 그들 사이에는 아무런 전자적 상호작용이 없기 때문에, 그들은 모두 이중항 상태(Doublet State)이다. 그들이 서로 접근하여 $M^{\bullet-}$의 홀전자가 $M^{\bullet+}$의 LUMO에 이동하거나 또는 $M^{\bullet-}$의 HOMO 전자가 $M^{\bullet+}$의 HOMO에 이동하면, 들뜬 상태의 전자 배치가 생긴다. 여기에서 두 전자 사이에는 아무런 스핀 상호작용이 없었다는 것에 주목할 필요가 있다. 즉 들뜬 상태의 스핀 상태를 규제하는 요인이 없었기 때문에, 한 개의 들뜬 단일항 상태($^1M^*$)와 세 개의 삼중항 상태($^3M^* \times 3$) 모두가 같은 효율로 생성할 수 있다. 즉 $^1M^*$은 25%만 생성되고, 나머지 75%은 $^3M^*$이다. 형광 효율이 100%에 달하는 유기 화합물은 적지 않게 알려져 있으나, 유기 물질의 인광 효율은 거의 다 ~0%이다. 따라서 $\eta_e \leq \sim 0.25$로 된다.

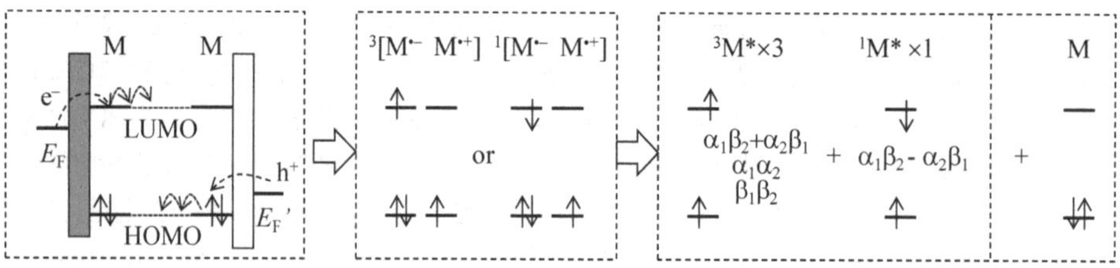

그림 7.16 (왼쪽) 분자 M의 고체막에 음극으로부터 전자가, 양극으로부터 정공이 주입되어, 그들이 내부로 이동한다. (가운데) $[M^{\bullet-}\ M^{\bullet+}]$은 $M^{\bullet-}$와 $M^{\bullet+}$가 만난 상황을 표시. 상호작용이 없었던 $M^{\bullet-}$의 홀전자와 $M^{\bullet+}$의 홀전자가 만나서 상호작용하게 되면, 단일항 및 삼중항 어느 스핀 상태라도 취할 수 있다. (오른쪽) $M^{\bullet-}$와 $M^{\bullet+}$의 전자 교환에 의해 들뜬 상태와 바닥 상태 분자가 생긴다. 생성된 들뜬 분자의 스핀 상태는 세 개의 삼중항과 한 개의 단일항이 가능하다.

따라서 발광 효율을 높이기 위해서는 삼중항 상태로부터 효율 좋게 인광을 방출하는 재료를 찾아내야 한다. 그것은 2장 2.4.3에서 언급한 바와 같이 스핀-궤도 짝지음이 큰 재료, 즉 중원자를 포함하는 화합물을 선택하는 것이다. 중원자 효과에 의하여 $S_1 \rightarrow T_1$ 계간 교차 효율이 ~100%에 달하고 또한 인광 양자 수득률(Φ_P)

이 매우 높은 금속 착화합물들이 적지 않게 알려져 있다. 그림 7.17의 PtOEP는 그 하나의 예이다. 중심에 Pt가 없는 옥타에틸포피린(Octaethylporphyrin, OEP)은 형광을 내지만 인광은 방출하지 않는다. 그러나 PtOEP는 폴리스타이렌 중에서 인광을 $\Phi_P \approx 0.5$의 효율로 방출하고 형광은 나타내지 않는다. 이 화합물을 발광 물질로 한 OLED는 ~3%의 비교적 높은 발광 효율로 붉은 인광을 나타낸다.

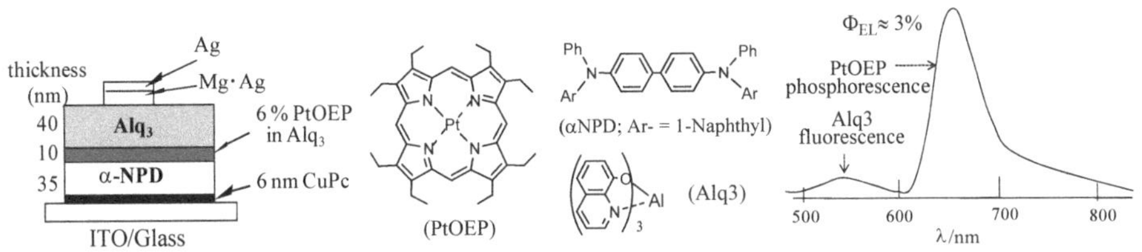

그림 7.17 (왼쪽) OLED의 단면 모식도. **CuPc** (Copper(II) Phthalocyanine 박막): ITO로부터의 정공 주입을 증진시키는 기능을 가진 막. **α-NPD**: 정공 수송 막. **PtOEP in Alq3**: Alq3을 주인 재료(Host Material)로 하여 PtOEP을 손님 분자(Guest Molecule)로 6% 도핑한 발광층. **Alq3**: 전자 수송막. (가운데) 사용된 분자의 구조. (오른쪽) OLED의 발광 스펙트럼. 약한 Alq3의 형광과 PtOEP의 강한 인광이 나온다.

그림 7.17의 발광 과정에 대하여 고찰해 보자. 이미 설명한 바와 같이 정공이 α-NPD에 주입되고 한편 전자가 Alq3에 주입된다. 그들이 발광층(PtOEP in Alq3)을 향하여 이동한 후, 거기에서 결합하여 주인(Host) 성분인 Alq3의 들뜬 상태 (^{1}Alq3* + 3×^{3}Alq3*)가 생성된다(식 (7.16)). 그 효율 x는 전하 결합에 의해 바닥 상태의 Alq3 두 분자가 생성하는 가능성을 고려한 매개변수이다. 생성된 ^{1}Alq3*은 손님(Guest) 분자인 PtOEP에 Förster 메커니즘에 의해 효율 좋게 에너지를 전달한다. 그 결과 ^{1}PtOEP*가 생성하지만, 이는 100%의 효율로 ^{3}PtOEP*로 계간 교차한다(식 (7.17)). 또 하나의 경로로서 ^{3}Alq3*부터 PtOEP로의 에너지 이동이 Dexter 메커니즘에 의해 일어나 ^{3}PtOEP*가 생긴다(식 (7.18)). 이렇게 하여 생긴 ^{3}PtOEP*은 효율적으로 인광을 방출한다. PtOEP 외에 보다 효율이 좋은 인광 재료가 개발되고 있다. 아래에 보여준 이리디움(III) 착화합물(Iridium(III) Complex)이 하나의 예이며, 그들은 푸른색, 녹색, 주황색의 인광을 100%에 가까운 양자 수득률로 방출한다.

$$\text{Alq3}^{\bullet-} + \text{Alq3}^{\bullet+} \longrightarrow x(0.25\times{}^1\text{Alq3*} + 0.75\times{}^3\text{Alq3*}) + (2-x)\text{Alq3}\ (x<1) \tag{7.16}$$

$$^1\text{Alq3*} + \text{PtOEP} \longrightarrow \text{Alq3} + {}^1\text{PtOEP*}\ (\text{Förster Mechanism}) \longrightarrow {}^3\text{PtOEP} \longrightarrow \text{PtOEP} + h\nu_P \tag{7.17}$$

$$^3\text{Alq3*} + \text{PtOEP} \longrightarrow \text{Alq3} + {}^3\text{PtOEP*}\ (\text{Dexter Mechanism}) \longrightarrow \text{PtOEP} + h\nu_P \tag{7.18}$$

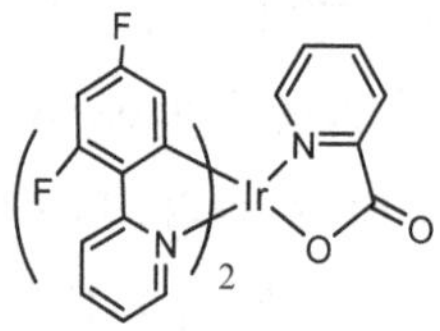

Blue

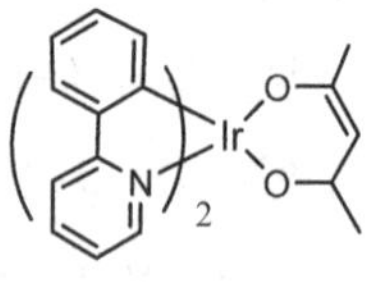

Green

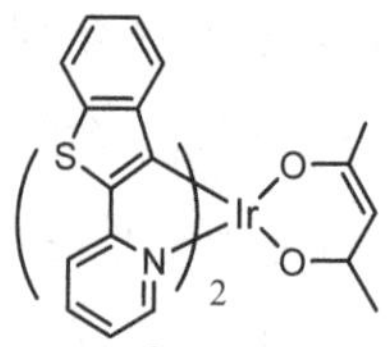

Orange

7.4 | 태양광 에너지의 전환 및 저장

지난 20세기는 문명과 경제가 급속도로 발전된 세기였다. 그것은 주로 석탄과 석유를 에너지와 재료의 자원으로 하여 대량 생산과 대량 소비를 실현한 성과였다. 그러나 그 결과 심각한 환경 오염과 함께 지구 온난화의 위기를 가져왔다. 또한 지금까지 의존해오던 화석 연료 자원이 멀지 않은 장래에 고갈될 것이라고 예견되고 있는 것도 위기적 문제이다. 따라서 환경을 보호하고 지구 온난화 가스 방출을 삭감하면서 에너지와 자원의 새로운 원천을 창출하는 것이 인류의 미래를 보장하는 근간이라고 말할 수 있다. 그를 실현하는 주된 방도의 하나는 태양 에너지의 효과적 이용에 있다. 그림 7.18은 지구 표면에 도달하는 태양광의 스펙트럼(파장에 따른 에너지 분포)를 보여준 것이다. 이에 따르면 태양광의 이용은 바로 가시 광선부터 근적외선에 이르는 파장 영역(400 nm ~ 1200 nm)의 빛을 이용하는 데 달려 있다는 것을 알 수 있을 것이다. 가시 광선을 효율적으로 흡수하는 유기화합물은 수많이 알려져 있다. 예를 들어 전형적인 π–짝지음 고분자인 폴리(싸이오펜)(Poly(thiophene))은 ~650 nm까지의 가시 광선을 흡수하고, 타이타닐 프탈로사이아닌(Titanyl Phthalocyanine)의 α–결정막은 500 ~ 950 nm의 빛을 흡수한다.

현재 인류가 소비하는 총 에너지량의 85%는 화석 연료(석유, 석탄, 천연 가스)가 차지하고 있으며, 이 외에 온난화 가스(특히 CO_2) 방출이 없는 또는 그것이 적은 에너지 원천(수력, 원자력, 생물자원 등)이 ~15%이다. 그러나 태양 에너지의 이용은 0.1%에도 미치지 않고 있는 것이 현실이다. 그 원인은 주로 태양 에너지의 밀도가 매우 낮아 효과적으로 이용하는 데 있어서 기술적 곤란이 있다는 데 있다. 여기에서 녹색 식물이 태양 에너지를 광합성이란 작업을 통해서 효과적으로 이용하고 있다는 사실을 인식할 필요가 있다. 즉 광합성을 본보기로 하여 새로운 기술을 개척하는 것이 문제 해결의 열쇠가 될 것이다. 인류 미래의 에너지와 관련되는 또 하나의 중요한 명제는 전기 에너지를 창출하는 새로운 기술을 개척하는 것이다. 왜냐하면 전기 에너지가 제일 편리하고 또한 필요로 하는 에너지 형태이기 때문이다. 따라서 여기에서는 미래의 광화학 응용과 관련된 "인공 광합성"과 유기 재료를 이용한 "태양 전지"에 관하여 해설한다.

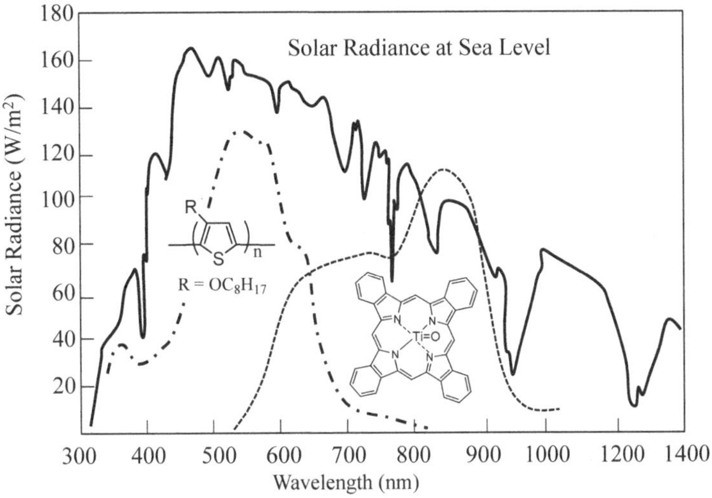

그림 7.18 지구 표면에 도달하는 태양광의 스펙트럼. 폴리(3-옥틸옥시싸이오펜)의 박막의 흡수 스펙트럼 (-•-) 및 타이타닐 프탈로사이아닌 α-결정 막의 흡수 스펙트럼 (---).

7.4.1 태양 전지

(i) 유기 박막 태양 전지(OPV Cell, Organic Photovoltaic Cell)

태양광을 흡수하여 그 에너지를 전기 에너지로 전환하는 디바이스를 태양 전지라 하며, 현재 실리콘 태양 전지가 상업화되고 있다. 태양 전지는 투명 전극(유리나 고분자 기판 위에 ITO, SnO_2 또는 ZnO와 같은 투명 전도성 물질을 제막한 것)과 Al 또는 Al•Ag 전극 사이에 반도체의 박막을 끼운 것이다. 시판되고 있는 모듈의 에너지 전환 효율은 단결정 실리콘 경우에 13 ~ 18%, 다결정 실리콘은 13 ~ 15%, 비결정 실리콘은 6 ~ 7%이다. 전환 효율을 향상시키기 위하여 종류가 다른 실리콘 박막을 적층한 다층 구조 디바이스가 개발 중이다. 그 외의 무기 반도체들($Cu(InGa)Se_2$, CdTe, GaAs 등)도 태양광의 흡수 기능이 뛰어나 실용화를 지향하는 연구가 진행 중이다. 그러나 무기 반도체 태양 전지는 발전 가격이 현행 발전 가격보다 상당히 높고 또한 재료의 다양성이 낮다는 단점이 있다. 게다가 Se, Cd, As와 같은 인체에 해로운 원소가 사용되고 있고 또한 실리콘 원료는 일부 지역에 편재하고 있다는 것들이 불안 요인으로 되고 있다. 현대 사회는 다양성과 효율성을 요구하고 있어 어느 때 어느 곳에서나 이용할 수 있는 다양한 발전 디바이스를 필요로 하고 있다. 그러한 배경 밑에서 유기 화합물을 이용하는 태양 전지가 주목 받게 되었다. 그것은 유기 재료가 다양성이 풍부하고, 합성하기가 쉽고, 원료 확보의 불안이 없고, 간단한 방법으로 제막할 수 있고, 그 막은 가볍고 유연성이 뛰어나다는 등의 장점을 가지고 있기 때문이다.

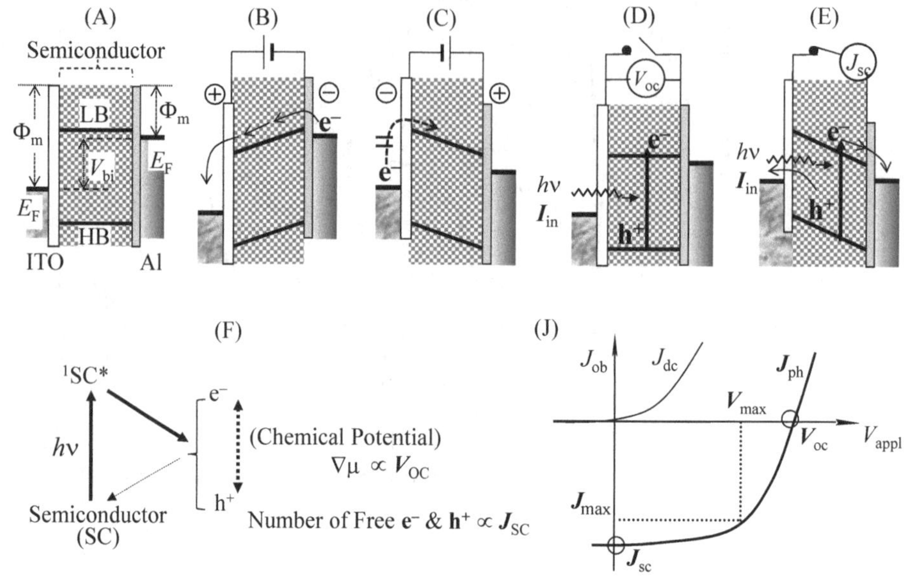

그림 7.19 (A) ITO 및 Al 전극 사이에 n–형 반도체가 끼운 다이오드 모식도. Φ_m = 일함수, V_{bi} = built–in potential, E_F = Fermi level, HB = HOMO 밴드, LB = LUMO 밴드. (B) ITO 전극에 플러스, Al 전극에 마이너스 전위를 걸면 전자가 Al부터 LB에 주입되어 전류가 흐른다(J–V 곡선 (J)의 $V_{appl} > 0$ V의 J_{dc}). (C) 반대로 ITO 전극에 마이너스 전위를 걸어도 LB로의 전자 주입 장벽이 커서 전류가 흐르지 않은 상태(J–V 곡선 (J)의 $V_{appl} < 0$ V의 J_{dc}). (D) 반도체가 빛을 흡수하여 전자와 정공이 분리되어 전압이 생긴 무전류 상태(J–V 곡선 (J)의 V_{oc}). (E) 단락 상태에서는 양 전극의 E_F은 일치한다. 이 상태에서 빛을 조사하면 생긴 전자는 Al으로, 또한 정공은 ITO로 흘러 간다(J–V 곡선 (J)의 J_{sc}). (F) 빛에 의한 전하 분리와 관련된 에너지 도식.

여기에서 해설하고자 하는 유기 태양 전지는 실리콘 대신에 유기 반도체를 사용한 것이다. 그럼 유기 태양 전지가 어떻게 작동하는가를 매우 단순한 모델로 우선 설명해 두자(그림 7.19). 도전성 전극이 전하를 수수할 수 있는 준위를 Fermi 준위(E_F)라 하며, 그것은 진공 준위로부터 일함수(Φ_m)에 해당하는 위치에 있다. 대표적 양극인 ITO의 경우 $\Phi_m \approx 4.8$ eV이며, 한편 대표적 음극인 Al의 경우 $\Phi_m \approx 4.1$ eV이다. 두 전극에 접촉하고 있는 반도체 박막에는 두 전극 Φ_m의 차이로 인한 불박이 전위(Built-in Potential, V_{bi})가 걸려 있다. 지금 반도체 HOMO 밴드(이하 HB라 함)의 준위 (E_{HB})가 6 eV이며, LUMO 밴드(이하 LB라 함)의 준위 (E_{LB})가 3.8 eV이라 하자. 그러면 Al부터 LB에 전자를 주입하는 장벽은 ~0.3 eV에 지나지 않지만, ITO부터 LB에 전자를 주입하는 장벽은 ~1.2 eV에 달한다. Al에 마이너스, ITO에 플러스로 되는 바이어스(외부 전기장, V_{appl})를 걸면 Al부터 LB로의 전자 주입은 쉽게 일어난다. 주입된 전자는 외부 전기장 V_{appl}에 따라 ITO로 이동하여 전류가 흐르게 된다. 한편 V_{appl}의 극성을 거꾸로 하면 전류가 거의 흐르지 않는다. 그것은 ITO의 E_F와 반도체의 E_{LB} 사이의 장벽이 커서, ITO부터 LB로의 전자 주입이 일어나지 않기 때문이다. 이를 **정류 효과**(Rectification Effect)라 한다. 주로 전자를 흐르게 하는 반도체를 n–형 반도체라 한다("n"은 negative를 뜻함). 거꾸로 정공 주입 장벽이 낮고(예를 들면 E_{HB} = 5 eV ≈ E_F(ITO)) 전자 주입 장벽이 큰 경우(E_{LB} = 3.2 eV << E_F(Al))에는, 주로 정공이 ITO부터 HB에 주입되어 전류가 흐르게 된다. 이러한 반도체를 p–형 반도체라 한다("p"은 positive를 뜻함). 빛을 쪼이지 않은 어둠 상태에서 V_{appl}을 걸어서 흐르게 한 전류를 **암 전류**(J_{dc}, Dark Current)라 하며 V_{appl}에 따른 전류 변화를 그린 것을 ***J-V* 곡선**이라 한다(이 책에서는 전류의 기호를 "J"로 했으나, "I"란 기호를 사용하는 경우도 적지 않다).

두 전극을 연결하지 않은 조건, 즉 **무전류 조건**(Open-Circuit Condition)에서 n–반도체가 광양 I_{in}의 빛을 흡수하면 HB의 전자가 LB에 올라가서 전자와 정공이 분리된 전하 분리 상태가 된다(그림 7.14 참조). 그 결과 분리된 전하에 의한 화학 전위(Chemical Potential, ∇μ)가 생겨, 그것과 Built-in Potential이 합쳐져 양 전극 사이에는 전압이 생긴다. 빛으로 의해 발생하는 이러한 전압을 **무전류 전압**(V_{oc}, Open-Circuit Voltage)이라 한다. 한편 양 전극에 전선을 연결하면 양쪽 전극의 전하 상태가 평형 상태로 되어 양쪽 전극의 Fermi 준위가 일치한다. 그 결과 HB 및 LB에는 전위적 경사가 생긴다. 이 상태에서 광흡수에 의해 LB에 올라간 전자는 전위적 경사에 따라 Al 전극으로, HB에 생긴 정공은 ITO로 이동한다. 즉 **양 전극에 외부로부터 전기장을 걸지 않아도 전류가 흐르게 되며**, 이 상태에서 흐르는 전류를 **단락 전류**(J_{sc}, Short-Circuit Current)라 하며, 그 크기는 생긴 전하 밀도에 의존한다. 일반적으로 빛을 조사함으로써 흐르는 전류를 **광전류**(J_{ph}, Photocurrent)라 한다. 빛을 조사하고 있는 조건하에서 ITO에 플러스, Al 전극에 마이너스의 바이어스를 걸면 그 전압에 대응한 J_{dc}가 J_{ph}와 반대 방향에 흐르게 된다. 따라서 관측되는 전류(J_{ob})는 감소한다($J_{ob} = J_{ph} - J_{dc}$). 그 결과 바이어스에 따른 J_{ob}의 변화, 즉 광조사하에서의 J-V 곡선이 주어진다. 그 곡선의 임의의 좌표에 V_{appl}축과 J_{ob}축 사이에 사각형을 그려 그 면적이 최대로 되는 전압을 V_{max}, 그 전류를 J_{max}라 하면 이 태양 전지의 최대 출력, 즉 **에너지 전환 효율**(Power Conversion Efficiency, η)이 **식 (7.19)**로 주어진다. 또한 태양 전지의 특성을 나타내는 **곡선 인자**(*FF*, Fill Factor)는 **식 (7.20)**과 같이 표현된다. 반도체에 존재하는 함정(Trap)이 적어 빛으로 의해 발생한 전하가 거의 포착될 것 없이 이동하고 반도체와 전극의 접촉이 좋아서 전하가 전극을 순조롭게 넘어가는 태양 전지의 경우 *FF*가 크다.

$$\eta = V_{max} \times J_{max} \quad (7.19)$$

$$FF = (V_{max} \times J_{max})/(V_{oc} \times J_{sc}) < 1 \quad (7.20)$$

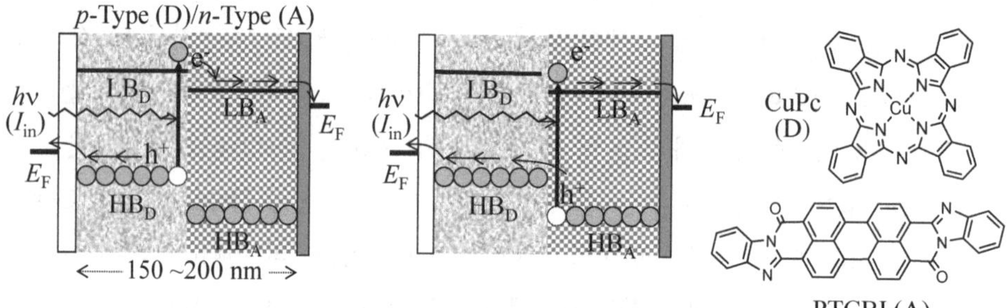

OPV Cell: ITO/CuPc/PTCBI/Ag

V_{oc} = 450 mV, J_{sc} = 2.3 mA/cm², *FF* = 0.65, η = 0.95% @ I_{in} = 75 mW/cm²

***p*-Type Materials** (Electron Donor)		***n*-Type Materials** (Electron Acceptor)	
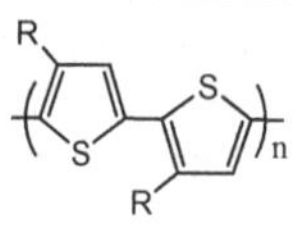	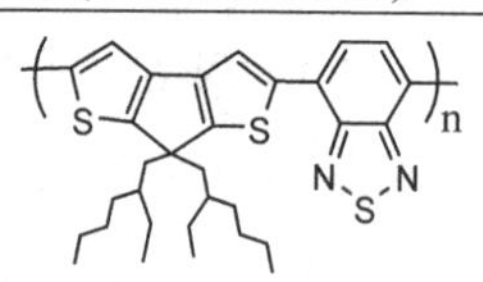		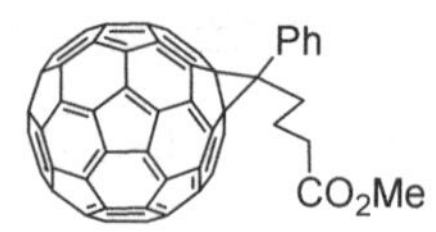
RR-P3HT ($R = C_6H_{13}$)	PCPDTBT	C_{60}	PCBM

그림 7.20 (위) pn-접합 태양 전지의 개념도. 회색 공(●)은 전자를, HOMO 밴드의 흰색 공(○)은 전자가 LUMO 밴드에 올라간 후에 생긴 정공(h^+)을 표시한다. 왼쪽 그림: p-형 반도체가 빛을 흡수하면 LB_D에 올라간 전자가 보다 낮은 위치에 있는 LB_A로 이동한다. 가운데 그림: n-형 반도체가 빛을 흡수하여 HB_A에 생긴 정공이 보다 높은 위치의 HB_D로 이동한다. 이렇게 하여 전하 분리가 진행된다. 분리된 전자와 정공은 V_{bi}와 ∇μ을 원동력으로 하여 각각 음극 및 양극으로 움직인다. 오른쪽 분자 구조식은 Tang들이 사용한 유기 반도체 CuPc 및 PTCBI. (가운데) 각 숫자는 태양 전지 [ITO/CuPc/PTCBI/Ag]의 성능. (아래) 유기 태양 전지에 사용되는 전형적 유기 반도체. *RR*-P3HT = regioregular poly(3-hexylthiophene-2,5-diyl). PCPDTBT = poly[2,6-(4,4-bis-(2-ethylhexyl)-4*H*-cyclopenta[2,1-b;3,4-b']-dithiophene)-*alt*-4,7-(2,1,3-benzothiadiazole)]. PCBM = [6,6]-phenyl-C_{61}-butyric acid methyl ester.

그러나 그림 7.19의 단일 유기 박막만으로 구성된 디바이스는 사실상 태양 전지로서의 기능을 갖지 않는다. 일반적으로 단일 유기 재료의 경우 빛에 의한 전하 분리 효율이 매우 낮기 때문에, 현실적으로 의미 있는 V_{oc} 및 J_{sc}가 발생하지 않는다. 이 문제를 해결하는 방법은 전자 주개 재료(D)와 전자 받개 재료(A)의 접합을 이용하는 것이다. 3장 4.4 및 5장 2.3(iii) 및 (iv)에서 설명한 바와 같이 전자 주개와 전자 받개 사이의 전자 이동은 들뜬 상태에서 일반적으로 일어날 수 있다. 이 원리는 유기 고체 상태에서도 적용된다. 전자 주개(p–형 반도체, D)와 전자 받개 (n–형 반도체, A) 사이에서 $E_{LB}(D) < E_{LB}(A)$ 및 $E_{HB}(D) < E_{HB}(A)$의 관계가 성립되고 있다고 하자. 두 반도체의 박막이 접촉된 상태에서 한쪽이 빛을 흡수하여 들뜬 상태가 되면, 그들 사이에서 전자 이동이 일어남으로써 전하 분리가 보다 높은 효율로 진행될 것이다. 즉, $D/A + h\nu \rightarrow D^{\bullet+}(h^+)/A^{\bullet-}(e^-)$. 이러한 p–형과 n–형 반도체의 접촉을 **pn–접합**(pn-Junction)이라 한다. 그림 7.20은 그 개념을 그린 것이다. 이 개념에 입각하여 1986년에 C. W. Tang들이 ITO 전극 위에 p–형 반도체인 Cu(II) 프탈로사이아닌(CuPc), n–형 반도체인 페릴렌 염료(PTCBI), 전극 재료인 Ag을 순차적으로 증착하여 매우 얇은 pn–접합 박막으로 구성된 태양 전지를 제작하였다. 태양 전지의 에너지 전환 효율(η)은 ~1%에 달하였고, 그 당시에서는 놀라운 값이었다. 이것이 유기 태양 전지에 관한 본격적 개발 연구의 시작이 되었다. 최근에는 고분자 반도체와 풀러렌(Fullerene) 유도체를 이용하여 전환 효율이 ~8%에 달하는 태양 전지가 개발되고 있다. 이제부터 태양 전지를 [ITO/p–형 반도체 (D)/n–형 반도체 (A)/음극]라 표시한다.

유기 태양 전지가 높은 효율로 작동하기 의해서는 재료의 순도가 높아야 한다는 것이 전제가 되고, 그 외에도 다음 조건들을 만족하여야 한다. (1) 그림 7.18에 보여준 태양광의 효율적 흡수. (2) 효율적 전하 분리. (3) 빛으로 의해 생긴 전하가 반도체 내부를 순조롭게 이동할 것. 즉 **전하 이동도**(Charge Mobility)가 될수록 높을 것. (4) 전자와 정공이 각각 음극과 양극에 선택적으로 들어갈 수 있는 디바이스 구조. (5) 유기 반도체 박막과 전극과의 균일적인 전기적 및 형태적 접촉.

조건 (1) 및 (2)는 고체 상태의 흡수 스펙트럼과 에너지 준위에 기초하여 기본 설계가 가능하다(조건 (2)에 관한 pn–접합의 형태적 문제는 후에 설명하겠다). 조건 (3) 및 (4)는 유기 반도체의 고체 형태에 의존한다. 일반적으로 결정 상태에서의 전하 이동도는 비결정 상태보다 크지만, 대부분의 유기 결정 박막은 작은 결정 입자가 집합한 다결정막이다. 결정 입자 사이에는 **낟알 경계**(Grain Boundary)가 존재하기 때문에, 그 경계를 전하가 뛰어 넘어가기가 어렵고, 거기에는 흔히 함정(Trap)

이 있어 전하가 포착된다. 즉 결정막의 형태가 균일하지 않은 경우에는 결과적으로 낮은 이동도를 보여줄 것이다. 또한 반도체 박막의 두께는 얇아야 하기 때문에 바늘구멍(Pinhole)이 생기는 경우가 적지 않다. 그럴 때 바늘구멍을 통해 정공이 음극에 또는 전자가 양극에 넘어가고 J_{ph}와 반대 방향의 전류가 발생하여, 결과적으로 낮은 J_{sc}와 FF을 주게 된다. 이를 막기 위하여 양극과 p–형 반도체 사이에 정공은 통과시키고 전자는 통과시키지 않은 매우 얇은 완충막(Buffer Layer)을 둔다. 마찬가지로 음극과 n–형 반도체 사이에는 전자만 통과시키고 정공은 통과시키지 않은 완충막을 둔다. 완충막으로써 사용될 다양한 유기 및 무기 재료가 검토되고 있다. 조건 (5)는 무기 물질인 전극과 유기 물질의 표면 에너지에 큰 차이가 있어 서로 친화성이 낮다는 것과 함께 ITO 표면의 요철의 정도로부터 생기는 문제이다.

유기 반도체는 고립된 분자를 기본 단위로 하고 있으며 분자간의 전자적 상호작용은 에너지적으로 매우 낮고, 상호작용이 미치는 범위는 한정되어 있다. 따라서 빛의 흡수는 분자(또는 고분자의 경우에는 π–짝지음의 범위)가 기본 단위이며, 엑시톤은 빛을 흡수한 분자를 중심으로 하여 국한된 범위에 편재하고 있다 (그림 7.14 참조). 즉 유기 반도체의 **엑시톤 확산 거리**(Exciton Diffusion Length, L_{ED})는 짧으며, 이것은 무기 반도체와 크게 다른 성질의 하나이다. 전형적 p–형 반도체인 CuPc의 경우 $L_{ED} \approx 10$ nm, 또한 전형적 n–형 반도체인 C_{60}의 경우 $L_{ED} \approx 40$ nm이며, 그 외의 반도체의 L_{ED}도 대체로 이러한 범위에 들어간다. 그림 7.20와 같은 pn–접합이 2차원적으로 형성된 디바이스에서는 pn–접합 평면부터 L_{ED} 이내에 존재하는 분자만 빛에 의한 전자 이동을 할 수 있다. 반면에 L_{ED}보다 떨어져 있는 분자가 빛을 흡수하여도 엑시톤은 경계까지 도달 못 한다. 따라서 전자 이동을 할 수 없게 됨으로, 결과적으로 흡수된 빛에너지는 헛되게 되어 버린다. 만약에 막 두께를 극도로 얇게 하여 모든 분자가 pn–접합부터 L_{ED} 이내에 존재할 수 있도록 하면 그 문제는 피할 수 있으나, 빛의 흡수는 극도로 작아지게 된다. 즉 빛의 흡수 효율이 현저히 떨어지는 것이다. 따라서 2차원적 pn–접합에 의한 디바이스 구조는 에너지 전환 효율을 향상시키기에서 한계가 있다.

그 한계를 극복하기 위하여 3차원적인 pn–접합을 가진 벌크헤테로 접합(Bulk Hetero Junction, BHJ) 구조가 개발되었다(그림 7.21). 그것은 p–형 및 n–형 반도체가 각각 미세하면서도 연속적인 영역을 가지면서 서로 뒤얽혀 접촉하고 있는 구조물이다. 그 결과 pn–접합의 면적이 비약적으로 증가됨과 동시에 거의 모든 분자들이 pn–접합 경계로부터 L_{ED} 이내에 존재하게 됨으로써 빛에 의한 전하 분리가 효과적으로 일어날 수 있게 된다. BHJ 구조를 실현하는 방법에는 주로 두 가지가 있다. 그 하나는 p–형 반도체와 n–형 반도체를 동반적으로 진공 증착하여 제막한 후 열처리하는 방법이고, 또 하나는 고분자 재료를 사용할 때 p–형 고분자와 n–형 재료를 혼합한 용액을 ITO 전극 위에 회전 코팅(Spin Coating)한 후 열처리하는 방법이다. 열처리는 반도체의 결정도를 올리기 의하여 또한 두 반도체 영역의 뒤얽힘과 pn–접합을 확실히 실현하기 의한 공정이다. 이러한 방법을 이용함으로써 유기 태양 전지의 에너지 전환 효율은 단숨에 ~5%까지 올라갔다.

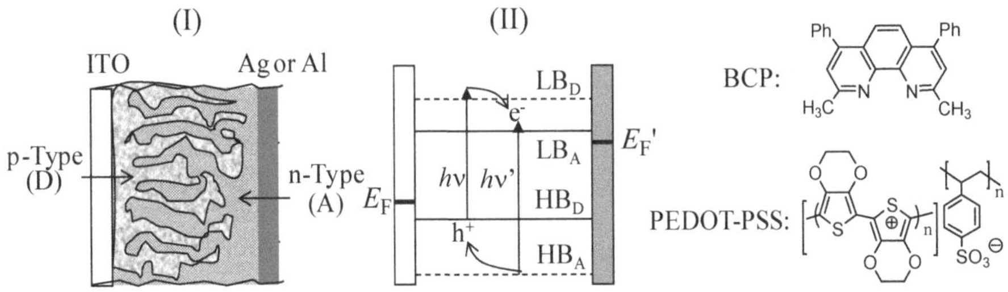

(III) [ITO/CuPc/**1:1 CuPc:C_{60}**/C_{60}/BCP/Ag]	(IV) [ITO/PEDOT-PSS/**5:4 P3HT:PCBM**/Al]
$\eta = 3.5\%$, $FF = 0.460$, $J_{sc} = 15.4$ mA cm^{-2}, $V_{oc} = 0.50$ V @ $I_{in} = 100$ mW cm^{-2}	$\eta \approx 5\%$, $FF = 0.68$, $J_{sc} = 9.5$ mA cm^{-2}, $V_{oc} = 0.63$ V @ $I_{in} = 100$ mW cm^{-2}

그림 7.21 (I) 벌크헤테로 접합(Bulk Hetero Junction, BHJ) 구조의 단면 모식도. 3차원적인 pn–접합에 의해 거의 모든 분자는 엑시톤 확산 거리 이내에 존재함. (II) BHJ 셀의 띠 구조. LB_D 및 LB_A은 각각 D 및 A의 LUMO 밴드. HB_D 및 HB_A은 각각 D 및 A의 HOMO 밴드. D 또는 A가 빛을 흡수하면 결과적으로 전자는 LB_A에 또한 정공은 HB_D에 따라 움직인다. BHJ 막은 LB_A 및 HB_D을 가진 단일 반도체막과 같다. (III) CuPc은 정공 완충막. 1:1 CuPc:C_{60}은 CuPc와 C_{60}을 1:1의 비율로 동반 증착한 BHJ 막. BCP은 전자 완충막. (IV) PEDOT–PSS은 정공 완충막. 5:4 P3HT:PCBM은 P3HT와 PCBM의 5:4 혼합 용액으로부터 회전 코팅 법으로 제막한 BHJ 막. 화합물의 구조는 위 오른쪽의 구조식과 그림 7.27 참조.

태양 전지의 에너지 전환 효율을 결정하는 매개변수(V_{oc}, J_{sc}, FF) 중 J_{sc}와 FF에 관해서는 이미 간략하게 설명하였다. 여기에서는 V_{oc}을 좌우하는 요인에 대해서 설명하겠다. 이미 V_{oc}에 관해서 두 전극 사이의 E_F 차이에 의한 Built-in Potential (V_{bi}) 외에 빛에 의해 생긴 전하의 화학 전위 ($\nabla\mu$)가 중요한 기여를 한다고 설명하였다. 무기 반도체의 경우 띠 끝(Band Edge)의 상태 밀도가 높고 운반체 밀도 (Carrier Density)도 높기 때문에 V_{bi}는 반도체 내부 전체에 영향을 미친다. 따라서 무기 반도체 태양 전지의 V_{oc}은 V_{bi}에 의해 결정된다. 반면에 운반체 밀도가 낮은 유기 반도체의 경우 V_{bi}은 반도체 내부에 크게 영향을 미치지 않는다. 빛에 의해 pn–접합에서 전자 이동이 진행되면, (+) 전하 및 (–) 전하가 각각 p–영역 및 n–영역

양쪽에 갈라져서 일정 시간 존재한다. 따라서 유기 반도체 내부에서 화학 전위($\nabla\mu$)가 생긴다. 이것이 V_{oc} 형성의 주된 원동력이 된다.

그러면 실례를 들어보자. 태양 전지 [ITO/PFB/F8BT/음극]의 PFB 및 F8BT은 각각 p–형 및 n–형 고분자 반도체이며 2차원적 pn–접합을 하고 있다(화합물 구조식은 아래에 표시). 음극 재료가 Ca, Al, Cr, Cu이면 그 일함수(Φ_m)는 이 순서로 증대되고 ITO과의 일함수의 차이 $\Delta\Phi_m$(eV)는 감소한다($\Delta\Phi_m$ = 1.9, 0.5, 0.3, 0.15 eV $\propto V_{bi}$). 만약에 V_{bi}가 V_{oc}을 결정한다면 V_{oc}은 이 순서로 낮아질 것이다. 그러나 관측된 V_{oc}은 $\Delta\Phi_m$의 변화와 직접적 관계를 보여주지 않고 대략 일정한 값을 보여준다(각 음극에 대하여 V_{oc} = 1.5, 1.5, 1.35, 1.15 V). 다음으로 [ITO/1:1 MDMOPPV:C_{60}–R/음극] 구조를 가진 BHJ 태양 전지에 대해서 설명하겠다. 여기에 1:1 MDMOPPV:C_{60}–R은 p–형 고분자 MDMOPPV와 n–형 화합물 C_{60}–R (PCBM와 유사한 구조를 가진 각종 C_{60} 유도체)의 1:1 혼합물 용액을 회전 코팅하여 제작된 BHJ 박막이다. 이 일련의 태양 전지에서 C_{60}–R와 음극을 변화시켰을 때, V_{oc}은 C_{60}–R의 환원 전위(E_{red})에 크게 의존한다. 한편 $\Delta\Phi_m$에 대한 의존성은 E_{red}에 비하여 약 1/10에 불과하다. 마찬가지로 [ITO/PEDOTPSS/D:PCBM/LiF/Al]에서 D로써 각종 p–형 고분자를 사용했을 때 V_{oc}은 D의 산화 전위($\propto E_{HB}$(D))와 직선 관계를 보여준다(LiF은 음극 쪽의 완충막). 이 두 BHJ 태양 전지에서 $\nabla\mu$은 고분자의 산화 전위($\propto E_{HB}$(D))와 C_{60}–R 또는 PCBM의 환원 전위($\propto E_{LB}$(A))로 표현되기 때문에 $\nabla\mu$가 V_{oc}에 대하여 중요한 역할을 하고 있다는 것을 알 수 있다.

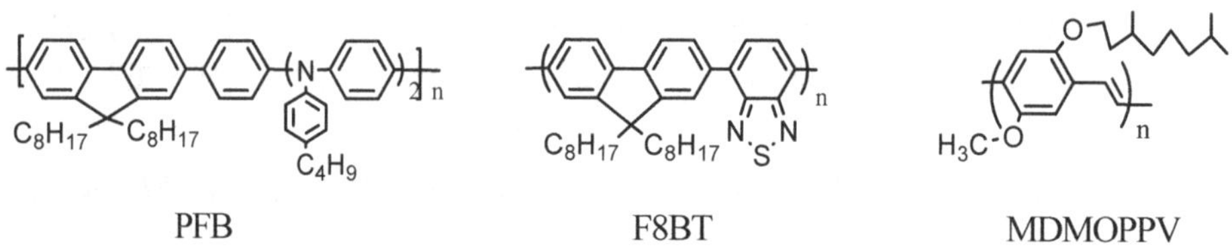

그러나 V_{oc}을 최대화하기 위해서는 이 외에 고려해야 할 요인이 한 가지 더 있다. 지금 양쪽 전극에서 **옴 접촉**(Ohmic Contact)이 형성되고 있는 경우를 생각해 보자. 옴 접촉은 E_F(ITO) ≈ E_{HB}(D) 및/또는 E_F(음극) ≈ E_{LB}(A)의 조건을 만족하며, 또한 J_{sc}을 최대화하기 위하여 필요한 조건이다. 그러나 이 조건은 양극부터 D로의 정공 주입 장벽이 거의 없는 조건이며, 마찬가지로 음극부터 A로의 전자 주입 장벽이 거의 없는 조건이다. 따라서 양극부터 D로 정공이 주입되고, 음극부터는 A로 전자가 주입될 수 있게 된다. 이러한 전하의 움직임은 광전류의 방향과 반대이

므로 전극 계면에서 전하가 축적된다. 그 결과 전극 계면에서 띠 구부러짐(Band Bending)이 생겨 전압이 떨어진다. 그럼 BHJ 구조의 태양 전지[ITO/ PEDOT-PSS/P3HT:PCBM/Al]를 실례로 들어보자. 이 경우 PEDOT-PSS가 양극으로써 기능한다. 따라서 E_F(PEDOT-PSS) ≈ 5.1 eV은 E_{HB}(P3HT) ≈ 5 eV에 거의 같고 또한 E_{LB}(PCBM) ≈ 4 eV도 E_F(Al) = 4.1 eV와 거의 같다. 즉 옴 접촉이 형성되고 있는 것이다. 이 태양 전지에서는 $\nabla\mu = |E_{HB}(\text{P3HT}) - E_{LB}(\text{PCBM})| \approx 1$ eV 또한 $V_{bi} \approx 1$ eV이지만, V_{oc}는 ~0.6 V에 지나지 않는다. 상세한 분석에 의하면 전압 손실은 ~0.3 V에 달한다. 전압 손실을 될수록 낮게 하는 현실적 방안은 각 전극과 반도체 사이에 두는 완충막 재료를 적절하게 선택하는 것이다.

결론적으로 말하면 J_{sc}와 V_{oc}는 서로 균형 관계에 있기 때문에, 될수록 높은 J_{sc}(~10 mA cm^{-2})을 확보하는 조건하에서는 단일 셀의 V_{oc}은 0.7 V을 넘을 수 없다. 그 V_{oc}의 한계를 타개하는 방식으로서 **직렬 셀**(Tandem Cell) 구조가 제안되고 있다. 그림 7.22(A)에 보이는 것처럼 직렬 셀은 두 종류의 단일 셀, 즉 ITO 양극에 접한 바닥 셀(Bottom Cell)과 Al 또는 Ag 음극에 접한 상부 셀(Top Cell) 사이에 매우 얇고 투명한 전하 결합막(Charge-Coupling Layer. CCL)을 둔 구조를 갖고 있다. 빛은 ITO로부터 상부 셀까지 충분히 통과될 수 있게 설계되어야 한다. CCL은 금속 나노 입자와 같은 도전성 재료의 막이므로, 바닥 셀에서 발생한 전자와 상부 셀에서 발생한 정공이 CCL에서 결합한다. 그 결과 바닥 셀에는 전공이 또한 상부 셀에는 전자가 존재하는 상태가 이루어지기 때문에 화학 전위가 증대한다. 바닥 셀의 n–막(A_B)과 상부 셀의 p–막(D_T)이 CCL에 접촉하고 있으며 또한 전하가 CCL에서 결합하기 때문에, A_B의 LUMO 밴드 ($LB1_A$)와 D_T의 HOMO 밴드 ($HB2_D$)가 같은 준위에 정렬되게 된다. 따라서 전지 전체의 화학 전위($\nabla\mu$)는 바닥 셀의 $HB1_D$

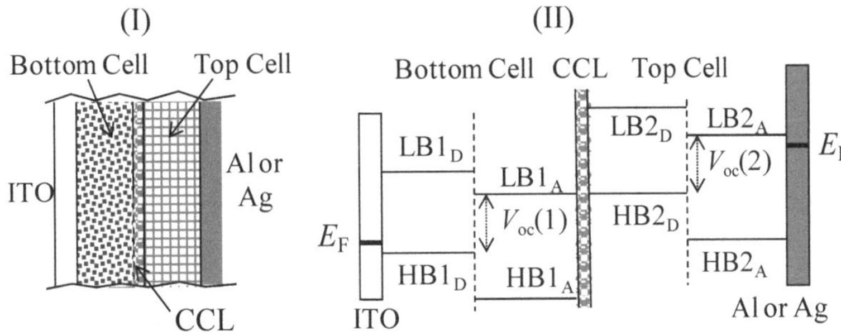

그림 7.22 (I) 직렬 셀(Tandem Cell)의 단면 모식도. CCL은 바닥 셀(Bottom Cell)과 상부 셀(Top Cell)을 결합하는 전하 결합막. (II) 직렬 셀의 에너지 준위 개념도. 이 전지의 화학 전위는 $LB2_A$와 $HB1_D$에 의해 결정된다.

와 상부 셀의 $LB2_A$에 의해 결정된다. 즉 바닥 셀의 화학 전위($\nabla\mu_B$)와 상부 셀의 전위($\nabla\mu_T$)를 더한 것으로 된다($\nabla\mu = \nabla\mu_B + \nabla\mu_T$). 그 결과 이 직렬 셀의 V_{oc}은 두 단일 셀의 전압을 더한 값 또는 그에 가까운 값으로 된다($V_{oc} \approx V_{oc}(1) + V_{oc}(2)$).

그럼 실례를 들어보자.

(i) [ITO/PEDOT-PSS/CuPc:PTCBI/**CCL**/CuPc:PTCBI/Ag]: 이 전지는 ITO 위에 완충 막인 PEDOT-PSS을 회전 코팅 법으로 제막한 후 순차적으로 CuPc: PTCBI BHJ 막(바닥 셀), ~0.5 nm의 Ag 막 (CCL), 다시 CuPc:PTCBI BHJ 막(상부 셀), 마지막으로 음극(Ag)을 증착하여 제작되었다. 그 성능은 $\eta = 1.8\%$, $J_{sc} = 3.7$ mA cm^{-2}, $V_{oc} = 0.9$ V이며, 단일 셀 [ITO/PEDOT-PSS/CuPc:PTCBI/Ag]의 V_{oc} (0.47 V)에 비하여 거의 두 배의 V_{oc}가 얻어졌다.

(ii) [ITO/CuPc/CuPc:C_{60}/C_{60}/PTCBI/**CCL**/Buffer/CuPc/CuPc:C_{60}/C_{60}/BCP/Ag]: 이 전지는 보다 높은 성능을 실현하기 의하여 막 각각의 두께가 세밀하게 조절된 층 구조로 제작되었다. 여기에서 CCL은 ~0.5 nm의 Ag 막이며, 이 위에 제작된 정공 완충막(Buffer)은 아민 화합물 *m*-MTDATA에 F_4TCNQ을 혼입한 매우 얇은 막이다(구조식은 아래에 제시). 그 성능은 $\eta = 5.7\%$, $J_{sc} = 9.7$ mA cm^{-2}, $FF = 0.59$, $V_{oc} = 1.03$ V이다.

(iii) [ITO/PEDOT-PSS/PCPDTBT:PCBM/**CCL**/P3HT:PC_{70}BM/TiOx/Al]: 이 전지는 ITO 위에 각 막을 순차적으로 회전 코팅법으로 제막하여 제작되었다. 이 전지의 CCL은 바닥 셀 쪽이 n–형 반도체인 산화타이타늄 막(TiOx; $x \le 2$)이며 그 위에 p–형 도전성 고분자 PEDOT-PSS 막을 쌓아 올린 것이다. 상부 셀의 PC_{70}BM은 PCBM와 같은 치환기를 가진 C_{70} 유도체이다. 상부 셀과 Al 음극 사이에 TiOx 막(전자 완충막)을 두고 음극으로의 전자 전달이 원만히 진행할 수 있도록 설계되었다. 그 성능은 $\eta = 6.3\%$, $J_{sc} = 7.5$ mA cm^{-2}, $FF = 0.66$, $V_{oc} = 1.2$ V이다. 이 전지에서는 바닥 셀의 PCPDTBT가 600 ~ 900 nm의 빛을 흡수하고, 상부 셀의 P3HT가 500 ~ 650 nm의 빛을, 또한 PC_{70}BM가 400 ~ 500 nm의 빛을 흡수한다. 즉 가시 광선부터 근적외선까지의 빛을 이용할 수 있었다는 것이 높은 η와 V_{oc}가 실현될 주요 요인의 하나로 되었다.

전지 (ii)의 Buffer: 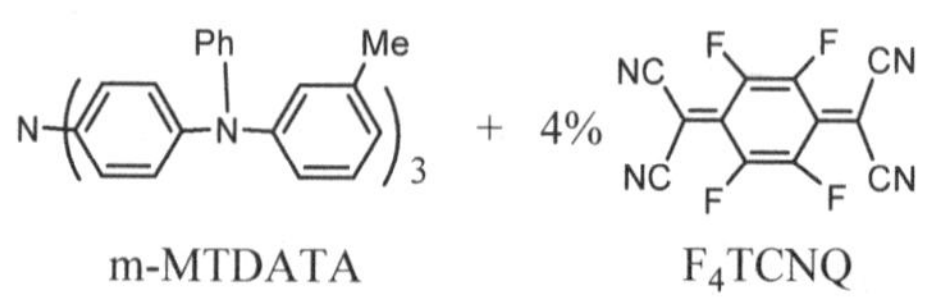

이상과 같이 태양 전지의 에너지 전환 효율 η(즉 V_{oc}, J_{sc}, *FF*)에 미치는 기본적 요인에 대하여 설명하였다. 우선 넓은 파장 범위에서 빛을 흡수할 수 있는 재료가 바람직하다. 그림 7.20에 보여준 P3HT의 흡수 한계는 ~650 nm이지만, PCPDTBT은 900 nm 부근까지 흡수를 보여준다. 또한 효율적인 전하 분리가 일어나기 위해서 바람직한 BHJ 형태가 형성되어야 하며, 각 반도체 영역에서의 전하 이동도가 높아야 한다. 그를 위해서는 막의 형태적 균일성과 결정성이 있어야 한다. 그러한 각 요인들을 고려하면서 재료의 선택과 전지 구조를 최적화하면 에너지 전환 효율이 10%가 넘을 것은 확실하다.

(ii) 염료감응 태양 전지(DSSC, Dye-Sensitized Solar Cell)

DSSC은 앞에서 설명한 OPV와 달리 전기화학 과정을 기초로 한 태양 전지이다. 그림 7.23에 DSSC의 기본 구조와 기본 과정을 그려 놓았다. 작업 전극(Working Electrode) E1은 유리 기판 위에 도포한 투명 도전성 물질(많은 경우 F-혼입 SnO_2)의 막이다. 그 위에 크기가 ~20 nm의 TiO_2 입자를 도포한 후 400 ~ 500 ℃에서 가열하여 두께가 10 ~ 15 μm의 메조다공성(Mesoporous) TiO_2 막을 채운다. 이 가열 공정을 소성(Calcination)이라 하며, TiO_2은 아나타제(Anatase) 결정 형태를 취하게 된다. 메조다공성이란 막 표면부터 내부에 이르는 미세한 공간이 무수히 존재한다는 것을 의미한다. 따라서 TiO_2 막의 3차원적 표면적은 엄청나게 크며, 1 cm^2 평면당 ~1000 cm^2에 달한다. 이 TiO_2 막 표면에 염료 분자를 흡착시킨다. 대표적 염료는 그림 7.23(B)에 나타낸 소위 N3 Dye라 부르는 Ru(II) 착화합물이다(정식명 Bis[(4,4'-dicarboxy-2,2'-bipyridine)(thiocyanato)]ruthenium(II), 구조식에서 R = COOH). 이 염료는 ~750 nm까지 가시 광선을 흡수한다. 그 외에 N719 (R = COO^- $N(C_4H_9)_4^+$)란 화합물 또는 흡수 파장을 장파장으로 영장시키기 위하여 R가 π-짝지은 치환기로 된 화합물 등이 보고되고 있다. 이 염료들은 카본산 작용기가 TiO_2와 COO–Ti 결합을 형성함으로써 TiO_2 표면에 화학 흡착된다. 그 결과 3차원적 TiO_2 표면 위에 염료의 단분자층(Monolayer)이 생김으로써 빛은 효과적으로 흡수된다. 상대 전극(Counter Electrode) E2는 E1와 같은 투명 도전성 막 위에 수 nm의 Pt 막을 채운 것이다. 작업 전극 E1/TiO_2와 상대 전극 E2 사이에 전해질 용액을 봉입시킨 후 디바이스를 밀봉한다. 전해질 용액은 대표적으로 알킬기가 치환된 이미다졸리움 아이오다이드(Imidazolium Iodide, 농도 ~0.6 *M*), ~0.1 *M* LiI, ~0.1 *M* I_2, ~0.1 *M* 4-*t*-뷰틸피리딘(4-*t*-Butylpyridine)을 포함한 아세토나이트릴 또는 메톡시프로피오나이트릴 용액이다. 이 전해질 용액에서는 $I_2 + I^- \rightleftarrows I_3^-$ 의 평형 상태가 이루어지고 있으며, 그 평형은 I_3^- 쪽에 압도적으로 치우치고 있다($\log(K) \approx 6.7$ in

CH_3CN). 이렇게 제작된 양호한 DSSC의 성능은 대체로 J_{sc} = 10 ~ 18 mA cm^{-2}, V_{oc} = 0.7 ~ 0.75 V, FF = 0.7 ~ 0.75, η = 8 ~ 10%이다.

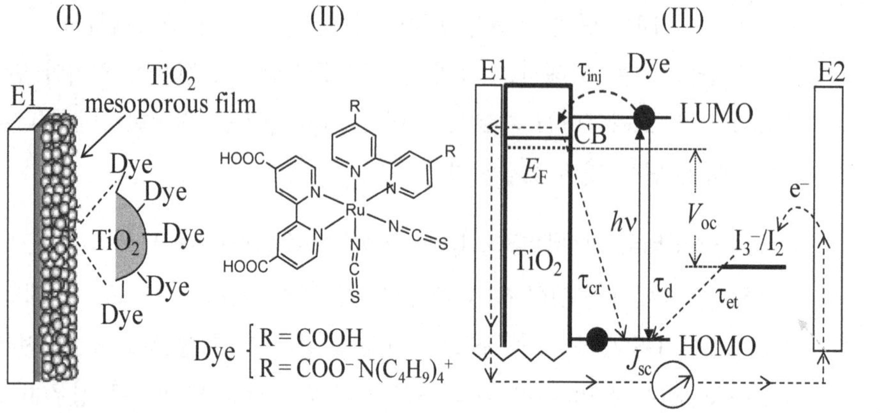

그림 7.23 (I) 작업 전극의 모식도. E1 = 투명 도전막, TiO_2 = 메조다공성 TiO_2 막. TiO_2 막 표면에 염료(Dye) 분자가 화학적으로 흡착하고 있다. (II) 대표적 염료의 구조식. R = COOH (N3), COO^- $[N(C_4H_9)_4]^+$ (N719). (III) DSSC의 작동 도식. CB = TiO_2의 전도띠. E_F = TiO_2의 Fermi 준위. LUMO = 염료의 최저 비점유 분자 궤도함수. HOMO = 염료의 최고 점유 분자 궤도함수. 검은 공 (●) = 전자. E2 = 상대 전극. I_3^-/I_2 = 전자 전달을 매개하는 산화환원쌍이며, E1/TiO_2와 E2 사이에 충전된 전해질 용액에 포함되고 있다. 점선 화살표 (-->) = 전자가 움직이는 주된 경로.

$$\mathrm{E1/TiO_2\text{–}Dye} \underset{}{\overset{h\nu}{\rightleftarrows}} \mathrm{E1/TiO_2\text{–}Dye^*} \xrightarrow{\tau_{inj}} \mathrm{E1/TiO_2(e^-)\text{–}Dye^{\bullet +}} \tag{7.21}$$

$$\mathrm{E1/TiO_2(e^-)\text{–}Dye^{\bullet +} + 2I^-} \xrightarrow{\tau_{et}} \mathrm{E1/TiO_2(e^-)\text{–}Dye + I_2^{\bullet -}} \quad (2\,\mathrm{I_2^{\bullet -}} \longrightarrow \mathrm{I_3^- + I^-}) \tag{7.22}$$

$$\mathrm{E1/TiO_2(e^-)\text{–}Dye^{\bullet +}} \xrightarrow{\tau_{cr}} \mathrm{E1/TiO_2\text{–}Dye} \tag{7.23}$$

$$\mathrm{E1/TiO_2(e^-)\text{–}(Dye^{\bullet +}\ or\ Dye) + I_2} \xrightarrow{\tau_{ox}} \mathrm{E1/TiO_2\text{–}(Dye^{\bullet +}\ or\ Dye) + I_2^{\bullet -}} \tag{7.24}$$

$$\mathrm{E1/TiO_2(e^-)\text{–}Dye} \longrightarrow \mathrm{E1(e^-)/TiO_2\text{–}Dye} \longrightarrow \mathrm{E2(e^-)} \xrightarrow{\mathrm{I_2}} \mathrm{I_3^-} \tag{7.25}$$

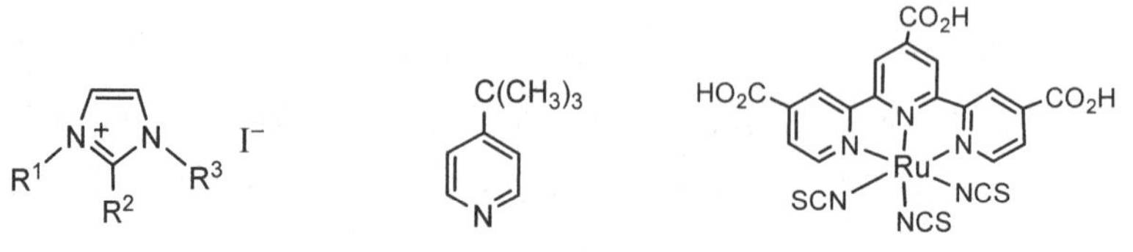

Imidazolium Iodide 4-tert-Butylpyridine N749 (Black Dye)

그럼 DSSC에서 진행되는 기본 과정에 대하여 그림 7.23(C)와 식 (7.21)~(7.25)에 입각하여 설명하겠다. 우선 염료(Dye)가 빛을 흡수하면 전자 한 개가 HOMO로부터 LUMO에 올라간다. LUMO의 준위가 TiO_2의 CB보다 높으면 LUMO에 올라간 전자는 TiO_2에 이동할 수 있다(식 (7.21)). 전기화학적으로 말하면 CB의 전기화학적 전위 (–0.5 V vs. NHE)보다 LUMO의 전위가 보다 마이너스적이면 TiO_2로의 전자 주입이 일어날 수 있다. 전위를 표시하는 vs. NHE은 노말 수소 전극(NHE, Normal Hydrogen Electrode)을 기준으로 한 전위라는 것을 의미한다. 지금 Dye = N3 또는 N719인 전형적 경우를 생각해 보자. 그러면 그 LUMO는 –0.65 V vs. NHE이므로 TiO_2로의 전자 주입은 충분히 일어날 수 있다. 사실 전자 주입은 τ_{inj} = 50 fs~150 ps란 짧은 시간 내에 진행된다는 것이 과도기 분광법에 의해 밝혀져 있다[1]. 이런 빠른 전자 주입은 주로 Dye 분자와 TiO_2 사이의 화학 결합을 통한 전자적 결합에 의해 가능했던 것으로 설명되며, 따라서 높은 진동 준위를 포함한 ^{1}MLCT 상태부터 또한 ^{3}MLCT 상태부터도 전자 주입이 진행된다. 결국 $\tau_{inj} \ll \tau_d$이므로 전자 주입 효율은 100%이다.

전자 주입이 일어난 후 Dye는 산화된 상태($Dye^{\bullet+}$), 즉 HOMO에는 전자가 한 개만 있는 상태로 변한다. HOMO의 전위는 +1.0 V vs. NHE이며 전자 매개체인 I_3^-/I_2의 전위는 ~+0.4 V vs. NHE이다. 따라서 $Dye^{\bullet+}$은 I^-에 의해 환원되어 중성 분자 Dye로 되돌아 간다(식 (7.22)). 이 과정은 $\tau_{et} \approx$ 500 ns의 시간에서 진행된다. 주입된 전자는 TiO_2 내에서 전극 E1로 확산되고, 전극 E1에 도달한 후 전선을 통하여 상대 전극 E2를 거쳐 I_2를 환원한다(식 (7.25)). 이 전자의 흐름이 순조롭게 진행되면 높은 J_{sc}와 V_{oc}을 얻을 수 있게 된다.

그러나 TiO_2 막 내부에서의 전자의 확산 속도는 빠르지 않다. 그것은 TiO_2 막이 나노입자의 집합체이므로, 결정 경계와 함께 상태 분포를 가진 함정(Trap)들이 수많이 존재하기 때문이다. 전자가 결정 경계를 넘어가는 과정은 느리다. 또한 함정(즉 에너지적 구멍)에 빠진 전자가 거기로부터 벗어나기도 쉽지 않다. 따라서 주입된 전자 ($TiO_2(e^-)$)는 E1에 도달하기 전에 $Dye^{\bullet+}$과의 전하 재결합(식 (7.23))과 I_2에 의한 산화(식 (7.24))에 의하여 소모되는 과정들이 일어나며, 이 과정은 식 (7.22) 및 (7.25)들과 경쟁한다. 식 (7.23)이 진행하는 시간은 디바이스의 질에 따라 $\tau_{cr} \approx$

1] 전자 이동 과정을 속도 상수가 아니고 "시간"으로 표현하고 있는 것은, DSSC가 불균일 반응계이기 때문이다. 즉 이러한 반응계의 "속도"는 그 불균일 상태에 따른 복잡한 분포를 가진다. 따라서 "일정한 속도 상수"가 존재하지 않는다. 이럴 때 반응이 반만 진행한 시간, 소위 반감기로써 "속도"를 평가하는 경우가 적지 않다.

100 ns ~ 1 ms의 범위이다. $\tau_{cr} \approx 100$ ns이라면 식 (7.23)은 식 (7.22) (I^-에 의한 $Dye^{\bullet+}$의 환원)보다 빠르기 때문에, J_{sc}는 매우 낮아진다. 한편 $\tau_{cr} \approx 1$ ms의 경우 (질이 양호한 디바이스의 경우), 비교적 큰 J_{sc}을 얻을 수 있다. 또한 식 (7.24)가 진행되는 시간은 ~1 ms 정도이므로 이 과정도 무시할 수 없다. 전해질 용액에 4-*t*-뷰틸피리딘을 첨가하는 목적은 주로 식 (7.24)을 방지하는 데 있다. 이 분자는 TiO_2 표면에 흡착하고 I_2가 TiO_2 표면에 접근하는 것을 막는다.

한편 DSSC의 무전류 전압 (V_{oc})은 빛에 의해 생긴 화학 전위, 즉 주로 TiO_2의 Fermi 준위와 I_3^-/I_2의 산화환원 전위에 의해 결정된다. TiO_2는 n-형 반도체이므로 그 Fermi 준위는 CB 준위에 매우 가깝다. 그러나 DSSC는 전기화학 전지이므로 전해질 용액의 이온 세기(Ionic Strength)와 TiO_2 표면에서의 Li^+, H^+, 이미다졸리움 양이온, OH^-, I^- 등의 이온 농도와 흡착 H_2O 등에 의한 복잡한 영향을 받는다. Dye가 중성인 N3의 V_{oc} (0.74 V)와 이온화 된 N719의 V_{oc} (~0.8 V)을 비교하면, 후자가 보다 높게 나타나는 이유는 주로 이온 효과 때문이다.

태양 전지에서 제일 중요한 것은 에너지 전환 효율 η이며, 그에 결정적 영향을 미치는 요인은 Dye의 안테나 기능이다. 흡수 파장이 가시 광선 영역은 물론 근적외선 영역까지 망라하고, 또한 그 영역에서의 흡수 계수가 높으면 높을수록 이상적인 안테나 기능이라고 말할 수 있다. 이러한 광학적 성질을 **범색**(Panchromatic)이라 한다. 단 들뜬 상태의 Dye가 TiO_2에 전자 주입하기 의해서는 그 LUMO가 TiO_2의 CB = –0.5 V vs. NHE보다 마이너스 값을 가져야 한다. 그 조건을 전제로 하면서 HOMO-LUMO 갭이 될수록 작으면서도 HOMO의 준위가 I_3^-/I_2의 전위 (~+0.4 V vs. NHE)보다 낮은 Dye가 요구된다. 그럼 Dye = N3 또는 N719을 예로 들어 DSSC의 에너지적 측면을 고찰해보자. 그 HOMO-LUMO 간격은 ~1.65 eV이며, 흡수는 ~750 nm에 달한다. 750 nm보다 단파장 쪽의 빛은 에너지가 1.65 eV보다 크지만, 그 과잉 에너지는 분자를 들뜬 상태의 높은 진동 준위 또는 보다 높은 들뜬 상태에 올려 세우는데 사용되며, 초고속 전자 주입에 이용되거나 또는 빠른 내부 전환/진동 완화에 의하여 상실된다. 결과적으로 1.65 eV가 해당되는 DSSC에 의해 실질적으로 이용될 수 있는 에너지이지만, 이것이 모두 이용되는 것은 아니다. 우선 LUMO로부터 CB로의 전자 주입(식 (7.21))에 0.15 eV가 필요하다. 또한 식 (7.22) ($Dye^{\bullet+}$가 I^-에 의해 환원되어 Dye가 재생되는 과정)에서는 HOMO (~1.0 V vs. NHE)와 I_3^-/I_2의 산화환원 전위 (~+0.4 V vs. NHE)와의 차이 (~0.6 eV)에 해당되는 손실이 생긴다. 이러한 손실을 최소화하기 위해서는 LUMO 준위는 유지하면서 HOMO 준위만 보다 마이너스 쪽으로 이동시킬 수 있는 분자 설계가 필요하다.

그러한 목적을 실현하기 위하여 개발된 염료가 Black Dye라 불리는 N749이다. 이 Dye의 HOMO는 N3보다 ~0.2 eV 위에(마이너스 쪽에) 위치하고 있다. 따라서 식 (7.22)에서의 손실을 ~0.4 eV로 낮출 수 있고, 또한 900 nm 가까이까지 스펙트럼 감도를 연장시킬 수 있다. 그 결과 J_{sc} = 20.9 mA cm^{-2}, η = 11.1%가 달성되었다 (N719의 경우 $J_{sc} \approx 17$ mA cm^{-2}, η ≈ 9.5%).

장래에는 DSSC의 전환 효율은 ~18% 까지 올라갈 것이라고 예견되고 있다. 이 효율이 실현되면 DSSC의 실용화의 가능성이 의논되게 될 것이다. 그 목표는 DSSC의 기능을 결정하는 요소들을 보다 상세하게 파악하는 것이다. 즉 TiO_2 메조다공성 막의 질과 형태의 제어, 근적외선까지 효율적으로 빛을 흡수할 수 있고 화학적으로 안정한 염료 분자의 설계, 전해질 용액의 대폭적인 개량 등이 요구된다.

Chapter 07

7.4.2 광합성과 인공 광합성

(i) 광합성의 광화학 과정

광합성(Photosynthesis)은 식물이나 해초/해조 또한 각종 세균들이 생명을 유지하기 의하여 수행하고 있는 에너지 획득 방법이다. 녹색 식물은 태양광을 이용하여 물과 이산화 탄소로부터 탄수화물을 합성하고 있다. 그 화학 과정은 매우 큰 에너지 증가 과정이며, 빛에너지에 의해 진행되는 반응이다: $6H_2O + CO_2 + 48h\nu \rightarrow C_6H_{12}O_6 + 6O_2$ (ΔG^0 = 29.1 eV = 674 kcal mol^{-1}). 최근 광합성의 분자 단위에서의 메커니즘이 밝혀지고 있다. 우선 그 성과를 간략하게 소개하자. 그림 7.24는 광합성의 화학 과정을 모식적으로 표현한 것이다. 이를 한마디로 말하면 **태양 에너지가 화학 에너지로 전환되는 과정이다.** 식물은 에너지 전환을 수행하는 "엔진"을 두 개, 즉 광반응 계 I (PS I)과 광반응계 II (PS II)를 가지고 있다. PS II에는 P680이란 중심과 산소 발생 콤플렉스(Ca와 네 개의 Mn을 가진 $CaMn_4$ 클러스터와 단백질로 구성)가 존재하고 있다. PSII에서는 태양광에 의해 $CaMn_4$가 물을 산소로 산화하여, 그 때 물로부터 빼낸 전자를 높은 에너지 준위로 들어 올린다. 한편 PS I에는 P700이란 중심이 있어, 여기에서도 태양광에 의해 PS II로부터 전달된 전자를 더 한층 높은 준위로 들어 올려 $NADP^+$의 NADPH로의 환원이 진행될 수 있게 한다. 이 과정은 물에 의한 $NADP^+$의 NADPH로의 광화학적 환원이라고 말할 수 있다: $NADP^+ + H_2O + 2h\nu \rightarrow NADPH + H^+ + 1/2O_2$. 이렇게 생성된 NADPH는 Calvin-Benson Cycle에 들어가서 CO_2을 탄수화물로 환원 · 고정하는 데 참여한다. PS II부터 PS I을 거쳐 $NADP^+$에 이르는 전자 전달 과정을 **Z-Scheme**라 하며, 생체막 내에서 진행된다. 여기에는 수많은 "촉매"가 관여하여 Z-Scheme을 원활하게 진행시키고 있다. 이 전자 전달에 동반하여 양성자가 막을 횡단한다. 그로 인하여 생체막의 화학 전위가 변화됨으로써 생체 에너지의 원천인 ATP가 ADP로부터 합성된다. 즉 광합성의 화학 과정은 NADPH와 ATP의 광화학적 합성이며, 광합성에서는 **태양 에너지가 ATP와 탄수화물이란 화학 에너지로 전환 · 저장되고** 있다.

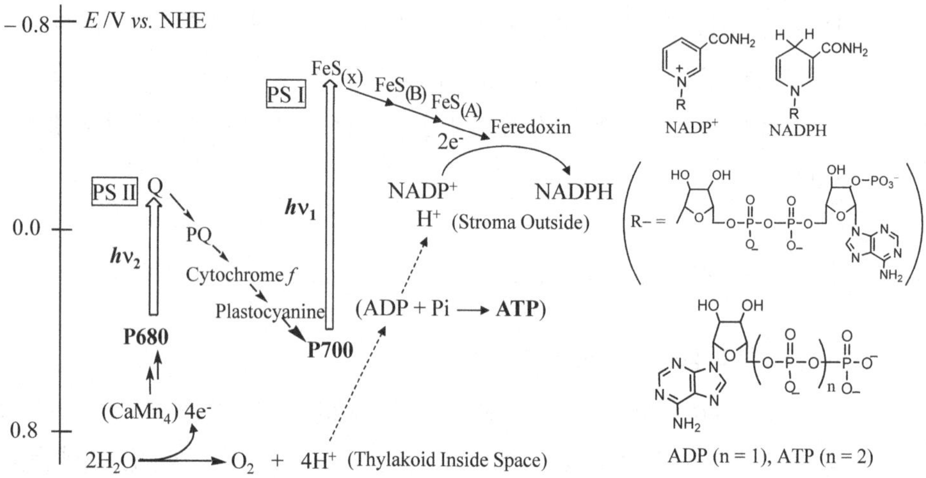

그림 7.24 녹색 식물의 광합성에서 진행되는 Z-Scheme. 실선 화살표는 전자 전달을, 점선 화살표는 생체막을 횡단하는 양성자 이동을 표시. Pi = 무기 인산 이온.

광합성에는 빛을 효과적으로 포착하는 안테나 역할을 지닌 염료 집단이 존재한다. 광합성 세균의 일종인 *Rps. Acidophila*의 안테나 집단은 박테리오클로로필 *a*(Bacteriochlorophyll *a*, BChl*a*)의 규칙성 있는 조직체라는 것이 밝혀졌다. 그에 의하면 수많은 LH2란 안테나 집단(Antenna Assembly)이 그보다 큰 LH1이란 안테나 집단 주위를 둘러싸고 있으며, LH1 집단 중심에는 **반응 중심**(RC, Reaction Center)이란 염료 조직체가 자리잡고 있다(그림 7.25). LH2는 B800와 B850으로 구성되고 있다. B800은 9개의 BChl*a* 분자가 가로 눕힌(분자 평면이 막에 대하여 평행인) 상태에서 서로 2.1 nm의 간격을 두고 원형으로 조직화된 집단이며, ~800 nm에서 빛을 흡수한다. 그 위에 18개의 BChl*a* 분자가 두 개씩 쌍이 되어 일어선(B800에 대하여 분자 평면을 수직으로 한) 상태에서 원형으로 배열되어 있고 ~850 nm에서 빛을 흡수한다. LH1은 B850와 비슷한 원형 구조를 가지고 있으며, BChl*a* 분자의 수가 보다 더 많은 조직체이다. 반응 중심에서는 두 개 BChl*a* 분자가 서로 부분적으로 포개진 분자 배열을 하고 있는 [BChl*a*]$_2$을 정상으로 하여 BChl*a*와 BPh*a* 및 키논이 양쪽에서 활을 그리듯이 정연히 배치되고 있다. 반응 중심의 이 구조는 광합성 생물에서 공통적이다. 단 세균의 종류에 따라 치환기가 조금 다른 BChl*b* 및 BPh*b*가 사용되고 있다. 안테나 집단과 반응 중심의 분자 배열은 단백질에 의해 유지되고 있다.

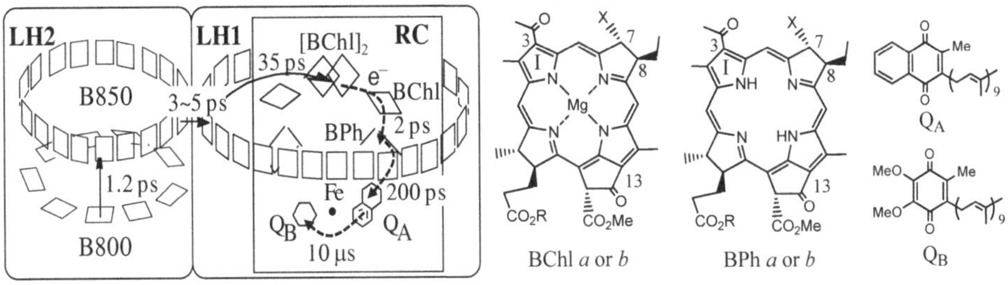

그림 7.25 (왼쪽) 광합성 세균 *Rps. Acidophyla*의 안테나 염료 집단 및 반응 중심의 구조 모식도. 수많은 LH2가 LH1 주위를 둘러싸고 있으나, 여기에서는 한 개만 그렸다. 사각형은 BChl*a* 분자를, 실선 화살표는 에너지 이동 과정을, 점선 화살표는 전자 이동 과정을 표시. LH란 Light Harvesting의 약어. (오른쪽) 각 성분 분자의 구조식. X = CHO (BChl*a* 및 BPh*a*) 또는 X = CH_3 (BChl*b* 및 BPh*b*), R = Phytyl [$-CH_2CH{=}C(CH_3){-}\{(CH_2)_3{-}CH(CH_3)\}_3{-}CH_3$].

많은 안테나 집단들은 빛을 효과적으로 흡수한 후 그 에너지를 빠른 속도로 반응 중심에 넘겨준다. 빛을 흡수한 B800은 B850로 1.2 ps란 짧은 시간 내에 그 에너지를 전달하며, 이어서 에너지를 얻은 B850은 LH1로 5 ps 이내에, 또한 LH1부터 반응 중심의 [BChl*a*]$_2$로 35 ps의 시간에 에너지가 전달된다. 즉 포착한 빛에너지는 10^{-10} 초 이내에 100% 반응 중심에 전달된다. 반응 중심에서는 에너지 이동이 아니라 전자 이동이 진행된다. 에너지를 받아 들뜬 상태로 된 [BChl*a*]$_2$는 BChl*a*을 거쳐 BPh*a*와 2 ps란 짧은 시간에 전자 이동을 한다. 전자를 받아 생긴 BPh*a*$^{\bullet-}$은 그 전자를 Q_A에 넘겨주며, 이어서 그 전자는 Q_B에 전달된다. 생성된 $Q_B^{\bullet-}$은 NADP$^+$을 환원하는 장소에 이동하여 효소에 전자를 전달한다. BPh*a*$^{\bullet-}$부터 Q_B에 이르는 전자 이동 시간은 훨씬 길지만, BPh*a*$^{\bullet-}$ → $Q_A^{\bullet-}$ → $Q_B^{\bullet-}$의 순서로 전달 되는 전자는 [BChl*a*]$_2^{\bullet+}$와 재결합할 것 없이 최종적으로 100%의 효율로 NADP$^+$에 전달된다.

(ii) 인공 광합성의 기초

$$2H_2O + 4h\nu \longrightarrow 2H_2 + O_2 \ (\Delta G^0 = +4.92\ eV) \quad (7.26)$$

$$2H_2O + 2CO_2 + 4h\nu \longrightarrow 2HCO_2H + O_2 \ (\Delta G^0 = +5.80\ eV) \quad (7.27)$$

광합성을 본보기로 하여 식 (7.26) 및 (7.27)과 같은 에너지 증가 과정을 통해 태양 에너지를 화학 에너지로 전환/저장하는 것이 인공 광합성(Artificial Photosynthesis)의 목적이다. 여기에서 다음과 같은 광합성의 본질적 기능을 확인하자. (1) 태양광을 효율적으로 잡아내는 **안테나 기능**. 즉 화학 반응을 일으킬 수 있는 가시광선부터 근적외선에 이르는 400 nm ~ 900 nm의 빛을 포착하는 기능. 이를 위해서는 장파장에서 큰 흡수 계수($\varepsilon \geq 10^4$)를 가진 화학적으로 안정한 염료의 합성 또는 그러한 기능을 가지는 무기 반도체(금속 산화물, 캘코젠 화합물 등)의 개발이 요구된다. (2) 흡수한 빛에 의해 전자 이동을 효율적으로 일으켜 긴 수명을 가진 전하 분리 상태를 100% 생성시키는 **반응 중심 기능**. (3) 전자 또는 정공을 두 개 또는 네 개 축적하여 화학 반응을 순조롭게 추진시키는 **효소 (촉매) 기능**. 최종적으로는 물을 산화하여 빼낸 전자를 고에너지 분자 생성에 이용하는 것, 즉 (산화 반응) $H_2O \rightarrow 2H^+ + 2e^- + 1/2O_2$ 또는 $H_2O + X \rightarrow 2H^+ + 2e^- + X(O)$, (환원 반응) $2H^+ + 2e^- \rightarrow H_2$, $CO_2 + 2e^- + 2H^+ \rightarrow CO + H_2O$, $CO_2 + 6e^- + 6H^+ \rightarrow CH_3OH + H_2O$ 등을 실현하는 것이다. 이를 위한 촉매들, 예를 들어 전이 금속 착화합물 또는 무기 촉매 등의 개발이 필요하다. 이 책에서는 이러한 기능에 초점을 두고 인공 광합성의 기본을 설명하고자 한다.

인공 광합성의 기본 화학 과정은 물 분자(또는 양성자)와 이산화 탄소의 환원이며 또한 물 분자의 산화이다. 따라서 각각의 과정들에 요구되는 에너지를 정확히 알아야 한다. 표 7.3에 관계되는 산화환원 과정의 에너지를 노말 수소 전극(NHE, Normal Hydrogen Electrode)을 기준으로 한 전기화학적 전위로 정리하였다. 이 값들은 전극 위에서 평형 상태에 있는 해당 산화환원 과정에 대하여 규정된 전위이며, 반응식은 오른쪽 방향을 환원 과정으로 쓰도록 규정되고 있다. 표 7.3에서는 환원은 마이너스 전위에서 한편 산화는 플러스 전위에서 일어나며 그 절대수가 작을수록 보다 낮은 에너지로 그 과정이 진행된다. 따라서 양성자를 수소 원자로, 또는 CO_2을 $CO_2^{\bullet -}$로 1전자 환원하는 과정은 에너지적으로 매우 불리하다는 것을 즉시 알 수 있을 것이다. 한편 두 개 양성자를 수소 분자로 또는 CO_2 분자와 두 개 양성자로부터 CO와 H_2O로 2전자 환원하는 과정은 훨씬 에너지적으로 유리하다. 표 7.3에서 알 수 있는 바와 같이 양성자가 관여하면서 CO_2을 다 전자 환원하는 과정의 에너지는 일반적으로 낮으며 이처럼 양성자가 관여한 전자 이동 과정을 **양성자 결부 전자 이동**(PCET, Proton-Coupled Electron Transfer)이라 한다. 산화 과정에 있어서도 H_2O 분자를 •OH와 양성자로 1전자 산화하는 과정은 매우 큰 에너지가 필요하다. 1전자 산화환원 과정이 높은 에너지가 필요한 이유는 생성물이 H•나 $CO_2^{\bullet -}$ 또는 •OH와 같은 매우 불안정한(즉 에너지가 높은) 활성종이기 때문이다. 생성물이 H_2나 CO 또는 O_2와 같은 안정한 분자인 2전자 환원 또는 4전자 산화의 경우, 보다 낮은 에너지에 의해 그 과정이 진행된다. 그러나 그러한 다전자 산화환원 과정이 결코 쉽게 진행되는 것은 아니며 해당 과정의 활성화 에너지를 낮출 수 있는 촉매가 없으면 진행되지 않는다.

표 7.3 인공 광합성과 관련되는 산화환원 과정의 전기화학적 전위* (@ pH = 7)

(−) ← 0 V *vs.* NHE	→ (+)
$H^+ + e^- \rightleftharpoons H\bullet$ (−2.61 V)	$O_2 + 4H^+ + 4e^- \rightleftharpoons 2H_2O$ (0.82 V)
$CO_2 + e^- \rightleftharpoons CO_2^{\bullet -}$ (−1.90 V)	$H_2O_2 + 2H^+ + 2e^- \rightleftharpoons 2H_2O$ (1.35 V)
$CO_2 + 2H^+ + 2e^- \rightleftharpoons HCO_2H$ (−0.61 V)	$2OH\bullet + 2H^+ + 2e^- \rightleftharpoons 2H_2O$ (2.31 V)
$CO_2 + 2H^+ + 2e^- \rightleftharpoons CO + H_2O$ (−0.53 V)	
$CO_2 + 4H^+ + 4e^- \rightleftharpoons H_2C{=}O + H_2O$ (−0.48 V)	
$2H^+ + 2e^- \rightleftharpoons H_2$ (−0.41 V)	

* NHE: *p*H = 1의 물 중 Pt 검정 전극 위에서 일어나는 양성자/수소 산화환원을 0 V로 규정.

다음으로 인공 광합성을 정량적으로 규정하는 단위에 대해서 설명하겠다. 해당 과정을 광화학적으로 규정하는 양은 특정 파장에서의 양자 수득률이다(4.1절 참조). 촉매 효율을 규정하는 단위의 하나는 식 (7.28)의 **전환수**(TON, Turnover Number)이다. 이것은 1 mol 또는 1 그램의 촉매가 목적 물질(H_2, CO, O_2 등)을 얼마만큼 발생시켰느냐를 규정한다. 또 하나는 식 (7.29)의 **전환 빈도**(TOF, Turnover Frequency)이다. 이것은 태양광 또는 유사 태양광 조사 조건(@1.5 AMG, 1000 W/m^2)하에서 단위 시간당 진행되는 반응 효율 또는 주어진 광량(단위 W/m^2)에서의 효율을 규정한다.

$$\text{전환수 (TON)} = \frac{\text{목적 물질 발생 양 (mol, gram, or L)}}{\text{사용한 촉매 양 (mol or gram)}} \tag{7.28}$$

$$\text{전환 빈도 (TOF)} = \text{시간당 반응 양 (mol, gram, or L/h)} \tag{7.29}$$

(iii) 염료감응 수소 발생 촉매

1972년에 산화 타이타늄(Titanium Oxide, TiO_2)을 양극으로, 또한 Pt 검정을 음극으로 한 광전기화학 전지(Photoelectrochemical Cell)에서 TiO_2에 빛을 조사하면 물이 수소와 산소로 분해된다는 것이 보고되었다. 이것이 물의 광분해에 관한 본격적 연구의 시작이었다. 산화 타이타늄은 반도체로, **전도띠**(CB, <u>C</u>onduction <u>B</u>and)는 –0.5 V *vs*. NHE, **가전자대**(VB, <u>V</u>alence <u>B</u>and)는 2.3 V이다. 산화 타이타늄이 빛을 흡수하면 VB의 전자가 CB에 올라가, 이어서 전선(wire)을 거쳐 음극에 도달한다(식 (7.30)). 양 전극이 전선으로 연결되어 있기 때문에 도달한 전자의 전위는 –0.65 V이며, 이는 표 7.3에서 알 수 있는 바와 같이 양성자를 수소로 환원할 수 있는 전위이다. 또한 Pt은 수소 발생의 과전위(Overvoltage)가 낮은 전극으로, 수소 발생의 활성화 에너지가 낮은 촉매로 알려져 있다. 따라서 음극에서 수소가 발생하게 된다(식 (7.31)). 한편 VB에는 전자가 빠져 정공이 생기고 있고, 또한 그 전위는 2.35 V이므로 정공에 의한 물의 산화가 진행된다.

$$TiO_2\text{-(wire)-Pt} + h\nu \longrightarrow TiO_2[h^+(VB)/e^-(CB)]\text{-(wire)-Pt} \longrightarrow TiO_2[h^+]\text{-(wire)-Pt}(e^-) \quad (7.30)$$

$$1/2H_2O + TiO_2[h^+]\text{-(wire)-Pt}(e^-) + H^+ \longrightarrow 1/4O_2 + H^+ + TiO_2\text{-(wire)-Pt} + 1/2H_2 \quad (7.31)$$

보다 간편하게 물을 광분해시키기 의해 Pt의 나노입자를 TiO_2의 미세 입자 표면에 부착시킨 촉매(TiO_2/Pt)가 제기되었다. 이 촉매를 물에 분산시켜 광조사하면 수소 발생의 효율은 일정하게 개선되지만 산소는 발생하지 않는다. 이것은 TiO_2의 산소 발생 촉매 기능이 낮기 때문이다. 또 하나의 문제는 수소 발생도 뜻대로 효율이 올라가지 않았다는 점이다. 이것은 TiO_2에서 발생한 전자와 정공이 재결합하는 과정이 관여했기 때문이다. 즉 전하 분리의 효율이 좋지 않다는 것을 의미한다. 가장 큰 문제는 **띠 간격**(Band Gap)이 ~3 eV에 달하며 가시 광선을 거의 흡수 못한다는 것이다. 즉 안테나 기능이 거의 없다. 가시 광선을 흡수하는 반도체(SC)로서 CdS, CdSe, Si 등이 있으나 이들은 물 중에서 빛을 흡수하면, 생긴 정공에 의해 광부식(Photocorrosion)을 받는다. 따라서 그대로는 쓸 수가 없다.

가시 광선을 세게 흡수하여 안테나로서 기능하는 염료 분자(Dye)를 반도체(SC)의 표면에 고정시킨 복합 촉매(Dye–SC/Pt)를 이용하자는 방도가 제안되었다(그림 7.26). 염료가 –COOH 또는 –P(O)$(OH)_2$와 같은 작용기를 갖고 있으면 그러한 작용기가 TiO_2와 같은 금속 산화물 반도체와 화학 결합하여 염료가 고정된다. 염료 분자의 LUMO 준위가 SC의 CB보다 높으면, 가시 광선을 흡수하여 LUMO에 올

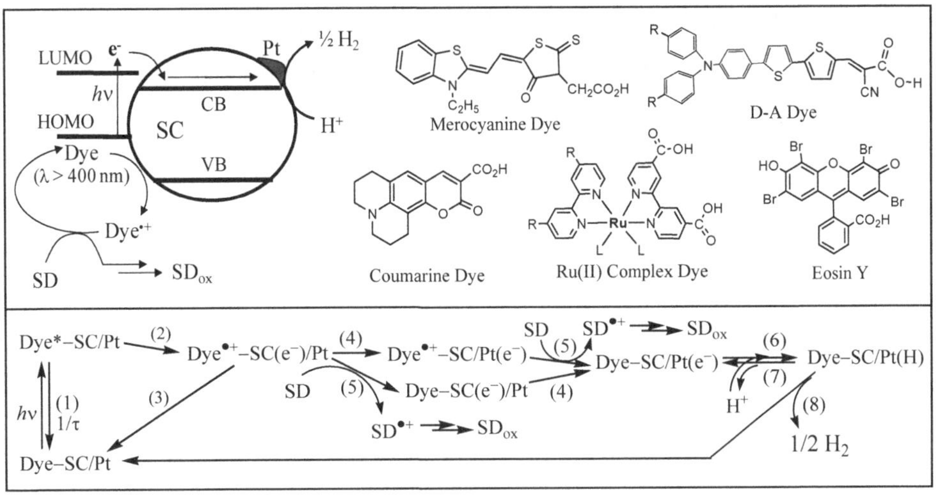

그림 7.26 (위) 염료가 고정된 반도체/Pt 촉매 (Dye–SC/Pt)에 의한 가시 광선 수소 발생의 모식도. SC = 반도체, CB = 전도띠, VB = 가전자대. Dye = 가시 광선 흡수 염료(염료의 대표적 예는 오른쪽 구조식 참조). SD = 희생 시약. SD_{ox} = SD의 산화물. (아래) 염료 감응 수소 발생에 관여하는 기본 과정.

라간 전자는 SC의 CB에 주입된다. 주입된 전자는 반도체 내부를 확산하여 표면에 부착된 Pt에 도달한 후 양성자를 수소로 환원한다. 한편 전자를 주입한 염료는 $Dye^{\bullet +}$으로 산화된다. 이 산화 상태 $Dye^{\bullet +}$을 출발 염료 분자로 환원시키면 Dye가 재생하여 몇 번이고 이용할 수 있게 된다. 그 환원 목적에 사용되는 시약을 **희생 시약**(Sacrificial Reagent, 그림 7.26에서 SD로 표시)이라 한다. 주로 산화 전위가 낮은 트라이에탄올아민(Triethanolamine), 아스코브산(Ascorbic Acid), 에틸렌다이아민테트라아세토산(Ethylenediaminetetraacetic acid), *N*–알킬–1,4–다이하이드로니코틴아마이드(*N*-Alkyl-1,4-dihydronicotinamide) 등이다.

이러한 반응계에 가시 광선을 조사하면 수소가 비교적 높은 효율로 발생한다. 즉 가시 광선에 의한 물의 광분해 중 한쪽(물의 환원에 의한 수소 발생) 반응을 효율적으로 실현한 것이다. 그 효율은 염료의 구조와 반도체(SC)의 종류, 그리고 그 결정성 및 입자의 크기 또한 용액의 *p*H 등 여러 가지 요인에 의존한다. 효율을 결정하는 요인에 관해서 그림 7.26 (아래)의 과정 (1) ~ (8)을 기초로 고찰해 보자. 사용할 수 있는 SC 입자의 크기는 10 nm ~ 1 μm이지만, 그것이 작으면 중량당 표면적이 증대되기 때문에 그 표면에 결합하는 염료의 분자수가 늘어나 안테나 효과가 커진다. 다음으로 들뜬 상태 염료로부터 반도체 CB로의 전자 주입 과정 (2)는 LUMO가 CB보다 충분히 높으면, 들뜬 상태의 붕괴 과정 (1)보다 빨리 일어날 수 있다. 수소 발생 효율에 영향을 미치는 요인에게는 몇 가지가 있다. 주입된 전자가 SC 내부를 움직이면서 Pt에 도달하는 과정 (4)의 속도는 SC의 결정성과 순도 및 표면 결함에 의존한다. 결정성이 떨어지고 불순물이 존재하면 여러 종류의 함정(Trap)이 분포된다. 따라서 전자는 함정에 떨어지면서 벗어나는 확산 운동을 하며 경우에 따라 벗어날 수 없는 전자도 생긴다. 즉 과정 (4)의 속도가 줄어들고 또한 Pt에 도달하는 전자수도 감소한다. 효율에 큰 영향을 미치는 또 하나의 요인은 과정 (3), 즉 주입된 전자와 $Dye^{\bullet+}$와의 재결합이다. TiO_2 표면은 산소가 부족한 부분이 존재하는 등 내부와 다른 상태, 즉 표면 결함(Surface Defect)이 존재한다. 거기에 포착된 전자는 $Dye^{\bullet+}$과의 재결합을 보다 쉽게 한다. 과정 (3)은 과정 (5)(희생 시약 SD부터 $Dye^{\bullet+}$로의 전자 이동)와 경쟁 관계에 있기 때문에, 과정 (5)가 보다 빠르면 수소 발생은 보다 효율적으로 일어난다. Pt 표면에 도달한 전자는 양성자를 환원시켜 흡착된 수소 원자 (Pt(H))을 생성한다(과정 (6)). 흡착 수소 원자가 Pt 표면 위를 확산하여 두 개가 합치면 흡착 수소 분자가 생기고 그것이 Pt 표면부터 빠져나감으로써 수소 발생 과정 (8)이 완료된다. 그러나 과정 (8)은 느리기 때문에 과정 (6)은 역과정 (7)과 평형 상태 또는 유사 평형 상태에 있다. 따라서 Pt(H)가 산화되는 가능성이 무시할 수 없게 된다. 이러한 모든 요인들을 고려하여 반응계를 최적화하면 수소 발생 효율을 최대화할 수 있다.

(iv) 산화 촉매와 물의 광분해

물을 산화하여 산소를 발생시키는 촉매로서 WO_3, IrO_2, α–Fe_2O_3, TaON, BiVO4 등의 금속 산화물이 알려져 있다. 이 산화물들은 가시 광선을 흡수하는 반도체이며, VB가 물을 산화하기에 충분한 깊은 준위에 있다. 한편 CB는 물을 수소로 환원하는 전위 –0.41 V보다 플러스 쪽이기 때문에 환원 능력은 없다. 이러한 촉매에 빛을 조사하면 VB의 전자가 CB에 올라가고 VB에 정공이 생겨, 이 정공은 물을 산화할 수 있다. 그러나 산소 발생에서는 최저 네 개의 정공이 축적되어야 하기 때문에 그 과정은 빨리 일어날 수가 없으므로 CB에 올라간 전자가 VB의 정공과 재결합하거나 또는 산화 중간체를 환원하는 과정들이 진행된다. 즉 CB에 올라간 전자를 빼내는 것이 필요하며, 빼낸 전자를 환원 쪽 반응계에 보낼 수 있으면 물의 수소와 산소로의 광분해가 실현된다. 두 반응계를 연결하는 방도에는 크게 두 가지가 제기되고 있다.

그 하나는 산화 반응계와 환원계를 산화환원 매개체(M_{red}/M_{ox})로 연결하는 방법이다(그림 7.27(A)). 구체적 예를 소개하자. 수소 발생 촉매 SC1로서 Pt를 부착한 Rh–혼입 $SrTiO_3$ ($SrTiO_3$:Rh/Pt)을 또한 산소 발생 촉매 SC2로서 $BiVO_3$을 사용하여,

각각 입경 ~100 nm의 분말을 매개체 ($Fe^{2+/3+}$)가 들어 있는 물 중에 분산시켜 가시 광선을 조사하면, 수소가 TOF = 360 mL $m^{-2}h^{-1}$로 또한 산소가 TOF = 180 mL $m^{-2}h^{-1}$의 효율로 발생한다. 이 촉매들은 ~520 nm까지 빛을 흡수한다. 물의 광분해 과정은 다음과 같다. 빛을 흡수한 $SrTiO_3$:Rh/Pt은 7.4.2(iii)에서 설명한 바와 같이 CB에 올라간 전자에 의하여 Pt 표면에서 수소를 발생시킨다. 이때 VB에 남은 정공은 용액 중의 Fe^{2+}을 Fe^{3+}로 산화한다: $SC1(h^+) + Fe^{2+} \rightarrow SC1 + Fe^{3+}$. 즉 Fe^{2+}가 희생 시약으로 작용했다는 것이다. 한편 $BiVO_3$에서는 광흡수에 의해 CB에 올라간 전자가 Fe^{3+}에 이동하여 VB에 정공이 남게 된다: $SC2(h^+, e^-) + Fe^{3+} \rightarrow SC2(h^+) + Fe^{2+}$. VB에 남은 정공은 축적되어 촉매 표면에서 물을 산소로 산화한다: $SC2(4h^+) + 2H_2O \rightarrow SC2 + O_2 + 4H^+$. 이 외에 SC1 = $TaON/ZrO_2/Pt$, SC2 = Pt/WO_3, $M_{red}/M_{ox} = I^-/IO_3^-$로 구성된 반응계도 물을 광분해한다. 물 환원 쪽 촉매(SC1)로서 염료로 수식한 TiO_2/Pt 또는 $K_4Nb_6O_{17}$/Pt을 사용하면 안테나 효과가 크게 개선된다.

또 하나의 방법은 광전기화학 전지를 구성하는 방법이다(그림 7.27(B)). 즉 수소 발생과 산소 발생을 각각 해당한 촉매로 구성된 전극에서 일어나도록 하여 두 전극을 전선으로 연결한다. 즉 양극에서 물을 산화하여 산소를 발생시켜 물부터 빼낸 전자를 전선을 통해 음극으로 보내고 수소 발생에 이용하자는 것이다. 예를 들어 보자(그림 7.27(C)). 가시 광선을 흡수하는 주성분은 Ru(II) 바이피리딘 착화합물이며, 그 바이피리딘 리간드의 하나는 $-P(O)(OH)_2$ 작용기로, 또 하나는 $-CH(CO_2H)_2$ 작용기로 치환되어 있다. 말론산(Malonic Acid) 작용기는 IrO_2 촉매와 결합하고, 포스폰산(Phosphonic Acid) 작용기는 TiO_2와 결합한다. TiO_2 전극 위에 IrO_2–Ru(II) Dye–TiO_2로 구성된 얇은 메조세공성 필름을 제작하고 이를 양극으로 하여 Pt 검정 음극과 전선으로 연결한다. 가시 광선을 흡수한 Ru(II) 염료는 전자를 TiO_2 전극에 주입한다. 그 전자는 전선을 거쳐 Pt 전극에서 물을 환원시켜 수소를 발생시

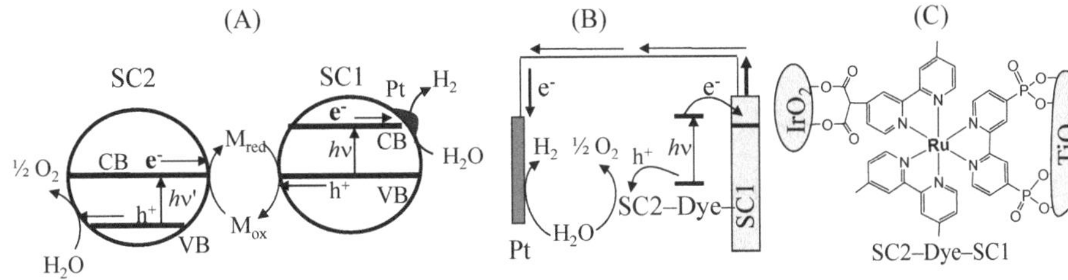

그림 7.27 가시 광선에 의한 물의 광분해. (A) 물의 환원 촉매 SC1와 산화 촉매 SC2에서 발생한 전자와 정공을 산화환원 매개체 M_{red}/M_{ox}로 연결하는 방법. (B) 전기화학 전지 구조에 의해 전하 분리하는 방법. (C) 방법 (B)의 양극으로 이용된 복합체의 예 (SC1 = TiO_2, SC2 = IrO_2).

킨다. Ru(II) 염료에 남은 정공은 IrO_2 촉매에 주입되거나 또는 IrO_2가 가시 광선을 흡수하여 CB에 올라간 전자가 Ru(II) 염료의 정공과 결합하여 정공이 IrO_2 촉매에 남는다. 이렇게 하여 IrO_2 촉매에 축적된 정공은 물을 산화하여 산소 발생이 이루어진다.

이 두 방법에는 각자 복잡한 요인들이 내포되어 있어, 물의 광분해 효율을 좌우하는 여러 가지 요인들이 관여한다. 그 중 제일 중요한 요인은 전하 분리에 의해 생긴 전자와 정공을 각각 물의 환원과 산화에 효과적으로 이용할 수 있도록 할 수 있는 반응 메커니즘을 밝히고 반응계를 최적화하는 것이다. 즉 전하 재결합을 최소화하는 방법을 확립하는 것이다. 그를 기초로 하여 물 중에서 안정하게 장기간 쓸 수 있는 재료를 확보할 수 있도록 설계하는 것이 요구된다.

(v) 다전자 산화환원 분자 촉매

이미 앞에서 소개한 바와 같이 Pt는 물부터 수소를 발생시키는 기능, 즉 물을 2전자 환원하는 기능이 높은 촉매이다. 물의 2전자 환원은 1전자 환원보다 낮은 에너지로 일어날 수 있으나, 그 과정은 활성화 에너지가 필요하다. 만약에 그 활성화 에너지를 무시할 수 없으면 수소 발생은 –0.41 V보다 마이너스 쪽 전위에서 일어나게 된다. 그 부가된 전위를 전기화학에서 수소 발생 **과전위**(Overvoltage)라 한다. Pt는 과전위가 거의 없는 대표적인 재료이다. 그러나 Pt를 대체할 수 있는 또는 그를 넘어서는 촉매를 찾아내는 것은 중요한 과제이다. 수소 발생의 활성화 에너지가 낮은 생체 물질로서 탈수소효소(Hydrogenase)라 불리는 효소가 알려져 있다. 몇 가지 탈수소효소가 Pt 대신에 수소 발생에 이용할 수 있다는 것이 확인되고 있다. 과전위에 관해서는 CO_2의 다전자 환원에서도 같은 사정이 있다.

일부 전이 금속 착화합물은 2전자 산화환원 기능을 가지고 있는 분자 촉매로서 알려져 있다. 그러한 화합물은 다음과 같은 특성을 가지고 있다. (1) π–리간드가 전자 수수에서 큰 단면적을 갖고 있다. (2) 수수된 전자 또는 정공이 리간드와 금속 사이를 이동할 수 있다. (3) 중심 금속 원자가 두 개 이상의 산화 상태를 취할 수 있어, 1전자–2전자 전환을 한다. 식 (7.32)는 금속 착화합물의 이러한 특성을 설명하기 위한 수소 발생과 관련시켜 단순화한 과정이다. 여기에서 $M^{n+}LL'$ = 금속 착화합물, M = 금속 원자, n+ = 산화수 ($n \geq 0$), L = π–리간드, L' = 이탈할 수 있는 리간드이다. 먼저 L가 전자를 받아 그 전자를 중심 금속에 보낸 후 L'가 빠지고 양성자가 금속과 결합한다. 그 결과 생긴 활성종은 수소음이온 착화합물($H–M^{n+}L \leftrightarrow H^{-}–M^{(n+1)+}L$)과 동등하다. 이것이 양성자와 반응하면 수소가 발생하게 된다. 이때 중심 금속 원자의 산화 상태는 (n + 1)로 증가한다. 즉 금속 중심에서 $1e^-/2e^-$ 전환이 이루어졌다는 것이다. 그 후 L'가 되돌아오고 전자를 한 개 받으면 출발 분자가 재생된다. 이러한 기본 과정은 수소 발생만 아니라 CO_2 환원에게도 적용된다.

$$M^{n+}LL' \xrightarrow{e^-} M^{n+}(L^{\bullet-})L' \leftrightarrow M^{(n-1)+}LL' \xrightarrow{H^+}$$

$$H\text{–}M^{n+}L + L' \xrightarrow{H^+} H_2 + M^{(n+1)+}LL' \xrightarrow{e^-} M^{n+}LL' \qquad (7.32)$$

그림 7.28은 그 실례이다. 여기에서 가시 광선 감광제인 $Ru(bpy)_3^{2+}$ (bpy = 2,2'–바이피리딘)이 안테나로서 작용하고, $M^{n+}LL'$가 $1e^-/2e^-$ 전환 촉매이며, SD는 희생 시약이다. 이러한 화합물을 물 또는 유기 용매에 녹여 가시 광선을 쪼이면, 물이 환원되어 수소가 발생 또는 CO_2가 환원되어 CO 또는 HCO_2H가 생성되고, 또한 NAD^+ (Nicotinamide Adenine Dinucleotide)은 NADH로 환원된다. 이 반응들에서는 우선 가시 광선을 흡수한 $Ru(bpy)_3^{2+}$가 $^3MLCT^*$ 들뜬 상태에서 $M^{n+}LL'$에 전자를 주고 $M^{n+}(L^{\bullet-})L'$로 환원시켜, 자신은 $Ru(bpy)_3^{3+}$로 산화된다. 그 후 $M^{n+}(L^{\bullet-})L'$은 식 (7.32) 또는 그와 유사한 과정을 거쳐 2전자 환원을 한다. 한편 $Ru(bpy)_3^{3+}$은 SD에 의해 환원되어 출발 분자로 되돌아간다. 지금 $M^{n+}LL' = Co(bpy)^{3+}$ ($M^{n+} = Co^{3+}$, L = L' = bpy)의 경우, 1전자 환원 후 bpy 리간드가 이탈되어 수소음이온 착화합물이 생겨, 이것이 수소 발생의 전구 물질로 기능한다. 바이피리딘 외에 다른 리간드를 가진 몇 가지 Co^{3+} 착화합물도 비슷한 메커니즘으로 수소 발생의 촉매로 사용된다. 촉매로서 $Ru(bpy)_2(CO)_2^{2+}$ ($M^{n+} = Ru^{2+}$, L = bpy, L' = CO)을 사용하면 산성 조

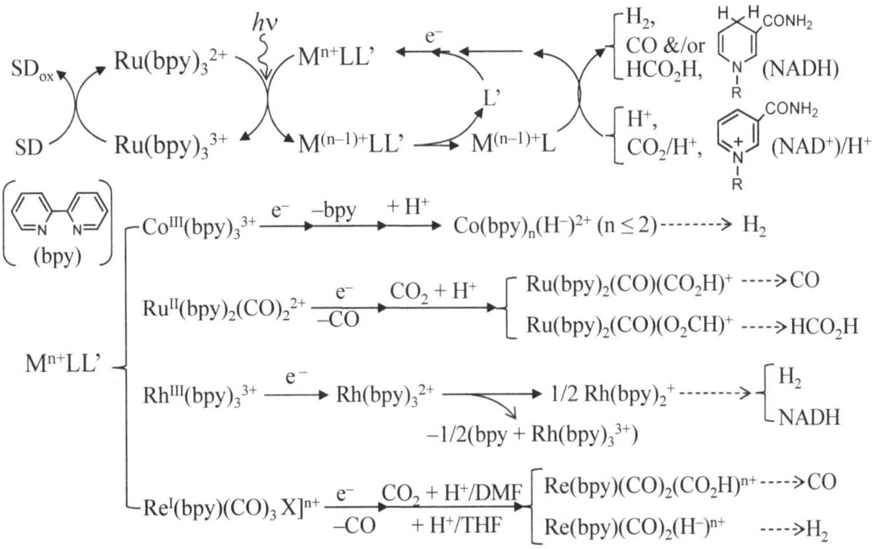

그림 7.28 균일 용액 중에서의 가시 광선 감응 2전자 환원. SD = $(HOCH_2CH_2)_3N$

건하에서는 CO_2가 CO로 환원되고, 염기 조건하에서는 CO_2가 HCO_2H로 환원된다. 그 전구 물질은 각각 CO_2의 탄소가 Ru와 결합한 $Ru(bpy)_2(CO)(CO_2H)^+$ 또는 CO_2의 산소가 Ru와 결합한 $Ru(bpy)_2(CO)(O_2CH)^+$이다. 이들은 $Ru(bpy)_2(CO)_2^{2+}$가 전자를 받아 CO 리간드를 방출한 후 CO_2가 Ru에 배위한 이산화 탄소 착화합물($Ru(bpy)_2(CO)(CO_2)^{+ \text{ or } 0}$)을 거쳐 생성된다. 한편 $Rh(bpy)_3^{3+}$ ($M^{n+} = Rh^{3+}$, L = L' = bpy)의 경우, 그 촉매 반응 메커니즘은 약간 다르다. 이 분자는 1전자 환원된 후 불균일화에 의해 2전자 환원된 $Rh(bpy)_3^+$가 생겨, 이것이 bpy 리간드를 방출하여 2전자 환원 활성종인 $Rh(bpy)_2^+$로 변하고 양성자 또는 NAD^+을 2전자 환원시킨다.

이산화 탄소의 환원/고정화는 지구 규모에서의 온난화를 방지하는 문제와 관련되어 인공 광합성에 제기된 중요한 과제이다. CO_2의 2전자 환원은 산소를 빼내는 과정(CO 발생) 또는 C–H 결합 형성(HCO_2H 생성) 등의 과정이 관여한다. 즉 수소 발생보다 어려운 화학 과정을 거쳐야 한다. 또한 표 7.3에서 알 수 있는 바와 같이 CO_2의 2전자 환원 전위는 수소 발생 전위보다 마이너스 쪽이기 때문에, CO_2 환원에서는 수소 발생이 동반되는 가능성이 있다. 선택적 CO_2 환원이 진행되는 것이 바람직하지만 그러한 기능을 가진 촉매는 적다. 그림 7.28에 소개한 $Ru(bpy)_2(CO)_2^{2+}$은 CO_2 환원을 선택적으로 진행시키는 촉매의 하나이다.

$[Re^I(bpy)(CO)_3X]^{n+}$은 효율 좋게 CO_2의 CO로의 환원을 선택적으로 진행시키는 촉매이다(n = 0; X = Cl^-, Br^-, SCN^- 등 음이온 리간드: n = 1; X = CH_3CN, $P(OC_2H_5)_3$ 등 중성 리간드). 촉매 효율은 리간드 X에 현저히 의존한다. 이 촉매 분자들은 전자를 한 개 받으면 X을 방출하여 •$Re(bpy)(CO)_3$로 변하지만, 그 전자는 금속과 bpy 리간드 사이를 오가고 있는 상태에 있다(•$Re(bpy)(CO)_3 \leftrightarrow Re(bpy^{\bullet-})(CO)_3$). 후자의 상태에서는 리간드가 배위할 수 있는 빈 자리가 생겨, 여기에 CO_2가 배위한다. 그 후 양성자가 관여하면서 $bpy^{\bullet-}$의 전자가 CO_2에 이동하면 $[Re–CO_2^-]$의 결합을 가진 중간체가 생긴다. 이는 앞에서 설명한 바와 같이 CO발생의 전구 물질이다. 용매가 DMF(*N,N*–다이메틸폼아마이드)의 경우 이 반응이 효율적으로 진행한다. 한편 용매가 THF(테트라하이드로퓨란)이면 CO_2의 CO로의 환원은 전혀 일어나지 않고, 그 대신 수소가 선택적으로 발생한다.

앞에서 설명한 반응계에서는 안테나 감광제와 $1e^-/2e^-$ 전환 촉매를 비롯한 모든 성분이 용액 중에 존재하기 때문에, 그들의 산화환원 활성종 사이의 전하 재결합을 제어할 수 없어 효율을 향상하는 데 있어서 제한이 있다. 그를 개선하는 하나의 방법은 안테나 기능과 촉매 기능을 동시에 가진 복합 분자를 사용하는 것이다. 전형적 방법은 안테나 부분(Ru(II) 착화합물)과 촉매 부분(Pt(II) 또는 Re(I) 착화합물)을 결합시키는 것이다(아래 구조식 참조). 희생 시약이 존재하는 조건하에서 가시 광선을 조사하면, Ru(II) 안테나가 빛을 흡수하여 희생 시약에서 촉매 부분으로의 전자 전달을 매개한다. 촉매 부분이 Pt^{II} 착화합물인 경우 수소 발생이, 한편 Re^{I} 착화합물의 경우 CO_2의 CO로의 환원이 일어나며 효율은 대폭 개선된다.

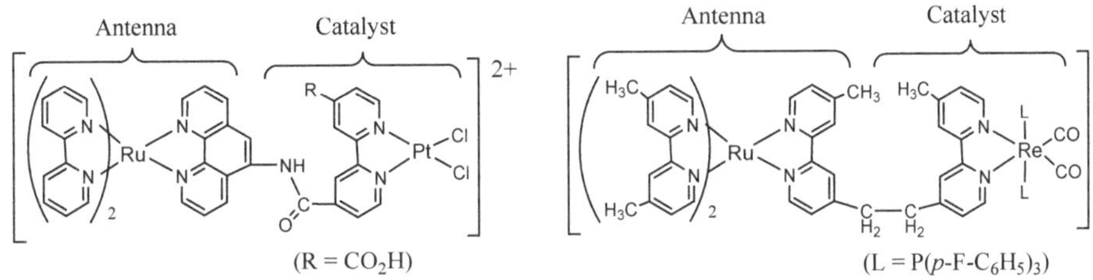

물을 산화하는 분자 촉매로서 "Blue Dimer"라 불리는 $[(bpy)(H_2O)Ru^{III}–O–Ru^{III}(OH_2)(bpy)]^{4+}$가 알려져 있으며, 이는 Ce^{4+} 존재하에서 물 산화의 촉매로 된다 ($2H_2O + 4\,Ce^{4+} \rightarrow O_2 + 4H^+ + 4\,Ce^{3+}$). 촉매가 없으면 물의 산화는 진행되지 않는다. 그 연장 선에서 $[Ru^{II}LL'(OH_2)]^{2+}$의 구조를 가진 화합물이 보다 효율적이고 또한 안정한 촉매라는 것이 밝혀졌다. 이 촉매 구조와 안테나 구조를 가진 복합 분자를 TiO_2 전극에 결합시켜, 이 전극과 Pt 상대 전극을 전선으로 연결하여 전기화학 전지를 구축한다. 촉매–안테나/TiO_2 복합 전극에 가시 광선을 조사하면 물의 분해가 진행된다. Pt 전극에서는 수소가 발생되고 한편 TiO_2 전극으로부터는 산소가 발생한다(그림 7.29). 이 전기화학 전지의 구성은 기본적으로 그림 7.27(B)와 같지만, 산소 발생 촉매로서 무기 반도체 대신에 분자 촉매를 사용했다는 점에서 특징이 있다.

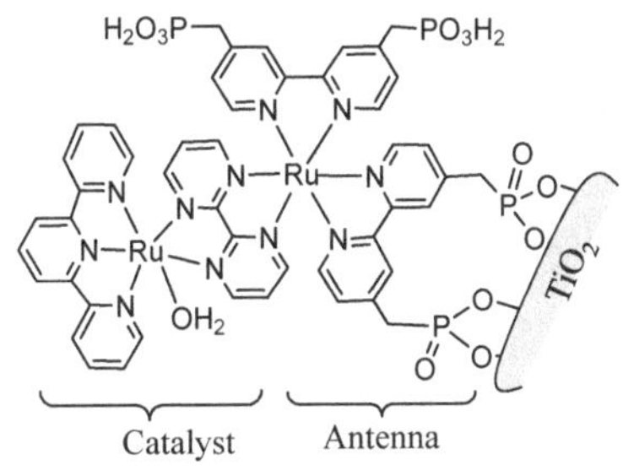

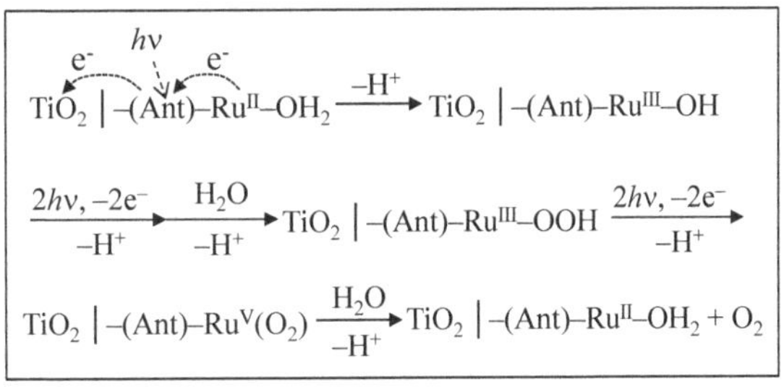

그림 7.29 (왼쪽) 물 산화를 위한 분자 복합체. "Catalyst"로 표시된 부분은 산화 촉매 부분이며 "Antenna"로 표시된 부분은 가시 광선을 흡수하는 안테나 염료 부분. (오른쪽) 물이 산화되는 과정. Ant은 복합체의 안테나 부분을, $Ru^{II}–OH_2$은 산화 촉매 부분을 표시.

그림 7.29의 반응 과정은 간략하게 보여준 것에 불가하지만, 그래도 산소를 발생시키는 과정에는 광자가 다섯 개, 이동하는 전자가 다섯 개, 물은 2분자, 이탈하는 양성자가 다섯 개 관여한다. 즉 물을 4전자 산화하는 과정을 순조롭게 진행시킨다는 것은 매우 복잡하고 어려운 일이다. 여기에서 물을 환원하는 쪽은 2전자 과정이라는 것을 상기하자. 즉 산화 쪽이 4전자 과정이면 양쪽을 균형적으로 맞추는 것은 무리가 있을 것이며, 따라서 산화 쪽도 수소 발생에 대응한 2전자 과정을 선택하여야 한다는 의견이 재기되고 있다. 그림 7.30은 그에 대한 제안의 하나이다. 즉 물을 2전자 산화하여 산소를 유용한 에폭사이드 합성으로 이용하고 물 분자로부터 빼낸 전자는 수소 발생에 이용하자는 전략에 서고 있다. 이 반응계에서 $(Por)Ru^{II}$은 가시 광선을 흡수하는 안테나이며, 동시에 물을 산화하여 올레핀을 산소화하는 촉매이기도 한다. 동위원소 ^{18}O로 표식된 물을 사용했을 때, 생긴 에폭사이드에는 ^{18}O이 도입되기 때문에 물 분자가 산소 원천인 것은 분명하다. 빛을 흡수한 후 $(Por)Ru^{II}$의 첫 번째 1전자 산화가 일어나면, Ru 중심에 대한 물 분자의 친핵적 공격이 진행되게 된다. 그와 동시에 포피린 리간드에 생긴 양전하가 Ru 중심에 넘어가서 올레핀 산소화의 활성종인 $(Por)Ru^{III}–OH$가 생성된다. 즉 양전하가 리간드와 중심 금속 원자 사이를 움직일 수 있는 특성이 물 분자의 2전자 산화를 가능하게 한 것이다.

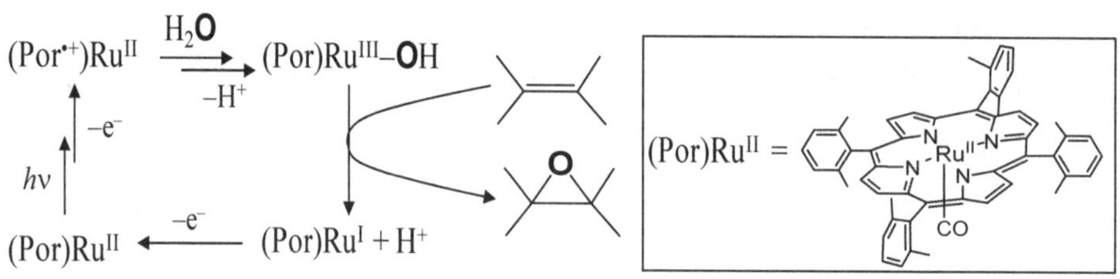

그림 7.30 Ru(II) 포피린 착화합물에 의한 물 분자의 2전자 산화와 결부된 올레핀의 에폭시화 반응. 화학식의 굵은 문자 "O"은 ^{18}O을 표시.

이상 기술한 바와 같이 광합성의 기본 기능, 즉 안테나 기능, 전하 분리 기능, 전하 축적 촉매 기능을 구현화하고, 또한 그들을 시스템화하는 인공 광합성에 관한 기본 개념과 기본 전략이 밝혀져 있다. 앞으로는 높은 안정성과 뛰어난 내구성을 가지면서 최고 기능을 발휘할 수 있는 재료를 개발하고 또한 효율적으로 작동하는 시스템을 구축하는 연구가 진행될 것이다. 인공 광합성과 관련된 연구가 진전됨으로써 인류 미래의 에너지 · 자원 · 환경에 광화학이 결정적으로 기여할 수 있기를 필자들은 기원하고 있다.

찾아보기

[가]

[사]

[아]

[자]

[차]

[카]

[타]

[파]

[하]

[기호]

[기타]

[숫자]

[A]

[B]

[C]

[D]

[E]

[F]

[G]

[H]

[I]

[J~L]

[M]

[N]

[O]

[P]

[Q]

[R]

[S]

[T]

[U]

[V]

[W~Z]

[기호]

[숫자]

| 저자 소개 |

박종진
오사카대학 공학부 응용화학과 졸업
오사카대학 대학원 박사
오사카대학 공학부 부교수
카와무라이화학연구소 소장
현 : 고려대학교 신소재화학과 교수

윤웅찬
서울대학교 약학대학 졸업
서울대학교 대학원 약학과 석사
미국 Fordham University 화학과 이학박사
미국 University of Maryland 화학과 박사연구원
한국광과학회장
현 : 부산대학교 화학과 교수

강상욱
고려대학교 화학과 졸업
Univ of Pennsylvania 박사
Mass Inst Tech 연구원
현 : 고려대학교 신소재화학과 교수
AMOLED 소재개발 사업단 단장
대한화학회 공업분과회장

광화학의 이해

저 자	박종진·윤웅찬·강상욱
발 행 인	주정희
발 행 처	자유아카데미
주 소	경기도 파주시 문발동 527-2 파주출판도시
전 화	031-955-1321
F A X	031-955-1322
홈페이지	www.freeaca.com
전자우편	main@freeaca.com(대표) editor@freeaca.com(편집)
등 록	제406-2003-017호, 1980. 7. 12
제1판1쇄	2011년 9월 26일 발행
제1판3쇄	2013년 2월 10일 발행
정 가	23,000원

ISBN 978-89-7338-908-7 93430